디자인창의성을 위한
건축조직

디자인창의성을 위한
건축조직

CLIENT LEADERSHIP MODEL

이재인 지음

한국학술정보㈜

머리말

본 연구서는 여러 가지 해결해야 하는 논쟁을 안고 시작하였다. 우선 건축조직이란 무엇인가? 그리고 본 연구의 의의는 무엇인가? 다시 말해 건축조직을 왜 연구해야 하는가 등이다. 사실 이에 대한 해답이 곧 연구를 해야 하는 목적과 결론일지도 모를 것이다.

우선 건축조직이란 단어는 이미 들어 봄 직한, 아니 그냥 알고 있기에 굳이 개념정의까지 필요한 용어인지 의심스러운 용어일지도 모를 일이다. 혹자는 낯선 건축조직이란 용어 자체가 부담스러울지도 모른다. 건설조직이란 용어가 더 일반적이기 때문이다. 이렇듯 건축조직이란 용어가 친숙하면서도 낯선 단어로 다가오는 것은 현재 우리의 건축이 디자인 중심이 아닌 건설 중심이기 때문이며, 달리 표현하자면 건축의 여러 단계 중 기획이나 계획단계보다는 시공단계에 치우쳐 있는 우리의 건축패러다임 때문이다. 그러나 현재 건축뿐 아니라 전 산업분야에 있어 디자인이 곧 경쟁력이라는 것은 세계적인 공감대를 형성하고 있는 것은 주지의 사실이다. 때문에 일반적인 건설조직이라는 용어보다는 건축조직이라는 용어를 사용하여 건축디자인에 포커스를 맞추고자 함이 건축조직이라는 용어를 사용한 이유다. 나아가 건축이라는 용어가 건축 전 과정을 아우르는 광범위한 용어라는 점 때문이기도 하다.

일반적으로 건축이란 건축행위라기보다는 건축물에 초점이 맞추어져 연구되어 왔다. 이는 건축이 이루어지는 행위과정에 대한 것보다는 건축의 결과물에 대한 것에 더 관심이 집중되어 왔다는 것을 의미하기도 한다. 이에 결과론적인 건축물보다는 과정에 관심을 갖고자 한 것이 연구의 출

발이다. 건축행위의 과정에 관심을 기울인 또 한 가지 이유는 결과로서의 연구가 기왕에 많기에 더 연구할 것이 없어서라는 측면이 아니라, 한국인으로서 서양식 건축 교육을 받고 있는 우리가 그들을 능가하기 위해서는 결과분석을 통한 적용방식으로는 경쟁력이 없다고 생각하였기 때문이다. 따라서 창의적 결과물이 나오기까지의 과정과 요인을 분석하여 한국적 건축 가치 창출의 원동력으로 삼기 위하여 건축조직을 수단으로 삼은 것이다.

그렇다면 왜 조직인가? 빠르게 첨단 기계화되어 가고 있는 현대사회에 있어서도 건축 산업분야는 다분히 노동집약적 분야라는 점 때문에 건설과정은 기계화되었지만 그 전 단계(기획 및 계획단계), 혹은 건축 전 과정은 기계화될 수 없다. 때문에 건축물은 다분히 건축 행위자와 그 행위자들의 결합구조인 조직에 상당한 영향을 받는다.

본 연구에서 상술한 건축조직 개념 정의 외에 또 다른 난제는 건축조직을 연구함에 있어 조직이론의 접근 태도인데, 첫 번째는 조직이론 자체가 결론적이지 않고 경제사회 등의 변화에 따라 매우 유동적으로 진화하고 있는 이론이라는 점, 두 번째는 조직이론 자체가 포함하고 있는 여타 광범위한 이론들 – 거래비용이론, 커뮤니케이션 이론, 혼돈이론, 거버넌스 이론, 대리인이론, 행위이론, 혼돈이론, 조직문화론, 행태과학, 자원의존론, 관리과학, 조직군생태론 등 – 의 섭렵의 한계, 세 번째는 조직이 지닌 다양한 구조적 속성에 대한 문제로 Taylor, Henri Fayol, Max Weber와 같이 조직구조의 최선의 한 가지 방법을 제안하는 일부 고전 조직이론가들을 제외하고는 조직구성의 유일한 최선책이 없다는 것이 조직구성 이론가들의 일반적인 견해이다. 때문에 건축조직연구 또한 실제적이며, 정량적 결과보다는 모델 지향적일 수밖에 없다는 한계가 있다는 것과 본 연구서의 결론이 유일한 방법론이 아니라는 점을 미리 밝혀 두는 바이다. 그럼에도 불구하고 본 연구는 미흡하나마 건축조직이라는 주제의 시발(始發)적 연구라는 것으로서 위안을 삼을까 한다.

　건축조직이라는 낯선 용어를 사용하면서 연구를 시작하였을 때, 많은 두려움을 가지고 시작하였다. 연구란 사회에 공헌도가 있어야 하는데, 과연 혼자만의 만족으로 끝나 버리는 것은 아닐까 하는 것이었다. 그러나 다행히도 본 연구가 개인적인 것으로 끝나지 않도록 관심을 가져 주시고 출판을 제안해 주신 한국학술정보(주) 관계자분들께 감사드린다.

2009. 04.

李 在 仁 씀

차례

Contents

Part_1

건축조직이란 무엇인가

1 건축조직의 정의

　건축조직[1]이란 건축행위를 목적으로 건축주체와 건축주체를 대리하는 건축관계자로 구성된 건축물 생산조직을 의미한다. 전통적으로 건축물 생산조직은 자금조달의 의무 및 의사결정권을 지닌 건축주체와 건축기술자인 건축가(Designer) 및 시공자만을 한정하였다. 그러나 사회가 복잡해지고, 급변하며, 소비자의 요구가 다양해지고 있는 현대건축에 있어 건축조직은 건축기술자뿐 아니라 다양한 전문분야의 조직(Non technical team)을 포함하고 있다. 따라서 현대건축에 있어 건축조직이란 설정된 건축목표를 달성하기 위해 필요에 따라 요구되는 다양한 전문분야의 관계자들의 역할 구조로 조직된다. 예컨대, 설계조직 혹은 시공조직 등의 건축 기술조직뿐 아니라 건축에 필요한 다양한 전문조직(Non technical organization)을 포함하는 개념이다.

1　조직이라는 용어는 광범위하게 해석될 수 있으며, 공식적 조직, 기업, 노동조합, 대학, 정부 등이 일반적인 조직의 개념이라면, kenneth J. Arrow는 조직에 참여하는 조직의 최하 단위인 개인도 조직으로 범주하고 있고, 이에 더하여 윤리 규약과 시장체계를 조직의 범주에 포함시키고 있다. 그러나 본 연구는 일반적 견해에 따라 개인은 건축관계자로, 이들이 시장체계에 따라 의사소통과 공동의 의사결정을 위하여 구성한 형태를 조직으로 인식한다. 개인이란 조직에 참여하는 조직의 최하의 단위인 동시에 그 자체가 조직이다. kenneth J. Arrow, 이하영 역, 『신조직 이론: 조직의 한계』, 선학사, 1996. p.40. 참조; 집단(Group)이란 특정목적의 달성을 위해 상호 작용하거나 상호 의존적인 2인 이상의 개인들이 모인 것이다. 집단은 각 개인이 자기의 책임 영역 내에서 주로 정보를 공유하고 의사결정을 하며 타인의 수행을 도와주기 위해 상호 작용한다. 또한 집단은 공동노력을 필요로 하지 않는다. 그러므로 집단의 성과는 각 개인의 공헌을 산술한 것의 합이다(1 + 1 = 2). 즉, 집단은 사람(개인)들이 모여 일정한 교호작용체제를 이룰 때 형성되는 것으로 ① 대면접촉을 통하여 교호 작용하고, ② 심리적으로 서로의 존재를 인식하며, ③ 스스로 집단의 구성원임을 지각하고, ④ 공동의 목표를 추구하는 사람들의 모임을 의미한다. 반면, 집단의 한 유형으로서 팀이란 서로 보완적인 기술을 지닌 구성원들이 공동의 목표의 성취에 헌신하고 그에 대해 서로 책임을 지는 집단이다. 오석홍, 『조직이론』, 박영사. 2005. p.264 및 270 참조.

■ 건축주체 vs 건축주

법사회학적 관점에 의하면 법(법개념과 법원리)이란 그 자체가 실체(hypostasis)를 갖는 것이 아니라 단지 행위자의 행위의 한 측면에 불과한 것이다. 그러므로 '주체'의 문제, 즉, '행위주체'가 무엇인가가 일차적 관심 대상이다. 사회학적으로 볼 때 우선 존재하는 것은 행위주체이지 법개념이나 법원리가 아니기 때문이다. 여기서 행위주체를 어떻게 분류할 것인가가 문제로 남는다. 엄격히 말하자면 모든 사회적 행위는 개인의 행위이다.

일반적으로 건축행위의 주체는 건축주이다. 건축주는 자신의 계획과 계산으로 건축을 주도하며, 건축서비스를 요구(需要)함과 동시에 건축행위는 시작된다. 이때 건축주는 건축에 비전문가이다. 때문에 건축주는 건축에 필요한 최소 요건으로 자금과 토지를 준비하고, 건축내용을 구상하는 역할을 담당하며, 실질적인 건축행위를 위한 전문기술자(설계자·시공자)를 선정하여 건축생산단계(시공)에 이른다. 결국 건축주는 건축 전체의 과정에서 실질적으로 건축을 주도할 수는 없다.

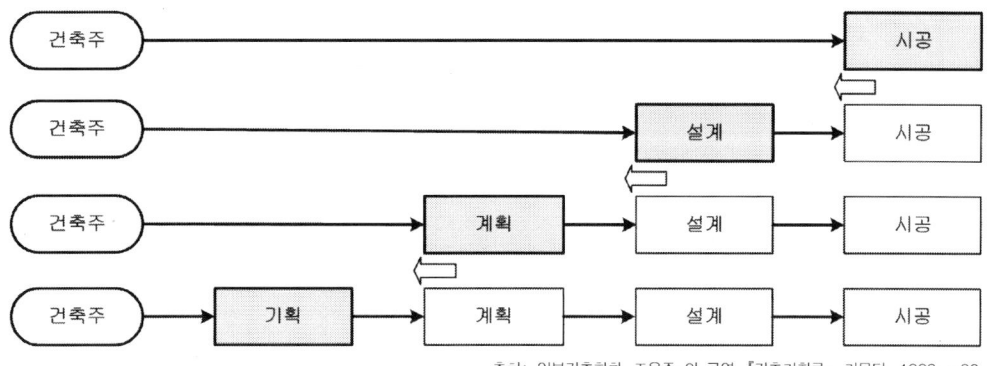

출처: 일본건축학회, 조용준 외 공역, 『건축기획론』, 기문당, 1999, p.20.

<그림 1-1> 건축과정의 건축행위 주도권 변화

다만 건축과정에서 가장 중요한 기획 단계의 건축주의 이러한 주도적 역할 때문에 건축주의 건축과 사업(project)에 대한 사고방식이나 지식(information) 및 능력은 건축의 질을 결정짓는 중요한 요소로 작용한다. 또한 건축 전체 과정을 주도할 수 없는 건축주는 자신의 건축의지가 건축 전

체 과정 동안에 유지될 수 있도록 하는 전문기술자들과의 정보 및 의사교류 구조가 필요하게 된다.

결국 건축과정의 건축주체는 행위주체인 건축주와 행정주체인 관계공무원,[2] 기술주체인 전문기술자들[3]로 구성된다.

2.1. 건축주의 개념

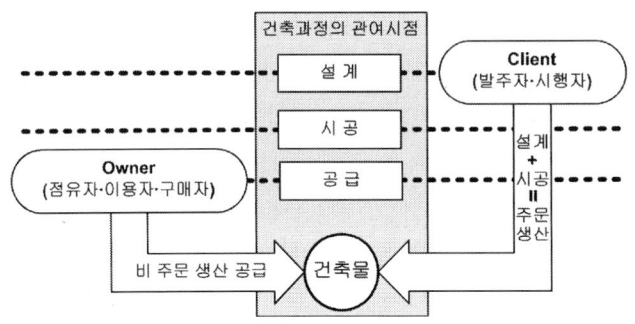

<그림 1-2> 건축과정에서 owner와 client의 참여 시점

일반적으로 건축주의 개념은 소유자, 기획자, 경영자, 이용자, 관리자의 기능을 합친 하나의 주체로 인식되어 왔다. 그러나 현대에 있어 이러한 역할기능은 시장체계에 의해 세분화되었고, 그에 따라 건축주에 대한 명확한 개념 정의가 필요하다.

건축주는 소유권을 기준으로 소유자(Owner), 고객(Client), 건축물의 점유자로서 구매자(Purchaser)로 구분할 수 있다. 소유자란 토지(자본)의 소유권자[4]와 건축물의 점유권자[5]를 포함하는 개념으로 소유 고객(Owner client)의 형태와 고객(Client)으로서 구분할 수 있다.

····

2 건축과정의 관계공무원은 허가권자와 한시적 공무원인 건축지도원(Architectural Instructor) 및 현장조사·검사 및 확인업무의 대행자가 있다.

3 이들은 건축과정의 정보활동의 주체이기도 하며, 정보활동주체는 ① 전문가(professionals), ② 도급자(Contractors), ③ 공급자(Suppliers), ④ 정부(Authorities)의 4가지로 분류할 수 있다. Burch, John G, Grudnitski, Gary, 『Information System: Theory and Practice 5th ed.』, New York: Wiley, c1989, pp.26-29 참조.

4 법적으로 소유권이란 목적물을 전면적으로 지배하는 절대적 권리이다. 그러나 그 권리를 행사함에 있어 본질적·제도적 한계와 제한을 받는 경우가 있다. 즉, 소유권의 객체는 물건에 한하고 채권에 관한 소유권은 존재하지 않는다. 또한 소유자는 법률의 범위 내에서만 자신의 소유권을 사용·수익·처분할 수 있을 뿐이다. 민법 제211조 참조. 건축에서 소유권은 건설프로젝트의 최종 생산물로서 건축물에 대한 이용·점유권 및 토지의 소유권으로 해석 가능하나, 근간은 토지의 이용권에 있다. David Haviland, Hon, 『The Architect's Handbook of Professional Practice』 vol.4, AIA press, p.14, 'Owner' 정의 참조.

5 건축법상 건축주란 건축물에 대한 소유권을 지닌 소유자뿐 아니라 점유자(占有者)를 포함하고 있다. '건축법' 제69조 제1항. 이때 점유란 자기를 위하여 현실로 지배(소지)하는 것을 말하며, 이로써 소유권 취득의 효과를 지닌다. 이러한 점유사실에 근거해서 점유자에게 인정한 권리가 점유권이다. 민법 제245조 제1항

<표 1-1> 생산방식에 의한 건축주 분류

건축생산 전후의 관계		건축주 명칭	생산방식
Client ≠ Owner	Client = Owner + Client	조합(한시적 건축주)	생산주문
	Client ≠ Owner	발주자(공공 건축주)	
Client = Owner		건축주(민간 건축주)	주문생산

이때 고객은 소유자에게 계약적 위임을 통해 건축실행의 계약(Order)을 대리하는 역할을 수행한다. 따라서 엄밀한 의미에서 고객은 특정한 목적을 위해 소유자와 구매자를 대신하여 작업을 수행하는 자율성(Autonomy)이 있으나, 소유자, 구매자와 떨어져 독자적으로 존재하지 않고 어떤 조직환경의 일부이거나 그 안에서 행동하는 행위자(Agent)이다. 또한 건축적 지식베이스와 건축과정의 추론능력을 가지고 사용자, 자원(Resource), 다른 대리 조직(Agents)과 정보교환과 커뮤니케이션을 통해 문제해결을 도모하는 역할 수행자이며, 스스로 환경변화를 인지하고 그에 대응하는 행동을 취하며, 경험을 바탕으로 학습하고, 수동적으로 주어진 역할만을 수행하는 것이 아니고, 자신의 목적을 가지고 그 목적달성을 추구하는 능동적 자세를 가진다.[6] 또한 건축 생산과정을 경제적 측면에서 살펴보면, 소유자와 구매자는 소비자이며, 고객은 공급자이다〈그림 1-2〉. 소유자는 건축생산체계에 있어 소비자(Customer)[7]로 인식되며, 이들은 프로젝트 최종목적물의 구매에만 관심이 있다. 그러므로 소비자들은 제품생산 과정(설계-시공)에서 제품공급업자와 상호 교류 없이 일방적 공급을 받는 자들이며, 제품(건축물)은 적극적인 선택에 의한 것이 아니라 소극적인 수용(Order and sit back)일 수밖에 없다. 반면 클라이언트는 전문가 또는 경영인의 서비스를 고용하거나 또는 그의 전문적 능력에 관한 행위의 대상자[8]이지만, 건

• • • •

6 이러한 현대의 고객의 역할과 역량은 정보학의 에이전트의 역할 모델에 기반을 둔 것으로 현대 고객의 역량변화와 인식변화에 따른 역할이 정보학의 에이전트와 유사한 기능을 하고 있으므로 차용한 것으로, 정보학에서 에이전트의 특징적 요소는 자율성(autonomy), 사회성(social ability), 반응성(reactivity), 능동성(pro-activity), 시간 연속성(temporal continuity), 목표 지향성(goal-orientedness)이다.

7 유사 논의로 건축주를 구매자(purchaser) 혹은 이용자(end user)로 정의하는데, Rowlinson, S. 『A definition od procurement systems, In Procurement System : A guide to best practice in construction』, E&FN, London, 1999, pp.27-53. 기타 건축주의 정의에 관한 자세한 논의는 김주형, 「영국의 건축주 관련 연구 고찰 및 이의 국내 수행 방향 제언」, 『대한건축학회논문집 20권3호』 참조.

8 Oxford English Dictionary, 1977.

축에 있어서는 구축 환경변화에 효과적으로 대처하는 사람으로 인식된다.[9] 즉, 건축생산 과정에서 클라이언트는 제품(주문)생산 과정 중에 기술자들과 지속적 커뮤니케이션을 통해 적극적으로 최종목적물을 선택한다.[10]

반면 건축법상 건축주는 크게 소유자, 건축주, 발주자[11]로 구분되고 있으며, 이들 건축주는 건축행정[12]에 있어 책임의 주체로 인식되고 있다. 건축주란 건축 서비스를 필요로 하는 고객(Client)이다.[13] 현대에 있어 고객의 만족은 고객이 요구(Order)한 기본적인 사항 그 이상의 제공을 통해 이루어진다. 그러나 건축법상의 발주자의 개념은 건축주를 고객으로서 바라보는 것이 아니다. 건축법상 소유자, 건축주, 발주자는 개념상으로는 구분이 모호하다. 즉, 소유권에 연원한 Owner와 Client의 구분인지 혹은 민간과 공공을 구분하는 것인지 개념적으로는 그 구분이 모호하나, 그 구분을 확실히 요구하고 있다.

예컨대, '도시재정비 촉진을 위한 특별법' 제2조 제7호에는 '토지 등 소유자'라 칭하고 이들의 범주에 토지 또는 건축물의 소유자와 그 지상권자를 규정하여, Ownership을 기준한 것이 소유자라고 규정하고 있고, '건축사법 시행규칙' 제11조 제1항 2호에는 "…… 건축주 또는 발주자의 성명"이라 규정하여 건축주를 Owner로 발주자를 Client로 구분하고 있다. 또한 '건축법' 제2조 제1항 12호 건축주의 정의[14]에 의하면 건축주는 토지의

• • • •

9 Joseph A. Demkin, 『The Architect's Handbook of Professional Practice, Student Edition』, Wiley, 2002, pp.5-7.

10 예컨대, '건설산업기본법' 제29조 및 동법 시행령 제26조 제1항에는 수급자(건설업자)로 하여금 발주자에게 건축과정의 사항 등을 정보통신망을 이용하여 통보하도록 하여 발주자가 건축생산 과정에 적극적으로 관여할 수 있는 장치를 마련하고 있다.

11 '건설산업기본법' 제2조 제9호에 의한 '발주자'라 함은 건설공사를 건설업자에게 도급하는 자 및 자기가 건설공사를 수행하는 경우를 포함한 건설공사의 전부를 최초로 위탁하는 자이다.

12 건축행정이란 절차상 허가에서부터 사용승인까지를 의미한다. 현행법상 일반적으로 건축심의도 허가과정으로 보고 있으나, 현 분석에서는 제외하였다. 이유는 첫째, 심의는 허가·신고대상 전체 건축물을 대상으로 하는 것이 아니라는 점, 둘째, 심의절차를 허가과정으로 인식한다면, 허가서류 제출 시 동시에 심의서류도 제출하여야 하나, 서울시의 경우 허가 전에 심의를 받도록 하고 있는데, 이는 심의를 허가 절차와 별도로 취급하고 있다는 점이다.

13 이는 ISO 9000:2000의 고객(customer)의 정의와 같은 것으로, ISO는 고객을 제품을 제공받는 조직 또는 개인으로 규정하고 있으며, 예로서 소비자, 의뢰인, 최종 이용자, 소매업자, 수익자 및 구매자로 범주화하고 있다. 김현식, 『가치흐름의 혁신전략』, 2006, 물푸레, p.47 참조.

14 정의에 의하면 건축주는 발주자이며, 시공자(직영)이기도 한데, 이러한 발주자 직영개념은 '건설산업기

소유권과 무관한 발주자(Client)이나, '건축법' 제35조 제2항에서는 "……
토지의 소유자, 건축주 등 ……"이라 하여 토지소유자를 Owner로 건축주
를 Client로 구분하고 있어, 협의의 건축법상 건축주의 역할은 프로젝트의
발주(Order)뿐 아니라 시공자이고, 광의로는 공사시공자·현장관리인·소
유자·관리자 또는 점유자를 포함하고 있어 그 개념이 모호하게 규정되어
있다.[15] 그러나 법 내용을 유추 해석하면 건축주란 Owner client로서 규정
내용에 따라 owner와 client로 구분되고, 발주자는 건축공사의 수급인으로
서 Client로 해석된다(〈그림 1-3〉).

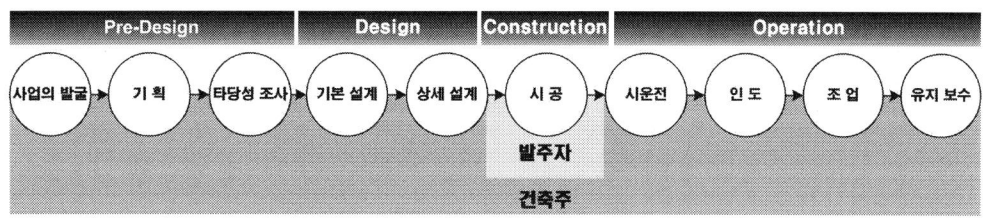

<그림 1-3> 건축법상 건축주와 발주자의 개념

본 연구에서 정의하는 건축주란 건축적 가치를 필요로 하는 개인 또는
단체이며, 건축비용을 지불하고 건축물을 제공받는 client로서의 소비자이다.

본법' 제2조 제7호, '건설폐기물의 재활용촉진에 관한 법률', '건설근로자의 고용개선 등에 관한 법률' 제
10조의3 제1항 단서조항 및 동법 시행규칙 제5조에도 규정하고 있다.

15 건축법 제69조 제1항

2.2. 건축주의 유형

<표 1-2> 건축법상의 건축주 유형: 건축과정 초기부터 소유권이 있음

분류		건축관계법상 형태		법령명칭
		명칭	구분	
공공	정부기관	발주청[16]	국가 및 지방자치단체의 출연기관	건설기술관리법 시행령 제3조의2
			시행자[17]	
			공유수면매립면허를 받은 자[18]	
			발전사업자[19]	
	지방자치단체	발주자[20] (도급자)	—	건설산업기본법 제2조 7호
				건설근로자의 고용개선 등에 관한 법률 시행령 제4조의6
	정부투자기관 (국영기업체)			—
	공공단체			—
	지방공사			—
민간	전문 건축주	발주자	수급인	건설산업기본법 시행령 제8조 제1항 제1호[21] 및 제84조 제2항
			사업계획의 승인[22]을 한 자	건설산업기본법 시행령 제83조 제3항
			건설공사의 전부를 최초로 위탁하는 자(자기가 건설공사를 수행하는 경우 포함)	건설폐기물의 재활용촉진에 관한 법률 제2조 제9호
			배출자[23]	건설폐기물의 재활용촉진에 관한 법률 제2조 제8호
		건설사업 관리 전문가	—	—
	한시적 건축주 조직	주택조합	지역주택조합	주택법
			직장주택조합	
			임대주택조합	
			리모델링주택조합	
	非常時 · 간헐건축	건축주	—	건축법

• • • •

16 발주청이라 함은 건설공사 또는 건설기술용역을 발주하는 국가, 지방자치단체, 국가 또는 지방자치단체가 납입자본금의 2분의 1 이상을 출자한 기업체의 장 기타 대통령령이 정하는 기관의 장. 건설기술관리법 제2조 제5호.

17 '정부투자기관 관리기본법' 제2조의 규정에 의한 정부투자기관이 위탁한 사업의 시행자, 건설기술관리법 시행령 제3조의2 제2호, 국가 · 지방자치단체 또는 정부투자기관이 관계법령에 의하여 관리하여야 하는 시설물의 사업시행자, 건설기술관리법 시행령 제3조의2 제3호, '사회기반시설에 대한 민간투자법' 제2조 제1호의 규정에 의한 사회기반시설의 사업시행자 또는 사회기반시설의 사업시행자로부터 사업의 시행을 위탁받은 자. 다만, 사업의 시행을 위탁받은 자는 당해 사업시행자의 자본금의 2분의 1 이상을 출자한

위에서처럼 개념상 여러 법률에서 다양하게 정의되는 건축주의 유형에 대해 건축법은 크게 민간 건축주와 공공 건축주로 구분하고 있다.[24] 이 중 민간 건축주에 관해서는 '건축법'에서 규정하고 있고, 공공 건축주(발주자)의 경우는 주로 '건설산업기본법'과 '건설기술관리법'에서 규정하고 있으며(〈표 1-2〉), 특히 주택에 관련한 건축주는 '주택법'에서 별도로 규정하고 있다(〈표 1-3〉).

건축법상 건축주는 원칙적으로 모든 건축적 책임의 귀속체로 규정하고 있다. 반면 건축주의 과중한 역할과 책임을 대리할 대리자는 설계자, 감리자, 시공자뿐이나, 이도 역할과 의무에 대한 규정만이 건축법에 규정되어 있지, 이들이 건축주의 책임을 분담하지는 않는다.

2.3. 주택 건축주

건축에 있어 주거용이 차지하는 비율은 50%[25] 정도로 가장 높은 비율을 차지하고 있다. 그러므로 건축주의 50%를 차지하고 있는 주택사업의 건축주를 별도로 분류함은 의미 있다 하겠다. 주택의 건축주는 이용자인 주민과 건축실행 주체의 역할을 수행하는 조합, 현대 최근 등장한 투자자(investor), 개발업자(developer)[26] 및 총괄사업 관리자가 있다.

• • • •

자로서 관계 중앙행정기관으로부터 발주청이 되는 것에 대한 승인을 얻은 경우에 한한다. 건설기술관리법 시행령 제3조의2 제5호 '신항만건설촉진법' 제7조의 규정에 의하여 신항만건설사업 시행자의 지정을 받은 자, 건설기술관리법 시행령 제3조의2 제7호.

18 '공유수면매립법'

19 '전기사업법' 제2조 제4호.

20 발주자란 건설공사를 건설업자에게 도급하는 자. 건설산업기본법 제2조 제7호, '주택법' 제16조 제1항의 규정에 의해 사업계획의 승인을 한 자.

21 하도급의 경우에는 수급인을 포함한다.

22 '주택법' 제16조 제1항의 규정에 의한 사업계획의 승인.

23 '배출자'라 함은 발주자 또는 발주자로부터 최초로 건설공사의 전부를 도급받은 자를 말한다. 다만, 제15조의 규정에 의한 분리발주를 함에 있어서는 발주자를 말한다.

24 이는 건축법에서 구체적으로 언급된 용어는 아니며, 법의 취지와 내용에 입각하여 구분한 것이다.

25 건축법 제8조(건축허가) 및 제9조(건축신고) 대상인 건축물, 주택법 제16조에 의한 주택건설사업 사업계획승인 대상(재건축, 재개발 사업 포함), 개별법령에서 건축법 제8조 및 제9조를 의제처리하거나 협의대상인 건축물을 대상으로 한 2006년 2월 현재 건축 허가 통계에 의하면 각각 주거용 46.6%, 상업용 19.4%, 공업용 16.4%, 기타 10.6%, 교육, 사회용 8.7%이다. www.moct.go.kr

<표 1-3> 주택 관련 건축주 유형 현황

명칭	분류 및 정의		규정명칭
사업주체[27]	국가 · 지방자치단체		주택법 제2조 5호
	대한주택공사 · 한국토지공사		
	등록한 주택건설사업자 또는 대지조성사업자		
	기타 주택법에 의해 주택건설사업 또는 대지조성사업을 시행하는 자		
	지방공사		
주택조합[28]	지역주택조합	동일한 특별시 · 광역시 · 시 또는 군(광역시의 관할구역에 있는 군을 제외한다. 이하 같다.)에 거주하는 주민이 주택을 마련하기 위하여 설립한 조합	주택법 제2조 9호
	직장주택조합	동일한 직장의 근로자가 주택을 마련하기 위하여 설립한 조합	
	임대주택조합	주택을 임대하고자 하는 자가 임대주택을 건설 또는 매입하기 위하여 설립한 조합	
	리모델링주택조합	공동주택의 소유자가 당해 주택을 리모델링하기 위하여 설립한 조합	
입주자[29]	주택을 공급받는 자		주택법 제2조 제10호
	주택 소유자		
	주택 소유자 또는 소유자를 대리하는 배우자 및 직계존비속		
사용자	주택을 임차하여 사용하는 자		주택법 제2조 11호
관리주체[30]	자치관리기구(공동주택관리기구)[31]의 대표자인 공동주택의 관리사무소장		주택법 제2조 12호
	관리업무를 인계하기 전의 사업주체		
	주택관리업자		
	임대사업자		
주택건설사업자	등록사업자		주택법 제9조
	공동사업주체	토지소유자 + 등록사업자	주택법 제10조
		주택조합(리모델링 주택조합 제외) + 등록사업자(지방자치단체 · 대한주택공사 및 지방공사 포함)	
		고용자 + 등록사업자	
주택사업시행자	주택사업을 목적으로 설립된 지방공사		국민임대주택건설 등에 관한 특별조치법 제4조

• • • •

26 디벨로퍼는 현대건축에서 새롭게 등장한 건축주로 소유자로서의 투자자(Investor)와 클라이언트로서의 개발업자(Developer)로 나눌 수 있다. 적극적 형태의 건축주로서 디벨로퍼는 개발행위에 장애를 주는 공공정책에 대한 도전자로서, 공공정책을 재해석하여 새로운 개발행위의 대안을 제시하는 창출자이며, 촉매자이다. Craven, E., Private residential expantion in Kent. In R.E. Pahl (ed.), 『Whose City?』, Harmondsworth: Penguin, 1975, p.124. 또한 토지소유자와 이용자 사이의 대리인이며 시장의 자금을 건축에 끌어들이는 매개자이기도 하다. 이러한 개발업자는 국내 법 규정에는 원칙적으로는 아직까지 존재하지 않는다. 그러나 주택 관련 규정에 의해 유추적 해석하면 자신의 계산과 부담에 근거하여 토지의 개발을 기획 · 실행한 후 분양 또는 임대하는 등의 사업을 하는 자를 의미하며, 디벨로퍼는 토지개발을 위한 조성공사 · 건설업자에 대하여 건축주(Client)의 역할을 한다. 이러한 디벨로퍼의 유형은 토지개발공사, 주택공사 등과 같은 공공 디벨로퍼와 건설회사 등의 민간 디벨로퍼가 있다.

27 사업주체란 주택건설사업계획 또는 대지조성사업계획의 승인을 얻어 그 사업을 시행하는 자이다. 주택

2.4. Co－Owner

　　대리인 모델은 당사자들(주체－대리인)이 모두 자신의 이익에 의해서만 동기 부여된다는 가정하에서 출발한다.[32] 그렇지만 당사자 간의 공통이익이 있다는 사실을 배제하지는 않는다. 그러므로 당사자들은 공동운명체로서 하나의 팀으로 활동하게 되며,[33] 결국 이러한 견지에서 당사자 간 협력모델

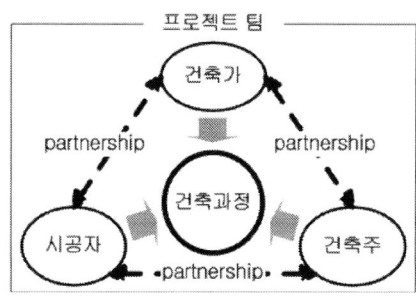

<그림 1-4> 건축과정의 협력모델

....
법 제2조 제5호.

28 다수의 구성원이 주택을 마련하거나 리모델링하기 위하여 결성하는 조합. 주택법 제2조 제9호. 일반적으로 조합이란 개개인간의 계약으로 성립된 사람의 집합, 즉 이익단체이다. 이러한 사람의 집합은 법적으로 법인과 단체(조합)로 구분된다.
　　법적으로 단체는 법적 인격(의사주체, 권리주체)을 갖고 소유권을 행사할 수 있는 법인과는 달리 조합의 재산은 단체에 속한 개개인의 공동소유이다. 현대 민법상 공동소유의 형태는 공유(Miteigentum), 합유(Gesamthand), 총유(Gesamteigentum)로 구분되는데, 공유에 있어 공유자는 지분을 자유로이 처분할 수 있으나, 합유의 경우는 개개인이 지분을 자유로이 처분할 수 없다. 한국에서는 조합재산을 합유로 규정하고 있다('민법' 제704조).

29 주민과 유사한 개념으로, 대규모 건축에 있어 주민은 주택의 최종 이용자들로 이들은 소유권의 형태에 따라 건축물의 점유자와 토지 소유자로 구분할 수 있다.

30 공동주택을 관리하는 자. 주택법 제2조 제12호.

31 자치관리기구는 동별대표자(입주자 및 소유자)로 구성된 입주자 대표회의의 감독을 받으며, 입주자대표 자회의 그 밖 업무는 다음과 같다. 1. 관리규약 개정안의 제안 및 공동주택의 관리에 필요한 제 규정(관리규약을 제외한다.)의 제정·개정. 2. 관리비 예산의 확정, 사용료 기준의 결정, 감사의 요구와 결산의 처리. 3. 단지안의 전기·도로·상하수도·주차장·가스설비·냉난방설비 및 승강기 등의 유지 및 운영기준. 4. 자치관리를 하는 경우 자치관리기구 직원의 임면에 관한 사항. 5. 공동주택의 공용부분의 보수·교체 및 개량. 6. 공동주택에 대한 리모델링의 제안 및 리모델링의 시행. 7. 법 제47조 제1항의 규정에 의한 장기수선계획(이하 '장기수선계획'이라 한다.) 및 법 제49조의 규정에 의한 안전관리계획(이하 '안전관리계획'이라 한다.)의 수립 또는 조정(비용지출을 수반하는 경우에 한한다.). 8. 입주자 등 상호 간에 이해가 상반되는 사항의 조정. 9. 그 밖에 관리규약으로 정하는 사항. 주택법 시행령 제50조 내지 제51조 및 제53조 제1항 참조.

32 이재인·박언곤, 2007. 03, 「대리인이론을 통한 건축법상 건축주에 관한 연구」, 『대한건축학회논문집』 참조.

33 유사 논의는 기업을 개인의 팀으로 보고 연구한 Fama, E. F., 「Agency Problems and the Theory of the Firm」, 『Journal of Political Economy88(2)』, April, 1980 참조.

(collaborate model)의 동기가 부여된다. 협력이란 파트너십의 가장 이상적 단계[34]로 참여 당사자 간에 공유 가능한 목적 수행을 위해 구체적인 역할과 책임을 승인, 분배하는 협조관계이다.

그러므로 건축과정에서 파트너 관계(partnering)[35]란 건축가, 건축주(client), 시공자(contractor)가 동등한 자격으로서 한 팀을 이루는 것으로, 파트너들은 투명한 정보 공유를 바탕으로 계약된 행동을 하고, 그 행동 결과에 대한 책임 또한 공유하는 적극적이며 새로운 건축주 참여모델이다(〈그림 1-4〉).

이러한 파트너십[36]은 미국의 경우 건축주 간 연대를 통한 건축주 협력 (co-owners) 개념으로도 활용되고 있다. 이렇듯 파트너십은 건축과정에서 건축주의 참여모델이기도 하면서 새로운 건축주의 모델로 활용되고 있다.

▨ 건축 관계자 vs 건축관계자

건축 관계자란 건축조직을 구성하는 최하의 구성단위로, 건축행위에 관계된 다양한 이해관계집단(건축주, 행정권자, 기술자, 관리자, 지역사회 등)을 의미한다. 이들 건축 관계자는 건축행위에 직접적으로 참여하여 의사 결정을 주관하는 주요 행위 집단(Key actor or team)[37]과 건축행위로 영향

••••

34 파트너십은 단계별로 기부(donation), 후원(sponsorship), 협동(cooperation), 조정(coordination), 협력(collaboration)이 있다. Skoge S, Building strong and effective community partnership: A manual literacy workers, 1996, Canada, the Family literacy action group of Albertra, 참조.

35 Joseph A. Demkin, op. cit., 2002 ,pp.26-29 참조. 또한 미국의 경우 파트너십 협약에 따른 파트너의 구체적 역할은 공동자금 출자, 권한과 책무, 성실의무(Fiduciary duties), 법률적 책임(liability), 실행과 관리, 손익분배, 이익의 교환, 새로운 파트너의 승인, 분쟁 해결, 관계 해산이다. David Haviland, Hon, op. cit. 1994. p.126.

36 David Haviland, Hon, op. cit., p.14. 'Partnership' 정의 참조.

37 이를 '건축법'에서는 건축관계자라 칭하고 있다. 영국은 건축과정의 주요 행위자를 팀 조직으로 인식하고 있으며, ①위임자(commissions)이며 소유자로서의 건축주(Owner client), ②프로젝트 관리자와 주요 직원으로서 프로젝트 팀(Project team), ③설계에 책임이 있는 단체로서 설계 엔지니어링 회사(A/E firm), ④완성된 건축물을 인도할 책임이 있는 단체로서 시공 팀(Construction team)으로 구분하고 있다. George J. Ritz, 『Total Construction Project Management』, MacGraw-Hill, Inc. 1994. p.15 참조. 광의로 토지 소유자(landowners), 투자자(investors), 자본가(financiers), 개발업자(developers), 건설업자(builders), 설계사(design professionals), 건설 노무자(construction workers), 기업과 지역사회의 지도자(business·community leaders), 소비자(consumers)로 이해관계자를 포함하여 구분하는 경우도 있다. Knox, Paul L, 『Urban social geography :an introduction』, Harlow, Essex, England: Longman Scientific & Technical; New York: Wiley, 1995. p.114.

을 받는 이해관계자(Stakeholder)[38]로 구분할 수 있다. 이러한 맥락에서 건축법상 건축 관계자는 주요행위자(Key actor)인 건축주, 설계자, 공사시공자(현장관리인)[39] 또는 공사감리자[40]로 구성되는 건축기술자와 기타 관계자로서 관계전문기술자 및 건축과정의 관리자인 공무원으로 구분된다.

건축에 요구되는 건축기술자는 1. 설계자(Designer), 2. 구조 및 시공기술자(Structure & Construction engineer), 3. 시방서 작성자(Specification writer), 4. 견적사(Estimator)에는 ① 적산사(Quantity surveyor), ② 일위 대가 산정자(Price squarer), 5. 부대설비 설계자(Equipment designer)이나 건축법에서

• • • •

38 이해관계자(stakeholder)라는 용어는 1963년 스탠포드 내부보고서(Stanford Research Institute)에서 처음 사용된 것이다. 기존에는 관계자의 개념을 조직운영에 필수 불가결한 집단들로 인식하고 있었으나 이 보고서를 통해 처음으로 이해관계자라는 용어를 사용하면서 관계자를 조직에 영향을 주거나 받을 수 있는 상호 관계자로서 개인이나 집단이라는 개념으로 확대시켰다. 이후 Sevendsen은 관계 특성에 따라 이해관계자

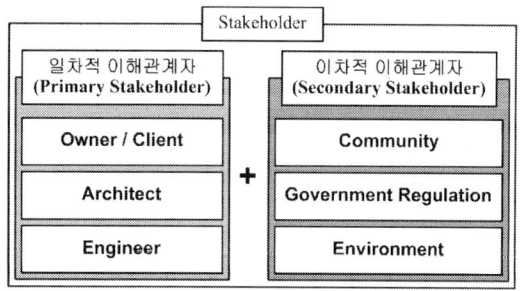

출처: **Svendsen, Ann,** 『The Stakeholder Strategy』,San Francisco, Berrett-Koehlet Publischer, Inc. 참조도식

를 1차적 이해관계자(primary stakeholder)와 2차적 이해관계자(secondary stakeholder)로 분류하였다. 이때 1차적 이해관계자는 주요 행위자(owner client, architect, engineer)에 해당하며, 2차적 이해관계자는 커뮤니티, 정부 규제, 환경이 이에 해당한다. 상세논의는 Svendsen, Ann, 『The Stakeholder Strategy』, San Francisco, Berrett-Koehlet Publischer, Inc 참조.

39 '건축법' 제2조 제1항 제12호 규정에 의해 건축주가 직접공사를 수행하는 직영공사의 경우 건축주를 대리하는 시공자로서, 종전에는 '건설산업기본법'의 적용대상이 아닌 소규모 건축물의 위법시공과 부실시공을 방지하기 위한 목적으로 공사시공자의 범위에 현장관리인이 포함되도록 하였으나, 현장관리인의 자격 제한으로 실제 당해 공사와는 전혀 관계없이 불법 자격증 대여 등 부작용이 초래하고 있어 현장관리인 제도를 1999. 2. 8일자로 폐지하였다. 따라서 이 규정은 구체적 업무 등에 대한 수반 없이, 용어만 '건축법' 제2조와 제69조에서 사용하고 있을 뿐이다.

40 이들은 '건축법' 제5조에는 '건축관계자'로 규정하고 있다. 이 규정은 1995. 1. 5 법률 4919호 일부 개정으로 건축법 제5조(적용의 완화) 제1항의 본문 내용으로 추가 신설되었다. 그러나 이 규정은 이후 사회의 변화에도 한 번도 개정된 적이 없으며, 독자적 규정도 아닌 것이다. 또한 이 규정은 건축관계자의 범위를 주요 행위자(key actor)만을 한정 규정하고 있다는 점, 건축관계자 조직의 하위구성요소를 집단(group or team)이 아닌 개인으로 인식하고 있다는 점, 건축행위에 있어 공공의 역할은 배제하고 있다는 점 등이 현대의 건축행위의 장애요소로 작용하고 있다. 즉, 건축법은 인적 자원(human resource)의 중요성 인식이 부족하다. 그럼에도 '건축관계자'라는 용어가 갖는 의의는 건축법에서 최초로 건축관계자를 집단(group)으로 인식하여 조직으로 발전할 수 있는 초석을 마련한 것이다. 반면 외국의 경우 건축관계자 조직의 하위 단위를, ①위임자(commissions)이며 소유자로서의 건축주(Owner client), ②프로젝트 관리자와 임원으로 구성되는 프로젝트 팀(Project team), ③설계에 책임이 있는 단체로서 설계 엔지니어링 회사(A/E firm), ④완성된 건축물을 인도할 책임이 있는 단체로서 시공 팀(Construction team)으로 구분하여, 집단으로 인식하고 있다. George J. Ritz, 『Total Construction Project Management』, MacGraw-Hill, Inc. 1994. p.15 참조.

규정하고 있는 건축기술자는 설계자와 시공자 및 관계전문기술자로서 구조와 설비 엔지니어가 이에 해당한다.[41] 건축법상 건축 관계자란 건축관계자(건축주와 건축기술자인 설계자, 공사시공자)와 구조와 설비 엔지니어 및 관리자로서 공무원이다. 이하 논의에서는 건축관계자의 범위를 건축법상의 협의의 건축관계자가 아닌 광의의 건축 관계자로 한다.

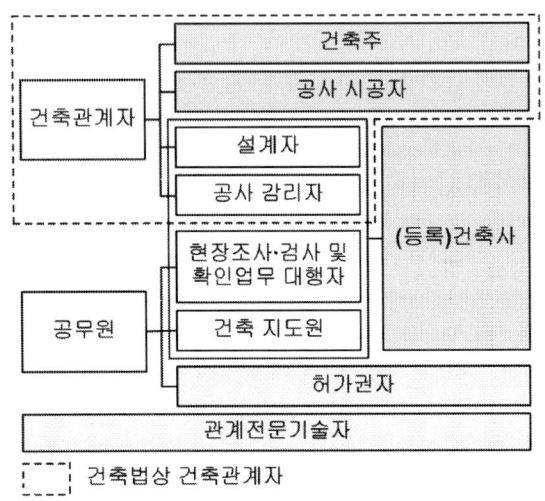

<그림 1-5> '건축법'상 건축관계자와 건축 관계자

••••
41 '건축법' 제2조 제1항 제18호 규정 참조.

1　디자인의 개념 및 건축조직의 변천

　　과거 예술영역에 국한되었던 디자인은 산업혁명시기 대량 생산되는 상품의 차별화 전략으로서 심미적 가치를 높이기 위해 탄생되었다.[42] 이후 '디자인'은 공학, 건축, 경영 등의 분야에서 다양한 의미로 혼용되고 있다. 일반적으로 사용되고 있는 영어의 'design'은 '표시·지시하다'의 라틴어 'designare', '그리다'의 이탈리아어 'disegno', '목적, 계획'을 의미하는 프랑스어 'dessein, dessin' 등에서 유래하여, 설계, 계획, 기획, 구상, 도안, 의장, 무늬, 착안, …… 등의 의미를 담고 있다.

　　일반적으로 경영분야에서는 기획의 의미로 사용되고 있으며, 공학분야에서는 설계로, 예술분야에서는 도안의 의미로 통용되고 있다. 즉, 일반적으로 디자인은 생산품이 나오는 과정의 한 단계로 인식되고 정의되고 있다.

　　반면, 미국의 산업디자이너협회에서는 '생산자와 이용자에게 모두 혜택을 줄 수 있도록 상품의 기능, 가치, 외관을 최적화하는 전문적 활동'으로 정의하고 있어 디자인을 상품생산 전 과정으로 인식하고 있다.

1.1. 건축조직의 변천

　　건축조직은 중세의 마스터 빌더(Master builder)로부터 시작되었다. 이후 산업혁명은 기술의 발전을 촉진시키고, 마스터 빌더의 역할을 건축가(설계)와 시공자(시공)로서 업역을 분화시켰다. 이러한 설계자와 시공자의 업무 분화는 건축 기술의 전문적 발달을 촉진시켰다. 그러나 동시에 설계조직과 시공조직의 커뮤니케이션 부족으로 잦은 설계변경과 하자(瑕疵)발생

----

42 윌리엄 모리스(william morris)에 의한 미술공예운동(Arts and Crafts Movement)이 대표적이다.

등 건축의 비효율화를 초래하고 건축조직 간 건축분쟁이 증가하였다.

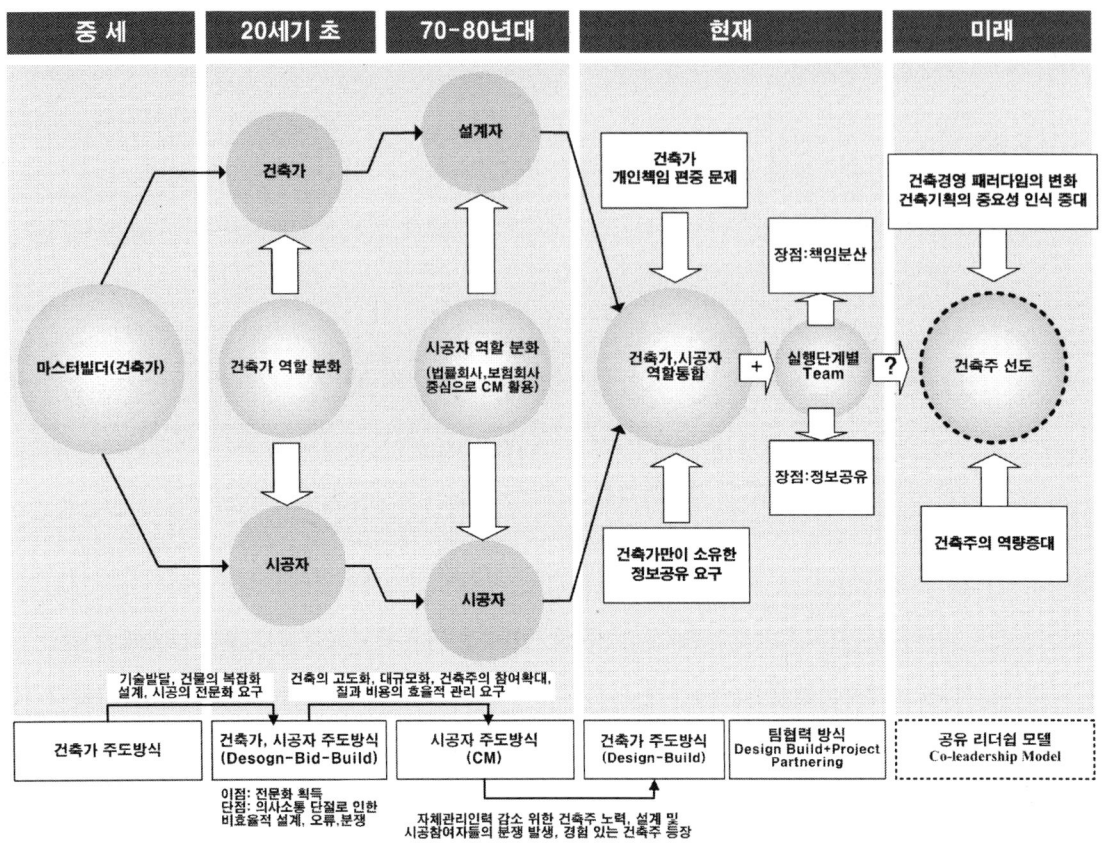

<그림 1-6> 건축조직의 변천

조직 외적으로는 정보의 발달로 건축물이 첨단화 고도화되고,[43] 경제적 부흥기를 거쳐 성장한 대기업들이 조직력을 갖춘 건축주로 등장함에 따라

43 예컨대. 미국의 AT&T(미국 전화 전신 회사)가 BELL SYSTEM이라는 이름으로 전 미국의 지방 BELL전화 회사를 산하에 거느리고 전화사업의 독점적 지위에 있었으나, 1974년 반트러스트법(독과점 방지법)에 제소되어 1982년에 지방전화회사를 분리하는 대신 이전까지 금지되었던 정보처리 부분의 진출을 인정받음에 따라 AT&T는 1984년 1월 코넥티컷(CONNECTICUT) 주의 하트포드(HARTFORD) 시에서 City Place를 완공하고 이를 UNITED TECHNOLOGY BUILDING SYSTEM사가 세계 최초의 인텔리전트 빌딩이라고 선전한 이래 미국 각지에서 인텔리전트 빌딩이 건설되었다. 이들 건물에는 건물 내에 설치되어 있던 LAN을 활용하여 ① 각종 건축설비를 통합화하고 에너지 절약과 안전성의 향상을 도모, ② 시외 전화 요금이 다른 건물보다 싸고 각종 정보를 보다 싸게 입수할 수 있다는 등을 판매전략(SALES POINT)으로 하였다. 또한 1973년 시작한 VAN(VALUE ADDED NETWORK)은 FCC(연합통신위원회)의 규제 완화에 힘입어 AT&T, IBM, GE 등의 거대기업이 참가하여 급성장하게 되었다.

건축의 규모가 커지게 되었고, 건축주(Client)의 건축과정 참여가 확대되었다. 더하여 건축가의 업역이 확대되어 기업의 사내 건축가로 활동하면서 기업의 이미지 관리 및 산업디자인의 영역으로까지 활동하게 되었다. 이렇듯 건축의 거대화 및 디자인 영역의 확대는 건축 관리를 건축가 개인에 집중시켜 리스크를 크게 만들었다. 따라서 건축 관리를 위한 새로운 업역으로서 CM(Construction Management)가 생겨났다.

CM은 법률회사나 보험사가 주축이 되어 건축초기부터 리스크 관리를 시작한다는 개념이나, CM 또한 CMr(Construction Manager) 개인과 건축주 1:1 간의 관계성이라는 측면에서 리스크가 개인에 집중되어 있고 건축주는 CMr에게 지급해야 하는 비용의 문제를 안고 있는 방식이다. 이러한 업역 분화에 따른 건축조직의 복잡화는 결국 건축주 입장에서는 조직 관리 비용 증가에 따른 건축비 상승효과의 부담 요소로 작용하게 되었고, 관리 비용 절감의 필요성이 증대되었다. 또한 전문화된 설계조직과 시공조직 간 갈등과 분쟁이 심화됨에 따라 그에 대안 대안으로 설계와 시공을 통합한 조직이 등장하게 되었다.

이러한 건축조직의 변천을 시기적으로 살펴보면, 6기로 구분할 수 있다.[44]

<그림 1-7> 1862년 모리스의 최초 디자인: Trellis

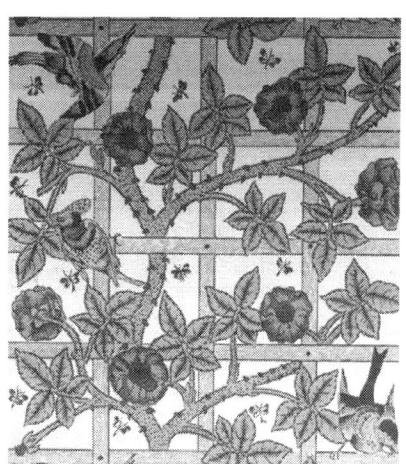

<그림 1-8> 1862년 제품(벽지)화된 디자인

••••
44 Mozota, B. B. D. 2003, 『Design Management』, N. Y: Allworth Press., Best, K., 2006, 『Design Management』, Switzerland: AVA Publishing S. A; 정시화, 1998, 『산업디자인 150년』, 서울, 미진사. 삼성경제연구소, 2008. 09, 『디자인의 진화와 기업의 활용전략』, 시기구분 인용 및 내용 참조.

1기는 건축조직의 태동기로 산업혁명부터 독일공작 연맹이나 바우하우스가 조직되기 이전 단계로 1850 - 1900년까지이다. 이 시기는 건축의 가치가 한 개인 건축가의 역량에 의존하였던 시기이며, 디자인은 공예와 디자인이 명확하게 구분되지 않았다. 때문에 소비자의 입장에서가 아닌 디자이너의 개인적 판단에 의해 이루어졌으며, 디자인 향유자는 일부 부유층에 국한되어 있었다. 그러나 이 시기는 (건축)디자인 조직의 태동기로서 윌리엄 모리스(william morris)는 1861년 그의 동료들과 모리스 상회(Morris, Marshall, Faulkner&co)를 설립하고, 스테인드글라스, 면직, 벽지 등 고급제품의 패턴을 디자인하였다.

2기는 1900 - 1930년대까지의 건축조직의 신생기로 수공예의 비효율적인 생산방식에서 효율적 생산, 실용성과 기능성을 강조하는 디자인을 부각시켜, 대량생산을 통해 디자인 향유의 범위를 대중으로 확대시키는 시기로, 건축조직이 최초로 등장한다. 1907년 독일공작연맹은 디자인 대량생산을 위한 규격화라는 현대 디자인 개념을 정립시켰으며, 1919년에 그로피우스에 의해 설립된 바우하우스(Staatliches Bauhaus)는 기능주의적 디자인을 확산시켜 건축물의 내부의 구조를 외부에 그대로 표현하였다.[45] 또한 기업(AEG)에서 건축가(Peter Behrens)를 파트너로 영입(사내 건축가, inhouse architect)하여 건축물의 디자인뿐만이 아니라 기업의 전반 활동과 이미지 관리에도 활용한 시기이기도 하다.[46]

그러나 이 시기는 건축행위만을 위한 조직이 형성된 것이 아니라는 점과 기업에서 사내 건축가 영입이 조직차원이 아니라 기업주(AEG창업자의 아들 발터 라테나우, Walter Rathenau)와 건축가(Peter Behrens)의 1:1의 관계라는 점에서 형식은 조직구조를 갖추고 있으나 본격적인 건축조직이 형성된 시기는 아니다.

----

45 예컨대, 루이스 설리반과 프랭크 로이드 라이트가 대표적이다.

46 예컨대, 피터 베렌스는 1907년 AEG기업의 디자인 컨설턴트로서 터빈공장의 설계뿐 아니라 기업의 로고 등 전반적인 디자인에 참여하였으며, 미스 반 데어 로에, 발터 그로피우스와도 협업하였다.

<그림 1-9> Peter Behrens가 디자인한 AEG 로고, 터빈공장, 선풍기

3기는 1930 - 1945년대 사이로 전후(戰後) 경제공황을 탈피하기 위한 노력을 기울이던 미국에 의해 주도되었다. 경제공황은 디자인 또한 상업적이고 효용성을 추구하게 되어 건축의 형태는 곧 건축비에 의해 결정되었던 시기이다. 반면 산업디자인의 경우는 과거 공급자 측면에서 일방향적 디자인을 제공하던 것이 소비자 측면에서 디자인을 하게 되었다. 이렇듯 디자인의 중심이 공급자에서 소비자로 이동하면서 다수의 디자인 및 건축조직이 생겨났다. 특히 이 시기의 건축조직의 변화를 주도한 것은 당시 미국의 경제권을 주도하던 자동차 3사였는데, 자동차 3사는 건축가를 포함하는 사내 디자인 조직을 만들어 디자인 트렌드를 주도하였다. 1939년 뉴욕 박람회에서 선보인 GM의 전시관인 퓨처라마(Futurama)에서는 미래의 생활상을 제시하였는데, 디자인 측면에서는 산업디자이너 노먼 벨 게디스(Norman Bel Geddes)가 제시한 유선형(streamlining)이 당시 디자인을 주도하였다. 즉, 이 시기는 건축의 형태는 경제적인 박스 형태를 추구하면서 여타 분야는 유선형의 디자인을 추구하는 양극화 현상이 나타난다.

<그림 1-10> 퓨처라마: 해저도시

<그림 1-11> 퓨처라마: 미래도시

<그림 1-12> 1969년 시그램 빌딩 IBM

4기는 1950 - 1975년대로 경제가 안정되고 활성화되는 시기로서 소비자들이 디자인에 대한 욕구가 강해지고, 대기업들도 사내에 본격적으로 디자인 조직을 결성하여 운영하게 된다. 미국의 IBM은 1956년 엘리엇 노이에스(Eliot Noyes)를 디자인 책임자로 사내 디자인 조직을 운영하여, 기업의 로고, 사옥설계, 제품 디자인 등을 전체적으로 디자인하였다. 이 디자인 조직은 내부 팀과 외부 팀이 협력관계를 유지하는 형식인데, 외부 팀은 폴 랜드(Paul Rand), 미스 반 데어 로에(Mies Van der Rohe)로 조직된 팀으로 IBM의 디자인 정책을 수립하여 현재까지 운영하고 있다.

이렇듯 디자인 조직이 복잡화되면서 인력관리와 프로젝트 관리의 필요성이 부각되고 디자인에 관리 개념이 도입되면서 1950년대 디자인은 조직화되고, 디자인에 마케팅 개념이 등장하면서 디자인의 영역이 확장된다. 이에 1960년대부터는 경영학 분야에서는 디자인을 기업경영의 중요한 기능으로 인정하고 디자인 경영(Design management)이라는 용어[47]가 등장한다.

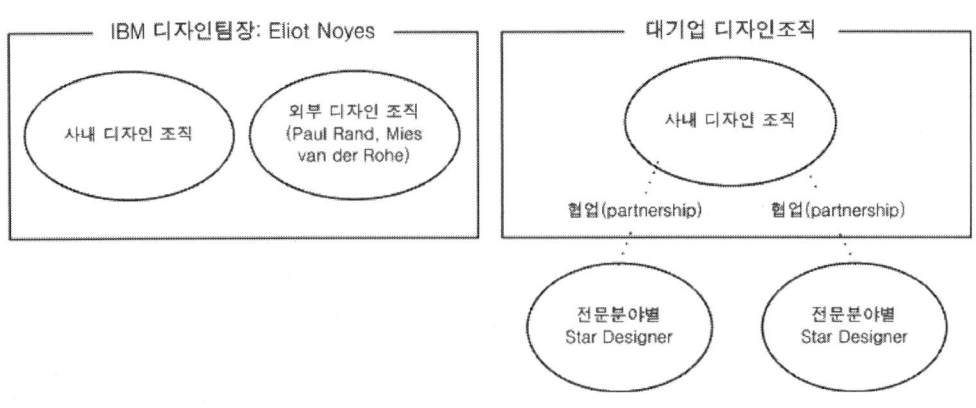

<그림 1-13> 1950 - 1975년대 IBM 및 기업의 디자인 조직도

47 런던 비즈니스 스쿨(LBS)의 피터 고브(Peter Gorb)는 경영학 논문에서 디자인을 언급하고, 1966년 마이클 파르에 의해 '디자인 경영'이라는 용어가 사용된다.

5기에 해당하는 1975 - 1990년대는 디자인이 부수적인 요소가 아니라 전 분야의 핵심 경쟁력으로 주목받는 시기이다. 이 시기는 경제사회가 Global화되면서 경쟁의 대상이 세계로 확대되어 더욱더 다양한 소비자의 욕구를 충족시켜야 하고, 기술력보다는 좀 더 대응이 빠른 디자인 경쟁력이 요구되었다. 따라서 기업은 대부분 디자인 조직을 운영하면서 디자인 정책을 수립하게 되면서 토탈디자인의 개념이 등장하게 된다. 또한 다양한 소비자의 욕구를 충족시키기 위해 건축의 형태도 다양화되고 비용 문제에 국한한 디자인 효용 개념보다는 가치 측면의 효율적인 디자인에 관심을 집중시키게 된다. 따라서 건축조직도 다양한 분야의 전문가들과 협업관계를 이루며 프로젝트를 진행하게 된다.

6기에 해당하는 1990년대 - 현재는 소비자의 욕구를 충족시키는 디자인이 아닌 소비자의 욕구를 이끌고 선도하는 '디자인 창의성'과 '디자인 혁신'을 이룰 수 있는 조직의 시대로서 외부 조직들과의 협업은 일반적인 건축조직의 형태로 인식되었다. 또한 환경문제가 대두되면서 디자인의 사회적 책임에 대한 개념이 대두되고, 디자인 대상과 영역이 공간 및 공공으로까지 확장되면서 건축조직에 있어 주체의 역할과 리더로서의 조직적 역량이 증대되고 있다.

ㄹ 건축의 가치인식 변화

가치란 사회의 제반 영역에서 진·선·미 등을 비롯한 여러 가지 표현으로 설명되어 왔다. 특히 벤담의 공리주의 등에서는 가치를 현실생활에 종합 적용해 실리·복지 등의 개념을 제시하기도 했는데, 이를 개인에게 적용하면 경제학에서의 효용(Utility)과 거의 동일한 의미가 된다. 효용이란 재화를 소비해서 얻는 주관적 만족을 가리키는 개념이다. 경제학에서는 효용을 사람들이 자신의 행위를 평정(評定)하는 평가 원리이자 평가결과·평가치라고 규정한다. 즉, 인간은 어떤 것이 더 큰 효용을 가져올 것인가를 기준으로 자신의 행위나 의사를 계획·결정·실행하는 행동양식을 나타낸다고 보는 것이다.

건축의 가치는 시대상을 반영하여 그 판단 기준이 모호하나, 그럼에도 건축의 가치는 건축의 질을 구성하는 효과성(Function · Form · Time)과 효용성(Economic value)이라는 기본적 요소로 판단 가능하다. 따라서 건축에 있어 가치창조(Added value)란 건축의 경제성과 함께, 건축의 질에 대한 (value = Quality/cost) 적극적 조정(Pro - active coordination)을 통해 얻어지는 것이다. 그럼에도 불구하고 현대건축의 가치기준은 지속 가능한 개발로 대별되는 건축의 사회적 책임인식을 요구하면서 결국 건축의 가치결정 단계에 대한 인식을 바꾸었다.

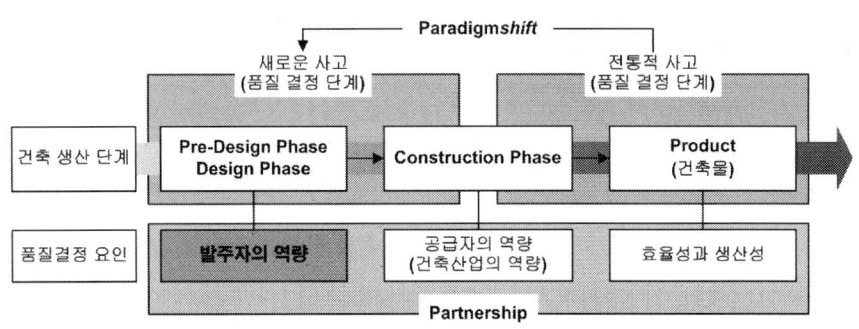

<그림 1-14> 건축의 가치결정 단계 인식의 변화

즉, 건축의 미(美)라는 것은 객관성이 결여된 심미적인 요소로서 가치로 환산할 수 없는 것이기 때문에 건축을 실체화하는 시공단계에서 찾으려는 전통적 사고에서 탈피하여, 다양한 미적 가치와 사회, 문화, 경제적인 효과뿐만 아니라 건축조직과 과정 및 예산 효율적인 관리를 조정하고 결정하는 디자인 단계에서 건축에 대한 가치를 창출해야 한다는 인식의 전환이 생겨나게 되었다.[48] 이와 같은 경향은 디자인의 질을 높이기 위한 일본의 MA와 커미셔너 등과 미국 자동차 3사의 팀 형성 모델, 그리고 영국의 Design Champion제도[49] 등에서 확인할 수 있으며, 최근 한국에서도 디자

----

48 Sir Michael Latham, 『Constructing the Team』, HMSO, 1994; Sir John Egan, 『Rethinking Construction』, HMSO, 1998. 반면, 두 보고서는 공공건축물에 국한하고 있다는 한계가 있다.

49 디자인 챔피언 프로그램은 영국 정부의 디자인 품질 향상 정책을 위한 수단의 하나로 착수되었다. 이들은 정부 중앙부처 및 산하 공공기관의 경우 기관별로 디자인 챔피언을 위촉하여 이들로 하여금 디자인 품질 향상을 위한 리더 역할을 담당토록 하고 있다. 이에 따라 정부 중앙부처 및 산하 공공기관에는 해당 기관의 고위급인사 또는 사회 저명인사를 디자인 챔피언에 위촉하고 있으며, 국립의료서비스(NHS)의 경우 찰스 황태자가 디자인 챔피언으로 위촉되어 있다. 디자인 챔피언은 디자인을 직접 수행하지는 않으며, 디

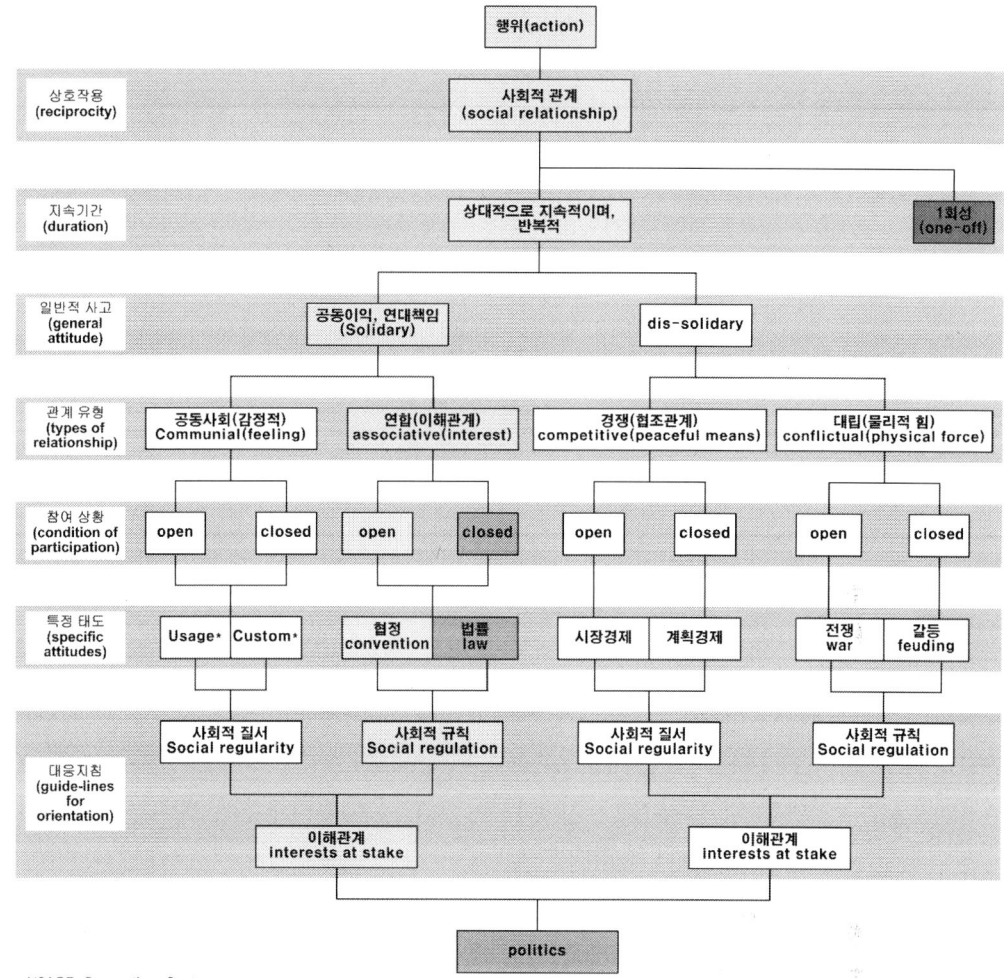

* USAGE, Convention, Custom

불문법에는 관습법, 판례법, 조리 등이 있고, 관습에 관련된 용어에는 USAGE, Convention, Custom 등이 있다. 이 중 USAGE는 단순행위가 반복되고 계속된 것이며, Convention은 USAGE에 가치 판단이 더해진 것이고, Custom은 USAGE에 법적 판단이 들어가는 것이다. 그러므로 Convention은 정치 영역, Custom은 법의 영역으로 판단하기도 한다.

출처: Werlen, Benno, 『Society action and space: an alternative human geography』, London; New York: Routledge, 1993. p.14 수정.

<그림 1-15> 막스 베버의 사회관계(Social relations)

인의 질이 곧 건축의 경쟁력이라는 인식의 궤를 공유하기 시작했다.[50]

· · · ·
자인 품질이 해당 기관의 핵심 의제(agenda)가 되도록 하며, 이를 실천하기 위한 다양한 노력이 경주되도록 하는 멘토(mentor)의 역할을 담당한다. 이러한 디자인 챔피언의 출현 배경에는 디자인이 단지 과시(high-profile)의 대상이 아니라 일상생활에 필수불가결한 요소로 자리매김하여야 한다는 것이다. 참조: http://www.cabe.org.uk/AssetLibrary/7705. pdf, 『Design Champions』, p.2.

50 한국의 건축은 건축법으로 건축조직이 관리되고 있으며, 건축형태를 규제받고 있다. 따라서 정부는 기존 도심이나 신도시 등에서 높이 제한 등의 규제를 받지 않고 창의적인 건물을 지을 수 있는 '특별건축구역' 제도를 시행할 방침이다. 또한 한국적 문화가 스며든 '걸작' 건축물 시스템의 도입도 검토 중이다. 김문섭

단순히 경제적이고 기능적인 입장에서만 바라보던 건축 가치판단 기준에서, 전환적인 미적 요소가 부가가치 창출의 핵심적 요소로 건축에서 주목받게 된 것은 사실 1차 오일쇼크 이후 1970년대 중반부터이다. 당시 건축시장은 사회 · 경제변화에 유연하게 대응할 필요성을 절감하였다. 그에 따라 기존의 대량 생산 대량 소비체계(Fordism)의 건축경영 마인드를 탈피하고, 상품차별화 틈새시장 전략(Niche marketing) 등이 이루어지게 되면서 디자인의 중요성이 부각되었다.[51] 이러한 가치인식 패러다임(Paradigm)[52]의 변화는 건축설계 단계의 업무를 변화시키고, 특히 과거 수직적인 건축조직의 형태에 대해 변화 요인을 제공하였다.

또 하나 건축조직의 변화에 영향을 미친 것으로는 WTO에 의해 촉발된 세계시장단일화의 움직임과 인터넷의 발전에 기인한 정보사회의 도래로 규정지을 수 있는 현대사회의 특성이 있다. 과거 한 지역의 국소적인 문제에 그쳤던 여러 요소와 환경들이, 새로운 국제환경의 변화로 인해 그 지역을 넘어서 국가, 그리고 세계를 아우르는 범세계적인 사회의 차원으로 영향을 미치게 하였으며, 동시에 정치 · 경제 · 사회 · 문화 등에 걸친 다면적인 성격까지 띠게 된 것이다. 이는 베버의 사회관계 개념과 그 맥을 같이하고 있는데, 베버는 개인의 행위가 사회관계를 형성하고 이는 나아가 정치문화를 형성한다고 주장하였다〈그림 3 - 2〉). 이는 과거 건축조직을 단순히 생산성을 중시하는 기계적이며 개별적인 구조로만 파악해 왔던 것과 거리를 두면서, 현대건축 조직에 있어서 창출하는 디자인의 질 그 이상으로 그 과정과 조직 구성, 그리고 그 효용성 등의 복합적이며 다양한 패러다임으로의 새로운 혁신을 현대사회가 요구하고 있다는 하나의 반증이 된다.

그러나 한국의 건축조직은 아직도 기계적 조직[53]구조를 형성하고 있다.

기자, 서울경제, 2006. 6. 15. 이 중 특히 '걸작' 시스템은 외국의 Best Practice 프로그램을 지향하는 것으로, 건축 디자인의 중요성과 질 관리를 통해 건축경쟁력을 증진시키려는 정부차원의 노력의 일환이다.

51 Knox, Paul L, 『Urban social geography :an introduction』, Harlow, Essex, England: Longman Scientific & Technical; New York: Wiley, 1995. p.188.

52 패러다임이라는 용어는 과학철학자이며 과학사가인 토마스 쿤(Thomas S. Kuhn)이 1962년 『과학혁명의 구조: The Structure of Science Revolution』에서 처음 사용하였다. 이 책은 과학자들 사이에서 어떤 사고방식이나 사물을 보는 방식이 더 이상 통하지 않게 되었다는 사실을 설득하기가 얼마나 어려운가, 즉 조직문화가 자기 보존의 본능적 특성 때문에 패러다임의 변화의 어렵다는 것을 입증하기 위해 저술된 것이다. 최석신, 「한국기업의 경영 패러다임 설정에 관한 연구」, 『産業經濟研究』 Vol.19, No.1, p.51 참조.

기계적 조직이란 개인의 전문화에 따른 건축 기술조직 간 경쟁의 원리가 지배적이고, 중앙 제어를 통한 단순 통합된 조직의 형태를 띠고 있음을 의미한다. 이러한 중앙 집중화된 조직구조는 수직적 커뮤니케이션 절차에 의해 신속한 의사결정에 따른 업무의 신속처리라는 장점은 있다. 그러나 업무의 질적 관리가 배제되어 있고, 중앙에서 단독 의사 결정된 표준화된 절차에 의한 업무수행은 조직원들의 사고방식을 균질화시키며 환경변화에 대한 적응력과 창의력을 저하시킨다. 따라서 이러한 전통 조직문화로는 미시적으로는 현대 소비자의 다양한 요구를 충족시킬 수 없으며, 거시적으로는 급변하는 건축시장의 경쟁력 확보가 어렵다.

건축주와 건축주체의 변화

건축의 가치는 사회적임과 동시에 소비자의 가치판단에 의존한다. 소비자의 요구는 환경변화에 따라 달라진다. 현대 시장의 단일화는 가치 창출을 통한 경쟁력 증진이 핵심으로 대두되었다. 여기서 가치 창출에 대한 정보발달로 인한 사고의 변화(Stock to flow)는 기본적으로 가치 창출의 근

• • • •

53 기계적 조직구조와 유기적 조직구조의 특성비교는 Stephen P. Borgatti, 「Organization Theory: Determinants of Structure」, http://www.analytictech.com/. 2001 참조.

유기적 구조와 기계적 구조 비교

구분	기계적 조직구조	유기적 조직구조
구성원	개인 전문화(individual specialization): 구성원은 각 개별 전문 업무에 종사	공동전문화(Joint Specialization): 조직구성원은 통합되어 공동업무 수행
조직구조	단순통합: 명확한 권위에 의한 위계조직	복합통합: 통합 메커니즘의 주요 요소는 task forces 와 팀
제어(control)	중앙집중화: 수직적 커뮤니케이션, 신속한 의사결정	분권화: 수평적 커뮤니케이션, 위임된 업무 통제권
실행구조	표준화: 규범화된 실행절차를 광범위하게 적용	상호 간 조정: 실행과정의 예측 불가능한 부분의 조정을 위해 면대면(Face-to-face) 접촉
커뮤니케이션 수단	문서 위주	구두(口頭) 위주
비공식 지위 (Informal status)	조직 내 공식적으로 주어진 통제 규모	개인적 능력
조직연결 점	업무 단위(position)로 연결. 각 개인은 한 가지 업무에 종사	개인 혹은 팀 간 연결. 각 개인의 업무량과 시간은 능력에 따라 차등

원적 인식 변화를 가져왔다. 즉, 가치 창출은 정보와 기술의 개인적 보유 (Stock: know-how) 능력에 따른 생산 기술이 경쟁력이 아니며, 관계적 상호 작용과 치환을 통한 흘러가는 정보의 선택 능력 '활용(Flow: know-where)'으로부터 발생되는 것이다. 또한 패러다임의 변화는 건축에 있어 경쟁의 대상은 건축기술자 사이에만 존재하는 것이 아닌 건축주의 기대, 판매자, 대체 상품54으로 경쟁의 범위를 확장시켰다.

건축시장은 기술의 발전, 사회변동 및 건축주의 요구변화 등에 따라 형성된다. 과거 건축주는 건축의 이익을 최소한의 대리 비용(Agency expenditure)에 의해 창출되는 것으로 인식하였다.55 따라서 건축주가 요구하는 건축조직은 설계자와 시공자로만 구성이 되었다. 그러나 현대 건축주의 요구는 정보의 적극적 활용과 참여를 통한 건축의 질 향상이 부가가치 창출의 핵심임을 인식하고 있다. 또한 부가가치 창출의 대상으로서 건축 상품의 가치가 가격, 품질로만 구성되는 것이 아니라 서비스, 이미지 등을 포함한 종합상품(Total product)으로 인식되고 있으며, 그에 따른 건축주의 요구 또한 종합상품으로서의 건축물을 기대한다. 따라서 건축주는 철저한 시장 조사와 분석을 통한 프로젝트 기획조직이 요구되어 건축조직의 형태를 변화시키고 있다.

<표 1-4> 건축주의 요구

요소	내용	목적
효용성	투자 이상의 건축 품질	적정 가격으로 최대 이익 창출
확실성·효용성·공기(工期)	기간 내 건축 완성	자금 계획과 공기를 맞추기 위해
확실성·효용성	예산 내 건축 실행	자금 회수 계획에 맞추기 위해
안전성	안전한 양질의 건축	소유자의 안전 기준에 맞추기 위해56

출처: George J. Ritz, 『Total Construction Project Mamsgement』, McGraw-Hill, Inc. 1994, p.15 참조, 수정.

••••

54 이러한 내용은 Porter's 경쟁의 5가지 힘(Five Forces)을 기준한 것임. Porter, M., 「How Competition Forces Shape Strategy」, 『Harvard Business Review, September-October』, 1980, pp.137-145; Porter, M., 『Competitive Strategy』, 1980, New York: Free Press; Porter, M., 『Competitive Strategy: Techniques for Analyzing Industries and Competitors』, 1998, New York: Free Press.

55 이러한 경제적 디자인(The Economic Design)의 경향은 특히, 1940-50년대의 시카고학파 등에 의한 Skyscraper 건축물들이 대표적이다. 이와 같은 견지는 Carol Willis, 『Form Follows Finance』, Princeton Architecture Press, 1995 참조.

56 건축주가 반드시 소유자가 아니므로 실질적으로 건축물을 이용·관리하는 점유자 혹은 소유의 안전

여기서 한 가지 주목해야 할 사실은 질에 대한 개념이다. 현대 사회에서 정의되는 질(Quality)은 상품 또는 서비스의 특색(feature)과 특성(characteristics)에 대한 총체적 개념이며, 소비자의 만족과 요구[57]에 대한 생산자의 대응이라고 할 수 있다. 이러한 질의 결정요소(quality features)는 실행(Performance), 특색(Features), 미학(Aesthetics), 신뢰도(Reability), 내구성(Durability)[58]이 있다. 이와 같은 현대의 질에 대한 개념은 과거 단순히 비용적인 측면을 고려한 질의 개념과의 큰 차이를 보이면서, 그에 따른 조직의 구성 또한 과거와 다름을 예고하고 있다.

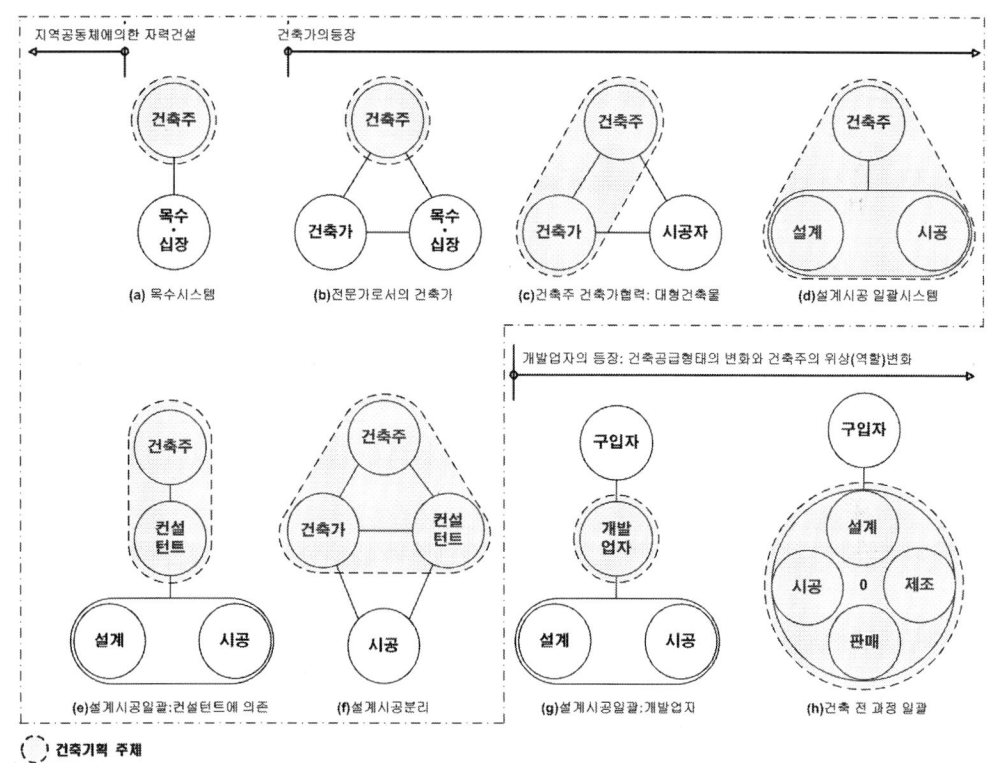

출처: 일본건축학회, 조용준 외 공역, 『건축기획론』, 기문당, 1999, p.22 수정.

<그림 1-16> 건축주체의 변화

• • • •
기준에 맞추려는 것이며, 이는 최종적으로 건축주의 이익과 관련된 것이다.

57 BS4778, ISO8402. 인용.

58 Douglas K. Macbeth & Neil Ferguson, 『partnership sourcing: An integratwd Supply Chain Management Approach』, Finabcial Times, Pitman Publishing, 1994, pp.38-40 참조.

전통적으로 건축주, 설계자, 시공자로 구성되는 건축조직은 시대에 따라 건축주체를 달리하며 다양하게 변화되어 왔다(〈그림 1 - 16〉). 즉, 건축조직의 변화유인은 건축과정의 주도자의 변화를 의미한다. 이러한 건축과정의 주체는 건축주에서 건축가, 컨설턴트(혹은 CM), 개발업자로 변화되고 있다. 그러나 급변하는 건축 환경의 변화는 건축의 불확실성을 가중시켜, 건축의 리스크 예측을 주 업무목표로 하고 있는 건축기획 단계의 중요성을 다시금 부각시켰다. 따라서 현대의 건축의 주체는 건축기획 단계의 주도자인 건축주로의 회귀현상이 나타나고 있다. 그러므로 미래의 건축조직은 건축 전 과정의 주도자는 존재하지 않는 대신 이들 조직 내·외부 혹은 조직과 건축환경 정보를 연계할 조정자(Facilitator)만이 존재할 것으로 예상된다.

Part_2

건축조직의 결정 요소

제1절　건축조직의 협력

1　협력기술과 유형

　　건축은 건축조직의 협력의 산물이다. 광의의 협력이란 힘을 합하여 서로 돕는 것이며, 현대에 있어 협력은 파트너십으로 대별된다. 파트너십은 네트워크, 연계, 협력, 제휴, 교류, 교환, 통합 등의 유사용어로 사용된다.

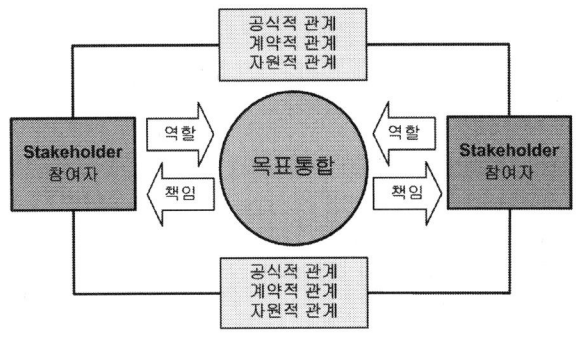

<그림 2-1> 협력의 개념

현대에 일반적으로 받아들여지고 있는 파트너십의 개념은 개인(조직)이 공유 가능한 목적을 수행하기 위해 목표통합[59]을 이루어 구체적 역할과 책임을 승인, 분배하는 공식적이며 계약적인 대등한 관계를 의미한다(<그림 2-1>). 협력은 윤리적 지침에 의해 수립된 주요원칙을 약속을 통해 관계 형성된다.[60] 이 약속은 조직의 행동규범으로서 조직을 구속하는 구속력이 있으며, 이 구속력은 약속자의 의사로부터 출발하는 것이 아니라 약속행위로 인한 상대방의 신뢰에 있다.[61]

　　오늘날 인간관계에 의해 형성된 조직은 높은 상호 의존성을 가지고 지

----

59 여기서 통합이란 목표의 일치를 의미하는 것이 아니라 양립된 각 개인의 목표와 조직의 목표를 부합 또는 융합시킬 수 있는 영역이 넓어지도록 하는 과정적 통합모형(Integration Model)을 의미한다.

60 Gill Walt, 「Using private money for public health: the growing trend towards partnership」, 『Public-Private 'Partnerships': Addressing Public Health Needs or Corporate Agendas?』, HAI Europe/BUKO Pharma-Kampagne Seminar. 3 November 2000. http://www.haiweb.org/campaign/PPI/seminar200011.html 참조.

61 계약은 개인의 자유의사와 판단에 근거하여 발생한다. 그러나 일단 계약이 성립하면 계약 당사자는 계약(약속) 내용에 대한 책임이 있으며, 때문에 행위구속력이 있다. 이때 전통적인 의견은 계약의 행위구속력이 의사표시 그 자체로 보는 견해이며, 최근의 패러다임은 계약행위로 인한 상대방의 신뢰에 있다는 견해가 지배적이다. 이러한 논지의 자세한 내용은 이은영, 「계약에 관한 법철학적 고찰: 약속이론과 신뢰이론을 중심으로」, 『외법논집』 vol.1, 1994, 한국외국어대학교 법학연구소, pp.99-122 참조.

속적인 상호 작용을 하면서 제품, 서비스 그리고 정보 등의 교환을 과거에 비해 장기적인 관계하에서 행하고 있다. 즉 이산(離散)적, 단속적 거래 형태에서 지속적, 장기적, 관계적 교환으로 변화하고 있다. 단속적 거래에서 관계적 거래로의 전환 목적은 특정한 거래 파트너가 보유하고 있는 가치 있는 자원과 기술을 확보하기 위한 것이다.[62] 이와 같은 이유로 과거와 현대의 파트너십이 가지는 의미는 구분할 필요가 있다. 과거의 파트너십에 대한 개념은 일상적인 공동작업(Team working)을 의미하는 것이었다.[63] 그러나 현대의 파트너십은 사회구조적인 측면에서 그 이상의 의미를 내포하고 있다. 현대의 파트너십은 인간관계를 재구축할 수 있는 새로운 방법으로 진정한 파트너십(Real partnership)이라고 규정지을 수 있다. 여기서 진정한 파트너십이란 과거 영합(Zero-sum)적인 지배적 관계의 관점에서 파악해 왔던 과거 파트너십의 이해와는 차이가 있다. 파트너십 관계에 대해서는 여러 의미들을 추출할 수 있다. 특히 판매자들, 합자회사들, 사업 제휴 등과 같이 팀워크가 중요한 관계에 있어서 협력과 네트워킹을 통해서 새로운 기회를 얻을 수가 있다. 그러나 파트너십은 단순히 현학적인

••••

62 장명희, 「전략적 파트너쉽에 영향을 미치는 요인 – 인터넷쇼핑몰과 제3자 물류업체와의 관계를 중심으로」, 『경영교육논총 제32집』, 한국경영교육학회, 2003. 12, p.177 인용.

63 역사가이며 문학구조학자인 Riane Eisler는 조직 및 사회체제에 관한 모델을 크게 '지배자 모델(The dominator model)'과 '파트너십 모델(The partnership model)'로 나누었다. 지배자 모델은 권력자가 개인의 삶과 건강 또는 행복 등을 빌미로 자신의 지배하에 두기 위해서 명백하고 함축된 협박, 즉 고도로 제도화된 폭력(현재에도 전 세계적으로 대규모 사회체제 속에서 벌어지고 있는 정치적 감금, 고문, 경찰 폭력, 또는 가정 폭력)과 공포를 이용한다. 즉 과거 단순한 공동 작업을 지칭했던 고전적인 의미의 파트너십과 현대의 진정한 파트너십을 구분해야 한다는 것을 의미한다. Alfonso Montuori and Isabella Conti, 『THE MEANING OF PARTNERSHIP』,
http://www.ciis.edu/faculty/articles/montuori/meaningofpartnership. pdf, 01. 참조. 본 연구에서는 이에 준거하여 현대의 '파트너십 모델'과 대비하여 과거의 공동 작업을 '지배자 모델'로 지칭하여 구분한다.

파트너십 모델(Partnership model)과 지배자 모델(Dominator model) 비교

구분	Partnership model	Dominator model
관계	연계(linking)	계층(ranking)
이익	상호 이익(win – win)	영합(zero – sum)
조직형태	수평조직(flatter organization structure)	직계조직(line organization structure)
충돌	억압(repression)	해결(resolution)
경쟁의 원리	실적 중심	창조성 중심
지도자의 역할	조직 지배	조정자
세계관	개인 역량 배제	개인 역량 기대

전문용어로서 보기보다는, 용어의 의미 그대로 인간적인 관계의 변화를 추구하고 있음을 인지해야 한다.

건축에 있어 협의의 협력이란 2 이상의 개인 혹은 실체(Entity)가 연합하여 공동 소유자(Co - owners)로서 건축실행을 주도하는 것이다.[64] 즉, 건축에 있어 협력한다는 것은 건축조직이 건축주 입장에서 건축을 실행(Client situate Architectural practice)한다는 의미이다. 이를 사회의 입장에서 본다면, 건축조직 자체가 사회의 건축주가 되는 것이므로 건축조직은 건축의 사회적 책임이 있다. 따라서 건축주와 건축기술자의 협력은 OECD가 정의한 융합으로도 이해할 수 있다. 융합이란 현재의 경제섹터들 간 기술적·규제적 경계가 모호해지는 현상으로서, 네트워크, 서비스 및 기업조직이라는 세 가지 차원에서 진행된다고 보고 있다.[65] 여기서 융합이란 전통의 이탈이나 양자가 일체화된 통합을 의미하는 것이 아니라 분리와 통합의 중간적인 개념 혹은 통합을 향하는 과정의 과도기적 형태가 융합의 본질이다. 그러므로 협력기술이란 조직을 통합하려는 것이 목적이 아니며, 기존의 건축조직을 토대로 한 경계 허물기 내지 상호 침습이다.

국내의 경우 파트너십에 관한 법적 개념은 정립되어 있지 않고, 조합('주택법')·협력('건설산업기본법' 제48조)제도와 공동사업주체('주택법' 제10조)제도를 시행하고 있다. 그러나 공유한다는 협력의 개념정립 없이 규정된 것이어서 이들 규정 주체가 의사결정권을 주도하는 주체로 잘못 인식되고 있다. 광의의 협력 개념은 건축에 있어 힘을 합하는 방법, '서로'의 대상과 돕는 기술에 따라 패러다임 변화에 따른 사회의 요구가 다르며, 사회의 요구 적응 여부에 따라 건축물의 가치를 달리한다. 현대의 협력기술은 파트너십(Partnership), 파트너링(Partnering), 신조합(New Partnership)이라는 이름을 달리하며 진화하고 있다〈그림 2 - 2〉).

• • • •

64 AIA, 『The Architect's Handbook of Professional Practice』 vol.1, 1994, p.14.

65 신영수, 「통방융합의 본질과 규제권한의 조정방향」, 『법령정보』 2006. 05, 법제연구원, p.56.

과거	현재	미래
제3 섹터 (Third Sector)	partnering	신 조합 (New Partnership)

<그림 2-2> 건축조직의 협력기술 발전

따라서 건축조직의 협력기술도 진화하고 있으며, 이는 건축주의 역량 변화에 따른 건축주의 건축 참여 정도에도 협력기술의 발전에 영향을 준 요소이다. 현대의 건축주는 건축에 적극적으로 참여하면서, 공급자인 건축 기술자들을 과거 건축주의 요구가 있을 때까지 건축의 방관자(Spectator)적 입장에서, 건축을 하나의 상품으로 인식하고 이를 불특정 다수를 향해서 파는 판매자(Vendor) 입장으로 전향시켰고, 이후에는 건축주의 요구를 파악하고 그 요구에 선택적으로 대응하여 판매하는 선택공급자(Preferred provider)의 입장으로, 이는 좀 더 발전되어 건축주의 요구를 정확하게 인식시키고자 하는 경영컨설턴트(Business consultant) 역할에서 최근에는 건축주와 건축의 동반자적 입장인 파트너(Partner/Ally) 관계로 발전시켰다.[66] 협력의 목적은 둘이 함께하여 시너지효과를 창출하는 것으로 현대의 건축조직의 협력기술은 리더십·행정과 관리·파트너십 능률·참여기회와 기타 요소로 비재무적

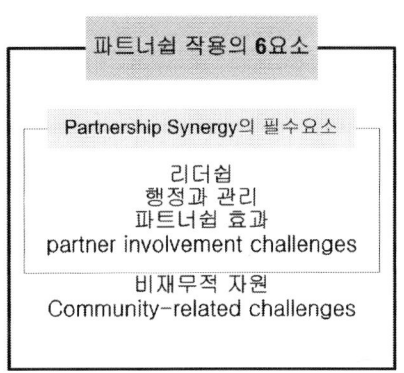

파트너쉽 작용의 **6요소**

Partnership Synergy의 필수요소

리더쉽
행정과 관리
파트너쉽 효과
partner involvement challenges

비재무적 자원
Community-related challenges

<그림 2-3> 협력의 기술요소

자원과 커뮤니티와의 연계 등의 무형자산이 핵심 기술 요소이다(<그림 2-3>).[67] 파트너십 협정에 따른 파트너의 구체적 역할은 공동자금 출자, 권한과 책무, 성실의무(Fiduciary duties), 법률적 책임(Liability), 실행과 관리, 손익분배, 이익의 교환, 새로운 파트너의 승인, 분쟁 해결, 관계 해산이다.[68]

••••

66 Kurzrock, W., 『The Sales Strategist』, Irwin, 1996, p.122.

67 Elisa S. Weiss, Rebecca Miller Anderson, Rose D. Lasker, 「Making the Most of Collaboration : Exploring the Relationship Between Partnership Synergy and Partnership Function」, 『Health Education&Behavior』 vol.29(6), 2002, pp.683-685 참조.

건축조직은 건축에 요구되는 다양한 정보 제공자와 건축주와의 계약을 통한 거래로 관계가 형성되며, 이때 거래비용이 발생한다. 이때 효율적인 조직이란 소비자가 요구한 제품이나 서비스를 최소한의 비용으로 제공할 수 있는 조직이다.[69] 여기서 최소한의 비용의 개념은 단순히 건축주 입장의 최소한의 비용을 의미하는 것이 아닌 건축비용의 낭비를 막아 건축이익을 공유하자는 것이다. 그러나 파트너십 관계는 자금력(Financial resources)이나 기술력(Expertise) 등의 기본적인 사회적 불평등 때문에 파트너들 간의 권위의 수준 차(Levels of power)가 발생하고, 상호 관계 중(Relationship's course)에 파트너들의 역할이 바뀌기도 한다. 따라서 파트너십 관계는 역동적이며 본질적으로 불안정하다. 그러므로 파트너십 관계는 참여자를 대표할 만한 적법한 대표성(Representation/Legitimacy)과 참여자를 대표할 만한 책임성(Accountability) 및 파트너가 지닌 역량의 불공평함(Inequity)의 3가지 요소를 고려해야 한다. 이 중 대표성과 책임성은 다양한 파트너들의 이해를 대변해야 하기 때문에 리스크 요소로 작용될 수 있다. 그러므로 이러한 위험요소를 줄이고, 파트너십을 통한 시너지를 얻기 위해서는 충분한 토론(Debate)이 수반되어야 하고, 이러한 어려움에도 불구하고 파트너십은 그 속성[70]상 현대에서 추구하고 있는 진정한 자유경쟁 시장을 이룰 수 있는 방안이다(〈그림 2-4〉).

••••
68 David Haviland, Hon, ibid, 1994, p.126.

69 Fama, E. F., Jensen, M. C., 「Agency Problems and Residual Claims」, 『Journal of Law and Economics, 26, June』, 1983.

70 파트너십의 중요한 속성은 일반적으로 몰입(Commitment), 조정(Coordination), 상호 의존성(Interdependence), 신뢰(Trust)이다. 여기서 생소한 조직몰입이란 사회학적 접근으로 파악하면 구성원 간의 유인과 공헌의 결과로 발생하는 것으로 연구되어 있으며, 심리학적 접근으로 파악하면 조직몰입은 조직에 대한 보다 적극적이면서 심리적인 지향, 즉 일정한 개인이 어떻게 조직에 반응하는가로 구성되는 것이 조직몰입의 개념으로, 이는 조직원의 친밀도, 다시 말해 공동운명체적 연대감의 정도를 구성하는 것이 조직몰입의 정도라고 이해할 수 있다. 기타 파트너십의 속성에 관한 자세한 내용은 오경희, 「파트너십 속성과 의사소통행위가 국제합작기업의 기회주의와 기업성과에 미치는 영향: 우리나라 해외투자 제조기업을 중심으로」, 『국제경영논집』 제13집, pp.267-270 참조.

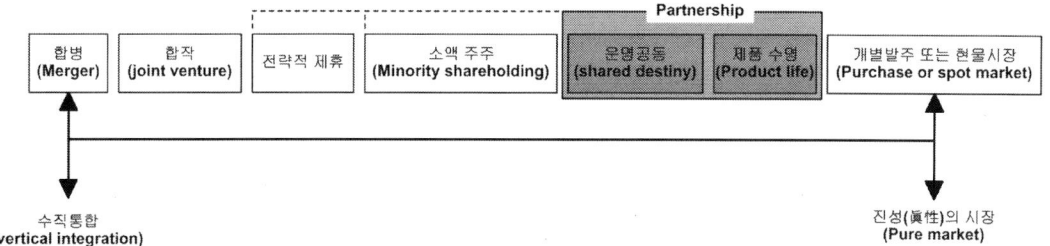

출처: Douglas K. Macbeth & Neil Ferguson, 『partnership sourcing: An integratwd Supply Chain Management Approach』, Financial Times, Pitman Publishing, 1994, p.106 참조.

<그림 2-4> 파트너십의 유형과 시장과의 관계

건축조직의 목표통합 유형

조직에 있어 현대적 접근방법은 조직을 개방체계[71]와 심리체계로 간주하고 기본적 하위체계와 그들의 상호 작용을 고려하는 것이다.[72] 이러한 조직 간 교호[73]를 위해서는 조직의 교호를 조장하는 교호작용 조직(boundary personnel)이 요구되며 이들 교호작용 조장 조직은 조직 간 혹은 건축 환경과 조직의 관계를 중계하여 경계를 허문다. 이들 교호작용 조장 조직은 정보의 흐름, 재화 또는 용역의 흐름, 조직구성원의 교류 등을 조장한다. 이를 통해 협력관계는 유지된다. 이러한 전제를 바탕으로 협력관계 유지를 위한 건축조직의 목표통합이란 건축물의 사회적 목표, 생산목표, 건축주(investor)의 목표, 체제 유지적 목표, 파생적 목표 등에 대한 통합을 의미한다.[74] 이러한 조직의 목표 통합은 개인의 목표와 조직의 목표 관계설정에

....

71 개방체계란 조직에 있어 F. W. Taylor의 과학적 관리법, L. Gulick의 전통적 행정관리, M. Weber의 관료조직과 같은 기계론적 시스템이 아닌, 조직이 환경과 상호 작용을 하는 현대적 조직개념으로, 여기서 환경은 외부 환경뿐 아니라 조직 내의 하부체제도 포함하는 개념이다. D. Katz & R. L. Kahn, 『The Social Psychology of Organizations』, New York; Wiley, 1966, pp.71-74 참조.

72 F. E. Kast & Rosenzweig, 『Operation & Management 2nd ed.』, McGraw-Hill, 1974, p.113.

73 자세한 조직 간 교호양상에 관해서는 Merton, 『Social Theory and Social Structure, rev. ed.』, Free Press, 1957, pp.368-380; Evan, 「The Organization-set: Toward a Theory of Interorganizational Relations」 in J. D. Thompson, ed., 『Organizational Design and Research』, University of Pittsburgh Press, 1966, ch.4 참조.

74 이하 목표통합의 유형분류와 그에 관한 상세 논의는 오석홍, 『조직이론』, 박영사, 2005, pp.112-122 참조.

따라 다르며 매우 복잡하다.

  그러나 본고에서 이를 단순화하여 생산 목표통합에 초점을 맞추어 건축
관계자 개인의 목표(X)와 건축조직의 목표(Y) 간의 통합의 정도에 따라 3
가지로 유형화하면 다음과 같다(〈그림 2 - 5〉).[75]

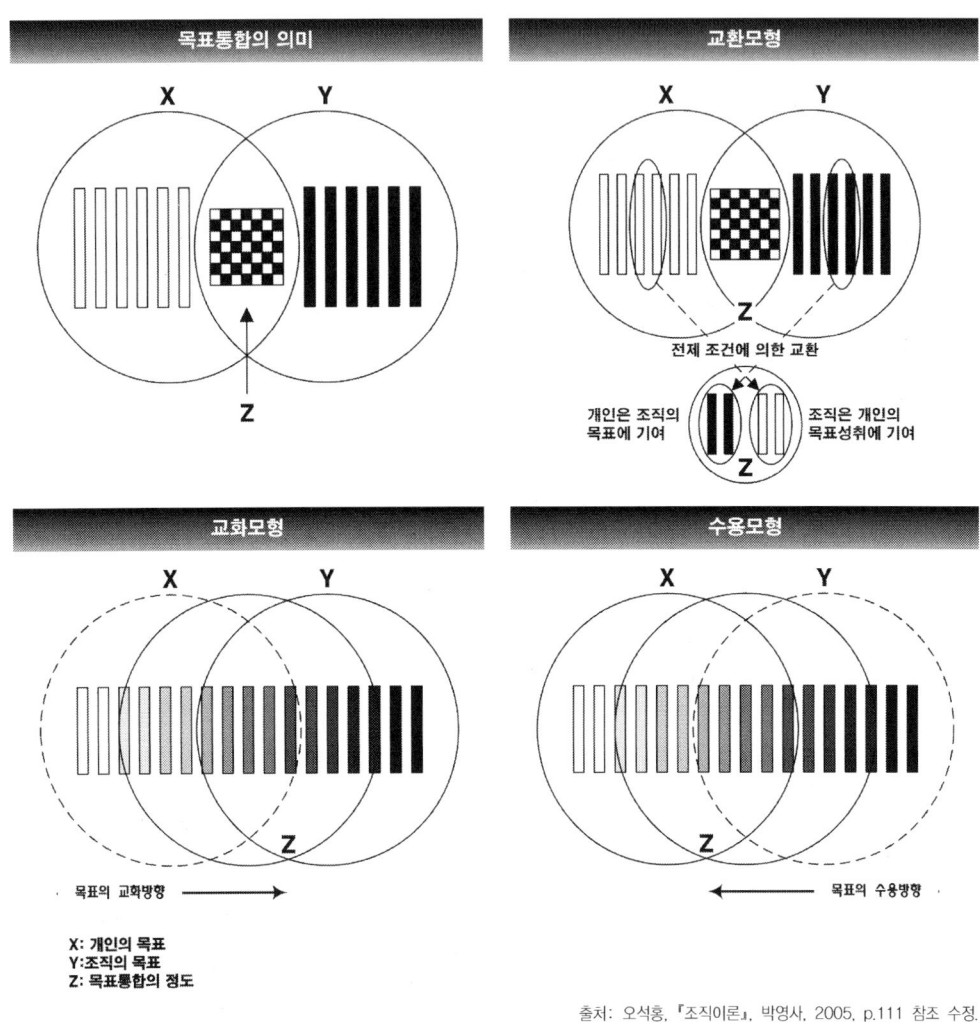

출처: 오석홍, 『조직이론』, 박영사, 2005, p.111 참조 수정.

〈그림 2 - 5〉 조직의 목표와 개인목표의 관계모형

••••
75 John H. Barrett, 『Individual Goals and Organizational Objectives: A Study of Integration
   Mechanisms』, 1970, Institute for social research, The university of michigan의 내용을 정리한 오석
   홍, opt. cit. pp.111 - 113.

2.1. 교환모형(exchange model)

목표양립을 위해 교환모형을 채택하는 경우 조직과 개인 사이에는 뚜렷한 거래협상의 관계가 설정되는데, 여기서 조직은 개인적 목표의 성취에 도움이 되는 유인을 개인에게 제공하고 개인은 그 대가로 시간과 노력을 조직의 목표 성취에 제공한다. 이는 교환모형이 '외재적 보상에 기초를 둔 모형'이기 때문이다.

교환모형은 전형적인 건축주와 건축기술자 간의 1:1 대응의 조직구성 방법이라고 할 수 있다. 여기서 개인적 목표는 건축주에게 있어서는 저비용에 양질의 건축물을 확보하는 것이고, 건축기술자에게는 그에 대한 충분한 금전적 보상이라고 할 수 있다. 그러나 건축주와 건축기술자 조직이 추구하는 조직의 목표인 건축에 의한 공공복리 증진은 각자의 사익 추구로 인하여 그 취지를 상실할 가능성이 높다.

2.2. 교화모형(socialization model)

교화모형은 개인으로 하여금 조직의 목표 성취에 협조하는 행동을 가치 있는 것으로 인식하고, 반대의 경우는 무가치한 것으로 생각하도록 유도하는 '감화의 과정(Influence process)'을 통해 목표통합을 이룩하려는 접근 방식이다. 개인의 교화에 대한 태도에 따라 설득과 모범적인 행동을 통한 적극적 교화와 조직의 목표 성취에 방해가 되는 개인적 목표를 포기하도록 감화하는 소극적 교화로 나눌 수 있다.

교화모형은 일종의 협의 협력으로 해석될 수 있다. 건축기술자가 전체 조직에 있어서 건축주의 입장에서 건축주와 함께 사회의 건축주 조직으로 화하여 건축의 사회적 책임을 실현하도록 노력하는 것이다. 그러나 교화 모형은 자칫 개인의 희생을 강요하기 십상이다.

2.3. 수용모형(Accommodation model)

수용모형은 조직의 목표를 설정하고 목표추구의 방법과 절차를 입안함에 있어서 개인의 목표를 고려하고 이를 수용하도록 계획하는 모형으로서, 다른 모델과 달리 개인의 필요와 욕구를 배제하지 않고, 주어진 조건으로 취급을 하여 조직의 목표를 추구하는 자체가 개인에게 가치 있는 것으로 느끼도록 한다.

수용모형의 수단은 보통 두 가지로 나뉘는데, 그 하나는 역할 또는 직무의 설계이고, 다른 한 수단은 참여이다. 역할 또는 직무의 설계는 개인적 목표추구가 가능하도록 활동의 종류와 수를 배합함으로써 목표통합의 폭을 넓힐 수 있다. 참여는 조직의 목표결정과 문제해결 활동에 조직구성원들을 널리 참여시킨다.

수용모형은 건축조직에 있어서 파트너십의 형태로 궁극적으로는 신조합의 형태를 의미하고 있다. 개인과 조직 간의 경계를 무너뜨리고, 각자의 목표를 추구하면서도 공동의 목표를 성취하는 수용모형의 파트너십은 급변하는 현대사회에 적합한 조직 유형이라 할 수 있다.

▣ 파트너십의 일반적 유형

파트너십의 유형은 주체 특성, 협력조직 구성방식, 조직의 구조형태에 따라 분류할 수 있다.

3.1. 주체 특성에 따른 분류

파트너십은 협력주체가 민간 혹은 공공인지에 따라 민+관 파트너십(Private Public Partnership), 공+공 파트너십(Public Public Partnership), 민+민 파트너십(Private Private Partnership)으로 구분된다. 이러한 3종류의 파트너십은 사업의 성격에 따라 선택되며, 파트너십은 일반적으로 민관 파트너십을 일컫는다.

① 민간 + 민간[76]

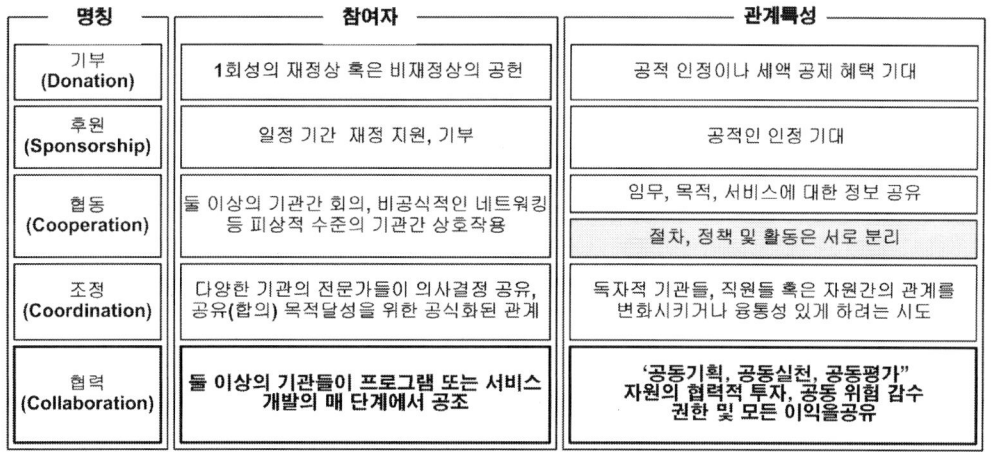

명칭	참여자	관계특성
기부 (Donation)	1회성의 재정상 혹은 비재정상의 공헌	공적 인정이나 세액 공제 혜택 기대
후원 (Sponsorship)	일정 기간 재정 지원, 기부	공적인 인정 기대
협동 (Cooperation)	둘 이상의 기관간 회의, 비공식적인 네트워킹 등 피상적 수준의 기관간 상호작용	임무, 목적, 서비스에 대한 정보 공유 절차, 정책 및 활동은 서로 분리
조정 (Coordination)	다양한 기관의 전문가들이 의사결정 공유, 공유(합의) 목적달성을 위한 공식화된 관계	독자적 기관들, 직원들 혹은 자원간의 관계를 변화시키거나 융통성 있게 하려는 시도
협력 (Collaboration)	둘 이상의 기관들이 프로그램 또는 서비스 개발의 매 단계에서 공조	'공동기획, 공동실천, 공동평가" 자원의 협력적 투자, 공동 위험 감수 권한 및 모든 이익을 공유

<그림 2-6> 민+민 파트너십의 유형과 특징

민간+민간의 협력은 참여자의 참여기간과 참여내용 및 참여행위에 따라 기부(Donation), 후원(Sponsorship), 협동(Cooperation), 조정(Coordination), 합작(collaboration)의 단계로 구분된다(〈그림 2-6〉). 여기서 기부와 후원은 사인(私人) 간의 협력이며, 기업(조직)에서의 협력은 협동, 조정, 합작의 형태로 사용되고 있다. 여기서 기부와 후원은 개인적이고 일시적인 재정적 참여 행위를 통해 공적인 인정을 기대하는 사익 추구의 형태이며, 협동, 조정, 합작의 형태는 참여자(조직)가 둘 이상으로서 장기적(Long-term) 참여를 통해 이익을 공유하는 형태를 취한다. 이때 가장 이상적인 파트너십의 형태는 협력관계로 기획(Programming), 계획(Plan), 실행, 관리의 전 과정에 파트너들이 함께 참여하여 자원조달과 이익분배 및 위험과 책임 모두를 공유하고, 합의를 형성(Consensus building)한다.

② 민간 + 공공

민관 파트너십은 미국의 경우, 1950년대(Reconstruction)는 중앙과 지방정부, 민간개발업자와 도급업자가 주도했으며, 1960년대(Revitalisation)는 공공

----

76 민+민 파트너십 개념은 Skoge S., 『Building Strong & effective community Partnership: A manual literacy workers』, 1996, Canada, The Family Literacy Action Group of Albertra 참조로 작성되었음.

과 민간부분 간의 균형과 조화를 이루는 방향으로, 1970년대(Renewal)는 민간부분의 역할 강화, 지방정부의 탈중앙화, 1980년대(Redevelopment)는 민간부문과 특별정부기관이 중심이 되어 파트너십이 성장하기 시작하여, 1990년대(Regeneration)에 이르러는 파트너십이 지배적인 관계로 자리매김하였다.[77] 민관 파트너십이란 민간의 자금을 이용하여 공공의 안녕(Public health)을 도모하는 것으로, 주체의 개입동기에 기준하여 첫째, 시장 실패[78]에 의해 공공이 개입하게 됨으로써 발생한 Product development partnerships과, 둘째, 세계보건기구의 말라리아퇴치기관인 Roll Back Malaria Initiative와 같이 다른 조직의 조정(Co-ordination)을 수용하는 Systems/issues partnerships, 셋째, 민간 부분에서 출발한 것으로 기부(donation) 프로그램이 발달한 Product-based partnerships의 3가지 유형이 있다.[79]

한국에는 파트너십에 대한 법적인 개념은 설정되어 있지 않는 상태이나, 1999년에 제정된 '사회기반시설에 대한 민간 투자법'과 '도시재정비

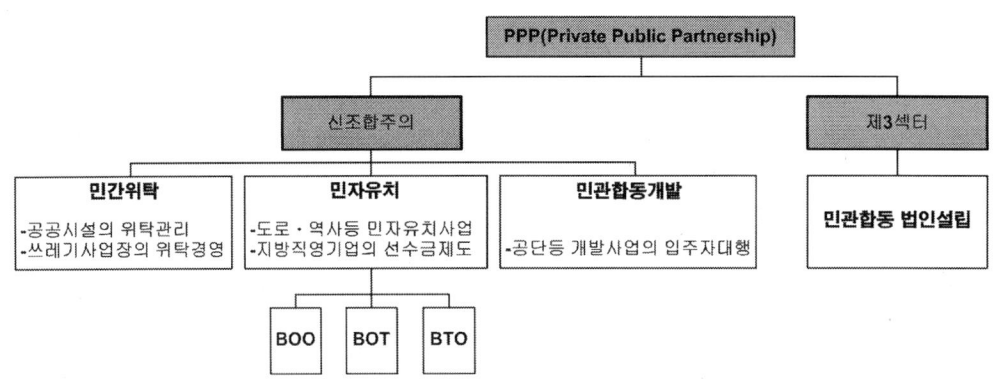

<그림 2-7> '사회기반시설에 대한 민간 투자법'에 의한 파트너십 유형

• • • •

77 Peter Roberts and Hugh Sykes, Urban Regeneration: A Handbook, SAGE Publications, 2000, p.14.

78 원칙적으로 시장이란 사인(私人) 간의 자유경쟁에 의해 거래와 교환이 발생하는 것을 전제한다. 그러나 사회적 불평등 요소는 권위차를 발생시키고 카르텔(cartel)의 출현 등으로 시장의 독과점(獨寡占) 현상이 발생하여 자유경쟁을 할 수 없는 불완전 시장을 형성한다. 이를 시장실패라 부르고, 이러한 시장실패에 있어 대표적 정부 개입이 독점금지법이다.

79 이러한 유형분류는 Gill Walt, 「Using private money for public health: the growing trend towards partnership」, 『Public-Private 'Partnerships': Addressing Public Health Needs or Corporate Agendas?』, HAI Europe/BUKO Pharma-Kampagne Seminar, 3 November 2000, http://www.haiweb.org/campaign/PPI/seminar200011.html 인용.

촉진을 위한 특별법'[80]으로 파트너십 제도가 시행 중이다. 이 중 '도시재
정비 촉진을 위한 특별법'에 의한 MA제도는 추후 상술할 것인바, '사회기
반시설에 대한 민간 투자법'의 민관 파트너십 내용을 고찰하면, 본 법은
사회기반시설에 대한 민간의 투자를 촉진하여 창의적이고 효율적인 사회
기반시설[81]의 확충·운영을 도모함으로써 국민경제의 발전에 이바지함을
목적으로 파트너십의 형태는 민간위탁, 민자유치, 민관합동개발, 민관합동
법인설립이 있으며, 〈그림 2-7〉의 우측에 위치할수록 민관의 협력 정도
가 강함을 나타내고 있다.[82]

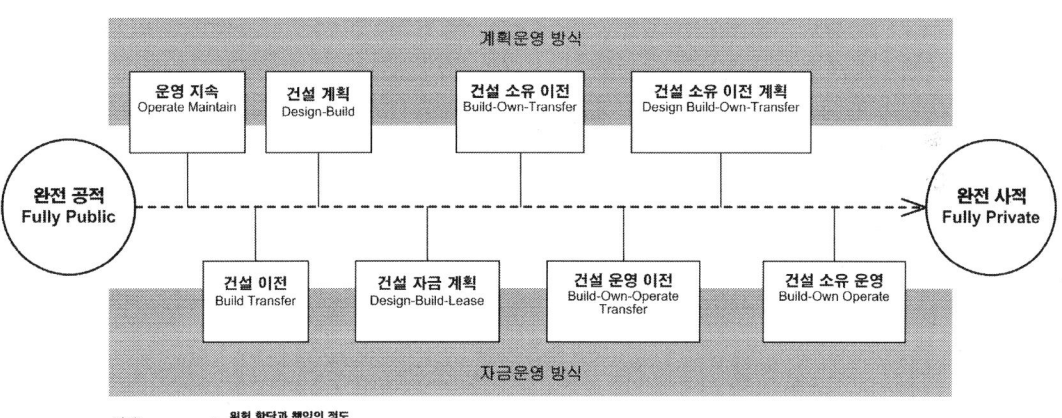

출처: Stephen O. Ogunlana, 『Profitable Partnering in Construction Procurement』, E & FN Spoon, 1999, p.464 수정도식.
<그림 2-8> 위험의 할당과 책임 정도

이 중 민간투자유치사업(BTL: Build-Transfer-Lease, 건설-이전-임
대) 방식은 민자 사업시행 방식의 다변화를 위해 주무관청의 판단에 따라
사업시행 방식[83]이 광범위하게 인정되고 있으나 실제로는 민간 사업자가

80 제9조 제3항의 규정에 의거 총괄계획가 업무지침(건설교통부 고시 제2006-232호).

81 사회기반시설이라 함은 각종 생산 활동의 기반이 되는 시설, 당해 시설의 효용을 증진시키거나 이용자
의 편의를 도모하는 시설 및 국민생활의 편익을 증진시키는 시설(동법 제2조 제1호).

82 裵龍洙, 民官合同方式의 適用領域 摸索, 地方自治經營協會, 『民官共同出資事業의 活性化 方案』,
1994. 12, p.17.

83 동법 제4조에 의한 민간투자사업의 추진방식은, ① 사회기반시설의 준공과 동시에 당해 시설의 소유권
이 국가 또는 지방자치단체에 귀속되며 사업시행자에게 일정기간의 시설관리운영권을 인정하는 방식(제2호
에 해당하는 경우 제외), ② 사회기반시설의 준공과 동시에 당해 시설의 소유권이 국가 또는 지방자치단체
에 귀속되며, 사업시행자에게 일정기간의 시설관리운영권을 인정하되, 그 시설을 국가 또는 지방자치단체

시설 완공 후 일정기간 시설물을 직접 관리 운영하여 투자비를 회수하는 방식인 BTO(건설 – 이전 – 운용), BOT(건설 – 운영 – 이전), BOO(건설 – 소유 – 운영) 방식 외는 거의 적용되지 않고 있다. 민간화(Privatization) 논리[84]에 의해 정책적으로 도입된 민자 유치 사업의 민간화 경향은 BTO, BOT, BOO의 순으로 민간화 경향이 크다(〈그림 2 – 8〉).

BTL사업은 정부가 민간투자 유치시설을 선정하고, 사업기본계획을 만들어 민간 사업자를 모집하면, 민간 사업자는 특정시설을 건설 운영하는 것을 목적으로 하는 프로젝트회사(SPC: Special Purpose Company)를 설립해 사업에 참여한다. 사업자로 선정된 SPC는 자기 책임하에 '설계 – 자금 조달 – 건설 – 운영(유지보수)' 기능을 담당하여 시설을 건설한 후 정부에 소유권을 넘겨 20~30년간 정부로부터 임대료와 부대사업 수익을 받는 사업방식이다. 기능적으로 연관되는 시설들을 동시 입주시켜 활용하는 복합시설 형태로 개발되는 BTL 방식은 현황 대상사업 시설이 44가지이며,[85] 교육시설이 58%로 대부분이고 환경시설 24%, 군 주거시설 8% 등이며 주무관청별로는 중앙부처와 교육청 시설이 70.9%, 지방자치단체 사업이 29.1% 등이다.

③ 공 + 공

공 + 공의 협력관계는 특별한 유형이 없으며, 특징적으로 공 + 공의 협력을 위한 계약관계는 협약이라고 한다.[86]

등이 협약에서 정한 기간 동안 임차하여 사용·수익하는 방식. ③ 사회기반시설의 준공 후 일정기간 동안 사업시행자에게 당해 시설의 소유권이 인정되며 그 기간의 만료 시 시설소유권이 국가 또는 지방자치단체에 귀속되는 방식. ④ 사회기반시설의 준공과 동시에 사업시행자에게 당해 시설의 소유권이 인정되는 방식. ⑤ 민간부문이 사업을 제안하거나 변경제안을 하는 경우 당해 사업의 추진을 위하여 제1호 내지 제4호 외의 방식을 제시하여 주무관청이 타당하다고 인정하여 채택한 방식. ⑥ 기타 주무관청이 제10조의 규정에 의하여 수립한 민간투자시설사업기본계획에 제시한 방식.

84 민간화의 정책적 출현 배경 등에 관한 구체적 논의는 崔炳善, 「民營化의 政治經濟」, 韓國行政學會, 『韓國行政學報』 第25卷 第2號, 1991. 11, pp.475 – 476 참조.

85 동법 제2조 제1호 가목 내지 루목

86 계약의 당사자가 개인·단체(사적단체·공공단체·국가)인지에 따라 명칭을 달리한다. 당사자가 개인인 경우에는 계약이라 하며, 당사자의 일방 또는 쌍방이 단체일 경우에는 협약이라 한다. 예컨대 '주택법' 제10조 제4항에는 공동사업 주체 간의 구체적인 업무·비용 및 책임의 분담 등에 관하여는 대통령령이 정하는 범위 안에서 당사자 간의 협약에 따른다고 규정하고 있다.

3.2. 협력조직 구성방식

파트너십은 주체의 협력방식에 따라 크게 제3섹터 방식과 신조합주(new partnership)의 유형으로 구분할 수 있다.[87] 제3섹터란 현재 민＋관 파트너십의 가장 일반적인 협력조직 구성방식으로 지역사회의 새로운 요구에 대응하기 위한 대규모 개발프로젝트 추진이나 지역진흥정책의 담당자로서 공공섹터(제1섹터)가 설정한 프로젝트에 민간의 자금과 경영능력을 도입하기 위해서 해당 지역의 지방자치단체(때로는 정부기관)와 민간의 공사공동 출자에 의해서 설립된 주식회사이다.[88] 따라서 제3섹터 방식이란 각 참여 주체가 프로젝트 수행을 위해 별도의 팀 조직을 만드는 프로젝트 기반의 협력방식으로 이 팀 조직이 다른 개인(조직)들을 대리하고 연결통로(gate) 역할을 수행하는 방식으로, 이 팀 조직은 프로젝트 수행 완료 시점까지 영속된다. 이러한 제3섹터 방식으로 민＋관 파트너십의 시작배경은 크게 3가지로 요약될 수 있다.[89]

첫째, 공공부문의 자금부족이다. 공공부문이 사회기반시설 등을 정비함에 있어서 자금부족을 메우기 위하여 민간자금의 도입이 필요하게 되었고, 자금조달능력 강화의 수단으로 민간기업의 참여를 요청하게 되었다.

둘째, 공공부문과 민간부문의 협조가 가능한 영역이 확대되었다는 것이다. 즉, 산업개발 등 대규모 개발 사업은 공공사업에 의한 기반정비 위에 민간의 투자가 이루어진다고 하는 복합성을 가지므로 공공·민간의 합동 방식에 의한 사업주체의 설립이 유효하다.

셋째, 공공영역의 기업화 경향이다. 종래 공공부문의 영역이었던 분야

. . . .

87 이 중 제3섹터 방식은 Fosler, R. S & Berger, R. A., 『Public－Private Partnership in American Cities: Seven Case Studies』, 1982, Lexington, MA: Lexington Books에서의 제3의 정부 유형(Third Party Government) 개념에서 출발한 것이며, 신조합주의 방식은 Weaver, H. & Dennert, M., 「Economic Development and The public－private partnership」, 『Journal of the American Planning Association』, 1987의 내용을 바탕으로 개념화한 것이다.

88 하종근, 「제3섹터에 관한 연구」, 『사회과학연구』, 1995, p.36.

89 森繁一, 『地域財政』, 東京: きようせいね, 1986, pp.261－267.

가운데서 공공서비스에 대한 수요가 고도화·다양화됨에 따라 유료화·기업화되는 경향이 나타났다. 이에 제3섹터에 의한 능률향상, 자원배분의 적정화가 기대되었던 것이다.

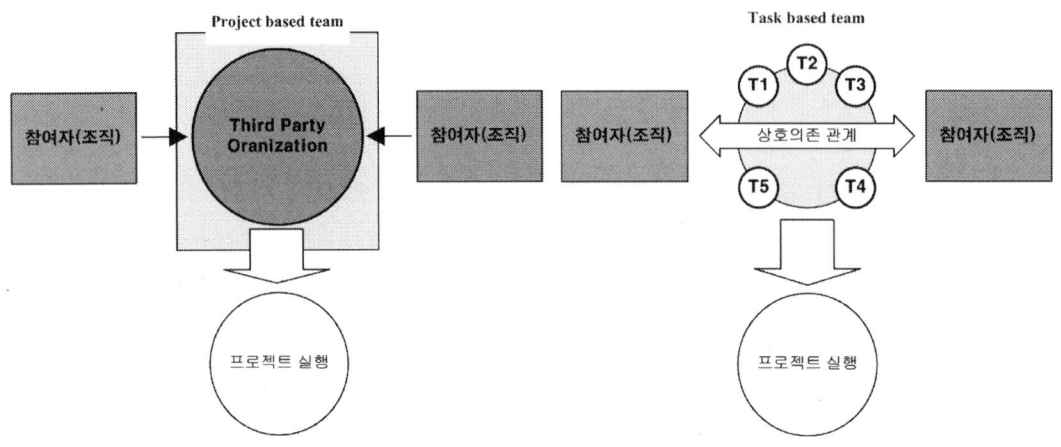

<그림 2-9> 제3섹터 방식과 신조합주의 방식의 개념

따라서 제3섹터는 미국에서는 관민협력체제(Public-Private Partnership)로, 일본에서는 민활(민간 사업자의 능력 활용)의 일환으로 그 발전을 이루어 왔다. 이와 같이 제3섹터라는 개념은 일본, 미국을 중심으로 관행적으로 정립되어 온 것이어서 그 개념 범위에 관해 여러 논의가 있을 수 있다. 우선 넓은 의미에서 파악한다면 제3섹터는 민관협력체계의 일부분으로, 民活뿐만 아니라 官活도 포함하는 개념이다.

이에 반해 신조합주의 방식은 각각의 협력 주체는 독립적으로 존재하며 프로젝트 발생 시에 별도의 팀 조직 없이 프로젝트에 각 협력 주체가 참여(plug-in)하여 공동으로 프로젝트를 수행하는 Task-based team 방식이다(〈그림 2-9〉). 따라서 신조합주의 방식은 프로젝트 수행 동안에 고정적인 팀이 존재하지 않으며, 필요한 업무가 발생하면 그 시점에 필요한 다양한 참여자가 참여하는 일시적 팀 조직을 구성한다. 따라서 신조합주의 방식의 팀 조직은 유동성 있는 일시조직으로 제3섹터 방식에 비해 조직의 운영·관리비가 적게 드는 장점이 있는 반면 조직 내의 정보가 팀 간에 혹은 프로젝트 동안에 단속적일 수 있다. 따라서 신조합 방식의 협력은 조직의 정보를 프로젝트 동안에 유지시켜 줄 수 있는 최소한의 고정된 관리조직이 필요하다.

3.3. 조직의 구조 형태

파트너십은 또한 조직 구조형태에 따라 네트워크 망식, 상의 하달식 위계구조, 분산형으로 구분된다.[90] 네트워크 망식 조직구조(〈그림 2 – 10〉 A)는 이익집단(group) 간 비형식적인 연계를 취하는 방식이며, 상의 하달식 조직구조(〈그림 2 – 10〉 B)는 전통적 위계구조의 특징을 지닌다.

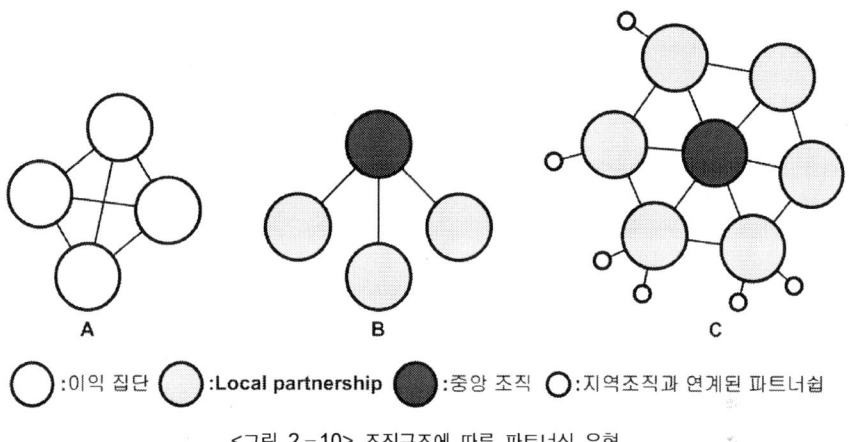

<그림 2 – 10> 조직구조에 따른 파트너십 유형

이러한 중앙 집중형(Centralization) 조직은 문제해결에 있어 신속 정확한 커뮤니케이션이 가능한 특징[91]이 있으나, 모든 대화 경로가 중앙의 대화상대를 통해야 하고, 참여자 간의 경로가 존재하지 않으므로 조직 간 충분한 만족은 얻지 못하는 구조이다. 조직 내 참여자의 만족은 참여자가 중심적 역

----

90 이러한 유형 구분의 근거는 Brian Jacobs, 『Strategy and Partnership in cities and regions』, Macmillan Press LTD, 2000, p.26 내용을 참조하여 분석한 것임.

91 일반적으로 커뮤니케이션 유형(communication network)은 리더를 기준으로 하여 의사전달 방향을 기준으로 한 유형과 조직 간 의사전달 유형으로 구분할 수 있다. 전자는 크게 수평·수직으로 구분되며, 이중 수직커뮤니케이션은 다시 하향식과 상향식으로 나뉜다. 또한 커뮤니케이션 조직구조에 따라 원형(Circle), 바퀴형(Wheel), 선형(Chain), Y형(Y), 완전연결형(All – channel or Open Circle)의 5개 혹은 혼합형(Mixed – Network)을 포함하여 6개 유형으로 분류하며, 이는 특성상 집중형과 분산형으로 분류한다.

할을 하는 네트워크 안에서 이루어질 수 있다. 반면 분산형(Decentralization) 파트너십 조직구조(〈그림 2 - 10〉 C)는 각 참여자가 연결되어 참여자 간의 공동 이해 도출 과정의 갈등 등으로 문제해결에 신속함이 떨어지는 문제점이 있다.

3.4. 공공정책의 파트너십의 유형[92]

영국은 1980년대에서부터 파트너십을 활용한 개발을 시도해 왔다. 처음에는 지방자치단체와 상업회의소와 같은 지방 현지 주체를 활용했으나, 이후 UDCs와 TECs와 같은 새로운 정부의 협력기구를 구성하여 관계 작업과 합동 네트워크를 개발하였다. 영국정부가 공공정책에 파트너십을 활용한 것은 공공개발에 민간을 포함시켜 공동으로 지역경제를 활성화시키려는 목표를 세웠기 때문이다. 이에 공공정책에 정부 혹은 지방자치단체와 민간이 어떠한 식으로 협력을 이끄느냐에 따라서 6개의 파트너십 유형을 창출했는데, 그 내용은 다음과 같다.

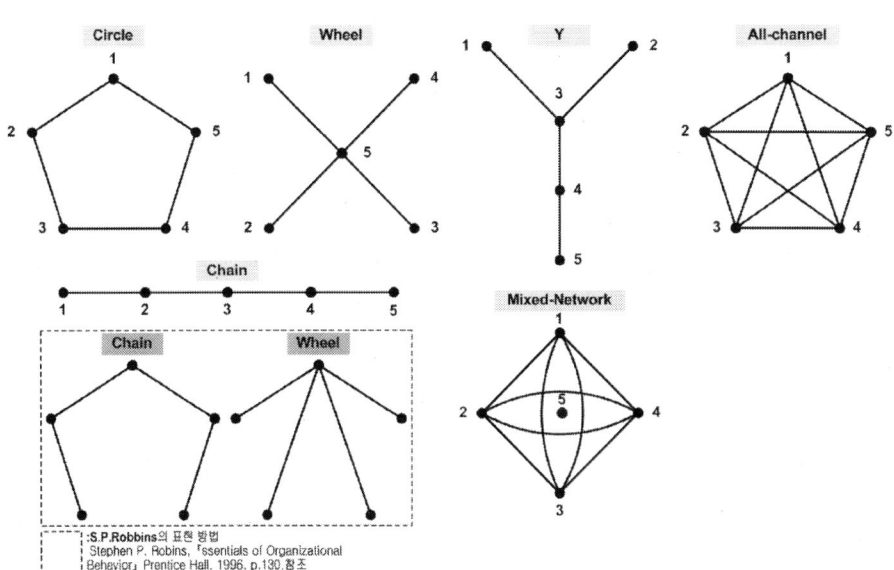

92 Nick Bailey with Alison Barker & Kelvin MacDonald, 『Partnership Agencies in British Urban Policy』, 1995, Routledge, pp.28 - 31.

첫째, 개발 파트너십 또는 조인트 벤처(Development Partnership or Joint Ventures)는 주로 주택과 상업적 개발에 관련된 개발현장에 활용되는 것으로 개발의 성공적인 완공을 보증하기 위해 공동계약에 지방자치단체를 포함시키는 방식이다. 여기서 지방자치단체는 현장준비와 인프라스트럭처를, 민간 디벨로퍼는 자금과 프로젝트 매니지먼트 기술을 제공한다. 상황에 따라서는 공동주택 조합을 포함시켜 제3의 부분에 역할을 맡게 한다.

둘째, 개발 위탁(Developement Trusts)은 지방자치단체와 민간조직에게 위탁받아 개발을 전담하는 것으로 국가 공사가 그 역할을 대부분 맡게 된다. 상업과 비영리 목적을 모두 감안하여 지역사회의 이익을 위해 개발을 한다.

셋째, 공동계약, 합동 그리고 회사(Joint agreements, coalitions and companies)의 방식은 개발을 위해 지방자치단체와 상업조합과 민간조합들을 참여시켜 명확한 개발전략을 가진 공동회사를 발족시켜 개발을 전담시킨다.

넷째, 촉진 파트너십(Promotional partnerships)은 지방자치단체가 개발에 관련된 법인조직을 설립하고 사업을 전담하기보다는 개발에 관련된 리더로서 다양한 이익집단들을 조정하고 관리하는 방식이다.

다섯째, 정부기관 파트너십(Agency partnerships)은 정부에서 파트너십을 장려하기 위하여 설립한 파트너십 관련 전문기관으로서 민간부분(Private sector)의 참여를 이끌고, 지역개발에 있어서 정부가 세운 개발방침을 융합시켜 전체 프로젝트를 리드하는 방식이다.

여섯째, 전략적 파트너십(Strategic partnerships)은 최근 각광받고 있는 파트너십의 방식으로 정부나 지방자치단체, 혹은 민간에서 지역개발에 있어서 전체적인 방향성, 즉 전략적인 마인드를 가지고 소규모 지역단위에서 자치구, 그리고 도시와 국가 전체에까지 연계하여 그에 따라 인프라스트럭처와 자금출자를 이끄는 파트너십 방식이다. 이와 같은 방식은 다른 파트너십과도 전략적인 제휴를 하는 경우가 많다.

 **제2절** 건축비용과 건축계약

1 건축계약의 특성과 현황

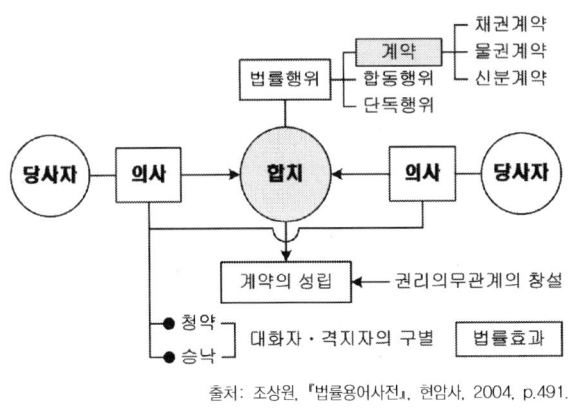

출처: 조상원, 『법률용어사전』, 현암사, 2004, p.491.

<그림 2-11> 계약의 개념

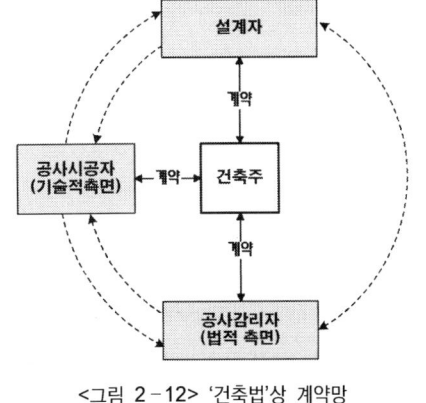

<그림 2-12> '건축법'상 계약망

건축은 건축시장에서 당사자 간 의사합의에 의한 거래 행위로 발생한다(<그림 2-11>). 경제학에서 '시장'은 정비된 완전 자유경쟁 시장을 암묵적으로 전제한다. 그러나 실제시장에서의 거래는 정보의 비대칭 문제 등(기술, 품질이나 거래자 간 정보)과 관련되어 있다. 결국 현실세계의 시장은 정비되지 않은 시장에서 거래가 이루어진다. 그러므로 정보의 비대칭성 문제를 해결하거나 경감하기 위하여 여러 가지 노력이 필요한데, 그중 하나가 계약이다.

건축계약은 특정의무와 권한을 개인과 조직에 분배하고, 다양한 요소들의 관계를 정의하는 조직체계로,[93] 프로젝트 참여조직의 형태, 책임, 의무, 업무 범위를 결정한다. 또한 건축계약은 타 산업의 계약과 다른 특징으로, 건축주(Owner Client, end user, investor, proprietor, developer), 설계자, 시공자(원도급 · 하도급 · 전문시공업자(Special contractor), 인부), 감리자가 거래 당사자가 되

• • • •
93 Love, P. E. D., Skitmore, R. M. & Earl, G., 「Selecting a suitable procurement method for a building project」, 『Construction Management and Economics』 vol.16, No.2, 1998, pp.221-233.

어,[94] 건축실행 단계별로 수많은 계약들이 연쇄적으로 연결된 하나의 거대한 계약망(Nexus of contract)[95]을 구축한다. 즉, 외견상은 건축주를 중심으로 설계자, 시공자, 납품업자, 컨설턴트 등이 각각 계약하는 1:1 계약의 형태이지만, 실질적으로 이들의 업무 관계적 측면에서는 다수의 계약이 동시다발적으로 이루어지는 효과를 발생한다. 때문에 형식상의 1:1 계약일지라도 제3의 주체에 대한 고려가 필요하다. 예컨대, Design-bid-build의 경우 건축주와 건축사와의 1:1 계약에 있어 건축사는 설계단계에서는 설계업무를 수행하는 설계자이지만, 시공단계에서는 감리자로서의 역할을 수행한다. 따라서 건축주와 건축사의 1:1 계약에서 건축사는 건축주로부터 설계행위의 대리권뿐 아니라 시공자의 공사행위를 감독(監理)할 수 있는 권한을 위임받는다. 결국 건축주와 건축사의 1:1 계약에 있어 제3자인 시공자는 건축사(설계자)와 직접적인 계약관계가 아님에도 건축사의 지도 또는 명령에 따를 책임을 갖게 되는 계약망이 형성된다(〈그림 2-12〉).

건축과정의 건축주, 설계자, 시공자의 전통적인 3각 계약 구도는 업무 분화로 인해 이들 관계는 그물망을 형성하며, 건축관계자의 역할은 고정된 것이 아닌 관계치환을 한다.[96] 또한 건축이 첨단화 복잡화됨에 따라 새로운 업역의 창출(Qualified facilitator)[97]로 건축조직은 업무 범위, 책임, 권한 등의 역할 재조정을 요구받고 있다. 이러한 새로운 관계자의 등장은 건축계약의 전체적인 시스템(Delivery System) 차원에서 새롭게 조율할 필

• • • •

94 건축법상 건축관계자 간의 관계는 원칙적으로 계약에 의하며-건축법 제9조의2-, 주택법에 의한 공동사업 주체 간의 구체적인 업무·비용 및 책임의 분담 등의 관계는 협약에 의한다. 그러나 주택법 제10조 제4항에는 공동사업 주체 간의 구체적인 업무·비용 및 책임의 분담 등에 관하여는 대통령령이 정하는 범위 안에서 당사자 간의 협약에 따른다고 규정하고 있으나 동법시행령에는 별도의 구체적 조항이 마련되어 있지 않고, 조항마다 산재해 있는 실정이다.

95 이렇듯 기업을 하나의 계약 연결망으로 분석하는 것은 Alchian, A. A. Demsetz, H., 「Production, Information Costs, and Economic Organization」, 『American Econonic Review』 vol.62, 1972, in 『American Economic Review, LXII (5), December』 Vol.106, No.3, 1999, pp.777-95에 의해 최초로 제기되었다.

96 예컨대, 추후 Ⅳ장에서 논의될 commissioner나 Master Architect의 경우 기획단계에서는 건축주를 대리하여 건축가를 선정하거나 기획업무를 수행하며 건축주의 역할을 대리하며, 설계단계에 있어서는 설계자이며, 건축 전 과정의 관리자이며 조정자의 역할을 수행한다. 또한 현대의 developer는 건축물의 판매조직이 관계치환을 통해 새롭게 건축주로 등장한 경우이다.

97 전문 facilitator 자격제도는 영국에서 partnering을 위한 새로운 건축관계자로서 활용하고 있다. facilitator란 건축에 있어 경제적 측면의 정보를 담당하는 역할자이다.

요성을 제기하고 있다.

결국, 계약에 의한 효과라는 측면에서 본다면 현대의 건축계약은 원칙적으로 1(건축주):1(건축관계자) 계약은 아닌 것이며, 1(건축주):M(건축조직) 혹은 M(건축주 조직):M(건축조직)의 계약으로 인식해야 한다.

1.1. 한국의 건축계약 방식

건축계약 방식은 프로젝트의 성패와 건축조직의 형태를 결정짓는 중요한 요소로서 건축생산체계이다. 따라서 건축계약은 프로젝트의 특성에 따라 선택되어야 하며 그에 따라 건축조직이 구성되어야 건축은 효용성을 보장받을 수 있다. 그러나 한국의 경우 대부분의 프로젝트가 Design – Bid – Build 방식으로 이루어진다.[98] 때문에 건축조직 구성은 획일적으로 구성되고 있어 이러한 건축조직으로는 현대의 다양한 요구에 부응할 수 없고, 건축경쟁력의 장애요인으로 작용하고 있다. 계약방식에 있어 대부분의 프로젝트가 Design – Bid – Build 방식으로 이루어지는 것은 미국도 마찬가지이다.[99](〈표 2 – 1〉)

. . . .

[98] 한국의 건축생산체계는 업체들의 기능별 분업과 건축생애주기(construction Life Cycle) 단계, 즉 기획 · 계획, 조사 · 설계, 시공, 감리, 유지관리 단계별 분리 계약을 원칙으로 하고 있다. 건축생애주기별 분업구조는 이상호 · 현준식 · 이승우, 『건설제도 · 정책변화가 건설산업 구조에 미친 영향』, 한국건설산업연구원, 2004, p.39 표 참조.

건축생애주기별 분업구조

생애주기단계	기획 · 타당성조사	설계(생산계획)	시공(감리)	유지관리
참여주체	엔지니어링업체 (용역업체)	건축사사무소 엔지니어링업체	일반건설업체 전문건설업체 (건설감리업체)	안전진단기관 유지관리업체
공급서비스	기획 · 조사서비스	설계도서 작성	시공관리 시공 (감리)	유지관리서비스
적용법률	건축사법 엔지니어링 기술 육성법		건설산업기본법 건설기술관리법	시설물 안전관리에 관한 특별법

[99] The American Institute of architects, 『The Architect's Handbook of Professional Practice; Student 3rd ed.』, John Wiley & Sons, Inc., 2001, p.260.

<표 2-1> 미국과 한국의 건축계약 형태별 계약률 비교

구 분	Design – bid – build	Design – build	CM
미국(2000)	55%	35%	10%
한국(1999)	80.5%	18.6%	-

출처: 신동우, 「건설산업 경쟁력강화를 위한 CM제도개선방안」, 『International Seminar of AIK』, p.201.

이러한 단계별 분리계약은 실행 단계별로 정보 주체가 변화함을 의미하며, 이때 건축주는 단계별로 각각의 기술 정보 주체와 1:1로 접촉해야 하는 문제[100]와 함께 건축의 정보가 건축 전 과정에 전달되지 못하고 단속적이어서 업무중복으로 인한 비효율 문제가 발생한다. 그러나 Design – Bid – Build 방식이 결코 지양되어야 한다는 것은 아니다. 계약방식은 각각 장단점을 지니고 있다. 따라서 건축계약 방식에 있어 절대적인 것은 없다. 그러므로 각 계약방식의 단점을 보완하여 프로젝트와 단계별 업무특성에 맞도록 하는 것이 건축계약 방식의 효율화이다. 따라서 우리나라에서 가장 많이 채택되고 있는 Design – Bid – Build 방식은 정보 단속(斷續)에 따른 단계별 건축가치 정보의 흐름을 연계하는 것이 핵심이다. 즉 각 단계별로 건축주와 기술 정보 주체 간의 정보 균등화를 위한 정보흐름의 매개자로서 조정자의 역할이 요구된다(〈그림 2-13〉). 때문에 미국의 경우 Design – Bid – Build 방식의 건축 가치정보 단속(斷續)의 한계를 극복하기 위하여 통합적 서비스의 질 관리(Total Quality Service)[101] 체제를 이용하

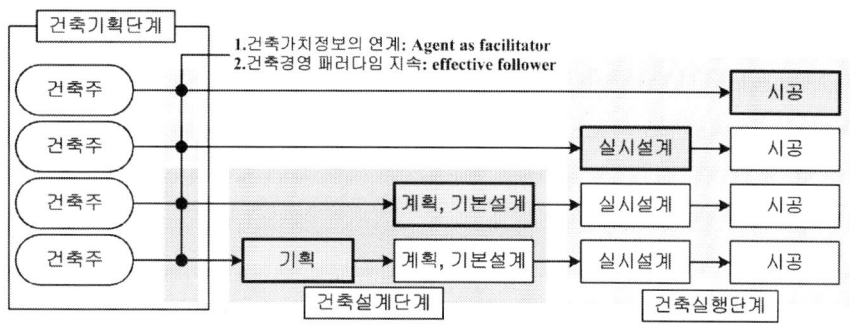

<그림 2-13> 건축의 건축 가치정보 주체의 변화와 조정자의 역할

• • • •

100 여기서 문제라 함은 정보의 비대칭에 따른 대리인 문제를 의미하는 것으로, 대리인 문제는 본 연구 제3장 참조.

101 이에 관한 상세 내용은 제3장에서 추후 논의.

여 가치흐름을 관리하고 있다.

이러한 건축계약체계의 특징은 건축시장의 산업구조를 정의하는 데 있어 매우 중요한 의미를 지닌다. 건축 관련 업체들의 분야별 참여원칙으로 건축시장 진입을 제한하고 있는 건축행정은 분야별 입찰 · 계약이라는 별도의 건축시장 참여제도가 운용되고 있음을 의미하며 따라서 기능별로 특화된 건축시장이 블록화되어 있다. 이를 건축서비스를 제공받을 필요가 있는 수요자(건축주)들의 입장에서 보면 건축 전 과정이 연결고리 없이 건축 생애주기별로 분화되어 있음을 의미한다. 이러한 분화 구조를 구체적으로 살펴보면 크게 설계분야와 시공분야로 구분할 수 있으며, 이는 분화 형성의 강제성을 기준으로 시장(계약)과 제도로 구분할 수 있다(〈표 2-2〉).

<표 2-2> 건축생애주기별 분화유형

구 분	유 형		내 용
계약	설계분야	건축 관리	기획 · 조사 · 타당성 분석 · 조달 · 조달 · 계약
		건축공사	설계 · 감리
	시공분야		건축물 및 시설물 시공 · 유지관리
제도	설계분야		설계 · 엔지니어링
	시공분야		시공
	감리분야		

즉, 이러한 건축 산업의 2중 구조화는 건축분야 간 경쟁만을 부추겨 협력을 저해하는 요소로 작용되어 건축의 시너지를 창출할 수 없기 때문에 건축경쟁력 저하의 중요한 비효율요소이다. 따라서 건축의 가치 창출을 위해서는 건축조직의 통합운용이 전제되어야 한다.

ㄹ 거래비용과 자산 특이성

건축계약은 당사자 간 거래를 통해 이루어진다. 이때 계약 당사자는 ① 제한된 합리성(Bounded rationality),[102] 즉 의사결정자는 주관적으로 합리

----

102 Williamson, Oliver E. 「The economics of Organization: The transaction Cost approach」,

적이고자 한다.*103* ② 때로는 기회주의적(Opportunistic)이다.*104* 따라서 계약은 언제나 불완전하며 거래비용을 발생시킨다. 여기서 전자는 계약당사자가 비록 합리성이 부족하더라고 신뢰한다면 문제는 적어진다. 그러므로 제한된 합리성은 거래비용 발생의 필요조건은 되지만 충분조건은 되지 못한다. 문제는 기회주의로 인해 제한된 합리성을 이용하는 데서 거래비용이 발생한다. 이 두 거래발생 원인 이외에 거래비용의 발생 원인으로는 교환의 대상인 재화나 서비스의 속성 차이에 의한다. 거래는 자산 특이성(Asset specific), 불확정성(Uncertainty), 거래의 빈도(Frequency)로 구성되어 있다.*105* 이 중 거래를 성사시키는 가장 중요한 요소는 **자산 특이성**으로 자산 특이성이란 거래의 대상이 되는 것이 그 사용처나 사용자를 쉽게 떠날 수 없어서, 만일 이를 억지로 떼는 경우 심한 손해를 수반하는 성질을 갖고 있는 경우를 말한다. 역으로 그런 자산은 얼마든지 있어서 아무나 시장에서 자유롭게 얻을 수 있을 때는 자산의 특이성이 얕거나 없다고 부른다.*106* 따라서 자산의 특이성이 높으면 그만큼의 리스크 요인이 되는 것이다. 예컨대, 건축관계자와의 계약관계가 불의에 단절될 경우 생산성의 희생을 막기 위해 건축주는 특이한 자산보호를 위한 관리비용이 발생하기 때문이다.

• • • •

『American Joural of law and economics』 vol.22, October, 1979, pp.233 - 261; Williamson, Oliver E. 『The economic Institutions of capitalism』, 1985, new york: the free press 참조.

103 주관적 합리성이란 고도의 합리성(hyperrationality)이나 비합리성(irrationality)과는 다른 개념이다. 예컨대, 인간은 그의 인식능력이나 분석능력의 제한 때문에 고도의 합리성을 기할 수는 없지만 비합리적으로 행동하지는 않는다. 이것이 제한된 합리성의 개념이다.

104 기회주의라는 것은 계약 당사자가 부정직하고 자기 이익을 추구하기 위한 책임회피 행동 등을 의미하는 것으로 속임수(deception)와는 다르며, 기회주의는 계약 전·후에 발생하는데, 계약 전의 기회주의는 역선택이라는 문제를 발생시키고 계약 후의 기회주의 문제는 관리를 위해서 감시(monitoring)가 필요하다.

105 Oliver E. Williamson, 「The Economics of Organization: the Transaction Cost Approach」, 『American Journal of Sociolody』 vol.87, no.3, 1981, pp.548 - 577; Oliver E. Williamson, 「Chester Banard and the Incipient Science of Organization」 in Oliver E. Williamson, ed., 『Organization Theory from Chester Barnard to the Present and Beyond』, 1990, Oxford: Oxford Univ. Press, pp.172 - 206.

106 조석준 ibid., p.71. 자산의 특이성은 조직론에서의 **자원의존성(resource dependency)과** 유사한 개념으로, 이것은 중요한 자원이 희소한 경우 조직이나 사람이 그에 의존하는 정도가 심해진다는 것을 말하며, 그렇게 되면 그런 자원을 갖고 있는 자는 상대방에게 그만큼의 권력을 행사할 수 있다는 것이다. 이때 자원의존성은 조직이나 사람을 대상으로 한 것이며, 자산의 특이성이란 자원의 성질을 대상으로 하는 것이다. 예컨대, 어떤 투자가 특정한 거래에 한해서 있는 경우는 매우 특정성이 높은 것이다.

2.1. 건축조직의 인간자산 특이성과 거래구조

자산 특이성은 장소 특정성(Site Specificity), 물리적 자산 특이성(Physical Asset Specificity), 인간자산 특이성으로 구분할 수 있으며[107] 이때 협력을 위한 거래란 물리적인 거래가 아닌 인적 자원을 의미하는바, 건축조직의 거래에 있어 자산 특이성은 인간자원 특이성에 따라 조직구조(통치구조)에 영향을 미친다. 그러나 조직에 있어 모든 인간자원이 특이성에 영향을 미치는 것은 아니다. 따라서 특이성이 영향을 주는 거래에 특이인간자산(Transaction specific human asset)과 그렇지 않은 인간자산의 구별은 효율적인 협력조직구조 형성을 위해 중요한 요소이다. 예컨대 건축조직을 구성하는 건축기술자들이 단순히 전문기술을 보유했다고 해서 인간자원의 특이성이 높아지는 것은 아니다. 만약 건축기술자가 어떤 특정한 건축주에 대해서만 전문적 서비스를 봉사함으로써 그의 전문성이 심화되었다면 특이성이 높다 하겠으나 일반적인 설계자 혹은 시공자라면 건축주는 거래가 성사되지 않으면 다른 전문기술자를 구하면 되는 것이요, 역으로도 마찬가지이다. 즉, 자산 특이성에 영향을 주는 것은 일반적인 기술이나 전문성이 아니라 조직 역할 수행을 하면서 보유된 정보나 기술에 의한다. <u>따라서 건축조직의 특이성을 낮추는 것은 건축조직의 협력기술의 한 요소이며, 이를 위해서는 건축조직이 보유하고 있는 정보를 특정 개인화하는 것이 아닌 공유하도록 해야 한다.</u> 인간자원 특이성과 성과 계측성은 건축조직의 거래구조(Governance structure or transaction structure)[108]에 영향을 준다. 성과 계측성이란 건축에 있어 건축물(제품)의 성과(Performance)가 어느 정도인지 즉, 가치판단의 정도를 의미한다. 건축물의 성과는 품질과 사후 유지관리 서비스 등 다양한 요소들이 포함된다. 그러나 특히 문제가 되는 요소는 품질이

• • • •

107 opt. cit. pp.73 - 74.

108 거래구조란 거래 당사자 간의 거래가 조정되는 메커니즘으로 '보이지 않는 손'인 가격 메커니즘에 의해 거래가 조정되는 시장과 관리 메커니즘에 의해 조정되는 '보이는 손'인 조직(hierarchy)이라는 두 가지 형태로 구분된다. 이러한 거래구조는 Williamson, Oliver E. 1979. ibid에서 거래의 조정이라는 점을 강조하기 위해 통치(지배)구조(governance structure)라 하였고, Stern과 Rene(1980)은 유통경로에 대한 정치경제적 접근에서 내부경제구조(internal economic structure)라고 하기도 한다. 전인수, 「거래상황에 따른 정보제공방식에 관한 연구: 거래비용접근」, 『경영연구』 vol.20, 1995, 홍익대학교 경영연구소, pp.246 - 247 참조.

다. 여기서 품질이 무엇인가의 견해는 다양하다. 그러나 Cavin의 견해[109]에 따르면, 제품 품질에는 성능, 내구성, 규격, 일치성, 특징, 신뢰성, 서비스 정도, 마무리 손질 등이 포함되고, 서비스 품질에는 유형성(tangibles), 신뢰성, 반응성, 역량(competence), 믿음성, 공감(empathy), 친절성, 커뮤니케이션 등이 있다. 이러한 품질의 내용이 모호할수록 성과 측정이 어려워진다. 그러므로 성과 계측성이 낮으면(ambiguity, tacitness & complexity[110]) 거래비용이 증가한다.

2.2. 건축조직의 거래구조 유형

거래의 분위기(신뢰[111]·기회주의)[112]와 거래비용을 줄이기 위한 거래구조는 소유권의 분리·통합 및 인간자원 특이성의 정도와 성과 계측성(performance meterability)의 정도 등에 따라 다양하게 유형화된다.

(1) 소유권 분리·통합에 따른 유형
시장에서의 거래유형은 소유권과 거래 분위기에 따라 4가지 유형(〈그림 2-14〉)으로 분류되며 이는 학자마다 명칭을 달리하고 있으나 개념은 유사하다.[113]

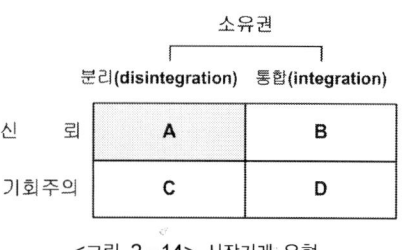

<그림 2-14> 시장거래 유형

• • • •
109 Carvin, David A., 「What does product Quality' really mean?」, 『Sloan Management review, fall』, 1984, pp.24-43.

110 Reed와 Defillippi는 품질내용이 복잡(complexity)하고 눈에 보이지 않으면(tacitness) 애매 모호성이 증가하고 그에 따라 성과측정이 어렵다고 하였다. Reed, Richard & Robert, J. Defillippi, 「Casual Ambiguity, Barriers to Imitation, and sustainable competitive advantage」, 『Academy of Management review』 vol.15, no.1, pp.88-102.

111 신뢰(trust)란 기회주의에 대칭되는 개념으로 타인을 희생시켜 자신의 이익을 증진시키기 위해 상황을 이용하는 기회주의적 행동을 하지 않는 것을 뜻하며 일반적으로 정직(integrity)으로 이해된다. Cansson, M., 『Enterprise 문 Competitiveness』, 1990, Clarendon Press, Oxford, pp.107-108.

112 신뢰·기회주로 대별되는 인간의 본성이다. 이는 3장에 제1절에서 논의할 X·Y이론의 근거가 되는 것으로 Hallén과 Sandström은 이를 거래의 분위기(atmosphere)라고 하였다. Hallén, L. & Sandström, M., 「Relationship Atmosphere in International Business」, Stanley J. Paliwoda, ed., 『Nwe Perspectives on Interantional Marketing』, 1991, Routledge, London and New York, pp.108-125.

113 Frazier, Speckman & O'neal은 시장형(market form), 관계형(relational form), JIT(just-in-time form)으로 분류하였고, Frazier, D. L., Speckman, R. E. & O'neal, C. R., 「Just-In-Time

① A type

소유와 행위가 분리된 현대건축에 있어 건축조직의 가장 이상적 협력 관계(신조합형)라 할 수 있다. 건축주는 외부 공급자와 협력관계를 형성한다. 따라서 건축조직은 경제적 혈연관계를 형성하는 경우로, 건축조직 간 상호 신뢰가 형성되기 때문에 장기적인 거래조건과 인간적 유대를 바탕으로 한 지속적 거래관계(Relational mechanism)를 형성한다. 계약관계로 형성된 타인 간의 거래에 있어 가장 중요한 요소는 거래분위기 즉, 신뢰가 가장 중요하며, 이는 건축비용뿐 아니라 건축의 질에도 영향을 미치는 핵심요소이다.

② B type

소유와 행위가 통합되어 있는 건축조직이다. 예컨대 기업이 상호 신뢰를 바탕으로 사내 건축조직(In-house team)을 이용하여 건축실행을 하는 경우로, 건축조직은 기업의 낮은 정도의 공식적인 규칙뿐 아니라 대부분 보이지 않는 암묵적 관행에 의해 거래가 이루어진다. 따라서 이 유형은 유기적 메커니즘(Organic hierarchy mechanism)을 형성한다.

③ C type

건축조직은 상호 대립적인 경쟁적 관계로 신뢰가 없으며, 사익을 추구하는 대리인 이론이 지배하는 단순한 계약적 관계라 할 수 있다. 따라서 일시적 거래조건만으로 거래가 이루어지기 때문에 가격메커니즘(Price or market mechanism)에 의해 거래가 이루어지기 때문에 협력을 통한 시너지는 기대할 수 없다.

••••

Exchange Relationship in Industrial Markets」, 『Journal of Marketing』 vol.82, October, 1988, pp.52-67; Dwyer, Schurr & Oh는 교환관계에 대한 구매자와 판매자 양측의 동기 부여 정도(motivational investment in Relationship)에 따라 단속적 거래형(discrete transaction)과 관계마케팅형(relational marketing)으로 양분하였으며, 관계마케팅형을 다시 쌍방관계유지형, 판매자관계유지형, 구매지관계유지형으로 구분하였다. Dwyer, F. R., Schurr, P. H., & Sejo Oh, 「Developing Buyer-Seller Relationship」, 『Journal of Marketing』 vol.51, April, 1987, pp.11-27; Levitt는 거래의 지속성(time)에 의해 판매형(sales), 마케팅형(marketing), 관계형(relationship)으로 분류하고 특히 관계형의 중요성을 강조하였다. Levitt, T., 「Relationship Management」, Theodore Levitt, ed., 『The Marketing Imagination』, 1986, New York, The Free Press, pp.111-106; 전인수는 친구형(그림 A), 가족형(그림 B), 타인형(그림 C), 친척형(그림 D)으로 분류하였다. 전인수, 「구매자와 판매자의 관계; 거래비용」, 『경영연구』 vol.15, 1991, 홍익대학교 경영연구소, pp.184-185.

④ D type

소유와 행위가 통합되어 있으나 건축조직의 신뢰가 없어 공식적인 표준화된 규칙에 의해 거래가 이루어진다. 따라서 건축 환경 변화에는 유기적으로 대응할 수 없는 관료적 위계메커니즘(Bureacratic hierarchy mechanism)을 형성한다.

(2) 건축관계자 특이성의 정도와 성과 계측성 정도에 따른 유형

건축관계자(인간자원) 특이성이 낮은 정도를 H1, 높은 정도를 H2라 하고, 성과 계측성이 쉬운 정도를 M1, 어려운 정도를 M2라는 전제하에 거래구조의 유형을 분류하면 다음과 같다.[114]

① H1 · M1: 내부현물시장 유형(Internal Spot Market)

이는 인간자원의 특이성은 없고, 생산성 측정은 용이한 경우이다. 이 경우는 건축관계자나 건축주 모두 관계를 맺을 때 능률에 대한 이해관계가 없다. 건축관계자는 생산성 손실 없이 다른 건축주와 계약할 수 있으며, 건축주 입장에서도 비용(開始費用, strat－up costs) 부담 없이 건축관계자를 바꿀 수 있다. 때문에 상호 관계를 유지시키기 위한 특별한 협력기술(統治構造)이 필요치 않다. 이는 거래 당사자가 충분한 불만족이 발생하면 계약관계는 끝난다.

② H1 · M2: 원초적 팀(Primitive Team)

이 유형은 건축관계자의 특이성은 낮지만, 업무수행 시 생산성의 측정 가능성이 어려운 경우이다. 팀 조직이 이에 해당하는 경우로, 팀 조직의 구성원은 전체의 생산성에 영향 없이 교체 가능하지만 팀 구성원의 보유 역량을 개인 단위로 측정하기 어려운 경우이다.

③ H2 · M1: 의무적 시장(Obligational Market)

이 유형은 어떤 특정한 프로젝트의 정보(특이성)를 개인이 많이 보유하고

----

114 Oliver E. Williamson, 『The economics institutions of capitalism』, 1985, New York, The Free Press p.31; Jay B. Barney & William G. Ouchi,. eds, 『Organizational Economics』, 1986, san Francisco, Jossey－Bass Publisher; 조석준 ibid. pp.78－80 참조.

있지만, 일의 성질이 측정하기 용이한 경우이다. 예컨대, 유일한 건축 실행을 통한 특이한 기술적 경험이나 건축조직 운영에 있어 특수하게 조직된 조직의 일원으로서 협력기술 혹은 건축정보 처리, 복잡한 건축 관련 법령의 습득 등의 경험을 쌓은 경우가 이에 해당한다. 따라서 건축주 입장에서는 새로운 기술 습득을 한 건축관계자를 받아들임으로써 건축의 가치 창출에 효용을 거둘 수 있고, 건축관계자의 입장에서는 자신이 보유한 경험이 특이하므로 건축주와의 계약관계를 지속할 수 있는 고용의 안정성을 확보할 수 있다. 그러므로 건축조직은 서로의 필요에 의해 안정적 조직 운영이 가능하다. 그러나 건축관계자가 습득한 특이자산이 측정 용이하다는 점과 건축관계자가 건축조직에서 이탈할 경우 건축주 입장에서는 유사한 자질을 가진 인력을 구하는 것은 쉽지 않기 때문에, 건축조직은 상호 관계성 유지를 원하며 스스로 노력한다. 따라서 거래비용이 적게 든다.

④ H2 · M2: 관계성 팀(Relation Team)

이 유형은 인간자산이 매우 특정적이며, 측정하기도 어려운 경우이다. 이러한 조직은 경제적 혈족(economic clan)이 이에 해당한다 하겠다.[115]

③ 건축계약의 유형

건축계약은 사회의 발전에 따라 진화하고 있고, 여러 방식을 결합한 새로운 계약방식이 등장하고 있어 유형화하기 힘들다. 그러나 건축계약은 일반적으로 전통적인 계약방식과 업무 범위에 따른 계약방식, 비용결정에 따라 고정가 혹은 총액 계약방식(Lump - sum or Fixed - price)과 원가정산 계약방식,[116] 건축계약 시 설계와 시공의 분리 여부에 따라 설계 - 시공

----

115 예컨대 William ouchi는 현대사회의 조직의 관리형태(The forms of governance)는 시장(markets), 관료제(bureaucracies), 경제적 혈족(economic clan)으로 구분된다고 하였으며 현대의 다분법적 사회 (Multidivisional Form Society)에 유연하고 효율적인 조직구조는 이 3가지가 모두 결합된 조직이라고 하였다. William G. OUCHI, 『The M - Form Society : how American teamwork can recapture the competitive edge』, 1984, Addison - Wesley publishing company, pp.25 - 31 참조. 기타 상세 논의는 William G. OUCHI, 「Markets, Bureaucracies and Clans」, 『Administrative Science Quarterly』 vol.25, march, 1980, pp.129 - 142. 및 본 연구 3장 제1절 참조.

분리(Design bid Build) 방식 및 설계 – 시공일괄(Design Build) 방식으로 구분 가능하다. 이 두 방식은 모두 건축비가 설계 후에 결정이 난다. 따라서 건축 초기단계에 건축비용에 대한 정확한 계획을 할 수가 없다는 단점이 있으므로 이를 보완하기 위해 등장한 건축계약이 관리자 방식(CM)이다.[117] 이러한 건축계약 방식은 건축설계 단계부터 건축시공까지 전체 하나의 계약방식으로 유지되는 것이다. 그러나 최근 급변하는 건축 환경은 건축의 불확실 요소를 가중시켜 건축기획의 중요성을 증대시켰으며, 이러한 건축기획을 특정 단계에 국한시키는 것이 아니라 건축 전 과정으로 건축기획을 확대시켰다(〈그림 2 – 15〉).

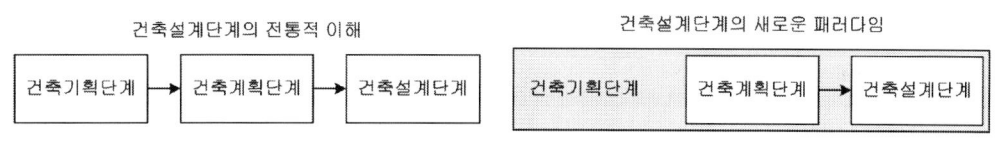

<그림 2 - 15> 건축설계 단계의 패러다임의 변화

이러한 배경하에 건축은 건축 전 과정을 지속적으로 관리하며 조정하는 조정자의 역할이 중요시되었으며, 이러한 조정자의 역할에 따라 건축계약 방식이 분류 가능하다. 이때 조정자 방식은 일본의 Commissioner, MA, 위원회 방식이 이에 해당한다 하겠다. 또한 건축설계 단계의 설계자 선택방

• • • •

116 원가정산 계약방식은 다시 Cost – Plus – Fee, Cost – Plus – Percentage of Cost, Cost – Plus – Fixed – Fee, Cost – Plus – Incentive – Fee로 구분된다. 수수료 가산 원가 계약(CFC: Cost – Plus – Fee)은 원가비율 수수료 가산 원가계약(CPPC: Cost – Plus – Percentage of Cost)이라고도 한다. 공급자는 건축주와의 계약 시 프로젝트를 수행하는 데 소요되는 허용 가능한 비용과 합의된 원가비율로 계산된 비용을 지급받는다. 고정수수료 가산 원가 계약(CPFF: Cost – Plus – Fixed – Fee)은 공급자는 건축주와의 계약 시 프로젝트를 수행하는 데 소요되는 허용 가능한 비용과 산정된 프로젝트 원가의 비율로써 계산한 고정 금액을 지급받는다. 성과급 가산원가 계약(CIF: Cost – Plus – Incentive – Fee)은 계약된 비용과 계약 시 설정된 특정성과 목표 수준에 도달할 경우에 지급되는 사전 지정된 인센티브 금액이다. 이는 Cost – reimbursable with GMP, Cost – reimbursable with GMP and saving clauses, Cost – reimbursable plus fee, Fee – only(agency contract)로 구분하기도 한다. 이에 관한 상세 내용은 Michael T. Kubal, 『Engineered Quality in Construction: Partnering and TQM』, Mcgraw – Hill, Inc., 1994, pp.74 – 82 참조.

117 건축계약 방식은 또한 각 국가별로 채택되고 있는 방식에 따라 다르나, 일반적으로 채택되고 있는 방식으로 구분한 것이다. 예컨대, 영국에서의 계약방식은 Design – bid – build, Design – GMP – build, Design – build, Design – CM – contract, Design – agency – CM – contracts가 일반적으로 사용되는 방식이다. 이에 관한 자세한 내용은 Michael T. Kubal, 『Engineered quality in construction: Partnering and TQM』, McGraw – Hill, Inc., 1994, pp.92 – 104 참조.

식에 따른 분류도 가능하다. 일반적 분류는 내용은 방대하여 별도의 연구가 요구되는 분야이므로 이는 개략적 설명으로 갈음하고, 현황 가장 많이 채용되고 있는 Design－bid－build · Design－build, CM방식을 위주로 고찰하고 최근 새로운 계약방식으로 사용되고 있는 Project partnering 및 건축설계 단계에 있어 그 중요성이 큰 설계자의 선택방식에 따른 분류의 장단점을 살펴본다. 또한 조정자 방식은 4장의 사례의 유형분류를 통해 분석적 고찰을 한다.

3.1. 일반적 건축계약 방식 유형

전통적 계약방식은 직영방식(Force account), 도급계약방식(Contract system) 및 공동도급계약(Joint venture, consortium)[118]으로 구분되며, 도급계약방식은 다시 공사실시 방식[119]과 공사비 지불 방식[120]에 따라 구분된다. 업무범위에 따른 계약방식은 턴키계약방식(Turn－key base contract), 공사관리계약방식(Construction management contract), 프로젝트 관리방식(Program Management or Project Management), BOT(Build－Operate－Transfer), Consortium과 유사한 형태의 Project Partnering이 있다. 이 중 턴키계약방식은 다시 Design－build 방식과 Design－Manage 방식으로 구분되며, 건설관리방식(CM)은 ACM(Agency construction management), XCM (extended CM)[121], OCM(Owner CM),[122] GMPCM (quaranted CM)[123]로 구분된다.

· · · ·

118 공동도급이란 2인 이상이 공동으로 특정 프로젝트(one－off)에 대해 도급받는 제도로, 도급자 간 협정을 체결하고 공동 기업체를 만들어 협동으로 공사를 행하는 것이다. 따라서 소규모 조직이 협력하여 대규모 공사를 계약할 수 있으며, 건축과정의 위험분산 및 상호 기술의 교류를 통한 기술력 강화의 효과가 있다. 이는 조직방식에 있어 joint venture는 제3sector 유형에 속하고, consortium은 신조합의 유형에 해당한다. 또한 관계적으로는 joint venture는 consortium에 비해 장기간(long term) 관계이고, consortium은 단기적이고 1회적(one－off) 관계를 형성하는 차이가 있다.

119 ① 일식도급계약(general contract), ② 분할도급계약(serveral contract), ③ 공사별(공종별)도급계약방식(separaye contract)

120 ① 단가도급계약(unit price contract), ② 정액도급계약(lump sum contract), ③ 실비정산보수가산식계약(cost plus fee contract), ④ 실비정산비율보수가산계약(cost plus a percentage fee contract), ⑤ 실비한정비율보수가산계약(maximum cost plus a percentage fee contract), ⑥ 실비정산정액보수가산계약(cost plus a fixed fee contract), ⑦ 실비정산준동률보수가산계약(cost plus a sliding scale fee contract)

121 CM의 본래의 역할[프로젝트관리(Project Management) · 원가관리(Cost Management) · 일정관리(Time Management) · 품질관리(Quality Management) · 프로젝트 및 계약 조정업무(Project/ Contract

3.2. 건축주의 책임전가 방식

건축주가 전체의 책임을 한 조직에게 부담케 하는 방식인지 혹은 여러 조직에게 책임을 분담케 하는 방식인지로 구분할 수 있다. 전자에 해당하는 대표적인 예는 Design–build·CM이며, 후자는 Design–bid–build이다. 이를 발전 시기별로 살펴본다.

(1) Design-Bid-Build

설계시공 분리방식은 가장 익숙하며 가장 일반적인 계약방식으로(〈표 2–1〉 참조), 건축 실행은 설계업무가 끝난 후에 시공자가 제출한 고정금액 입찰 (fixed price bid) 서류를 기초로 공사계약을 체결하는 선형구조이다(〈그림 2–16〉). 즉, 건축주가 건축적 책임을 설계자와 시공자에게 분담하여 전가시키는 방식이다. 이때 공사계약 체결의 기준은 도서(Contract document) 기준에 적합한 제안서와 함께 최저 자격을 제시

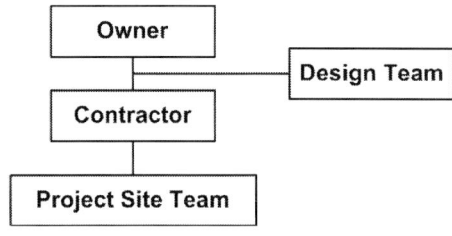

<그림 2–16> design–bid–build 조직개념

한 시공자를 선정한다. 이 방식은 건축적 책임이 설계자와 시공자에게 각각 분산되고, 외형상 건축비를 절감할 수 있다는 장점이 있는 반면, 순차적 건축 실행으로 인해 업무의 중복[124]으로 인한 공기지연, 설계자와 시공자는 건축 과정의 협조자가 아닌 경쟁자로서 설계단계에 시공자의 기술정보에 대한 협력보다는 각자의 이익을 추구하면서 이해관계에 있어서 상충이 일어나게 된다.[125] 또한 설계자와 시공자 간 분쟁 발생 시 조정이 어려우며, 설계변경에

● ● ● ●

Administration)·안전관리(Project Safety Programs)]뿐만 아니라 설계자 및 도급자 또는 시공자로서 복합적인 역할을 수행하는 방식.

122 건축주가 자체의 내부능력에 따라 CM 또는 CM 및 설계업무를 동시에 수행하는 것으로 전문적 수준의 자체 조직을 보유해야 하므로 운영상 상당한 부담이 될 수 있는 방식이다.

123 GMPCM은 계약 조건상 공사금액을 산정해 놓고 공사완료 시의 최종공사비가 예상금액을 초과하지 않도록 하는 것으로 성격상 도급과 시공에 관련된 XCM의 세 가지 유형과 유사한 것이다.

124 건축주는 기술자 선정과 계약과정에 있어 실행단계별로 동일업무를 수행하여야 한다.

125 분리계약으로 인한 시공지연과 클레임 사례는 게이트웨이 아치(Gateway arch)로 불리는 제퍼슨 기념비의 건축실행을 사례 분석한 우대성, 『도시 기념비적 건축의 건립특성 연구』, 홍익대 박론, 2006, pp.122–124 참조.

대한 유연한 대처가 힘들다. 이는 건축가와 시공자가 계약을 맺는 당사자가 아니라, 각각 건축주와 개별적으로 계약을 체결하기 때문이다. 즉 건축실행을 담당하는 실질적인 주체로서 설계자와 시공자의 관계가 명확하게 정립이 되지 않음에서 발생하는 문제라 하겠다.

① 실비정산 정액보수 가산(cost plus fixed fee)

Design‒Bid‒Build의 한 변형으로서 실비정산 정액보수 가산(cost plus fixed fee)방식은,[126] 건축주와 시공자는 기본설계 도서만으로 개략적인 예정 공사비와 공기(工期)만을 약정하고 계약하는 방식이다. 이 방식은 정확한 설계도서가 확정되지 않은 상태의 계약이므로 불확실 요소가 많아 시공의 범위(scope of construction)와 공사비를 정확히 알 수 없다. 정확한 공사비는 시공자가 건축물을 완성하고, 이에 소요된 직접공사비(인건비＋재료비)와 간접비(현장관리비)를 정산하여 받을 때 알 수 있다. 실비정산 정액보수 가산방식은 예정공사비와 공사기한만을 약정하는 방식이므로, 시공자가 예정 공기보다 일찍 공사를 완료하거나 예상 공사비 내에서 공사를 마치면, 인센티브가 가산(加算)되기도 한다(〈그림 2‒17〉).

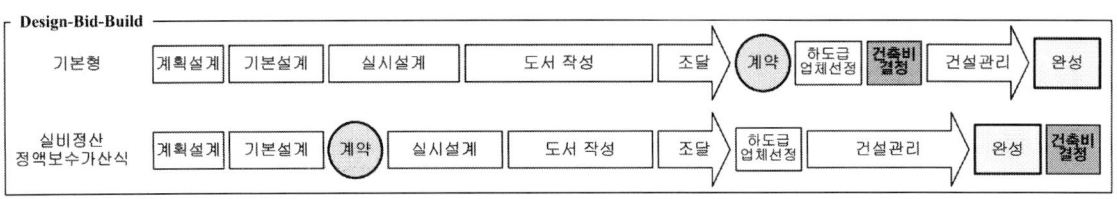

<그림 2‒17> Design‒Bid‒Build의 기본형과 실비정산 정액보수 가산방식 실행 비교

(2) Construction Manager 방식

건설 관리방식(이하 CM)은 시공자가 건축과정에서 자문과 기술적 역할

----

126 Design‒Bid‒Build의 변형은 실비정산 정액보수 가산식 외에 이와 유사한 협상선정 팀(negotiated selected team) 방식이 있다. 정액보수 가산식과의 차이는 하도급자(specialist contractor)의 결정과 함께 공사비가 결정되는 방식으로, 도서작성 이전에 경상비나 이익 등의 계약조건 일부를 협상하고, 이후에 하도급자가 결정되면 건축실행과 관련한 도서와 공사비가 결정된다. 공사비가 결정된 후 시공 팀이 조직되는 이 방식은, 특히 시공이 어려운 건축의 경우에 공사를 빠르게 진행시킬 수 있는 적합한 방식이다. The American Institute of architects, 『The Architect's Handbook of Professional Practice; Student 3rd ed.』, John Wiley & Sons, Inc., 2001, p.260.

을 모두 주도적으로 수행하기 때문에 CM방식이라 부른다.[127] 건축주는 건축 초기단계부터 건축에 관한 여러 가지 정보를 제공할 조언가가 필요하다. 때문에 시공업계에서는 건축주의 이러한 요구 충족을 위해 건설관리라는 분야를 만들어 새로운 업무 분야를 창출했다. 이러한 CM방식은 건축주가 건축 초기단계에 CM과 계약을 하고, CM은 건축과정에서 건축주의 경제적 조언자(advisor), 건축과정의 조정자(agent), 기술적 자문과 시공자(constructor)의 3가지 역할을 수행하며 건축주를 보조한다.[128]

첫째, CM – advisor는 설계·시공과정에서 건설의 최적화(constructability)[129]와 비용관리의 역할을 하고, 시공과정에는 직접 개입하지 않는다.

둘째, CM – agent(ACM)는 CM의 기본 형태이다. 건축주와 약정 금액으로 계약하며, 건축 초기단계의 자문(consulting), 하도급 계약(construction trade) 및 건축과정의 조직구성과 조정의 역할을 하며 이에 대한 건축적 책임(risk)은 없다.

셋째, CM – constructor(GMPCM or XCM)[130]는 시공자가 디자인 단계에서는 비용과 기술에 관한 자문을 하고, 시공단계에서는 시공자의 역할을 수행하는 방식으로, 건축주와 계약 시 시공자는 최고한도 보장액(GMP: guaranteed maximum price)을 제시하고 계약을 한다. 또한 시공자의 역할 수행 시는 실시설계도서에 기반 한 금액으로써 별도의 계약을 한다(〈그림 2 – 18〉). 즉, 시공자가 건축 전 과정의 주도적 역할을 하기 때문에 건축적 리스크가 분산되지 못

127 '건설사업 관리'라 함은 건설공사에 관한 기획·타당성 조사·분석·설계·조달·계약·시공관리·감리·평가·사후관리 등에 관한 관리업무의 전부 또는 일부를 수행하는 것을 말한다. '건설산업기본법' 제2조6.

128 이러한 CM의 3가지 유형 분류는 AIA의 분류기준에 근거한 것임. The American Institute of architects, 『The Architect's Handbook of Professional Practice; Student 3rd ed.』, John Wiley & Sons, Inc., 2001, p.261.

129 constructability란 전체적인 Project 목적물들을 성취하기 위한 입찰, 행정 및 해석을 위해 계약 문서의 명확성, 일관성 및 완성을 바탕으로 하여 Project가 수행될 수 있는 용이성이며, 전체적인 Project 목적물들을 성취하기 위해 건설의 용이성과 명확성, 일관성 및 완성을 위한 건설 관련 문서들을 평가하는 과정이 건설의 최적화 과정이다. 미국 건설 관리 협회, Construction management Association of America, http://cmaanet.org/

130 이는 CM이 모든 건축적 책임을 일임받는 방식이므로 이를 CM at Risk라 부르기도 한다.

하며, 디자인까지도 관리(estimator)하는 문제가 있다. 즉, 디자인 단계의 결정사항이 시공자의 이익(self-interest)과 직결되므로 객관적 평가로써 건축주에게 조언할 것을 기대하기 어렵다. 때문에 이 방식은 건축주와 CM-constructor 간의 전적인 신뢰가 없으면 성공적 건축 수행이 어렵다.

이러한 문제점과 장점을 주 계약 당사자인 건축주와 시공자 입장에서 분석해 보면, 우선 건축주 입장에서는 CM-constructor가 제시한 금액에 있어 평가할 조언가가 없으므로 CM-constructor 최고한도보장액을 과다하게 제시할 가능성을 배제할 수 없다. 따라서 건축 초기단계부터 건축주와 CM-constructor는 이해관계로 인한 갈등성이 있으며, CM-constructor는 인센티브를 목적으로 최고한도보장액 이내로 공사수행을 하기 위해 질이 떨어지는 하도급업체 선정 등으로 건축의 질 저하 가능성도 있다. 반면, 건축주는 건축 초기단계에 개략적인 건축비를 예상할 수 있고, 건축적 위험이 CM-constructor에게 전가된다는 장점이 있다.

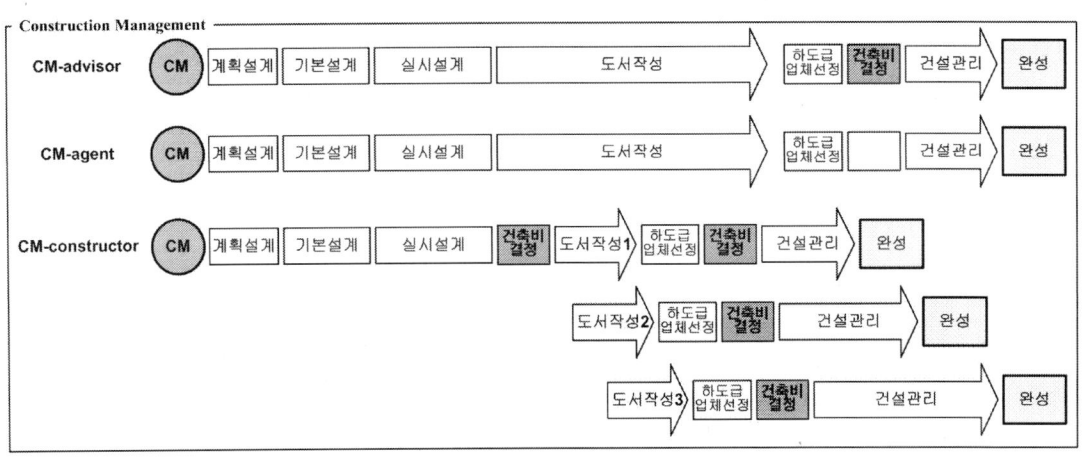

<그림 2-18> CM의 3가지 역할 비교

CM-constructor의 입장에서는 최고한도보장액 제안 시 사익과 건축주의 이익 사이에서 갈등이 생기고, 디자인 단계에서는 자신의 역량을 넘는

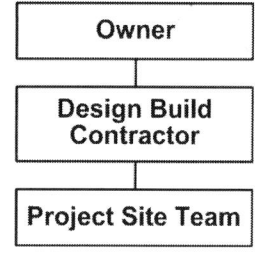

<그림 2-19> design-build 개념   <그림 2-20> D-B 조직개념

설계업무에 관한 조언을 건축주에게 해야 하며, 시공단계에서는 최고한도
보장 제안금액에 맞추어 공사를 수행해야 한다는 부담이 있다. 반면, 최고
한도보장 제안금액보다 낮추어 건축을 완료하면 그에 따른 인센티브가 주
어진다는 장점이 있다.[131] 이러한 방식은 설계와 시공이 분리 계약된다는
점에서는 설계시공분리 방식과 유사하나 분리계약방식에서 나타나는 설계단
계에서의 시공자 협조 부족 문제를 해결할 수 있다는 점에서 차이가 있다.
또한 하도급 시공계약이 건축주와 하도급자 간에 직접 이뤄지지 않고 CM
계약자와 하도급업체들이 직접 계약을 해야 한다는 점에서 차이가 있다.

  CM방식은 외국의 경우 프로젝트가 복잡하고, 건축 초기단계에 공기(工
期)와 건축비가 확정되어야 하는 대규모 건축에 있어 일반적으로 채택되
는 방식CM으로, 현황 전술한 CM의 문제에도 불구하고 이러한 문제가 건
축의 성공 여부를 결정적으로 좌우하는 경우는 드물기 때문이다.

(3) Design - Build

  설계·시공일괄 방식은 건축주(owner)가 유일한 외부자인 고객이며, 다수
의 내부공급조직(Design team, 시공자 or CM, 하도급업자, 제작업자)과 관계를
맺는 전형적인 1:M방식이다(〈그림 2-19〉, 〈그림 2-20〉). 이 방식은 Bid-
design-build(Fixed price), Design-GMP-build, Program management, Cost-
reimbursable design-build 등의 다양한 계약방식이 있다.[132]

• • • •
131 기타 좀 더 상세한 장단점 논의는 전재열, 『건설사업 선진화를 위한 발주자 중심의 CM at Risk 도
    입방안』, 건설관리학지 제6권 3호, 한국건설관리 학회, 2005. 6, p.21 참조.

132 Michael T. Kubal, 『Engineered Quality in Construction: Partnering and TQM』, Mcgraw-
    Hill, Inc., 1994, p.99.

건축과정에서 시공자가 건축주의 대리인으로서 주도적 역할을 담당하는 방식이 CM이라면 Design – Build는 건축가가 건축과정을 주도하는 방식이다. 이러한 디자인 빌드는 관계 조직의 구성에 따라 4가지 유형으로 구분된다(〈그림 2 – 21〉).

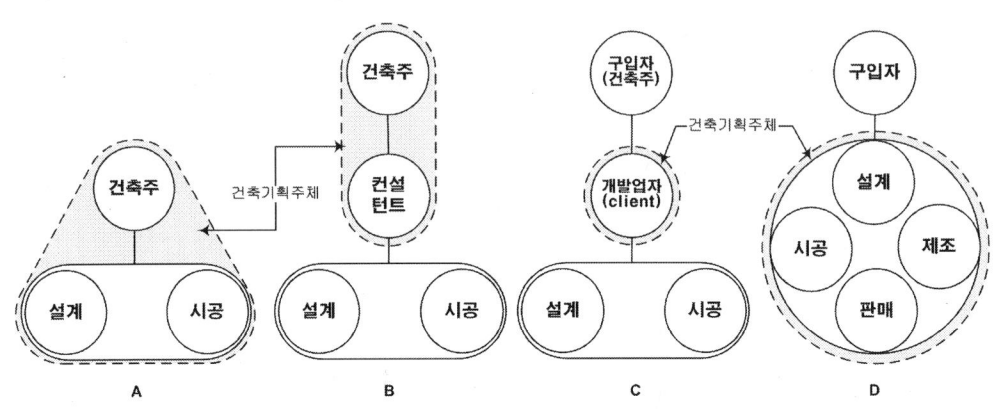

일본건축학회, 조용준 외 공역, 『건축기획론』, 기문당, 1999, p.22 일부 인용 수정.

<그림 2 – 21> Design – build의 4가지 유형

그림 A는 설계와 시공의 기능이 결합하여 하나의 기업조직 속에서 일관된 업무로 행하여지는 시스템으로 소규모 건축물에 있어 건축주가 시공자(과거 목수 혹은 소위 집장사)에게 일괄적으로 계약하는 형태에서 시공자가 설계능력이 구비되어[133] 기술적·조직적으로 발전된 형태로, 우리나라의 경우 현장관리인(시공자)을 두고 시행하는 직영방식과 유사하다. B는 건축주가 별도의 계약을 통해 기획의 대부분을 컨설턴트에게 위임하는 방식이다. C는 지구단위계획, 단지개발, 재건축 등 현대건축의 규모가 대형화되고 조직 구조가 복잡해지면서 주택단지의 개발이나 분양주택의 공급 및 도시재개발에 주로 관여하는 개발업자의 등장으로 인한 새로운 형태의 디자인 빌드 방식이다. 개발업자는 건축의 수요를 예측하고 예측된 수요에 기반 한 건축기획, 계획, 토지개발 및 건축을 실행하여 구매자에게 공급한다. 때문에 이 모형의 경우 건축주는 소유자(Owner)가 아닌 이용자(End user as purchaser)가 건축주가 되며, 개발업자는 소유자의 대리자로서

133 혹은 시공자가 아웃소싱을 통해 설계를 건축주에게 조달하기도 한다.

설계·시공조직에 있어서는 고객(Client)이 된다. D는 건축기획, 설계, 시공, 판매의 모든 과정을 일괄적으로 처리하는 조직으로서 조립식 주택을 전문으로 하는 기업의 전형적 조직구조이다.

설계시공일괄방식[134]의 설계자와 시공자가 서로 상반된 입장으로 건축과정에 많은 분쟁이 발생했던 경험에 비추어 등장한 방식이다. 설계시공일괄방식은 건축주와 설계자-시공자 혹은 건축주와 단일 컨소시엄(Design-Build entity)이 설계비와 시공비를 확정하고 팀(Design-Build team)으로써 계약을 체결하는 형태이다. 따라서 Design-Build team은 건축의 단일 책임(Single-point responsibility)을 진다. 우리나라에서는 주로 설계·시공일괄계약방식인 디자인 빌드가 채택되고 있으며, 일반적으로 자금력이 우세한[135] 시공조직이 주도적으로 설계조직과 컨소시엄을 구성하는 방식과 시공조직 내의 사내 디자인 팀(In house design team)을 활용하는 방식이 있다.[136] 따라서 설계와 시공은 수평적 관계를 형성할 수 없으며, 위계구조가 형성 된다. 이러한 관계구조의 가장 큰 문제는 디자인의 질에 영향을 줄 수 있다는 것이다. 따라서 위계구조 형성의 가장 큰 요인으로 작용하고 있는 자금력이 부족한 설계조직의 경제적 리스크에 대한 전가책이 필요하다. 예컨대 외국의 경우 전문가[137] 보험제도를 통해 전문가 개인의 경제적 리스크에 대한 안전장치를 마련하고 있다. 전문가의 보

• • • •

134 엄격히 구분하면 Design-Build와 Turn-Key 방식으로 구분될 수 있다. 국내에서 일반적으로 이해되고 있는 Turn-Key 방식은 엄격한 의미의 턴키(Turnkey)는 아니며, 미국에서 사용되고 있는 Design-Build에 가깝다.

135 2005년 기준으로 건설산업 규모는 GDP(국내총생산) 대비 142조 원으로 19%를 차지하고 있으며, 건축 설계시장 규모는 2조 원으로 추정되고 있다. 대통령 자문 건설기술·건축문화선진화 위원회, 『좋은 건축 좋은 도시를 만드는 건축정책』, 2007. 5, p.73.

136 이는 설계 시공과정의 모든 건축적 리스크가 단일 조직에 향하는 계약적 특징에 기인한 것으로, 설계조직에 비해 상대적으로 자금력이 있는 시공조직이 자연스럽게 갑으로써 관계적 주도권을 행사하고 있다.

137 전문가 보험제도 도입을 위해서는 우선 전문가에 대한 규정이 선행되어야 한다. 그러나 우리나라의 경우 전문가에 대한 규정이 없다. 미국법상 전문가(profession)란 직업인(trade)에 대응하는 개념으로, 광의의 전문인(專門職業人)이란 숙련되고(skilled) 특별한 기능(special competetence)을 소지하고 있을 것을 요건으로 하고 있다. 이때 전문가의 판단기준은 ① 지적 판단에 의한 업무 수행(the exercise of intecclectual judgement), ② 역사적이고 사회적 지위를 가진 자로서 의사, 외과의, 치과의, 약제사, 안과의, 변호사, 기사(engineer)가 이에 해당하며, 직업인이란 특수한 기술(special skill)을 지닌 자로서 항공기조종사, 정밀기계기사, 전기기사, 토목기사, 철공기사, 배관기사로 구분한다. 제2차 불법행위법(Restatement of Torts) 제299 A조. Comment a. 김민규, 「전문가 책임법의 전개」, 『외대논총』 vol.13, 부산외국어대학교, 1995, pp.493-494 재인용.

험가입은 법적으로 필수 사항은 아니지만, 미국의 경우 입찰 시 반드시 보험가입 증명서를 제출해야 하며, 영국의 경우 만약 건축사가 보험에 가입하지 않았을 경우 반드시 건축주에게 고지할 의무가 있다.[138]

이 방식의 특징은 건축주가 건축과정의 성능과 질의 주도적 역할을 한다는 데 있다. 따라서 설계시공일괄방식을 통한 계약은 건축주가 건축에 관한 상당한 정도의 지식을 지니고 있어야 하며, 또한 건축에 직접적으로 관여할 수 있는 역량을 갖추고 있어야 한다. 그러므로 건축주(Owner)는 건축가로 하여금 역할을 대리시킨다.[139]

이러한 기본형 Design – Build 방식에 건축가의 역할을 세분하여 건축가 팀(Architect team)을 구성하는 변형 방식인 가교방식(Bridged design – build)이 있다. 이 방식은 건축주가 디자인 개념을 담당하는 설계자(Design architect)와 기술 기준을 정하고 계약 도서를 작성하는 건축가(Production architect) 2명과 계약하는 효과를 지니는 방식이다. 이때 건축가는 계획설계(Preliminary design) 업무에 참여하여 디자인 개념을 설정하고, 기본설계와 실시설계를 통해 성능시방을 작성하여, 설계도서가 갖추어야 할 세부 기준을 정한다. 이후 이렇게 정해진 기준을 통해 Design – Build team을 선정하는데, 이때 건축주가 Design – Build team을 선정하는 데 있어 건축가(production architect)는 Design – Build team이 제시한 개념(concept)과 기술문서(technical design)를 고려하여 건축주와의 사이에서 가교(juncture)의 역할을 담당한다(〈그림 2 – 22〉).[140]

••••

138 이재인, 박언곤, 「대리인 이론을 통한 건축법상 건축주에 관한 연구」, 『대한건축학회논문집』.

139 The American Institute of architects, 『The Architect's Handbook of Professional Practice; Student 3rd ed.』, John Wiley & Sons, Inc., 2001, p.261.

140 The American Institute of architects, op. cit. p.261.

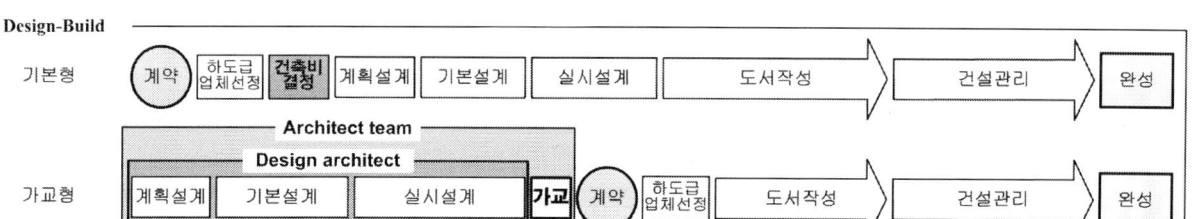

<그림 2-22> Design-Build의 기본형과 가교 방식의 실행 단계 비교

즉, Design – Build의 기본형과 가교방식에 있어 건축가는 소유자(Owner)를 대리한 건축주(client)의 역할을 담당하며, 가교방식은 이러한 업무를 순수한 디자인과 기술적 사안으로 좀 더 세분한 방식이다. 따라서 이 방식은 건축주가 설계시공 통합조직 관리를 위한 별도의 비용을 지출해야 하므로 건축비가 증가한다. 또한 Design – bid – Build가 설계자와 시공자 사이에서 문제가 발생하는 반면, Design – Build는 건축주와 설계시공 통합조직 사이에 적대적 관계 형성으로 인한 어려움이 발생한다.[141] 그러나 Design – Build는 설계시공 통합조직에 단일 책임이 부여되므로 리스크 관리가 일원화된다는 장점이 있다. 또한 계약절차가 설계와 시공이 각각 이루어지는 Design – bid – Build 방식에 비해 계약절차가 일원화되어 공기단축의 효과가 있으며, 계약이 설계자 혹은 시공자 개인이 아닌 통합조직으로 이루어지기 때문에 건축 실행 시 조직설계에 있어 팀 개념의 적용이 가능하다는 장점이 있어 현재 건축실행의 일반적 계약방식으로 가장 많이 채택이 되고 있다. 이러한 배경에는Design – bid – Build는 설계와 시공의 분리로 인해, 건축의 질 결정 단계인 건축설계 단계에 시공자가 보유한 정보를 충분히 확보할 수 없고, 현대건축의 복합적 경향으로 인한 특수한 설계능력의 요구나 대규모화로 디자인 단계부터 설계자와 시공자의 협력이 필요하다는 인식에 기반 한다. 그러나 Design – Build 역시 설계자와 시공자의 관계 정립이 불분명하거나 정보의 흐름이 원활하지 못할 경우 설계시공 통합의 장점을 살릴 수 없다. 이러한 통합의 장점을 극대화하기 위해서는 팀 개념을 적용한 조직설계가 중요하다.

••••
141 한국건설산업연구원, 『건설공사 발주방식: 한국과 미국의 발주방식, 입·낙찰방법과 절차 비교』, 2004, p.26 참조.

3.3. 건축계획 단계의 설계자 선정방식에 따른 계약 유형

설계자 선택 방식[142]은 기획단계와 설계단계로 구분 가능하다. 이 경우 기획업무는 업무의 특성상 법률적 대리로 규정할 수 없다. 이는 계약의 유형에 있어 위임이 아닌 위탁의 성격이 강하기 때문이다. 즉, 기획단계의 대리인은 대리자라기보다는 건축주와의 상호 신뢰에 기반 한 독립적 판단력이 있는 파트너로서의 성격으로 공급자 입장에서 기획업무를 수행하는 자의 입장에서는 건축주로 인식된다. 따라서 본 연구에서 건축서비스 제공자 선택방식에 따른 대리유형은 기획 이후에 설계자를 구하는 방식에 따라 유형화하였다. 설계단계는 건축의 질을 결정짓고 건축의 가치를 창출하는 단계로서 건축기획에서도 중요시하는 요소 중 하나가 건축가의 선택이기 때문이다. 이러한 유형은 건축주가 설계안을 택할 것인지 혹은 설계자(건축가)를 택할 것인지에 따라 구분된다. 설계자를 택하는 방식으로는 일반계약과 심사서류 방식[143]이 있으며, 설계안을 채택하는 방식으로는 입찰과 설계경기가 있다. 또한 설계자와 설계안 모두를 채택하는 방식으로 기술제안(Proposal) 방식이 있다.

(1) 설계자를 택하는 방식

일반계약이란 설계자가 건축주(Owner client)에게 신뢰[144]성을 확보할 별도의 제출물 없이 선정되는 관례적인 계약방식으로, 이 방식은 건축주

----

142 설계수주방식 구분의 기본적 틀은 대한건축사협회, 『건축설계 Manual』, 1998. 10. pp.9-11을 참조하여 내용을 추가한 것임.

143 이는 일반계약 과정의 하나로 이해될 수 있는 것으로, 설계자에게 구체적인 설계안을 요구하는 것이 아니라 과거의 실적 등에 기초하여 면접이나 의견청취(hearing)를 통하여 설계자를 선정하는 방식이다.

144 신뢰는 리더십과 관련한 기본속성으로, 다른 사람의 말 또는 의사결정 행동 등이 기회주의적으로 행동하지 않을 것이라는 긍정적 기대이다. 이러한 신뢰의 개념을 구성하는 핵심은 성실, 역량, 일관성, 충성, 개방성의 5가지로 연구되고 있다. 여기서 성실은 정직과 도덕성을 의미하며 신뢰 평가 시 가장 중요한 요소이다. B. Geber, 『The Bugaboo of Team Pay』, Training, August 1995, pp.27, 34; E. Weldon and L. R. Weingart, 「Group Goals and Group Performance」, 『British Journal of Social Psychology, Spring』, 1993, pp.307-334; C. B. Gibon, A. Randel, and P. C. Earley, 「Understanding Group Efficacy: An Empirical Test of Multiple Assessment Methods」, 『Group & Organizational Management, March』, 2000, pp.67-97; Gully, S. M. Incalcaterra, K. A. Joshi, A. Beaubien, J. M., 「A Meta-Analysis of Team-Efficacy, Potency, and Performance: Interdependence and Level of Analysis as moderators of Observed Relationships」, 『Journal of Applied Psychology』 Vol.87, No.5, 2002, pp.819-832 참조.

(client)가 설계자 선정 시 면접·답사(설계사무소 및 실적)를 통한 능력 판단을 통해 설계자와 1:1 계약을 하는 단성식(Uniplex) 관계[145]이다. 이 방식은 건축주의 역선택 위험[146]이 가장 큰 방식이기 때문에 건축주는 설계자 선정을 위한 설계자의 고유 속성[147]에 관한 정보가 필요하게 된다. 이러한 정보 습득의 가장 일반적인 경로는 건축가가 선호하는 유사 건축물을 선정하고 그 건축물의 이해관계자로부터 의견을 청취하여 당해 설계자에 관한 평판자료를 습득하는 방법이다. 그러나 이러한 방법은 객관성이 떨어질 뿐 아니라 전문성 또한 결여된 방식이다. 따라서 영국은 이를 보완하기 위하여 일반계약(Traditional procurement)의 경우 설계 이전 단계에 전문자문가(Special adviser)와 건축주(Owner) 측의 대표자(In-house department)로 구성된 건축주 위원회(Client board)를 구성하고, 이 위원회에 의해 선정된 건축주(Client)로 하여금 건축가를 선정하도록 하는 모델을 제시하고 있다.[148] 독일(베를린)의 경우 또한 건축주가 건축가를 선임하고 직접 계약하는 것이 아니라 건축주에 의해 선임된 관리자(Steuer)에 의해 대리되고 있다.[149]

그러나 이는 건축주 위원회의 구성 능력을 지닌 기업과 같은 경우는 가능하나, 일반 건축주의 경우는 건축주 위원회 구성 능력이 부재하다. 따라서 일반 건축주의 경우에 대한 보조 프로그램 개발(Owner aid program)이 요구된다.[150]

••••

145 Søren Hougaard·Mogens Bjerre는 client와의 관계유형을 ① 단성식(Uniplex), ② 단성-다중식: 개인 대 팀(Uniplex to Multiplex: One to Team), ③다중-단성식: 팀 대 개인(Multiplex to Uniplex: Team to One), ④ 다중-다중: 팀 대 팀(Multiplex: Team to Team)으로 구분하고, 그에 따른 장단점을 기술하였다. 이때, 단성식 관계란 전통조직에서의 일반적 관계유형으로 조직의 대표자 간 개인 대 개인으로 관계하는 것으로, 이러한 단성식 관계의 문제는 관계된 두 조직이 오직 개인에만 의존함으로써 조직 간 정보와 자료 등의 교류에 결함이 발생할 확률이 높다는 점에 있다. 그 원인은 조직 간의 관계된 자료들이 대부분 개인이 소유하게 되기 때문에, 통합된 조직의 의견이 아닌 사견만을 중시할 가능성이 높다. 따라서 단성식 관계는 조직 관계의 관건이라 할 수 있는 유연성과 개체성에 대한 배려가 필수적이다. Søren Hougaard·Mogens Bjerre, 『Strategic Relationship Marketing』, Springer, 2002, pp.219-220.

146 건축주의 역선택 위험에 관한 논의는 본 연구 제3장 제1절 참조.

147 고유 속성이란, 설계자의 경력, 작품, 설계자의 전문 설계분야와 종별, 사무소의 업적, 사무소의 자원(human resource & material resources)과 조직구조, 신뢰도(개인적 혹은 사무소), 업무 수행 능력에 대한 평판(객관적 자료) 등을 의미한다.

148 『Architect's Handbook of Practice Management』, RIBA Publication, 1991, pp.199-212 참조.

149 건설교통부, 『설계·감리기술진흥 및 육성전략에 관한 연구』, 2003, pp.78-80.

150 일반 건축주의 역선택 방지를 위한 제도적 제안은 이재인, 박언곤, 「대리인 이론을 통한 건축법상 건

(2) 설계안을 채택하는 방식

설계경기방식은 기술공모방식151의 일종으로, 역량 있는 신인 건축가의 발굴 및 창의적이고 양질인 디자인을 선택할 수 있다는 장점이 있다. 반면 건축주가 기획에서 기본계획에 이르는 작업을 선행하므로 설계자는 건축주가 제시한 문제해결의 범위 내에서 창의성을 발휘해야 하므로 기술공모의 장점이 최대한 발휘된다고 할 수는 없다. 따라서 기획 단계가 중시되는 건축물에는 적합한 방식이 아니다.

원칙적으로는 설계경기방식은 설계안 채택을 통한 설계수주방식이나, 우리나라의 경우 설계경기에 의한 건축계약은 설계시공 일괄계약(Design-build)방식을 채택하고 있는데, 이에 대해서는 따로 고찰을 한다.

설계안을 채택하는 방식은 설계의 단계에 따라 설계입찰과 기본설계입찰152로 구분된다. 또한 급속한 건축기술의 발달로 건축주의 보다 정보가 많은 전문가의 의견 수렴방식으로서 대안입찰 방식153을 채택하고 있다. 일반적으로 입찰방식은 최저가 낙찰방식으로 운영154되고 있으나, 대형공사 혹은 특정공사155에 대해서는 설계의 질을 높이기 위하여, 대안입찰 또는 일괄입찰156의 경우 설계도서의 심사와 함께 금액 심사를 병행하고 있

••••

축주에 관한 연구」참조.

151 '건설기술관리법' 제21조의2.

152 '기본설계입찰'이라 함은 일괄입찰의 기본계획 및 지침에 따라 실시설계에 앞서 기본설계와 그에 따른 도서를 작성하여 입찰서와 함께 제출하는 입찰을 말한다. '지방자치단체를 당사자로 하는 계약에 관한 법률 시행령' 제95조 제1항 제6호.

153 '대안입찰'이라 함은 원안입찰과 함께 따로 입찰자의 의사에 따라 대안[지방자치단체가 작성한 설계서(총공사에 대한 기본설계서와 실시설계서를 말한다.)상의 공종 중에서 대체가 가능한 공종에 대하여 기본방침의 변동 없이 지방자치단체가 작성한 설계에 대체될 수 있는 동등 이상의 기능 및 효과를 가진 신공법·신기술·공기단축 등이 반영된 설계로서 당해 설계서상의 가격이 지방자치단체가 작성한 설계서상의 가격보다 낮고 공사기간이 지방자치단체가 작성한 설계서상의 기간을 초과하지 아니하는 방법(공기단축의 경우에는 공사기간이 지방자치단체가 작성한 설계서상의 기간보다 단축된 것에 한한다.)으로 시공할 수 있는 설계가 허용된 공사를 말한다. '지방자치단체를 당사자로 하는 계약에 관한 법률 시행령' 제95조 제1항 제3호 내지 제4호.

154 '지방자치단체를 당사자로 하는 계약에 관한 법률 시행령' 제42조.

155 '대형공사'라 함은 총공사비 추정가격이 100억 원 이상인 신규복합공종공사를, '특정공사'라 함은 총공사비 추정가격이 100억 원 미만인 신규복합공종공사 중 지방자치단체의 장이 대안입찰 또는 일괄입찰로 집행함이 유리하다고 인정하는 공사를 말하는 것이다. '지방자치단체를 당사자로 하는 계약에 관한 법률 시행령' 제95조 제1항 제1호 내지 제2호.

156 또한 대형공사의 일괄입찰은 기본설계 입찰실시설계적격자로 선정된 자에 한하여 실시설계서(가. 실

다. 또한 심사는 1단계로 4명의 short list를 선발하고, 선발자 중 적격심
사[157]를 거쳐 최종 선정하며, 대안입찰의 경우는 대안의 원안에 비해 예정
가격 이하라는 전제로 설계점수가 높은 순으로 4개의 대안을 선정하고,
선정자 중 적격심사를 거쳐 최종 선정자를 선발한다.[158]

(3) 설계자와 설계안 모두를 채택하는 방식

설계자와 설계안 모두를 채택하는 방식으로서 기술제안 방식은 일종의
기술공모 방식으로, 비교적 규모가 작은 건축물을 대상으로 대상 건축물
에 대한 기본 아이디어 정도만 기술한 내용을 설계자의 경력과 함께 제출
받아 설계자와 설계안을 선정하는 방식으로, 이에 보완적으로 이미지 스
케치 혹은 기본적 도면으로 설계자를 선정하는 기초계획(Esquisse) 설계경
기가 이에 해당한다. 이 방식은 설계자의 아이디어가 요구되는 경우에 적
합한 방식이다.

• • • •

시설계에 대한 구체적인 설명서, 나. '건설기술관리법 시행령' 제13조의 규정에 의한 관계서류, 다. 단가
및 수량을 명백히 한 산출내역서, 라. 그 밖에 참고사항을 기재한 서류)를 제출받아 심사를 하고 있다.
'지방자치단체를 당사자로 하는 계약에 관한 법률 시행령' 제98조.

157 계약이행능력 심사는 당해 입찰자의 이행실적, 기술능력, 재무상태, 과거 계약이행 성실도, 자재 및
인력조달가격의 적정성, 계약질서의 준수 정도, 과거 실적의 품질 정도 및 입찰가격 등을 종합적으로 고
려하여 행정자치부 장관이 정하는 심사기준에 따라 적격 여부를 심사한다. '지방자치단체를 당사자로 하
는 계약에 관한 법률 시행령' 제42조 제2항 및 제100조.

158 '지방자치단체를 당사자로 하는 계약에 관한 법률 시행령' 제99조.

1 　건축주와 건축기술자의 역할

　　건축법상 건축주는 소유권[159]과 점유권[160]을 지니며 토지의 이용권 행사를 통한 모든 건축적 책임의 귀속체이다. 건축주란 건축으로 인한 이익을 궁극적으로 향유하는 (건축 동기유발)주체로 설계업무 단계에 있어서는 위촉자[161]이며, 시공단계에서는 도급인(Client)이다. 그러므로 건축주는 자금을 투자하여 건축을 하는 발주자이며, 시공주를 말한다. 즉, 건축주는 공사의 발주자이고, 시공자(Owner – building)이기도 하다〈그림 2 – 23〉, 〈그림 2 – 24〉).[162]

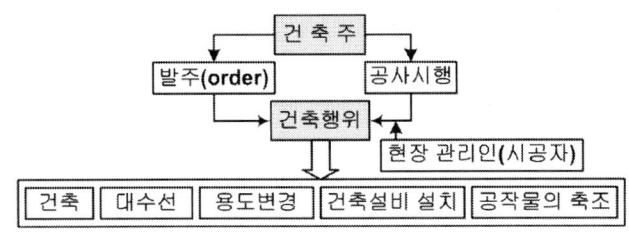

<그림 2 – 23> 건축법상 건축주의 역할 1

----

159 소유권이란 목적물을 전면적으로 지배하는 절대적 권리이다. 그러나 그 권리를 행사함에 있어 본질적·제도적 한계와 제한을 받는 경우가 있다. 즉, 소유권의 객체는 물건에 한하고 채권에 관한 소유권은 존재하지 않는다. 또한 소유자는 법률의 범위 내에서만 자신의 소유권을 사용·수익·처분할 수 있을 뿐이다. '민법' 제211조 참조.

160 건축법상 건축주란 건축물에 대한 소유권을 지닌 소유자뿐 아니라 점유자(占有者)를 포함하고 있다('건축법' 제69조 제1항). 이때 점유란 자기를 위하여 현실로 지배(소지)하는 것을 말하며('민법' 제245조 제1항), 이로써 소유권 취득의 효과를 지닌다. 이러한 점유 사실에 근거해서 점유자에게 인정한 권리가 점유권이다.

161 건축사는 위촉자의 신임을 받는 대리인이며 자기에게 맡겨진 책임과 임무를 양심과 성의로서 수행한다. '건축사 윤리규약' 제1조. 2004. 2. 26. 현재.

162 건축법 제2조 제1항 12호 참조.

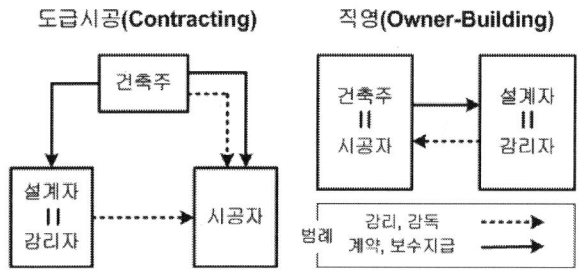

<그림 2-24> 건축법상 건축주의 역할 2

<표 2-3> '건축법'상 건축주의 의무

구분	세구분	건축법조항
내 용		
허가 또는 신고	건축, 대수선, 용도변경, 허가·신고사항의 변경 가설건축물, 공작물의 축조	제8조, 제9조, 제10조, 제14조, 제15조, 제72조
	허가·신고 수수료 납부	제11조
	착공 및 사용검사 신청	제16조 제1항, 제18조 제1항
	건축물의 철거·멸실	제27조
장기간 공사현장을 방치할 경우 공사현장의 미관개선 및 안전관리 등 필요한 조치		제8조의3 제1항
무면허 시공금지(건설업자[163]에 의한 시공)		제16조 제3항
사용승인서 교부 전 건축물의 사용금지		제18조 제3항
건축사에 의한 설계		제19조 제1항
공사 감리자 지정		제21조 제1항
공사 감리자의 시정·재시공·공사 중지 요청에 대한 불이익 금지		제21조 제6항
건축물의 유지·관리의무		제26조
대지안의 조경		제32조 제1항
건축물의 안전	구조안전 확인	제38조 제2항
	건축물의 피난시설	제39조
	건축물의 내화구조 및 방화벽	제40조
	방화지구 안의 건축물	제41조
	건축물의 내부 마감재료	제43조
	지하층의 구조 및 설비규정 준수	제44조
건축설비 규정	안전·방화 및 위생과 에너지 및 정보통신의 합리적 이용에 지장이 없고 유지·관리가 용이하도록 설치	제55조
	승강기 설치	제57조
제한 규정 준수	대지	제46조
	건축물	제47조 내지 48조, 제51조, 제53조
공개 공지 등의 확보		제67조

• • • •

163 '건설산업기본법' 제41조 참조. 일반적으로 건축시공 주체는 시공 과정에 참여하여 건축공사가 효과적으로 추진되도록 하는 개인이나 기업을 통칭한다. 건축공사의 참여 주체는 크게 분류하면 건축주(발주

건축주는 일반적으로 건축의 비전문가이므로 건축과정에 따라 전문가(조직)를 위촉하고 일정한 비용을 지급할 것을 계약하고 업무를 위임한다. 이때 건축주는 건축대지, 용도, 구조 및 이에 따른 설비, 공기(工期), 예산 등의 각 조건을 제시, 즉 건축 단계별로는 설계조건서(brief)를 제시하여야 하는 건축기획 업무가 건축주의 주요 역할이다. 건축행위의 주체인 건축주는 건축물의 소유주(owner)이며 유지관리자이다. 또한 건축주는 건축 관련 업무의

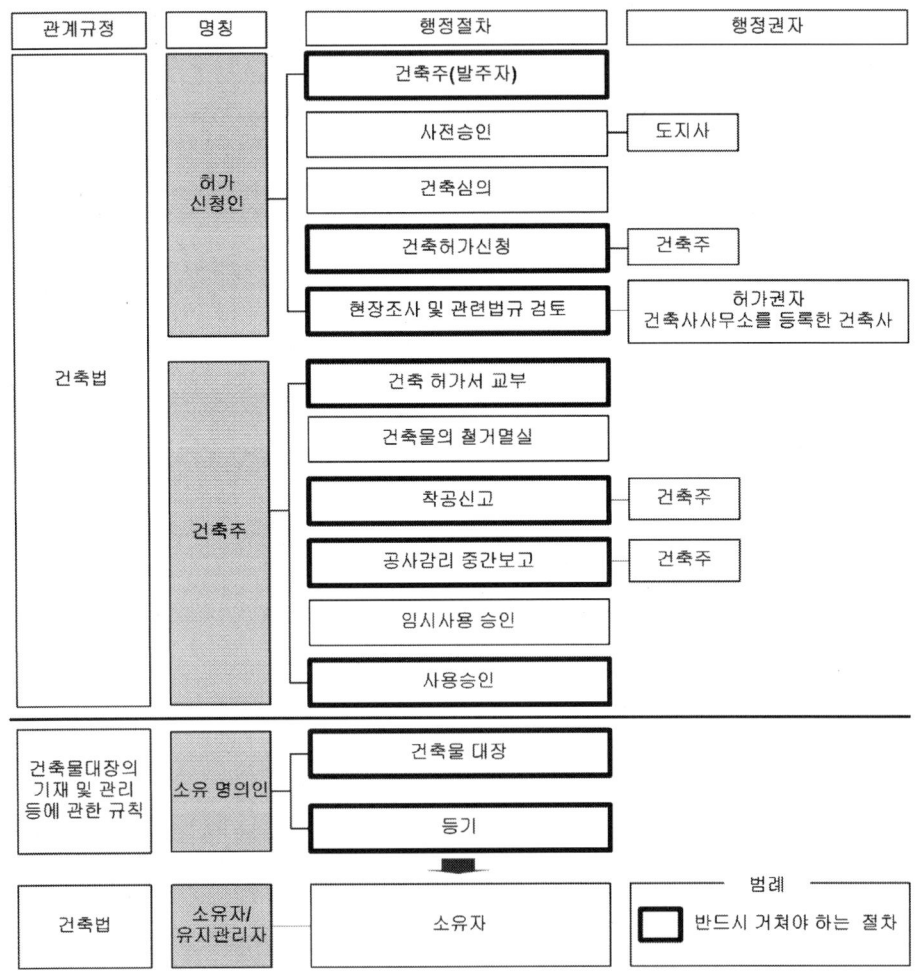

<그림 2-25> 건축행정 흐름에 따른 건축주의 역할

자), 설계자, 시공자, 감리자, 유지관리자, 그리고 전문 집단들이다. 우리나라의 경우 건축 활동 주체는 개인이든 기업이든 법률에서 정하는 바의 일정한 자격기준 및 설립(면허나 등록)요건을 갖추도록 하고 있다. 그러나 건축주체들의 역할과 기능은 법률적으로 명확하게 정해져 있지 않지만 상호 견제를 통하여 부실공사를 방지하면서 품질을 확보하도록 관행적으로 이루어진다.

주체(業務主)[164]로 건축행위의 법률적 주체로 자신의 계획과 계산으로 건축을 주도(Direct, Manage, Control)한다. 그러므로 건축주는 행정 단계별로 허가의 신청인, 건축주, (건축물의 실질적) 소유자/유지관리자로서 각각의 역할을 수행함으로써(〈그림 2 - 25〉) 모든 건축적 책임을 부담한다(〈표 2 - 3〉).

즉, 건축주는 자신의 계획과 계산으로 건축공사를 주도하는 자로서 건축허가 신청 시는 허가신청인이 되고, 건축허가를 얻은 이후부터는 사용검사필증을 교부받을 때까지 건축주가 되며, 사용검사필증을 교부받아 건축물을 등기할 때에는 당해 건축물의 소유명의인이 되고 등기 후는 건축물의 소유주가 되는 것으로 법적 지위가 규정되어 있다.

위의 열거된 의무사항들을 통해서 건축 전체 과정에서 건축주가 얼마만큼의 중요한 위치를 점하고 있는지를 확인할 수 있다. 문제는 양질의 건축에 대한 의무사항은 존재하지 않는 것이다. 물론 적합한 구조와 기능을 갖춘 건축을 통해서 공공복리에 증진을 추구한다는 법적 취지는 수긍할 수 있으나, 문제는 공공복리에 대한 협소한 해석으로 인하여 그 한계가 스스로 명확해졌다는 것이다. 과거 사익과 공익은 상호 공존이 불가능한 개념으로 파악되고 있었으나, 현대에는 이를 동시에 추구하는 협쟁의 개념이 도입되면서 둘의 공동적인 발전을 통해서 새로운 발전을 모색하고 있다. 그런 측면에서 보면 현재 건축주에 대한 건축법의 의무규정은 건축 설계 과정에 있어서 일어날 수 있는 문제점에 대한 제어에 대한 부분이 강조되고 있다.

건축법상 건축기술자는 설계자, 시공자, 감리자, 관계전문기술자, 현장관리인 및 건설사업 관리 전문가가 있다. 이 중 감리자와 설계자는 건축사의 역할에 따른 분류명칭이며, 현장관리인의 경우 종전에는 '건설산업기본법'의 적용대상이 아닌 소규모 건축물[165]의 위법시공과 부실시공을 방지

••••

164 대법원 2005. 12. 22. 선고 2003도3984 판결에 의하면 건축주를 건물이나 토지의 소유의 개념으로보다는 실제 건축행위의 주체로 판단하고 있다.

165 2007년 현재 시공자의 제한을 받지 아니하는 건축물이란 농업용 · 축산업용 또는 조립식 건축물 등 대통령령이 정하는 건축물('건설산업기본법' 제41조) 및 ① 농업, 임업, 축산업 또는 어업용으로 설치하는 창고, 저장고, 작업장, 퇴비사, 축사, 양어장 기타 이와 유사한 용도의 건축물, ② 공장에서 제조된 패널 및 부품 등을 사용하여 조립식으로 시공하는 단층인 공장 또는 창고용의 건축물, ③ '주택법' 제9조의 규정에 의하여 등록을 한 주택건설사업자가 동법 시행령 제13조 제1항의 규정에 의한 자본금 · 기술

하기 위한 목적으로 공사시공자의 범위에 현장관리인이 포함되도록 하였으나, 현장관리인의 자격 제한으로 실제 당해 공사와는 전혀 관계없이 불법자격증 대여 등 부작용이 초래하고 있어 현장관리인 제도를 1999. 2. 8일자로 폐지하였다. 따라서 현장관리인은 시공자에 포함하여 살펴보고, 설계자는 건축사의 업무내용을 포함하여 살펴보고, 감리자는 시공단계에 개입하는 건축사의 역할이므로 본 연구의 범위에 해당하지 않으므로 제외한다.

1.1. 설계자

설계자란 자기 책임하에(보조자의 조력을 받는 경우 포함)[166] 설계도서를 작성하고 그 설계도서에 의도한 바를 해설하며 지도·자문하는 자이다.[167] 즉 설계자는 기획단계에서는 건축주의 자문가(Consultant)이고, 설계단계에서는 건축주의 요구를 수용하여 건축공사가 이루어질 수 있도록 설계도서[168]를 작성하고, 개략적인 공사비용을 추산하며, 시공단계에서는 그 설계도서[169]에 의도한 바를 해설하며 지도·자문(Construction manager)한다(〈표 2 - 4〉).

설계자에 의한 설계도서는 건축허가 시에는 심사기준이 되며 동시에 시공 시에는 공사의 지침이 된다.

• • • •

능력 및 주택건설실적을 갖추고 동법 제16조의 규정에 의한 주택건설사업계획의 승인 또는 '건축법' 제8조의 규정에 의한 건축허가를 받아 건설하는 주거용 건축물('건설산업기본법 시행령' 제37조).

166 여기서 보조자란 해당 설계사무소에 소속되거나 설계자의 책임하에 고용된 사를 말한다. 그러므로 보조자가 실질적으로 설계에 참여하였더라도 책임권한은 설계자에게 있음을 뜻한다.

167 '건축법' 제2조 제1항 13호.

설계업무

행위구분		업무내용
설계도서 작성	도면	1. 도면 작성
	서류	2. 구조계산서 작성
		3. 공사시방서 작성
		4. 건축설비계산 관계서류
		5. 토질 및 지질 관계서류
		6. 기타 공사에 필요한 서류작성
설계의도 해설, 지도·자문		7. 지도업무(management)
		8. 자문업무(Consulting)

168 설계도서란 건축물의 건축 등에 관한 공사용의 도면과 구조계산서 및 시방서 기타 건설교통부령이 정하는 공사에 필요한 서류를 의미한다. 건축법 제2조 제1항 제14호.

169 '설계도서'라 함은 건축물의 건축 등에 관한 공사용의 도면과 구조계산서 및 시방서 기타 건설교통부령이 정하는 공사에 필요한 서류를 말한다. '건축법' 제2조 제1항 14호.

구분	내용	규정
고유업무	설계도서 작성, 그 설계도서에 의도한 바를 해설·지도·자문	제2조 제1항 13호
자격요건	허가대상 건축물 설계자의 건축사 자격 유지	제19조 제1항
설계	규정에 적합하고 안전·기능 및 미관에 지장이 없도록 설계	제19조 제2항
	설계도서작성기준에 따라 설계도서 작성	
	공사시공자의 설계변경요청에 응할 의무	제19조의2 제3항
책임	설계도서에 서명 날인 의무	제19조 제3항
기술	구조의 안전 확인	제38조 제2항
	관계전문기술자와의 협력	제59조의2 제1항

    이러한 설계자는 공종별로 설계업무를 담당하는 책임자가 다른데, 건축설계의 경우는 건축사, 구조설계는 구조기술자, 설비설계는 설비기술자, 토공사는 토목기술자가 각각 담당하나 일반적으로는 설계자라 함은 건축사법에 의한 등록 건축사(registered Architect)를 의미하나, 건축법상 반드시 건축사가 설계할 것을 강제하지는 않지만,[170] 일반적으로는 건축사(建築士)가 담당한다.[171] 건축사의 고유 업무는 설계·감리 업무이다.[172] 이때 설계업무란 설계도와 관계서류인 설계도서의 작성과 설계도서의 검토

----

170 제8조 제1항의 규정에 따라 건축허가를 받아야 하거나 제9조 제1항의 규정에 따라 건축신고를 하여야 하는 건축물 또는 제18조의 규정에 따른 사용승인을 얻은 후 20년 이상의 기간이 경과된 건축물로서 '주택법' 제42조 제2항 또는 제3항의 규정에 따른 리모델링을 하는 건축물의 건축 등을 위한 설계는 건축사가 아니면 이를 할 수 없다. 다만, 다음 각 호의 어느 하나에 해당하는 경우에는 그러하지 아니하다. 건축법 제19조(건축물의 설계) 제1항. 즉 제19조를 반대 해석하면 요건 이외의 건축은 건축사가 아니어도 행위를 할 수 있다는 의미이다.

171 여기서 건축사란 등록건축사를 의미한다. '건축사법' 제2조 제1호에 의하면 "'建築士'라 함은 …… 資格試驗에 合格한 者로서 建築物의 設計 또는 工事監理의 業務를 행하는 者를 말한다."라고 규정하고 있어 마치 건축사자격(license) = 설계 및 감리업무를 수행자격(register)으로 잘못 규정하고 있다. 그러나 시험에 합격한 건축사가 건축사 고유업무인 설계·감리 업무 수행을 위해서는 '건축사법' 제23조에 의한 업무신고. 즉 건축사사무소가 소재한 관할청에 등록을 해야 하므로 면허(건축사자격) = 업무행위의 허가는 아닌 것이다.

172 설계자란 자기 책임하에(보조자의 조력을 받는 경우를 포함한다.) 설계도서를 작성하고 그 설계도서에 의도한 바를 해설하며 지도·자문하는 자이다. '건축법' 제2조 제1항 13호; 설계등용역업자란 설계 또는 건설기술관리법 제2조 제4호의 규정에 의한 설계 등 용역을 수행하는 자이다. '건설폐기물의 재활용 촉진에 관한 법률' 제2조 11호. 여기서 설계 등 용역이라 함은 ㉮ 건설공사에 관한 계획·조사·설계· 설계감리 및 안전성검토. ㉯시설물의 검사·관리 및 운용. ㉰ 건설공사에 관한 시험·평가·자문 및 지도의 업무를 의미한다. '건설기술관리법' 제2조 제4호; 건축사란 건축물의 설계 또는 공사감리의 업무를 행하는 자이다. '건축사법' 제2조 1호. 여기서 설계란 자기 책임하에(보조자의 조력을 받는 경우 포함) 건축물의 건축·대수선, 건축설비의 설치 또는 공작물의 축조를 위한 도면·구조 계산서 및 공사시방서 기타 건설교통부령이 정하는 공사에 필요한 서류(설계도서)를 작성하고 그 설계도서에서 의도한 바를 해설하며 지도·자문하는 행위. '건축사법' 제2조 3호.

를 의미한다.

<표 2-5> 설계업무 관련 현행규정(2004. 06)

구 분	규 정	내용
설계도서	건축법시행규칙1조의2	1. 건축설비계산 관계서류
		2. 토질 및 지질 관계서류
		3. 기타 공사에 필요한 서류
	주택법 시행령 제23조1항1호	1. 설계도
		2. 시방서
		3. 구조계산서
		4. 수량산출서
		5. 품질관리계획서
설계서	건설교통부 고시 제2004-170호 민간건설공사표준도급계약서	1. 공사시방서
		2. 설계도면(물량 내역서를 작성한 경우 포함)
		3. 현장설명서
설계도서 작성	건기법 시행규칙 14조의4	시공상세도면의 작성
	주택법22조, 시행령23조	주택의 설계 및 시공
설계도서 검토	건기법 시행규칙 14조의3	설계도서검토내용
	건기법 시행령39조의2	설계감리의 업무 범위 등

한국의 건축사는 이러한 고유 업무 외에 한시적 공무원 역할(현장조사·검사 및 확인업무 대행자)[173]을 수행하고 있다.

건축과정에서 건축기술자들은 건축주에 대한 이익 책임과 윤리적 책임[174]이 있다. 이익 책임이란 건축주의 최대효용을 창출할 책임이며, 윤리적 책임이란, 업무를 도덕적으로 성실히 수행할 책임을 의미한다. 한국은 건축조직의 역할을 법률로 규정하고 있다. 건축사(설계자)는 설계와 감리를, 시공자는 건축 공사를, 감리자는 감리 업무를 수행하도록 규정하고 있다. 따라서 업무 범위로 보건대, 건축법에서 규정하고 있는 건축관계자는

· · · ·

건축사의 업무영역

역할	건축사	공무원	기타
내용	설계 감리	현장조사·검사 및 확인업무의 대행 확인·지도 및 단속	건축물의 조사 또는 감정

173 건축법 제23조 제1항.

174 대리인 문제의 해결의 근본적인 방안으로서 윤리에 관한 연구로는 Arrow, Kenneth Joseph, Scitovsky, Tibor, American Economic Association, 『Readings in welfare economics』, Homewood: Irwin, 1969 참조.

건축사와 시공자로 축약된다. 이렇듯 건축조직이 단순함에 비해 업무 내용은 세분화하여 규정하고 있으며, 규정하고 있는 법률마다 내용의 차이를 보이고 있다. 특히 업무내용이 건축사 개인에게 편중되어 있어, 건축적 위험 또한 건축사 개인에게 향하고 있다. 따라서 건축과정에서 건축사는 고의적으로(Moral hazards) 업무량을 경감하려 하거나, 실수(Omit)의 위험이 내재하고 있다. 이러한 건축사의 과중한 업무는 건축의 질을 떨어뜨리는 요소로 작용하고 있다.[175]

1.2. 시공자

공사시공자란 일반적으로 건축의 질을 결정하는 결정권자로 인식되고 있다. 즉, 건축의 질 결정이 시공단계에서 이루어진다는 인식이 일반적이다. 때문에 건축 관련 규정들은 대부분 시공단계에 집중하고 있으며, 건축의 질 향상을 목적으로 한 관련 연구 또한 건축 시공에 초점을 맞추고 있다. 그러나 원칙적으로 시공자는 설계자의 설계도서[176]를 실제적으로 구현하는 것이기 때문에 건축의 질은 시공 이전 단계에서 결정이 난다. 따라서 건축 관련 규정상의 미흡한 시공 이전 단계의 규정 보완이 필요하다. 또한 현행 건축법상의 공사시공자란 건설공사[177]를 행하는 자이다. 이러한 견지에서 건축주가 직접공사를 수행하는 직영공사(Owner building)의 현장 관리인[178]의 경우 공사시공자에 해당한다. 그러나 건축 관련 규정에는 이 현장 관리인의 업무 등에 관한 구체적 내용이 없다.

••••

175 그러나 건축사의 업무 과중의 문제 이전에 우리나라 건축법상의 건축사의 정의의 이중구조 문제에 관한 문제가 선행되어야 한다. 예컨대, ① 용어의 문제. 즉 시장에서의 건축가(建築家)와 법률상의 건축사(建築士)로 혼용문제. ② 건축법상의 개념정의 문제. 즉, 시험에 합격한 건축사(Qualified Architect)와 등록 건축사(Registered Architect)와의 구분의 문제이다.

176 건축법 제2조 제1항 14호.

177 토목공사, 건축공사, 산업설비공사, 조경공사 및 환경시설공사 등 시설물을 설치·유지·보수하는 공사(시설물을 설치하기 위한 부지조성공사 포함), 기계설비 기타 구조물의 설치 및 해체공사 등을 말한다. 건축법 제2조 제1항 16호 및 건설산업기본법 제2조 제4호.

178 건축법상 건축주란 공사를 발주하거나 현장관리인을 두어 스스로 그 공사를 행하는 자를 의미한다. 건축법 제2조 제1항 12호.

<표 2-6> 건축법상 시공자의 의무 규정

의무 이행자	내 용	규정
건축관계자	업무의 성실수행	제9조의2
공사시공자 · 공사감리자	착공신고 서류 서명	제16조 제2항
공사시공자	계약에 따른 성실 시공	제19조의2 제1항
	규정에 적합한 건축물을 건축하여 건축주에게 인도	
	공사현장에 설계도서 비치	제19조의2 제2항
	상세시공도면 작성	제19조의2 제4항
	공사현장에 건축허가표지판 설치	제19조의2 제5항
	공사감리자의 공사 중지 요청에 의한 공사 중지	제21조 제2항
	공사현장의 위해 방지 의무	제6조 제2항, 제24조
	토지굴착 부분에 대한 조치와 조치사실 게시	제31조 제1항
	무면허시공 금지	건설산업기본법 제41조
건축주 · 공사시공자	공사 감리자에 대한 불이익 금지	제21조 제6항

1.3. 관계전문기술자

관계전문기술자라 함은 건축물의 구조, 설비 등 건축물과 관련된 전문 기술자격을 보유하고 설계 및 공사감리에 참여하여 설계자 및 공사감리자

<표 2-7> 관계전문기술자

업무내용	관계전문기술자	법명
1. 건축구조계산 -16층 이상 건축물 -span 30m -다중이용 건축물	건축구조기술사 건축구조공학박사(3년 경험) 건축구조공학석사(9년 경험) 건축기사 1급(10년 경험)	건축법 시행령 제91조의3 건축법시행규칙 제36조의2 구조설계도서에 설계자와 함께 서명 날인
2. 건축설비의 설계 및 감리(급수 · 배수 · 난방 · 환기) -연면적 1만㎡ 이상인 건축물(창고시설 제외) -연면적 500㎡ 이상 목욕장, 수영장, 냉동냉장, 항온항습, 특수청정시설 -연면적 2,000㎡ 이상 숙박시설, 병원(개별난방 제외) -에너지절약계획서 제출대상건축물[180]	건축기계설비기술사 공조냉동기계기술사	건축법 시행령 제91조의3 설계도서, 감리중간보고서, 감리 완료보고서에 설계자, 공사감리자와 함께 서명 날인
3. 굴토 및 옹벽공사의 설계 · 감리(지질조사, 토공사의 설계 및 감리, 흙막이 벽 옹벽설치 등에 관한 위해방지 및 기타 필요한 사항) -깊이 10m 이상의 토지굴착공사 -높이 5m 이상의 옹벽공사	토목분야 기술계 기술자격취득자	건축법 시행령 제91조의3
4. 안전관리 등 설계자 및 공사감리자가 안전상 필요하다고 인정하는 경우, 관계법령이 정하는 경우, 설계계약 또는 감리계약에 의하여 건축주가 요청하는 경우	안전 관련 기술자	건축법 시행령 제91조의3

와 협력하는 건설기술자를 칭한다('건축법' 제2조 제1항 18호). 여기서 건설기술자란 건설공사에 관한 기술 또는 기능을 가진 자로서 관계법령에서 그 기술이나 기능이 있다고 인정된 자를 말하며('건설산업기본법' 제2조 제12호), 건축 관련 건설기술자는 기술사(건축구조, 건축기계설비, 건축시공, 건축품질시험), 기사 및 산업기사(건축설비, 건축, 실내건축)로 구분하고 있다.[179](⟨표 2 - 7⟩)

건축허가 대상 건물은 건축사의 책임하에 설계·감리를 하도록 하고 일정규모 이상의 건축물(구조: 16층 이상, 설비: 1만㎡ 이상) 이외에는 건축사의 판단에 따라 관계기술자의 협조를 받고 있어 대규모 토지굴착공사 등 각 분야에 대한 기술자의 협력체계가 미흡하고 건축공사에 참여한 관계기술자의 책임한계 등도 불분명한 문제점이 있으므로 실제 대규모 토지굴착공사 등 각 분야의 전문기술자 등을 설계·감리에 참여하고 있는 이상 이들이 설계·감리에 참여한 사실을 서명·날인하도록 하여 건축 관련 전문기술분야의 협력체계를 강화하는 한편 분야별 업무 책임한계를 명확히 하기 위하여 96. 1. 5부터 시행하게 되었다.

건축설계에 협력한 관계전문기술자는 건축물 착공신고서에 그 인적 사항을 명기토록 하여 설계 또는 공사감리의 분야별 협력사항에 대한 이해관계자의 책임소재를 분명히 하는 준거가 되도록 하였고, 감리 중간보고서나 공사감리 완료보고서에도 공사감리자 및 관계전문기술자가 공사와 관련하여 별도의 의견(서명·날인토록 함)이 있는 경우 동 보고서에 첨부토록 하였다.

1.4. 건설사업 관리 전문가

건축주(발주자)는 필요한 경우 건설사업 관리 업무의 전부 또는 일부를 건설사업 관리에 관한 전문지식과 기술능력을 갖춘 자에게 위탁할 수 있다('건설산업기본법' 제26조 제1항). 이때 건설사업 관리라 함은 건설공사

179 '건설기술관리법 시행령' 별표1 참조.

180 '건축법' 제59조, '건축물의설비기준등에관한규칙' 제21조 제22조, '건축물의에너지절약설계기준'(건설교통부 고시 제2004 - 459호(2004년 12월 31일).

에 관한 기획, 타당성 조사, 분석, 설계, 조달, 계약, 시공관리, 감리, 평가, 사후관리 등에 관한 관리업무의 전부 또는 일부를 수행하는 것을 말한다 ('건설산업기본법' 제2조 제6호).

ㄹ 건축 디자인단계의 업무 범위

본 연구에서의 건축 디자인 단계란 시공 이전의 모든 단계를 의미하는 것으로, 이 단계에서는 건축관계자의 업무 범위가 결정되고, 건축의 질이 결정되는 단계이다.[181] 따라서 각 단계별 업무 범위 파악은 건축의 질 향상의 기본전제이다.

2.1. 기획단계의 건축주의 업무 범위

건축기획 단계는 건축비용, 건축의 규모, 건축계약 방식에 따른 건축조직의 형태 등이 결정된다. 따라서 건축기획 단계는 계획 및 실시설계 단계보다 프로젝트에 영향을 크게 미치는 단계이므로 건축기획 단계의 관리가 건축의 성패를 좌우한다. 또한 건축 비용의 측면에서 보자면 건축비가 가장 크게 투입되는 단계는 시공단계이지만 건축 전체의 비용을 절감할 수 있는 기회는 시공단계보다는 기획단계에서 그 효과가 크다.[182]

현대사회는 정보의 발달로 창조적으로 끊임없이 변화하는 사회(Emotile)로 변화되었다. 이러한 현대사회의 사고의 변화(Stock to flow)는 건축에 있어 프로젝트의 유동화(Liquidity) 경향으로 나타나고 있다. 이는 건축주로 하여금 건축에 대한 명확한 목표설정을 어렵게 하여 건축의 리스크로 작

• • • •

181 설문조사에 의하면 건축의 질 저하 유인은 43.9%가 건축 설계단계에서 발생하며 원인별 비율은, **설계능력부족(24.4%),** 현장기능공의 적당주의(15.6%), 저가입찰(13.5%), 총체적 책임의식부족(10.7%), 감리 · 감독 능력부족(6.4%), 불합리한 입찰계약제도(6.0%). 건설교통부 · 한국건설산업연구원, 『부실공사방지대책설문조사 결과』, 1997 및 저가입찰에 대한 공사비 보전(26.9%), **시행자의 사업계획변경(23.1%),** 민원 해소(17.1%), **설계부실(26.9%),** 건축주와 감리자의 부당한 요구(3.2%), 기타(2.8%). 김홍일, 『공공공사의 설계변경 요인 및 개선대책』, 1998 참조.

182 Pareto 이론에 의하면 초기 20%의 업무가 전체 프로젝트의 성공에 80%의 영향을 미친다. Paulson, B. C. 「Concept of project planning and control」, 『Journal of the Construction Division』 vol.102, no.1, march, ASCE, 1976, pp.67 - 80.

용하고 있다. 따라서 과거 건축의 주도자는 건축주였으나 현대건축은 건축주에 의해 조직된 조직 혹은 건축조직의 의사결정에 요구되는 정보제공이나 커뮤니케이션 기술 등을 제공하는 제3의 주체[183]에 의해 선도되고 있다(〈그림 2-26〉) 즉, 과거의 건축은 개인이나 조직에 의해 주도되는 방식이었으나 현대건축조직은 주도자가 존재하는 것이 아니라 건축에 이해관계가 없는 제3의 주체에 의해 객관적으로 선도되고 있다.

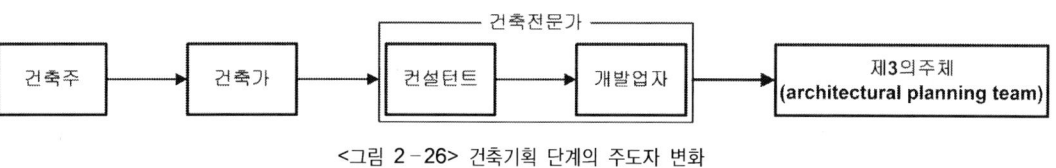

<그림 2-26> 건축기획 단계의 주도자 변화

즉, 현대건축의 건축주는 개인이 아니며 팀 조직으로 존재하며, 이는 건축주 입장에서 건축기획은 건축 효용을 높이기 위한 다양한 대리인들과의 협력이 필요하다는 인식에서 출발한 것이다. 이러한 건축주 조직은 건축기술자뿐아니라 다양한 이해관계자들의 연합으로 형성되고 있다(〈그림 2-27〉).

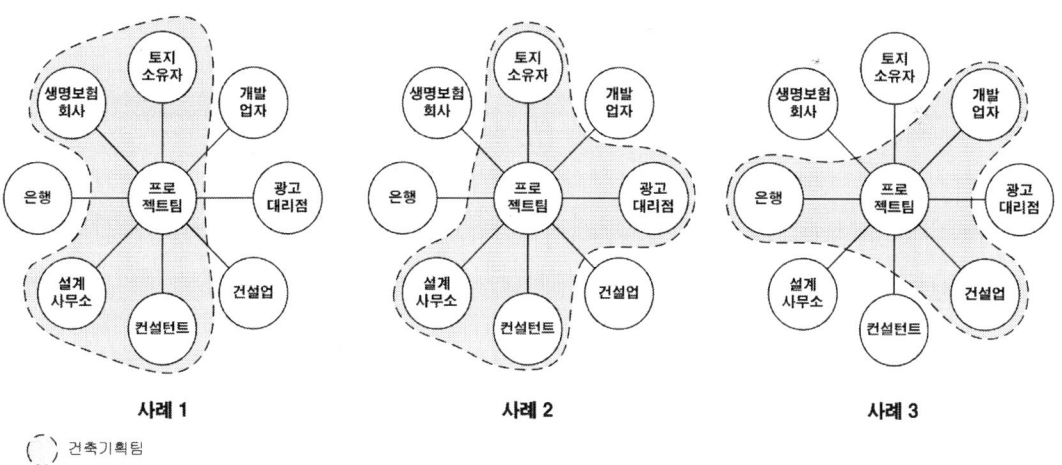

출처: 일본건축학회, 조용준 외 공역, 앞의 책, p.25.

<그림 2-27> 건축기획팀 사례

• • • •
183 각주 예컨대 facilitator. 이에 관해서는 추후 논의.

또한 무한 경쟁시대의 건축가의 입장에서는 전통적인 업무수주 방식인 건축주의 선택(Order)을 통한 소극적인 자세만으로는 안정적인 설계사무소의 운영이 어렵게 되었다. 따라서 현대의 건축가는 설계자로서뿐 아니라 회사의 경영자로서, 건축주에게 사업기획을 제안함으로써 적극적으로 업무수주를 하여 업무창출을 해야 한다. 이러한 건축기획의 필요성은 현대 건축의 규모 증대에 따른 기획팀으로서의 사회적 요구도 있다. 즉 건축적 영향이 사회적으로 확산되어 이해관계가 복잡화됨에 따라 이해관계자 간 조정기획도 필요하게 되었다. 이러한 다양한 건축기획업무[184] 요구충족을 위해서는 우선 건축기획의 개념 정립에 따른 업무내용에 대한 고찰이 선행되어야 한다.

(1) 건축기획 단계의 건축주의 3가지 역할

건축은 건축기획을 할 건축주 조직(Client's internal team)을 조직하고 건축주의 목표를 명확히 하는 것으로부터 시작된다. 건축조직의 건축기획은 우선 건축의 주요 리스크를 상정(Consider)하고, 이를 대지 분석과 건축실행을 위한 주요 목표설정에 따른 각 세부 리스크를 구체화한다. 이때 건축주 조직에 의해 설정된 건축주의 목표설정은 추후 건축조직의 행위에 영향을 주는 것으로, 이후 건축조직은 설정된 목표에 따라 프로젝트가 진행되는지의 여부는 지속적으로 확인한다. 건축기획이란 건축 환경정보[185]를 수집하여 사업의 타당성 검토를 통해 구체적인 목표를 설정하여 제안하고, 건축 실행 단계별 업무를 구상하는 과정으로 정의할 수 있다. 건축 목표의 설정단계의 업무는 다시 프로젝트의 외적 정보수집과 내적 판단으로 구분할 수 있다. 우선 외적 정보의 수집이란, 다양한 환경정보를 수집

----

184 이를 프로젝트기획, 사회적 건축기획, 상품기획으로 유형화하기도 한다. 이러한 유형에 대한 구체적 내용은 일본건축학회, 최준영 · 이명권, 『건축기획』, 기문당, 2000, p.15 참조.

185 여기서 환경정보란 ① 정치적 · 법적 환경, ② 경제적 환경, ③ 문화적 환경, ④ 기술적 환경, ⑤ 인구학적 조건(demographic condition), ⑥ 자연적 및 물리적 생태환경 정보 등을 의미한다. 이는 (조직)의 외부 환경에 대한 선행 연구자의 분류를 조합한 것이다. Hall, 『Organizations: Structure and Process, 5th ed.』, Prentice-Hall, 1991, pp.203-210; Daniel Katz & Robert Kahn, 『The Social Psychology of Organizations, 2nd ed.』, John Wiley, 1978, p.124; B. J. hodge, William P. Anthony & Lawrence M. Gale, 『Organization Theory: A Strategic Approach, 6th ed.』, Prentice-Hall, 2003, p.84.

하여 대지조건을 분석하고, 건축주 요구의 실현 가능성에 대한 검토이며, 내적 판단이란, 건축의 질 결정자인 건축주의 자금력이나 건축 경험에 따른 건축적 지식 등 건축주 역량에 대한 객관적 판단을 의미한다. 일반적으로 건축주는 자신에 대한 정보 제공을 꺼린다. 따라서 건축주의 역량판단은 객관적이기보다는 건축주가 제공한 구술정보에 의한 주관적 판단으로 이루어진다. 그러나 이러한 주관적 판단은 건축과정의 또 다른 예측불가능 요소로서 건축적 리스크로 작용할 수 있다. 따라서 건축주에 대한 역량판단은 기획단계에서 객관적으로 이루어져야 한다. 이후 추상적으로 설정된 목표는 구체화 단계를 거친다. 구체화 단계는 다시 설계자 선정을 위한 준비단계와, 설계자의 Shortlist를 선정하여 설계자에 대한 정보수집 단계로 구분된다. 우선, 설계자 선정을 위한 준비단계의 업무는 이전 단계의 수집된 다양한 정보를 건축적 조건으로 변환하는 콘셉트를 작성(Concept work)[186]하여, 당해 건축에 적합한 설계자 선정을 위한 준비단계이다. 즉, 건축기획은 건축과정에 있어 '건축행위의 발의(發意)' 단계로 크게 3가지로 구분할 수 있다.[187]

① 디자인의 방향 설정

건축주가 목표하는 건축이 이전에 사례가 있다면 이에 대한 표준화된 해법을 제시하고, 만약 최초의 사례라면 이에 대한 방향을 설정하는 것이다. 이러한 방향 설정은 차별화된 건축의 질을 건축주에게 서비스하기 위함이다. 때문에 표준화된 해법의 제시라는 의미와 상충된다. 일반적으로 설계자는 프로젝트마다 새로운 해법을 제시하려 한다. 그러나 유사 사례에는 언제나 공통적인 요소가 존재한다. 그러므로 설계자의 중복 노력의 낭비를 없애고 그러한 노력을 당해 프로젝트의 창의적 디자인에 투입할 수 있도록 유사 사례를 조사하여 이에 대한 공통분모를 제시하는 것이다.

----

186 이러한 기획은 의사결정이 곧바로 진행되는 것은 아니며 여러 가지 대안들을 비교 검토하여 선택되는데, 이러한 선택의 방침이 되는 것이 concept이고, 이러한 concept을 정하는 작업이 concept work이다. 일본건축학회, 최준영 · 이명권, 『건축기획』, 기문당, 2000, p.34 인용. 따라서 콘셉트 작업은 이미지를 의미하는 것이 아닌, 구체적 성문화(key sentence) 상태로 작성되어야 한다.

187 John Bennet & Sarah peace, 『Partnering in the construction industry: A code of practice for strategic collaborative working』, CIBO, 2006, pp.55 - 61 참조.

또한 새로운 시도는 그에 따른 비용과 리스크가 크다. 따라서 이러한 모두를 고려하여 기존에 없는 새로운 디자인(Original design)으로 할 것인지 혹은 기존에 디자인 사례(Standardized design)를 할 것인지를 결정하여 이를 건축조직에게 명확히 하는 단계이다.

② 건축계약 방식 결정

건축조직은 프로젝트마다 다른 형태를 지닌다. 이를 범주화하면 건축주가 전체의 책임을 한 조직에게 부담케 하는 방식인지 혹은 책임분담 방식인지를 선택하는 단계이다. 이러한 선택은 건축주에 있어 시간과 자원의 투입 정도를 가늠할 수 있는 중요한 요소이다.

③ 건축조직의 역할과 책임범위 결정

이는 계약을 통해 이루어진다. 일반적으로는 건축관계자 개인의 업무 범위를 결정하고 건축관계자는 그에 따른 계약적 책임을 진다. 이렇듯 개인 전문화된 고정된 계약방식(Tough contract)을 선택할 것인지 혹은 개인이 아닌 건축 팀 계약(Partnering)을 통한 팀의 역할과 업무 범위로써 계약을 하는 것인지를 프로젝트 특성에 맞게 선정하는 단계이다.

(2) 국·내외 건축기획 업무 비교

한국의 경우 기획업무는 설계계약을 위한 사전단계로서 건축물의 규모 검토, 현장조사, 설계지침 등 건축설계 계약의 사전단계로서 건축주가 사전에 요구하는 설계업무로 정의하고 있다.[188] 이를 건축기획의 기본적인 개념과 비교해 보았을 때, 현재 한국에서 규정되고 있는 기획업무는 건축기획의 제1단계에 해당한다. 그러나 건설교통부 고시 별표에 기획업무를 기술한 〈부록 표〉를 보면 정의와는 다른 한층 더 진행된 설계단계의 업무를 포함하고 있음을 알 수 있다.

원래 기획단계는 단순히 설계의 전 단계(前段階)에 해당하는 준비단계가 아니라, 전체 프로젝트에 영향을 미치는 중요한 단계로서, 초기에 설정

----

188 '건축물의 설계도서 작성기준' 건설교통부고시 제2003 – 11호(2003. 1. 24) 참조. 구체적인 업무 내용은 〈부록 표 1〉 참조.

된 기획은 그 다음 과정인 설계와 시공, 그리고 관리에 있어서 그 역할의 비중이 감소하여도 피드백을 통해서 계속 변경되면서 전체 프로젝트의 방향을 유지해 나가는 역할을 한다.

① AIA

기획설계는 프로젝트 관리와 기획설계로 구분된다. 프로젝트 관리란 프로젝트 관리, 설계용역, 건축주 대행업무, 건축주 제공자료 조정, 설계공정 수립, 비용의 산정, 업무보고 및 협의로 세분화하여 초기 기획뿐만 아니라 후기 진행까지를 포함한다. 반면, 기획설계란 프로그래밍, 공간계획 및 분석, 기존 시설물 조사 분석, 마케팅, 사업성 검토, 프로젝트 검토를 업무 내용으로 한다.[189]

이처럼 중요한 기획단계임에도 AIA에서는 프로그래밍[190]과 공간계획 및 분석[191]에 있어서 건축가와 건축주는 서로의 의견과 정보교환을 위한 수단으로 서류와 메트릭스, 다이아그램, 순환 흐름도 등을 활용하고 있다. 반면 한국에서는 프로그래밍 단계에서는 토지이용계획도(Scale: 1 / 500 ~ 1 / 1000), 공간계획 및 분석에서는 기능 및 공간분석도와 동선계획도, 개략 마스터플랜을 모두 도면(Scale: 1 / 100 ~ 1 / 500)으로 기본업무를 제시하고 있다.[192]

현대건축물이 대형화·복합화됨에 따라 기획단계의 중요성이 더욱 커지면서 기획단계에서 합리적인 건축계획을 위한 기획의 적절성을 확보하기

. . . .

189 이러한 내용은 우리나라의 기획업무가 명확히 정립되어 있지 않으므로, AIA의 핸드북(The Architect's Handbook of Professional Practice)의 내용을 참고하여 건축설계 단계별 설계업무를 정리한 건축사협회 보고서 내용을 참조하여 정리한 것이다. 대한축사협회 부설건축연구소, 『건축설계 MANUAL』, 1998. 10, pp.1 - 43.

190 AIA에서 프로그래밍은 프로젝트에 관한 다음과 같은 세부적인 요구사항을 설정하고 문서화하기 위한 협의로 규정하고 있다. ① 설계목표, 제한 및 기준. ② 최초 개략적인 총시설 면적 및 공간 요구사항의 설정. ③ 공간 상호 관계. ④ 수용인원규모. ⑤ 가변성과 확정성. ⑥ 특별 장비와 시스템. ⑦ 대지조건. ⑧ 프로그래밍과 일정검토를 근거로 사업의 개략적인 예산수립. ⑨ 운영절차. ⑩ 안전기준. ⑪ 의사교환. ⑫ 프로젝트 일정 참조: 대한축사협회 부설건축연구소, 앞의 보고서, p.33.

191 AIA에서는 공간계획/동선도(Space Schematics/Flow Diagrams)에 해당하고, 다음을 요구하고 있다. ① 프로그램 요구사항을 실제 면적 요구사항으로 전환. ② 내부기능. ③ 사람, 차량 및 물량 동선 패턴. ④ 전체 공간 구획. ⑤ 운영기능의 분석. ⑥ 인접성. ⑦ 특별시설과 설비. ⑧ 가변성과 확장성에 대한 업무. 대한축사협회 부설건축연구소, 앞의 보고서, p.36.

192 참조: 대한축사협회 부설건축연구소, 앞의 보고서, pp.33 - 36.

위해 설계를 부분적으로 포함하는 경우가 있을 수 있다.[193] 그러나 이 경우는 제2단계, 즉 설정된 건축목표에 따라 건축물을 구체적으로 세우기 위한 건축조건으로 변환하는 과정에 필요하다. 그러므로 AIA의 기획설계 단계에서는 설계, 즉 도서의 작성을 프로그램에 포함시키지 않는 것이다. 만일 이를 포함시키게 되면, 건축 기획단계에 고용된 건축가의 업무가 과중되기도 하며, 이후 계획단계에서 고용된 건축가의 업무와 중복이 되면서 불필요한 비용이 지출될 가능성이 높다. 그리고 기획단계에서부터 설계단계에까지 하나의 건축가가 고용된 경우에도 각 단계별 용역으로 계약을 통해서 연계성을 확보하고, 단계별에 필요한 설계도서의 내용을 명확히 하여 업무의 중복을 피하고 있다.

② RIBA

기획단계의 업무를 분명히 하는 것은 건축조직 협력에도 중요한 관건이 된다. 일단 기획단계에 참여자의 성격이 기획업무의 특성에 따라 결정되기 때문이다. 소규모 프로젝트의 경우에는 건축주가 건축가에게 자신의 권한을 위임하는 단계가 기획업무의 일환이 된다. 〈그림 2 – 28〉에서 영국 RIBA에서 기획업무에 해당하는 것이 바로 계약 및 예비단계이다. 프로젝트의 규모와 상관없이 기획단계의 일차적인 종료는 계획단계 혹은 계획단계와 설계단계를 전체적으로 담당하는 실행 건축가를 계약을 통해서 선정하는 것으로 볼 수 있다. 그래서 기획단계에 참여하는 협력조직은 건축기술을 가진 전문가 이외에, 건축 프로젝트 수행에 다양한 조언과 협력을 구할 수 있는 다른 분야의 전문가도 포함시킬 수 있는 것이다. 이와 같은 기획단계의 특성으로 인해 이와 관련된 건축협력 조직에서 사실상 주도적인 역할을 하는 것은 건축가보다는 건축주 주체일 가능성이 높고, 건축가는 기획단계 협력조직의 파트너 중 일부로서 참여하여 전체 프로젝트 계획의 기본적인 방향을 제시하는 데에 조언자적인 입장을 차지하는 경우가 많다. 즉 건축가는 건축주에 대해서 컨설팅의 자문역할에 위치하는 것이다.[194] 결국 이 단계에서 건축주 주체는 건축설계를 계약할 수 있는 기본

193 장성준, 「건축기획 교재개발을 위한 기획실무 경향 파악: 건축기획서 사례를 중심으로」, 『産業技術研究所論文集』 Vol.18, 明知大學校 産業技術研究所, 1999, p.307 참조.

적인 지침들과 함께, 다음 계획단계에서 필요한 정확한 오더, 즉 Brief를 작성해야 할 의무를 가지고 있는 것이다.

즉, 한국의 건축기획 업무는 AIA · RIBA와 비교하면, 기획단계의 업무가 계획단계의 업무 영역과 혼재되어 기획업무의 본질적 내용을 담고 있지 못하고 있다.

2.2. 계획 및 실시설계 단계의 건축가의 업무 범위

건축기획 이후의 건축과정은 계획설계[195]와 실시설계로 구분된다. 이때 계획설계는 건축주가 기업일 경우 외부 건축가와의 위임계약 없이 사내 설계부서를 통해 작성하는 경우도 있으며, 외주하는 경우에도 계획설계와 실시설계를 분리하여 계약하는 경우가 있다. 특히 대형건축물의 경우 최근 계획설계와 실시설계의 분리계약은 빈번하며, 계획설계는 해외 건축가가 실시설계는 국내 건축가가 실시하는 경우가 일반적이다. 그러나 한국의 계획설계와 실시설계의 업무구분이 불명확하여 업무의 중복 등의 비효율 요소가 잠재하고 있다.

(1) 계획설계

계획설계라 함은 건축사가 건축주로부터 제공된 자료와 기획업무 내용을 참작하여 건축물의 규모, 예산, 기능, 질, 미관적 측면에서 설계목표를 정하고 가능한 해법을 제시하는 단계로서, 디자인 개념의 설정 및 연관분야(구조, 기계, 전기, 토목, 조경 등을 말한다. 이하 같다.)의 기본시스템이 검토된 계획안을 건축주에게 제안하여 승인을 받는 단계이다.[196] 〈부록 표 3〉은 한국에서 현재 요구되고 있는 계획 설계의 도서 내용이다. 기획 단계와는 달리, 계획설계의 정의와 요구되는 설계도서의 내용은 상충되지 않는다. 문제는 이 단계의 설계도서로 이 내용들이 적합한가에 대한 것이다. 이러한 적합성 판단을 위해 미국의 AIA 기준과 영국의 RIBA 기준을

----

194 참조: 대한축사협회 부설건축연구소, 앞의 보고서, p.4.

195 계획설계를 기본설계라고도 한다. 그러나 본 연구에서는 '건설교통부고시'의 명칭을 따르기로 한다.

196 '건설교통부고시' 제2003 - 11호(2003. 1. 24).

비교하여 검토해 본다.

① AIA

AIA의 기준에서도 계획단계의 업무내용은 건축주와 함께 건축가가 프로젝트의 근본 성격을 결정하는 것을 중심으로 건축주의 의도, 소요공간, 예산, 공정과 평면도, 입면도의 스케치를 준비한다. 계획설계에서 이루어진 대지분석 자료와 사업방향을 토대로 건물에 관한 설계의 기본목표와 방향을 수립하는 설계의 틀을 정하며, 프로젝트의 일반적인 조건, 개념설계, 구성요소의 규모 및 관계를 선정하는 단계이다.[197] 기획단계와 계획단계의 가장 큰 차이점은 바로 건축가의 역할 비중에 있다. 기획단계에서 건축주 주체에 비해 건축가의 비중이 상대적으로 낮다면, 이 단계에서는 건축가가 건축주 주체의 의도를 재해석하여 건물의 기능, 규모, 형태, 구조, 재료 등 건물 자체에 대한 종합적인 계획방침을 수립하는 것이다.

AIA에서 건축계획(Schematic Design) 설계지침을 건축주에게 제안하여 승인을 얻어 추후 기본설계 이후의 설계단계에 근본이 되는 것으로 설계 개념을 제안하는 단계이다. 이 단계에서는 건축주와 계획설계 팀은 기획단계를 바탕으로 프로젝트 목표를 설정하고, 이들 목표에서 설계결정을 판단하기 위한 기능적·미적 지침을 제시한다. 비용과 질, 외관과 에너지 효율, 기타 결정 중에 제시안은 프로젝트 목표와 우선순위를 이해하는 맥락에서 만들어져야 한다. 그리고 설계목표와 함께 건축가는 복수의 설계 개념을 발전시킨다. 설계 개념에는 계획 개념, 기하학 형태의 선택, 건축물 규모 결정, 설계 요소의 이용 등을 다룬다. 이때 설계 개념은 특별한 Image와 선례를 기반으로 둔다. 이는 설계 개념을 이해하고 강조하기 위하여 건축가로 하여금 여러 대안을 발전시키도록 하는 것이 보통이다.[198] 즉, 이 단계는 구체적 도면은 제시되지 않으며 최소한의 이미지로 건축주의 건축 디자인 목표와 부합 여부를 판단하는 단계이다.

• • • •

197 대한축사협회 부설건축연구소, 앞의 보고서, p.44 인용.

198 대한축사협회 부설건축연구소, 앞의 보고서, p.63 인용.

② RIBA

영국 RIBA의 경우에도 이 단계가 개념제안단계(Stage C, Outline Proposals)이다.[199] 그럼에도 한국에서 계획설계에서 요구되는 도면의 수준을 평면도, 입면, 단면은 Scale 1/300, 그리고 배치계획도와 교통체계도는 1/500, 그 밖에 우배수 계통도 1/300~1/1200, 안내도와 구적도 1/500~1/3000, 대지 종횡단면도는 1/100~1/300, 마지막으로 흙막이 도면 1/50~1/500으로 제시하고 있다.[200] 이 도서의 내용으로는 설계비와 시공, 그리고 공정에 개략적인 산정에 필요한 것으로 사료된다. RIBA의 개념제안단계에도 개략적인 공사비 예산을 위해 관행상으로 도면과 보고서를 제출할 수 있으나, 비디오나 CD-ROM과 같이 첨단 연출방법도 사용된다.[201] 즉 AIA와 RIBA에서는 만일 프로젝트의 특성상 도면 제작이 필요할 경우, 건축가가 계약에 의해 이를 제공할 경우는 있지만, 계획단계에서 구체적인 도면을 제공하는 것으로 의무처럼 규정되어 있지 않다. 이는 앞서 언급한 바와 같이 미국 AIA의 경우는 건축주와 건축사의 계약은 단계별로 분류되어 있고, 일반적으로 기획설계, 계획설계, 기본설계, 실시설계, 입찰과 협의, 시공계약 관리 6단계로 분류되어 진행되기 때문이다. 각 단계별로 참여하는 건축가가 다를 경우, 계획설계 단계에서 기본 설계도면인 배치도와 대지 종·횡단면도와 각층 평면도, 그리고 입면도와 단면도를 작성해 놓게 되면, 설계 실행 단계에 참여하는 건축가의 재량권이 좁아 들기 때문이다. 이는 기획단계와 계획단계의 업무가 명확하게 구분되지 않았을 때 발생하는 문제점과 동일하다.

(2) 실시설계 단계의 건축가의 업무 범위

한국의 설계단계는 중간설계, 실시설계, 사후설계관리 업무로 구분하고 있다. 중간설계와 실시설계, 그리고 사후설계 관리업무에 대한 정의는 다음과 같다. '중간설계(건축법 제8조제3항에 의한 기본설계도서를 포함한다. 이하 같다.)'라 함은 계획설계 내용을 구체화하여 발전된 안을 정하고,

199 한국건설교통기술평가원, 앞의 보고서, pp.52-53 참조.
200 대한축사협회 부설건축연구소, 앞의 보고서, p.47 참조.
201 한국건설교통기술평가원, 앞의 보고서, pp.52-53 참조.

실시설계 단계에서의 변경 가능성을 최소화하기 위해 다각적인 검토가 이루어지는 단계로서, 연관 분야의 시스템 확정에 따른 각종 자재, 장비의 규모, 용량이 구체화된 설계도서를 작성하여 건축주로부터 승인을 받는 단계이다. '실시설계'라 함은 중간설계를 바탕으로 하여 입찰, 계약 및 공사에 필요한 설계도서를 작성하는 단계로서, 공사의 범위, 양, 질, 치수, 위치, 재질, 질감, 색상 등을 결정하여 설계도서를 작성하며, 시공 중 조정에 대해서는 사후설계관리업무 단계에서 수행방법 등을 명시한다. 그리고 '사후설계관리업무'라 함은 건축설계가 완료된 후 공사시공 과정에서 건축사의 설계의도가 충분히 반영되도록 설계도서의 해석, 자문, 현장 여건 변화 및 업체 선정에 따른 자재와 장비의 치수, 위치, 재질, 질감, 색상 등의 선정 및 변경에 대한 검토·보완 등을 위하여 수행하는 설계업무를 말한다.[202] 이때, 사후설계관리업무는 엄밀하게 설계단계의 업무가 아니며, 시공 단계의 건축가의 업무이므로 이는 행위자를 기준으로 한 업무 영역일 뿐 단계별 업무에서는 제외되어야 한다. 전술한 기획단계와 계획단계는 해당 업무의 특성을 명확히 할 수만 있다면 단계별 건축가가 달라도 문제가 생기지 않는다. 도리어 단계별로 특화된 다른 건축가를 참여시키는 것은 전체 설계 프로젝트에 새로운 목표와 계획 개념을 형성할 수도 있고, 건축기술의 비전문가인 건축주가 다각적인 협력을 통해서 발의한 건축 프로젝트에 바람직한 방향으로 기획하는 데 도움이 될 수 있다. 반면 중간설계단계와 실시설계단계, 그리고 사후설계관리업무는 앞의 두 단계하고는 그 성격이 다르다. 〈부록 표 2〉와 〈부록 표 3〉은 건설교통부에서 고시하고 있는 중간설계와 실시설계단계의 업무에 필요한 도서를 정리한 표이다. 중간설계에 들어가면서 설계 프로젝트는 건축 설계에 관련된 전문지식을 중심으로 운영이 되고, 그것이 실시설계를 거쳐 시공을 위한 최종도면으로 발전되는 것이다. 그리고 이 두 단계는 단순히 건축도서뿐만 아니라, 구조, 기계, 전기, 토목, 조경에 관한 설계도서도 포함이 된다. 이는 건축가가 할 수 있는 부분이 아니라 각 분야의 전문가 혹은 기업에 협력을 받아 작성을 하는 것이다. 물론 계획단계뿐만 아니라, 기획단계에

202 건설교통부고시 제2003-11호(2003. 1. 24).

서 구조와 설비, 그리고 토목과 조경에 대한 조언을 건축주와 건축가에게서 구한다. 그러나 중간설계와 실시설계 단계에서는 건축주와 건축 외의 전문가들이 계약을 맺거나 아니면, 건축가가 구조, 토목, 조경, 설비 기업 등과 직접 관계조직을 형성한다. 그러나 양쪽 어느 계약관계이든 간에 그 중심에는 건축가가 있다. 그래서 만일 중간설계 단계와 실시설계 단계에서 건축가 주체가 바뀐다면, 이 관계조직 또한 바뀌어야 한다. 이는 건축주로서는 많은 부담감이 따르는 결정이다. 이처럼 중간설계와 실시설계 단계가 관계조직의 연속성이 중요한 것처럼, 사후설계관리업무는 그 연계성이 더욱더 중요하다. 그것은 시공을 위한 실시설계를 완성한 건축가 주체가 아니라면, 시공 시에 건축가 주체의 설계의도를 충분히 시공현장에 전하는 데에는 한계가 있기 마련이다.

즉, 한국의 기획단계의 업무는 구체적이지 못하여 계획단계의 업무 영역과 혼재되어, 기획업무의 본질적 내용을 담고 있지 못하고 있다(〈그림 2-29〉).

한 국	AIA	RIBA
기획업무	프로그램 단계 *Program Phase*	계약 및 예비단계 *Stage A-B, Inception and Feasibility*
계획설계	계획설계단계 *Schematic Design Phase*	개념제안단계 *Stage C, Outline Proposals*
중간설계	기본설계단계 *Design Development Phase*	계획설계단계 *Stage D, Schematic Design*
실시설계	실시설계단계 *Construction Document Phase*	상세설계단계 *Stage E, Detail Design*
사후설계관리업무		저작정보 및 물량조서 단계 *Stage D, Schematic Design*
	입찰 혹은 협상단계 *Bidding or Negotiation Phase*	입찰 단계 *Stage H, Tendering Action*
	공사시공단계 *Construction Phase -Administration of the Construction Contract*	

<그림 2-28> 단계별 도서작성 비교표

	한 국	AIA	RIBA
기획단계	기획업무	프로그램 단계 *Program Phase*	계약 및 예비단계 *Stage A-B, Inception and Feasibility*
계획단계	계획설계	계획설계단계 *Schematic Design Phase*	개념제안단계 *Stage C, Outline Proposals*
설계단계	중간설계	기본설계단계 *Design Development Phase*	계획설계단계 *Stage D, Schematic Design*
	실시설계	실시설계단계 *Construction Document Phase*	상세설계단계 *Stage E, Detail Design*
			저작정보 및 물량조서 단계 *Stage D, Schematic Design*

<그림 2-29> 단계별 업무 비교(대안)

따라서 기획 및 계획업무의 후속 단계로서 건축설계 단계의 업무는 계획설계 단계 및 중간설계에 있어서 기획단계에서 이미 실행된 내용을 기준으로 외국의 중간설계 및 실시설계에 해당하는 업무를 수행하고 있다. 때문에 한국의 실시설계는 외국에 비해 업무량이 적으며 따라서 설계의 질이 떨어지는 결과로 이어진다. 또한 사후설계업무는 실시설계 이후의 공사 관리에 해당하는 업무로 이는 설계단계의 업무가 아닌 시공단계의 설계자의 업무이다. 즉, 행위자 구분의 업무단계와 실행단계의 업무 구분이 혼재하고 있다. 따라서 사후설계업무는 시공단계로 옮겨 가야 한다(〈그림 2-28〉, 〈그림 2-29〉).

Part_3

건축조직의 효율적 관리

제1절   건축경영 패러다임

1 종합상품으로서의 건축 관리

기업(건축조직)이 제공하는 상품(Total product)에는 본원상품(Generic product), 기대상품(Expected product), 부가가치 상품,203 잠재상품(Potential product) 등이 있다.204 본원상품이란 기업이 만들어 내는 제품 그 자체를 의미하는 것으로, 예컨대 건축의 경우 건축물 그 자체가 본원상품이다. 기대상품이란 본원상품에 더하여 고객(건축주)이 원하는 최소 수준의 욕구를 반영하는 것이다. 다양한 욕구를 지닌 고객에 있어 최소 수준의 욕구란 고객이 지니고 있는 구매의 조건을 의미한다. 예컨대, 건축의 경우 건축주는 최소한 합리적인 가격과 건축의

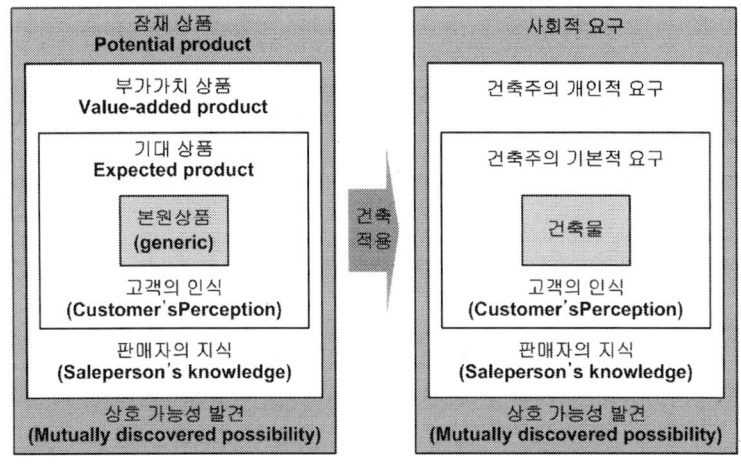

Manning, Gerald L, Reece, Barry L, ibid, p.129 도식 참조 재해석.
<그림 3-1> Total Product Concept의 건축 적용

• • • •

203 이를 확장 상품(Augmented Product)으로 분류하는 학자도 있다. Levitt, Theodore, 이상민, 최윤희, 『The marketing imagination: 마케팅 상상력』, 서울: 21세기북스, 2007, pp.97-106

204 Manning, Gerald L, Reece, Barry L, 『Selling today :building quality partnerships 7th ed.』, Upper Saddle River, N. J.: Prentice Hall, c1998, pp.129-131.

질을 요구하게 되는데,[205] 여기서 합리적 가격과 건축의 질이 기대상품이다. 다음 수준으로 부가가치 상품이란 고객의 기대를 넘어[206] 고객의 구체적이고 차별화된 욕구를 반영하는 것이다. 그러므로 최상의 부가가치 전략은 개인화된 서비스이다. 이러한 대인관계(Interpersonal)는 고객과 함께 상생(Win – Win)의 관계를 형성하는 것으로 결과적으로 개인적인 최대 이익을 보장한다. 마지막으로 잠재상품이란 지금까지 표출된 다양한 고객의 욕구를 뛰어넘어 고객의 잠재적 욕구를 기업이 미리 파악해서 제공하는 것이다. 때문에 이는 기업의 창조성이 요구되는 상품이다.

<표 3-1> 상품의 종류에 따른 건축주와 공급자의 관계

구분	건축주의 요구	관계
본원상품	건축물	X
기대상품	합리적 가격+건축의 질	건축주 요구
부가가치상품	요구 이상	건축주의 요구+α
잠재상품	잠재적 요구	상호작용

　　과거 기대상품의 수준에 머물던 고객의 요구는 현대사회가 다원화되며, 정보사회에 진입하면서 부가가치 상품은 물론이고, 잠재상품에 대한 요망까지도 표출하기 시작하였다. 이러한 고객의 요구변화는 인간생활의 기본 요소 중에 하나인 건축에서 구조변화를 요구하게 되는데,[207] 이는 과거의 사고(思考)와 조직체계 속에서는 새로운 고객의 요구를 수용할 수 없기 때문이다. 건축의 가치가 시공단계에서 창출된다는 전통적인 인식을 바탕

• • • •

205 건축주의 최소한의 요구를 부언하면, 건축주는 ① 적정 가격으로 최대 이익 창출을 목적한다. 따라서 건축주는 투자보다 나은 품질의 건축을 기대하며, ② 자금 계획과 공기를 맞추기 위해 기간 내 건축 완성을 기대하고, ③ 자금 회수 계획에 맞추기 위해 예산 내 건축실행을 바라고, ④ 소유자(owner)의 안전 기준에 맞추기 위해 안전한 양질의 건축을 요구한다. George J. Ritz, 『Total Construction Project Mamsgement』, McGraw – Hill, Inc. 1994. p.15 참조.

206 부가가치란 고객의 기대를 넘어서는 것이라는 견해는 Larry Wilson, 『Changing the Game: The New Way to Sell』, New York: Simon & schuster, 1987. p.200.

207 전통적 관료제의 퇴조로 등장한 후기 관료제(post – bureaucratism)의 연구가로 Orion White는 전통적인 경제관념의 타파와 구조의 유동화 원리를 강조하는 고객 중심의 조직모형을 적당적 유기적 구조(adaptive organic structure)로 모형화하였다. Orion White, 「The Dialectical Organizayion: An Alternative to Bureaucracy」, 『Public Administration Review』 vol.29, no.1, January – February, 1969. p.35ff.

으로 건축설계 단계에서조차 시공자가 주도하는 CM방식이 만들어졌지만, 이와 같은 가치 인식구조는 디자인의 질을 저하시키는 결과만을 낳았다. 이에 디자인에 체계 사고의 전환과 환경변화에 빠르게 대처할 수 있는 새로운 조직체계[208]에 대한 필요가 대두되게 되었다.

1.1. 디자인의 질 관리

디자인의 질(Design quality)[209]은 기능(Functionality, 시설이 목적을 이루는 데에 얼마나 유용한가)과, 효과(Impact, 얼마나 시설이 감각의 장을 창조하는가), 그리고 시공의 질(Build quality, 완성된 시설의 수행)의 결합이다. 〈그림 3 - 2〉는 이에

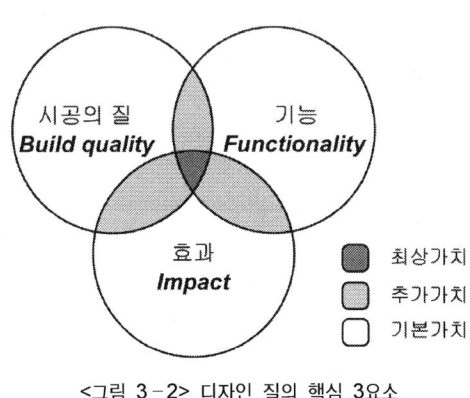

<그림 3 - 2> 디자인 질의 핵심 3요소

대한 핵심적인 측면을 반영한 것으로, 세 개의 영역이 겹치는 부분이 넓을수록 더 높은 디자인의 질을 보여 주고 있다.

디자인의 질은 단순히 스타일이나 외관만을 이야기하는 것이 아니다. 이것은 유지, 관리, 유연성, 위생, 안전, 지속성과 환경적인 효과와 연관된 이해관계자와 비즈니스, 기능, 평생 가치가 요구하는 핵심요소를 구체화시키는 것이다. 이는 주관적인 것이 아니며, 규정될 수 있고 측정될 수 있는 상황이다. 영국의 Construction Industry Council(이하 CIC)은 디자인 질의 측정과 평가를 위해 DTI, OGC와 CABE로 지원을 받아, Design Quality Indicators(이하 DTI)를 준비했고, 이후 이 섹션에 더 많은 상세 내역이 첨

····

208  예컨대, 모르간 가레스는 사회변화에 따른 새로운 조직을 식물에 비유하여 유연성(flexible)과 분산 상태(decentralized modes)의 스파이더플랜트(spiderplant)식 조직유형을 제안하였다. 상세논의는 Morgan, Gareth, 1943, 『Imaginization : the art of creative management』, Newbury Park, Calif. : Sage Publications, c1993, pp.63 - 89 참조.

209 참조 : http://www.dqi.org.uk/DQI/default.htm

가됐다.

DTI는 3가지 요소에 대해서 다음과 같은 내용으로 디자인의 질을 평가한다.

① 효과는 특성과 혁신, 형태 그리고 재료, 내부 환경과 도시와 사회적인 통합과 같은 것들은 감각의 장에서 창조하고, 지역 커뮤니티와 환경에 긍정적인 영향을 미칠 수 있는 시설의 능력들로서 이들은 또한 디자인에 광범위하게 영향을 미침으로써 건물과 건축의 질서가 될 수도 있다.

② 시공의 질은 성능, 엔지니어링 시스템과 시공 등은 프로젝트 수행 전체를 통해서 구조적 안정성과 위생과 안전의 통합적인 측면을 포함한 시설의 엔지니어적인 성능과 관련되어 있다. 이들은 또한 시스템, 마감, 그리고 정비의 강건함과도 관련이 있다.

③ 기능은 사용성, 접근성, 그리고 공간 등은 공간의 배치와 질, 그리고 상호 관계와 시설이 모두에게 유용하게 디자인되었는가와 연관되어 있다.

이와 함께 DTI에서 강조하고 있는 것은 대지의 선택과 평가이다. 건축주가 좋지 못한 대지를 선택하게 되면 좋은 디자인 선택을 하지 못하는 경우가 자주 발생하기 때문이다. 그래서 필요한 위치, 접근, 규모, 형태, 개발 권리와 다른 프로젝트의 특정 요소들에 적합한 현장의 선택에 따라서 전체 디자인의 질이 크게 좌우된다고 보고 있다. 그리고 나무나, 수변, 아름다운 지형 혹은 경관과 함께 다음의 특성들을 추가로 가지고 있으면 디자인의 질이 높아질 가능성이 한층 더 높아진다. 그 밖에 디자인의 질을 이루기 위한 결정적인 성공 요소들을 ① 명확한 개요와 유효한 사업 사례, ② 독립적인 건축주 고문들이 필요에 따라 주는 전문적인 충고, ③ 적합한 기술과 경험을 지닌 디자이너가 통합 프로젝트 팀에 참가, ④ 통합 프로젝트 팀이 초기부터 참여, ⑤ 여러 선택권이 보장된 좋은 대지, ⑥ 좋은 디자인에 대한 건축주의 인상, ⑦ 디자인 관리와 조달과정의 순조로움, ⑧ 적절한 예산과 공정기간을 뽑았다. 이 중에서 특히 주목해야 할 것은 건축주의 마인드가 건축의 디자인 질에 결정적인 영향을 미친다는 ⑥

항목과 건축주를 보조할 수 있는 고문의 필요성을 언급한 ② 항목이다. 이는 현대건축 실행에 있어서 건축주의 역량이 전체 프로젝트의 품질에 있어서 얼마만큼 중요한지를 반증하는 한 사례가 되어 준다.

(1) 디자인의 질 관리 수법: Lean Design과 Total Quality Service[210]

Albert Kahn Associates(이하 AKA)는 자동차 3사와의 많은 프로젝트를 통해서 Fordism의 탄생에서부터 Post Fordism인 Lean Production으로 전환 과정을 직접 경험한 몇 안 되는 설계회사 중에 하나이다. 그 과정을 통해서 AKA는 두 가지 개념을 채용하게 되는데, 하나는 Lean Design이라는 개념이고 이를 수행하기 위한 관리 프로그램이 바로 전사적 품질서비스인 Total Quality Service(이하 TQS) 프로그램이다.

Lean Design이란 패러다임 변화에 따른 건축의 가치 재인식과 건축주의 만족을 목표로 건축주 입장에서 서비스를 제공한다는 개념에서부터 출발한다. 그리고 건축에 참여하는 모든 이해관계자들과 정보흐름을 촉진할 수 있는 커뮤니케이션 시스템을 통해 비용을 절감하고, 책임을 분배하는 것이다. 따라서 건축조직은 ① 건축 가치의 창출단계를 파악하여 건축의 가치흐름(Value stream)을 연계하고, ② 건축주의 입장에서 건축의 가치를 인식하며, ③ 업무진행은 순차적으로 진행되는 것이 아니라 동시에 수행하여 업무의 중복 등 낭비를 없애고, ④ 건축설계 단계에 지속적으로 정보가 흐를 수 있도록 관리하며, ⑤ 이러한 관리는 건축설계 단계별로 지속되어 업무개선을 하는, 순환형 조직 관리이며, 이를 통해서 이루어지는 디자인의 질 관리 방법이 바로 전사적 품질서비스(Total Quality Service)이다.

원래 Lean Design은 Lean Production에서 파생된 디자인의 개념으로 건축설계회사가 경쟁력을 키우기 위해서 서비스 또는 설계에 있어서 비부가가치의 요소들을 제거하는 것으로, 건축설계회사가 추구해야 할 것은 단순한 표준화 또는 프로그램이 아닌 경영에 대한 철학이라는 개념으로 파악될 수 있다.

AKA는 이와 같은 Lean Design의 개념과 관련하여 ① 낭비절감(Reduce

210 참조: http://www.albertkahn.com/cmpny_firmprofile.cfm.

waste), ② 효율개선(Improve efficiency), ③ 기대되는 서비스를 제공(Provide a closer match of expectations with service), ④ 고객 만족 향상(Improves customer satisfaction), ⑤ 건축주가 포함된 팀의 공약들을 통해 설계 스케줄 안정[Stabilize design schedules through commitments of team(including Client)], ⑥ 문화 변경 요구(Requires cultural changes), 이상 여섯 가지의 지침을 바탕으로 TQS을 구현하고 있다.

위의 디자인 질에 대한 정의와 마찬가지로 실제로 디자인 질 관리의 실행 사례에도 건축가와 참여자들이 스스로 건축주의 입장이 되어 사회변화에 유연하게 대응하는 구조를 갖추어 비용절감과 함께 디자인의 질을 관리하는 수법은 새로운 부가가치 창출에 매진하는 현대의 건축조직의 대표적인 특성 중에 하나라고 할 수 있다.

囙 건축윤리와 정부의 노력

건축은 사회문화를 형태화하는 행위로, 건축은 건축주의 요구에 의해서 시작되어 도시의 경관을 형성한다. 즉, 개개의 건축행위는 개인적일지라도 그 건축들이 모여 도시를 이루게 되면서 그 영향이 결국 사회에 미친다는 것이다.[211] 그러므로 건축은 사회적 책임을 지니며, 건축행위의 중심에 있는 건축조직은 그 책임을 수행해야 하고, 그 사회적 책임은 통상 윤리적인 성격을 가지고 있다. 또한 이러한 건축윤리는 개인적 차원뿐 아니라 정부의 노력이 동시에 수반되어야 한다. 그러므로 본 절은 건축윤리에 대한 논의와 함께 이의 구체적 실현 수단으로 등장하고 있는 지속 가능한 개발 및 외국의 건축서비스에 관한 프로그램에 대하여 살펴본다.

건축윤리에 대한 논의는 보는 시각에 따라 크게 세 가지 유형 혹은 그것들이 조합된 범주로 나눌 수 있다.[212] 첫 번째로는 장인주의형 논의로서

----

211 이러한 영향도에 관하여 초고층 건축물을 대상으로 설문조사한 연구에 의하면 건축에 영향을 미치는 요인을, 국가의 인지도, 국가·사회·기업 대표 브랜드, 관광수입 증가, 건축에의 국민적 관심, 도시환경, 국가 경쟁력 향상 등으로 분석하고 있다. 박치호 외 3인, 「초고층 건축물이 경제·사회에 미치는 영향요인 분석」, 『대한건축학회논문집』 vol.23, No.5, 2007. 05, pp.179-186.

212 이 분류기준은 김현철, 「윤리적 건축과 건축적 윤리」, 『건축 제39권 제2호』, 대한건축학회, 1995.

건축에 관련된 직업이 오랜 역사를 가진 것을 상기하면서 그 속에서 직업 윤리의 전통성을 찾으려는 시도이고, 두 번째는 사회운동론의 연장선상에서 본 논의로 건축이 자본 개발의 논리만을 우선시해서 발전한 것에 대한 반성을 하고, 건축이 사회 구성체의 일원으로 보다 진보적인 사회를 만드는 데에 앞장서야 한다는 시각이 중심이 된다. 세 번째는 문화운동론의 입장에서 본 논의로 건축 활동이 단순한 공학적 활동뿐만 아니라 당당한 문화 활동임을 중시하여 종합 예술인으로서의 자각을 바탕으로 하고 있다. 그러나 이와 같은 논의는 다양성과 다변화가 강조되는 현대사회에서는 적합하지 못하다. 어떤 의미에서는 현대사회는 건축윤리의 이 세 가지 측면을 모두 요구하기 때문이다. 더욱이 최근에 건축윤리에 경제학과 사회학적인 측면까지 가세하여 그 상황을 복잡하게 만들고 있다. 이는 단순히 건축윤리의 대상이 되는 이들을 건축주와 건축기술자의 문제만으로 한정 짓지 않고, 건축을 이용하는 이들까지 그 범위를 확대시킴으로써 공공의 윤리에 대한 부분을 강조하기 때문이다.

이처럼 다양한 건축윤리의 담론에 비해 국내에서는 건축윤리를 건축법을 비롯한 여러 법안에서 건축기술자의 역할규정 속에 함께 구체화하려는 소극적인 적용에 머물고 있다. 이는 규정 내용과 관계자를 보면 알 수 있는데, 건축과정에서 직접적으로 관계된 내용과 관계자만을 규정하고 있지 건축관계자의 기술발현으로 인해 직·간접적으로 영향을 받을 수 있는 이용자와 환경, 그리고 지역사회에 대한 윤리적인 측면은 전혀 반영되어 있지 않다. 즉, 건축법상의 건축윤리 규정은 건축기술자들의 역할 규정과 그 내용과 범위에서 큰 차이를 보이고 있으며, 결국 건축기술자의 사회적인 책임에 관한 내용은 규정되어 있지 않다는 사실이다.

건축윤리의 사회적인 책임에 대한 측면이 반영되어 있지 않다는 것은 그에 대한 문제점보다는 건축윤리가 가지고 있는 가능성을 저해하는 장애 요소로 작용할 수 있다. 다양성이 강조되고 있는 현대사회에서 여러 개성들이 충돌했을 때, 이를 조정하는 수단으로 법을 활용하는 것은 결국 퇴보를 의미한다. 도리어 이와 같은 여러 상충작용들을 통하여 새로운 제3

3. p.13 참조.

의 길을 탐색하여 사회적인 문제점을 해소하는 방식이 더 나을 수 있다. 특히 건축에 있어서 개인의 건축과 사회의 건축이 가지는 의의는 사익과 공공의 대립으로 볼 수도 있지만, 시각을 바꾸면 양자 간의 조화를 통해서 과거와는 차별화된 공간을 창출할 수 있는 가능성이 높다. 이를 위해, 기준이 될 수 있는 하나의 근거가 바로 건축윤리이다. 앞에서 논의된 세 가지 측면과 더하여 현대사회가 요구하는 새로운 가치관들이 더해진다면, 건축윤리는 새로운 건축문화 창출에 중요한 요소이며 이에 대한 독자적이고 세부적 기준(가칭, 건축윤리 강력)이 요구된다.

2.1. 지속 가능한 개발

지속 가능한 개발(Sustainable Development)은 꾸준한 경제성장과 환경보호를 통해 지속적인 사회적 발전에 대한 가치를 인지하면서 자산의 효율적인 활용을 통해 보다 나은 삶의 질을 성취하기 위한 것이다.

여기서 지속성이 강조되는 이유는 건축 환경이 우리의 삶에 매우 지대한 영향을 미치고 있기 때문이다. 건설은 커뮤니티와 비즈니스에 영향을 미치고, 한정된 천연자원에 큰 부담으로 작용할 수 있다. 그래서 좋은 설계만이 긍정적인 결과를 창출할 수 있다.

그래서 지속성에 대한 판단의 기준은 '지속성의 3대 기둥(Three Pillars of Sustainability)'이라고 알려져 있는 요소들이 포함되었을 때를 말한다. 이 세 가지 기둥에 대한 내용을 정리하면 다음과 같다.

첫째, 사회적 지속성(Social sustainability)은 개인의 요구들과 그들의 웰빙을 고려한 것이다. 사회적 지속성에 포함된 구축의 컨텍스트는 최소한의 영역을 고려하면서도 최대한의 이익을 창출할 수 있는 가능성을 가지고 있다. 사회적인 수용과 빈곤퇴출을 위한 보건과 안전, 교육, 그리고 훈련 등의 광범위한 이슈들이 포함되어 있다.

둘째, 경제적 지속성(Economic sustainability)은 지속적인 경제 성장의 중요성에 집중되어 있다. 자연적인 환경을 보존하는 내에서 경쟁력과 교역으로 공평성과 안정된 고용을 통해 이를 획득할 수 있다. 셋째, 환경적 지속성(Environmental sustainability)은 3개의 기둥 중 가장 중요한 것으로 쓰레기를 줄이고, 오염을 방지하며 물뿐만 아니라 다른 자연 자원을 효과적으로 활용함으로써 생물의 다양성과 환경을 보존하고 유지하는 것과 연관된다.

위의 세 가지 지속성의 기둥을 보면 지속성이 건축뿐만 아니라 인간 전체의 생애와 관련되어 있는 중요한 키워드임을 알 수 있다. 이에 지속성의 중요성을 인지한 영국 정부는 대영제국의 지속 가능한 발전의 인도를 이루기 위해 이와 관련된 이슈들의 언명을 장려한 것이 바로 AE11이다. AE11은 지속성 있는 건설 프로젝트 조달과 2000년 6월에 발표된 GCCP (정부 건축주 패널, Government Construction Clients Panel)의 '건설 조달계획에 있어서 지속성 달성'의 진행 방침에 대한 정부의 공약을 제공하고 있다. 자산관리와 건설 분야의 Defra(환경, 식량, 전원 사무 관련 정부기관, Department for Environment Food and Rural Affairs)의 '정부 자산의 지속 가능한 개발에 관한 체제'는 지속성에 관해서 AE11의 지침을 준수하고 있다.

이 가이드는 지속 가능한 개발의 중요성을 강조하고 있다. 그것은 공공부분 건축주가 자금에 대비하여 최적의 평생가치를 획득하는 데에 보조를 맞추어, 지속 가능한 개발을 최대한 증진시킬 수 있는 건설 프로젝트를 조달하고, 인도하는 과정들에서부터 출발한다. 그 목적은 지속 가능한 개발의 철저한 고려를 도모하는 것인 동시에 지속 가능한 건축을 인도할 수 있는 방법을 설명하기 위해서이다. 이에 적용된 이슈들은 PFI 프로젝트의 건설요소들에서 제공된 시설의 조달 또는 전통적인 건설프로젝트 등 상관없이 모든 건설프로젝트에 적합하다. 이와 같은 일련의 정책들은 결국 지속성이 단순히 건축의 유지에만 관련된 것이 아니라 사회 전반적인 측면에서 견지된 결과라고 할 수 있다.

21세기에 접어들면서 건축의 사회적 책임에 가장 큰 이슈로 부각된 것은 '지속 가능한 개발(Sustainable Development)'[213]이라 할 수 있다. 지속 가능한 개발은 사회적 요구와 경제적 요구, 그리고 환경적인 재량(Environmental Capacity)이 조화를 이루면서 급진적 자연주의와 경제논리 사이의 중간자적인 '제3의 길'을 추구한다.*214* 이를 건축에 적용했을 때에 개발과 보존의 공존을 위해 친환경적인 측면과 경제적인 측면을 모두 고려하여, 사회에 기여할 수 있는 건축을 추구하는 것이 곧 지속 가능한 개발의 건축이라 할 수 있다. 지속 가능한 개발에 대한 건축적인 접근은 다양하게 이루어지고 있다. 생태건축의 디자인과 에너지 소비를 절감하는 기술적인 측면, 그리고 커뮤니티를 중심으로 한 사회적인 수법 등이 지속 가능한 개발의 범주에 들어가는 건축의 사회적 책임의 한 단면일 수 있다. 그러나 건축의 사회적 책임의 본래적인 의의를 보았을 때, 지속 가능한 개발은 바로 건축의 태도와 인식을 변화시키는 중요한 패러다임으로 볼 수 있다. 즉, 단순히 기능과 경제적인 면만 강조되어 온 과거 건축의 지엽적인 역할을 넘어, 건축이 가지고 있는 다양한 개발의 가능성을 극대화시켜 새로운 사회의 발전을 주도할 수 있는 상징적인 리더로서 책임을 인지하는 것이다. 즉, 현대건축 조직은 건축이 사회, 자연환경과 교류할 수 있도록 하는 건축윤리에의 책임인식이 요구되며, 이는 건축주의 변혁적 사고가 요구된다.

2.2. 비즈니스 케이스의 선정[215]

지속성과 비즈니스 케이스를 규정하는 것은 언뜻 연관이 없어 보일 수도 있지만, 적합한 비즈니스 형태를 규정하는 것은 프로젝트에는 반드시 필요한 일이다. 유효한 비즈니스 케이스는 제안된 프로젝트의 사업목적과

• • • •

213 '지속 가능한 개발(Sustainable Development)'의 시작은 1987년 브룬트란트 리포트와 1992년 리우 회의다. 그리고 이 개념이 구체화된 것은 Local Agenda 21로서 '앞으로 올 세대를 위한 자원 능력을 잃지 않으면서 지금 세대의 필요를 충족시키는 발전'을 지속 가능한 개발의 정의로 내세웠다.

214 대한주택공사 주택도시연구원 & 홍익대학교 환경개발연구원, 『커뮤니티 활성화를 위한 신주거지 계획 – 지속가능한 창조적 커뮤니티 활성화 중심으로』, 대한주택공사 주택도시 연구원, 2004. 11, p.25.

215 'MOD 자산의 지속성 감정 평가 편람'은 정책과 프로그램, 그리고 프로젝트 활동을 통합한 지속 가능한 개발 목표들의 통합 과정을 상세히 기술하고 있다. 추가로, BRE(건축 연구 재단, Building Research Establishment)의 '개발에 대한 지속성 체크표'는 지속 가능한 개발을 이루는 데에 대한 체제뿐만 아니라 유용한 안내와 충고가 포함되어 있다. 그것은 경제에서부터 환경과 사회에 이르는 지속 가능한 개발의 모든 측면을 고려한 체계적인 접근방법을 제공하고 있다. OGC의 홈페이지에는 발전된 비즈니스 케이스의 지침이 있다.

정당성에 대한 중요한 근거가 되어 준다. 또한 이를 통해서 서비스와 인도, 혹은 건설 중에서 어느 것이 사업에 가장 적합한 방법인지를 확인할 수 있다.

지속성에 관한 의문은 이 과정에서 필수라고 할 수 있다. 이런 이슈들을 검토하는 것은 사업의 필요성뿐만 아니라 가능성과 프로젝트의 특성에 따라 정보들을 수집하면서 결정할 수 있기 때문에 프로젝트 팀에게 선택권의 범위를 넓히며, 완전한 가치를 실현할 수 있게 된다.

비즈니스 케이스의 개발에서 고려되어야 할 핵심 이슈는 다음과 같다. ① 건설이 승인된 사업에 필요로 하는 가장 좋은 해결책인지에 대한 여부, ② 서비스와 인도, 그리고 건설 중에 무엇을 선택했을 때에 사업운용의 효과와 효율에 어떠한 효율을 미치는지에 대한 여부, ③ 사회, 경제, 환경적인 다양한 측면들을 고려하여 참여자와 지역커뮤니티까지 포함하여 이해관계자가 그 시설이 인도되고 운영됨에 따라 어떠한 영향을 받는지에 대한 여부가 그것이다.

영국에서 행하여지고 있는 비즈니스 케이스의 선정은 단순하게 건설만이 모든 문제의 해결책이 아니라, 좀 더 유연성 있는 자세로 사회 전반의 흐름을 파악할 수 있도록 이끄는 방안으로, 지속성에 대한 폭넓은 해석을 가능하게 해 준다.

2.3. 생애주기 조달 프로젝트(Lifecycle procurement Project)

영국 정부에서는 지속 가능한 개발의 개념을 바탕으로 '생애주기 조달 프로젝트(Lifecycle procurement Project)'에 대한 가이드라인을 만들어 생애주기에 관한 핵심적인 사회적, 경제적, 그리고 환경적 요소들에 기반과 초점을 두고서 생애주기적인 접근을 통해 다양한 프로젝트에 활용할 수 있도록 하였다. 여기서 생애주기적 접근[216]이란 프로젝트를 시초에서부터 디자인, 건설, 운용, 그리고 마지막으로 재활용과 처분에 이르는 과정을 하

----

216 생애주기 조달 프로젝트의 상세한 내용은 '건설조달 가이드 03: 생애주기 조달 프로젝트(Achieving Excellence in Construction Procurement Guide 03: Project Procurement Lifecycle)'에 기술되어 있다.

나의 생애로 간주하는 것을 의미한다.

이 생애주기의 가이드라인의 목적은 건축주에게 넓은 견문을 보여 주는 동시에, 프로젝트의 특성에 따라서 개별적인 해석도 가능하게 해 준다. 그것은 필요할 때 전문가에게 컨설팅을 받는 것과 같은 효과를 기대할 수 있다.

생애주기 조달 프로젝트는 지속 가능한 개발의 사회, 경제, 환경적인 측면을 충족시키기 위한 지속적인 해결책을 창출하기 위한 체계로 활용될 수 있다. 다만 이를 충분히 활용하기 위해서는 프로젝트의 각 단계로 넘어갈 때마다, 그 시점과 분야를 결정하는 핵심 결정과 그에 따른 엄격한 결과물들을 확인해야 하는 과정이 있다.

영국 정부에서는 이에 대해 다음의 엄격한 기준들을 정해 놓고 있다. 이를 소개하면 다음과 같다. ① 사업 정당화(Business justification), ② 프로젝트 개요와 조달 과정(Project brief and Procurement Process), ③ 디자인 개요 (Design brief), ④ 건설과정(Construction process), ⑤ 운영과 관리(Operation and management), ⑥ 처분과 재활용(Disposal and re – use)이 바로 그것이다.

비즈니스 케이스가 개발만이 지속 가능한 개발이 아니라는 명제를 준다면, 생애주기 조달 프로젝트는 이처럼 각 설계 단계별로 유기적인 연관성을 가지고, 연속성을 실현함으로써 지속적인 관리를 통해서 건축 프로젝트가 사회적인 책임의식을 전반적으로 유지할 수 있는 기반을 조성해 준다.

2.4. 정부의 노력

건축이 사회적 재화로서의 기능을 위해서는 개인 건축주뿐 아니라 정부의 노력이 필요하다. 따라서 외국은 Lean Design과 Total Quality Service와 같은 민간에서의 건축 관리뿐 아니라 정부의 건축서비스도 병행되고 있다.

(1) Design Champion[217]

디자인 챔피언 프로그램은 영국 정부의 디자인 품질 향상 정책을 위한 수단의 하나로 착수되었다. 이들은 정부 중앙부처 및 산하 공공기관의 경

---

217 http://www.cabe.org.uk/AssetLibrary/7705.pdf, 『Design Champions』 참조.

우 기관별로 디자인 챔피언을 위촉하여 이들로 하여금 디자인 품질 향상을 위한 리더 역할을 담당토록 하고 있다. 이에 따라 정부 중앙부처 및 산하 공공기관에는 해당 기관의 고위급인사 또는 사회 저명인사를 디자인 챔피언에 위촉하고 있으며, 국립의료서비스(NHS)의 경우 찰스 황태자가 디자인 챔피언으로 위촉되어 있다. 디자인 챔피언은 디자인을 직접 수행하지는 않으며, 디자인 품질이 해당 기관의 핵심 의제(Agenda)가 되도록 하며, 이를 실천하기 위한 다양한 노력이 경주되도록 하는 멘토(Mentor)의 역할을 담당한다. 이러한 디자인 챔피언의 출현 배경에는 디자인이 단지 과시(High-profile)의 대상이 아니라 일상생활에 필수불가결한 요소로 자리매김하여야 한다는 것이다. 디자인 챔피언의 역할을 구체적으로 정리하면 다음의 두 가지이다. 첫 번째는 새로운 개발을 통해서 어떠한 방식으로 디자인의 질을 향상시킬 수 있는지에 대해 비전과 전략을 제공하는 회사를 보증해 주는 역할이고, 두 번째로는 프로젝트 수행에 있어서 각 지역의 사업 단위들이 양질의 설계를 추진하도록, 리더십과 동기와 자극을 제공하는 것이다. 디자인 챔피언의 목적은 단순히 모든 분야에서 양질의 디자인을 촉진하는 것에 그치지 않고, 디자인이 상업적인 이익을 증진하는 데에 있어서 경영 전략의 중심적인 역할을 하도록 하는 것이다. 그래서 디자인 챔피언은 ① 전면에 나서서 양질의 디자인에 대한 열망을 불러일으키고, ② 기술혁신과 고객만족을 위한 촉매로 양질의 디자인의 가치를 촉진하며, ③ 디자인에 관련된 조직원들이 CABE(건축위원회), HBF, Design Council과 같이 이용할 수 있는 외부의 충고를 확실히 이해할 수 있도록 하며, ④ 외부조직과 내부 토론의 접촉을 위한 가시화된 접점을 제공해야 하는 의무를 가지고 있다.

위에서 열거한 디자인 챔피언의 책무를 보면, 디자인 챔피언이 실제적인 이해관계자가 아닌 일종의 제3의 조정자로서 디자인에 대한 중요성을 조직에 고취시키는 변혁적인 리더로서의 역할을 하고 있음을 알 수 있다.

그래서 디자인 챔피언의 책무를 맡는 자의 자질을 ① 행정관 또는 비행정관 위원회의 일원이어야 하며, ② 디자인에 대한 식견이 높고 기업 내부뿐만 아니라, 더 폭넓은 공업 쪽에서도 디자인의 질을 통해 상업적이며

서도 동시에 사회적인 이익을 창출할 수 있다는 사실을 충분히 이해시킬 수 있는 위치에 있어야 하며, ③ 기업 내부에 모든 관련이 있는 팀들과 일을 할 수 있으며, ④ 더 큰 비전을 볼 수 있으며, 공동의 비전을 발전시키는 데에 일조할 수 있는 능력으로 규정하였다.

이와 같은 디자인 챔피언을 통해서 얻을 수 있는 효과는 첫 번째, 실용적이면서도 상업적인 측면을 고려한 디자인에 대한 기술과 훈련을 통해 새로운 부가가치를 창출할 수 있으며, 두 번째로는 성공한 조직이나 기업이 가지고 있는 디자인에 대한 비전을 분배함으로써 다른 조직에 바람직한 영향을 미치게 하며, 세 번째 CABE와 HBF에 의해 운영되고 있는 'Building for Life'의 기준과 같은 내용들이 새로운 디자인과 개발에 적극적으로 적용될 수 있도록 이끌었다. 네 번째로는 고객의 만족을 이끌 뿐만 아니라, 새로운 고객층을 생산하며, 마지막으로는 다양한 분야들이 디자인의 질과 관련하여 각자의 영역을 넘어서 서로 협력할 수 있는 길을 열어 새로운 부가가치를 창출할 수 있는 아이디어를 생산하는 것이다.

(2) CABE,[218] HBF[219] 그리고 Design Council[220]

디자인 챔피언의 내용 중에서 또 하나 주목해야 할 것은 디자인에 관해서 언제든지, 조언을 구할 수 있는 CABE와 HBF, 그리고 Design Council의 존재이다. 이 모두가 영국 정부가 디자인과 관련해서 제공하는 서비스를 관리하는 단체이다.

CABE(Commission for Architecture and the Built Environment)는 정부의 자문 기구로 건축, 공공 공간, 도시계획에 대한 디자인 개선 및 기술 지원을 맡고 있는 조직이다. 위원 16명과 디자인 리뷰 패널(40명 내외), 업무 지원팀(100명 내외)으로 구성되어 있는데, 영국에는 CABE 말고도 OGC(Office of Goverment Commerce)라는 조직을 재정경제부 산하 독립기관으로 두어서 공공 건축(procurement)혁신의 리더 및 멘토로 활용하고 있다.

••••

218 CABE 홈페이지 http://www.cabe.org.uk/default.aspx?contentitemid=73 참조.

219 HBF 홈페이지 http://www.hbf.co.uk/ 참조.

220 Design Council 홈페이지 http://www.design-council.org.uk/ 참조.

CABE와 OGC와 같은 정부의 건축 디자인 관련의 서비스는 유럽에서 널리 활용되고 있다. 네덜란드의 경우 공공 건축물의 운영과 관리를 담당하는 기관인 국가건설청(Goverment Building Agency)과 운영관리자로서 혹은 공공건축물 설계자를 추천하는 역할을 담당하는 국가건축가(Chief Goverment Architect) 시스템이 이와 유사한 프로그램이라 할 수 있다.[221] 현재 한국에도 이와 유사한 기능을 목적으로 2005년 12월 21일 대통령자문 건설기술・건축문화선진위원회를 발족하여 운영하고 있다. 다만 두 단체의 차이점은 CABE가 디자인의 질 및 건축물의 운영관리에 대한 자문과 기술지원의 역할을 하는 공공건축물 서비스를 겸하고 있는 데 반해, 건설기술・건축문화선진위원회는 정책의 수립과 그 방향성을 설정하는 데에 주력하고 있는 데에서 찾을 수 있다.

주택건설업자연합(HBF: Home Builders Federation)은 영국과 웨일스에 있는 주택건설 산업의 발전을 촉진하기 위해 민간의 주택건설자와 주택건설에 관련된 민간참여를 이끌기 위해 발족된 정부 공공 서비스 기관이다. 이를 위해 각종 회의와 정책의 제안, 그리고 기획과 계획에 관련된 기술을 서비스하는 곳으로 CABE와 함께 'Build for Life'[222]라는 공공과 민간의 입장을 반영하여 디자인과 기능 모두에서 지속 가능한 특성을 갖출 수 있는 주택건설의 기준을 확립하여 운영하고 있다.

CABE가 공공건축, HBF가 민간 주택의 디자인에 대한 영국 정부 차원의 서비스 프로그램이라면, 일반적이며 더 광범위한 분야의 디자인 서비스를 맡고 있는 곳이 바로 디자인 위원회(Design Council)이다. Design Council은 디자인에 관한 국가의 전략적인 지원 서비스 체계이다. Design Council에는 건축뿐만 인테리어와 가구, 그리고 디지털 디자인과 3D 디자인, 패션과 직물, 디자인 관리와 디자인 연구에 관한 전반적인 디자인에 관한 서비스를 영국의 기업 및 공공 분야에 제공하고 있다. 이는 디자인이 영국의 경제를 강화하고 사회를 개량하는 데에 중요한 역할을 한다는

221 대통령자문 건설기술・건축문화선진화위원회 & 대한주택공사, 「박인석」, 『한국의 건축정책 비전』, 2007. 5. p.78.

222 Build for Life 홈페이지 http://www.buildingforlife.org/ 참조.

것에 대한 사회적인 인식이 자리 잡고 있기 때문이다.

그래서 Design Council은 그 목표를 세우기 위해 가장 숙련된 디자인 전문가들을 지원하여 프로젝트 매니저가 디자인을 사업에 잘 활용할 수 있도록 지원을 하고 있다. 이를 실현하기 위하여 Design Council은 다섯 가지의 역할을 수행하고 있다. 첫 번째는 정부가 디자인에 대한 중요성을 인지할 수 있도록 국가정책에 영향을 주는 것이고, 두 번째 영국기업을 위한 디자인 지원 프로그램을 제공하며, 세 번째 디자인의 공공성에 대한 새로운 시각을 열어 주며, 네 번째는 디자인이 어떻게 생활의 질을 개선할 수 있는지에 대한 연구를 시행한다. 마지막으로 디자인 연구와 지식, 그리고 Signposting을 정보에게 제공을 하는 동시에 웹사이트를 통해서 디자이너를 비롯하여 구매자, 학생 및 창업자를 위한 정보를 제공하고, 이를 활용하여 토론의 장을 마련한다.

이처럼 각각의 대상을 가지고 있는 CABE와 HBF, Design Council는 디자인의 질 관리에 있어서 몇 가지 공통점을 가지고 있다. 첫 번째로는 디자인의 유용성에 대한 재인식이다. 단순히 미적 가치로만 파악했던 디자인의 새로운 부가가치에 대한 가능성을 확인하는 것이다. 두 번째로는 디자인 분야에만 한정되지 않고, 여러 분야와의 교류를 통해서 디자인의 질을 상승시키는 동시에 각 분야에서 디자인이 중심적인 역할을 할 수 있도록 지원하는 것이다. 세 번째로는 이 세 단체에 일반인들의 접근을 용이하게 하여 쉽게 디자인과 관련된 정보와 함께 디자인의 질 관리 방안에 대해서 공개해 놓았다는 것이다. 이는 디자인과 그 질의 관리가 국가 경쟁력의 핵심이라는 영국 정부의 인식이 크게 작용한 결과라 하겠다.

③ M형 사회의 건축경영 패러다임

현대의 사회는 급변하고 있으며 보다 복잡·다양해지고 있다. 따라서 사회의 하위 체제(sub-system)로서 행정도 소용돌이의 장(turbulent field)[223]을 형성하여 예측하기 어려운 환경에 둘러싸여 있다. 이러한 환경변화는 리스크의 예측을 불가능하게 한다. 그래서 행정의 영향권 안에 있는 건축도 예측불가능 속에 놓이게 되었고, 최상부의 의사결정에만 의존하는 전통적인 능률 위주의 관료적 조직구조(hierarchical structure)는 리스크의 집중 문제가 발생하면서 퇴조하게 되어, 결국 리스크를 분담할 수 있는 공동의 합리적 선택형 조직구조(public choice model)[224]가 요구되었다.

또한 이중적 모순의 시대의 경쟁력은 협조적 경쟁(協爭)이다. 따라서 조직은 팀워크와 개인의 노력을 균형 있게 조화시켜야 하며 이러한 조직이 M형 조직모델이다. 조직은 지식을 조직화하고, 이를 통해 새로운 생산성을 창출하는 것이 바로 지식경영이며,[225] 이때 발생하는 경영 패러다임은 공유된 사고방식과 행동유형의 원천으로 작용한다. 그러므로 건축경영 패러다임(이하 건축경영)이란 건축지식을 생산성 있게 만들기 위해 건축조직의 공유되는 사고방식은 M형으로서의 전략적 관리라 칭할 수 있다. 건축조직에 있어 공유된 사고방식은 건축관계자의 건축의 가치에 대한 인식과 건축정보처리 및 의사결정의 유형을 결정하면서 전체 건축의 방향을 결정한다. 그러므로 건축조직이 어떠한 패러다임을 공유했느냐에 따라 건축목표, 사업 분야, 목표시장, 조직의 형태 및 관리시스템이 변화한다. 따라서 건축경영은 건축조직의 효용성을 극대화시키는 전략을 통해 건축조직이 생산해 내는 건축물의 가치를 높이는 기능과, 건축조직 내·외부 환경 변화에 대한 이해, 설명, 예측 및 조정기능 및 건축의 경쟁력 원천을 설정하기 위한 건축기획의 기능을 지니는 건축 관리이다.

- - - -

223 Shirley Terreberry, 「The Evolution of Organization Environments」, 『Administrative Science Quarterly』 vol.12, No.4, March, 1968, pp.590 - 613.

224 이는 공공선택이론으로 대별되며, Vincent Ostrom이 그의 저서에서 Woodroe Wilson이 전개한 행정의 관점을 관료이론이라 하고, 자신이 전개한 공공선택 이론을 민주행정 패러다임이라고 하는 데서 유래한다. Vincent Ostrom, 『The Intellecture Crisis in American Public Administration』, 1973, University Alabama; University of Alabama Press.

225 이와 유사한 견지는 노나카, 다케우치의 '지식창조기업론'에서도 살필 수 있다. 그들은 기업(조직)을 지식의 보고(knowledge repository)로 판단하고 개개인의 지식이 어떻게 회사(조직) 전체에 가치 있는 조직적 지식으로 변형되는가 하는 것이 지식창조형 기업(조직)의 핵심이며, 일본 제조기업의 성공비결이라고 하고 있다. Nonaka, Ikujiro, H. Takeuchi, 『The knowledge - creating Company; How Japanese Companies Creat the Dynamics of Innovation』, Oxford University Press, 1995, pp.43 - 44 및 p.13 참조.

3.1. 경제와 조직의 형태

과거 산업혁명 시대의 조직의 목표는 대량 생산(Mass Production)이었다. 이러한 대량 생산의 핵심은 생산성(Productivity)이었다. 그러나 1970년대 오일쇼크로 말미암아 대량 생산에 문제가 발생하였고, 일본을 필두로 조직은 생산성이라는 목표를 Deming의 품질 이론을 적용하여 품질(Quality)로 바꾸었다. 이후 1980년대부터 미국 또한 경제적 공황으로 인해 일본의 품질관리 기법(TQC: Total Quality Control)을 수정 도입하여 QMS(Quality Management System) 개념을 확립하고 1988년도부터는 말콤 볼드리지상 (MB: Malcolm Baldrige National Quality Award)[226]의 기준을 확립한다. 이 품질 경영이론은 1990년대 초반까지 지속되는데 여기에서 파생된 경영이론이 바로 벤치마킹(Benchmarking)이론이다. 벤치마킹이론이란 베스트 사례와 베스트 조직을 학습하여 자사 제품이나 서비스의 품질을 향상시키는 것이다. 1980 후반 이러한 품질관리의 집중은 품질 이외의 기능(function)들과의 연계가 되지 않는 문제가 제시되었다.[227] 따라서 조직은 프로세스를 개선하는 모든 과정의 변화와 개혁의 역량인 창의성(Creativity)을 요구하게 되었다. 이러한 요구에 부응한 이론이 BPR이론이다.[228] 그러나 이러한 창의성의 출현 배경에는 생산성-품질의 과정이 전제된 것이므로 창의성 있는 조직이란 생산성-품질을 기본으로 진화된 것이지 변이(變異)된 것이 아니기 때문에 생산성-품질을 전제하지 않고는 창의성은 도출될 수 없다. 이러한 창의성은 조직 간 과당경쟁의 문제가 발생하였고, 이러한 문제

• • • •

226 MB상은 1987년 8월 20일 로널드 레이건 정부에 의해 최종적으로 승인된 국가품질개선법(The Malcolm Baldrige National Quality Improvement Act of 1987 - Public Law 100 - 107)에 따라 제정된 상이다. 이 명칭은 1981년부터 1987년까지 미 상무부 장관으로 재직했던 고(故) 말콤 볼드리지의 이름을 따서 붙인 것으로, 이상의 제정 목적은 미국 기업의 종합적 품질경영(Total Quality Management)을 촉진하기 위한 것이다. 따라서 기업의 운영방식, 서비스형태, 고객지향의 품질이나 제품의 우수성, 리더십, 종업원의 참여 및 개발, 신속한 대응, 설계의 품질 및 예방효과, 미래에 대한 장기적 관점 등에서 탁월한 업적과 훌륭한 성과를 보이는 기업을 선정하여 대통령이 직접 상을 수여한다. 기타 자세한 내용은 http://www.quality.nist.gov/ 참조. 이와 유사한 시스템으로 일본 경영품질상(Japan Quality Award)이 있으며, 우리나라의 경우 이 둘을 벤치마킹한 '산업자원부 주최, 한국생산성본부 주관'의 국가생산성대상이 있다.

227 즉, 제품개발, 시간 단축시키는 사이클 개선, 공정개선의 문제.

228 Michael Hammer, 『Reengineering the Corporation』, Harper Business, New York, 1993.

해결을 위해 탄생한 개념이 협력(Cooperation)이다. 여기서 협력이란 과거 단순히 조직과 조직 간의 협력을 의미하는 것이 아니라 협조적 경쟁 (Competition + Cooperation)[229]을 지칭하고 있다. 이러한 협력을 조직이론, 즉 구조(Structure)와 기능(Function) 관점에서 살펴보면, 구조란 기업의 문화, 기업의 경영이념, 기업의 경영목표 등의 추상적인 개념이며, 이를 달성하기 위한 수단인 비즈니스전략, 마케팅전략 및 하위단위인 인사, 교육, 회계, 재무, 관리, 영업, 개발, 생산 등은 기능에 속하는 것이다. 협력이란 바로 이러한 구조와 기능을 연결한다는 의미를 내포하고 있으며, 21세기형 조직은 이러한 협력 없이는 성공 또한 없다는 것이다.[230] 그러나 이러한 협력 또한 조직화된 조직이라는 전제를 하고 있다. 그러나 조직화는 그 자체로서 경직성과 위계를 통한 창의성 등에 제한을 받게 된다. 따라서 이후 이론가들은 정보발달에 힘입어 자율조직[231](Self - Organization)의 개념을 등장시켰다.[232] 자율조직이란 모든 조직(개인)을 조직화(Organized)하지 않고, 단지 잘 연결(well - connected)되어 있는 가상조직(virtual Organization)[233]을 의미한다. 이러한 자율조직은 Productivity, Quality, Creativity, Cooperation

• • • •

229 Adam M. Brandenburger & Barry J. Nalebuff, 『Co - opetition』, Doubleday, New York, 1996. 이는 모든 비즈니스는 협력을 해야 가치를 창출한다는 이론으로, 게임이론의 비즈니스는 전쟁(Business is a war)이라는 개념에서 비즈니스는 전쟁과 평화를 동시에 추구(Business is simultaneously war and peace)해야 한다는 전략을 세우고 변화시켜야 한다는 기존의 게임이론을 발전시킨 경영이론이다.

230 산업혁명을 제2의 물결로 정의하였을 때, 미래형 조직문화는 제4의 물결로 대변된다. 제4의 물결이란, 기업 내에서는 구조와 기능의 협력, 조직사회에서는 기업, 공급자, 경쟁자, 보완자, 그리고 지역사회의 협력을 통한 공동체 조직을 의미하는 것으로, 이러한 협력 관계가 기업과 지역사회의 상생의 길임을 예견한다. Herman Bryant Maynard, Jr & Susan E. Mehrtens, 『The Fourth Wave - Business in the 21st Century』, Berrett - Kohler Publishers, San Francisco. 1993 & 1996.

231 self - organization은 자기조직화 또는 분권조직이라는 말로 표현되지만, 본 연구에서는 광의로 자율조직이라 칭한다.

232 또한 이러한 자율조직의 등장 배경에는 조직은 다양한 구조적 속성을 지니고 있기 때문에 조직구성의 유일한 최선책이 없다는 것이 조직구성 이론가들의 일반적인 견해도 포함된다. Stephen P. Borgatti 교수홈페이지 「Organization Theory: Determinants of Structure」, http://www.analytictech.com/ 2001 참조.

233 예컨대 가상조직의 형식은 재택근무(Telecommuting)의 경우나 Outsourcing을 통한 모든 협력자와의 협력경영 조직을 의미하며, 선진국의 지식경영시스템이나 학습조직시스템의 구축 및 ERP(Enterprise Resourcing Planning) 시스템 구축이 이에 해당한다. 이외에 가상조직에 대한 이론적 상세 논의는 Hale, Richard, Whitlam, Peter, 『Towards the virtual organization』, London; New York: McGraw - Hill Pub, 1997, pp.3 - 8 및 136 - 140 참조. 엄밀하게 자율조직은 가상조직은 아니며, 후술하는 Gareth Morgan의 조직분류에 의하면 여섯 번째 조직과 거미나무 조직의 전이과정으로 이해할 수 있다.

이 모두 합쳐진 것으로, 이들 4개 조직문화의 모델을 동시에 추구하려면 경영은 분권화(Disintegrated)되어야 하고, 조직은 자율적이어야 한다. 따라서 조직은 과거의 중앙집권적 형태가 아닌 모든 조직들이 스스로 알아서 해야만 이들을 효과적으로 추진할 수 있다는 개념이다.[234] 즉, 자율조직이란 Unorganized but Connected 상태를 의미한다.

조직이란 가격체계(시장)가 실패하는 상황에서 집단행동(collective action)의 혜택을 성취하기 위한 수단으로,[235] 합리적 인간의 자연스러운 선택적 행동이다. 따라서 이러한 조직의 변화는 사회의 변화에 기인한다. 이러한 조직모델의 변화에 따른 특성[236] 중 첫 번째는 기계주의적 관료주의 모델[237]로 이는 사회의 변화가 없거나 적은 상태에서는 효율적이나, 현대와 같이 급변하는 사회에는 대응하기 힘든 조직을 의미한다(〈그림 3-3〉, Model 1: The Rigid Bureaucracy).

두 번째는 조직의 상부는 어느 정도 유기적으로 연결된 조직이다. 그러나 업무의 추진속도가 빨라지고 업무량이 증가하면 상부조직에서 의사결정의 한계가 있는 조직이다(〈그림 3-3〉, Model 2: The Bureaucracy with a Senior "Management Team").

세 번째는 프로젝트 팀 조직으로, 상부조직에 의해 일반적인 의사결정권을 위임받은 자율적이며 유기적인 조직이다. 이때 상부조직은 보다 중요한 결정권만 지닌다. 때문에 이 조직을 프로젝트 베이스 조직(project-based organization)이라 부른다. 그러나 이 조직 역시 상부조직과 프로젝트 팀 조직 간에는 기계적이고 관료적인 지시와 통제를 받게 되는 조직이다(〈그림 3-3〉, Model 3: The Bureaucracy with a Senior "Management Team").

• • • •

234 미국의 Unorganization 협회에서는 기업이나 정부는 점점 기능이 축소되어 권한이 하위 조직으로 분권화되고 있으며, 경제적으로는 글로벌 단일시장이 형성되고, 사회적으로는 역할이 혼합되고 있으며, 정보발달에 따른 www화는 Unorganized 현상에 접근하는 방법론이라고 주장하고 있다. 『Unorganization: The PersonalHandbook』, http://www.unorg.com/trans/

235 Arrow, Kenneth Joseph, 『The Limits of organization』, New York: Norton, 1974, ch1.

236 사회조직학자, Gareth Morgan는 사회변화에 따른 조직모델을 7가지 유형으로 분류하고 있으며, 후술하는 내용은 그의 분류에 의한 것임. Gareth Morgan, 『magination: The Art of Creative Mangement』, CA: Sage Publication, 1993.

237 이는 보통 hierarchy organization으로 사용되나, Gareth Morgan는 Top-down Model이라 부르고 있다.

네 번째는 매트릭스 조직으로, 이는 변화와 복잡성에 대응하기 위한 복잡한 관료주의적 형태의 조직으로 형성된다. 이 조직은 각 기능 부서나 기능 단위로 권한이 위임되어, 조직원들은 자기가 속한 부서나 기능 이외에 주어진 프로젝트에서 팀의 구성원으로서 두 가지의 역할을 수행해야 한다. 그러나 프로젝트의 장이 보다 많은 권한을 갖는 조직이다〈그림 3-3〉, Model 4: The Matrix Organization).

다섯 번째는 대기업이 아닌 중소기업이나, 또는 대기업이라 해도 각 문화단위나 사업단위로 조직된 기업들의 전형적인 조직으로, 완전 팀제에 의한 팀워크 및 혁신을 주도하는 조직을 말한다. 따라서 각 기능이나 부서의 역할은 가장 최소화된 형태이다. 조직원들은 2개 이상의 프로젝트 팀에 속하여 일을 하며, 이에 따라 경력의 개발은 팀의 이동에 따라 향상되는 조직이다〈그림 3-3〉, Model 5: The Project Organization).

여섯 번째는 보다 융통성 있고 혁신과 변화를 주도하는 조직으로 소위, 가상조직이라 부르는 조직으로 조직의 형태는 없다. 중앙의 전산망에 연결된 모든 네트워크를 통하여 일을 하고 조직을 유지하는 형식이다〈그림 3-3〉, Model 3: The Loosely-Coupled Organic Network).

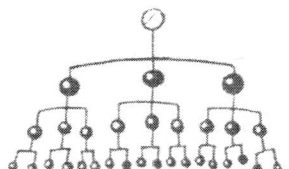
Model 1: The Rigid Bureaucracy

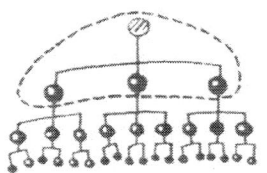
Model 2: The Bureaucracy With a Senior "Management Team"

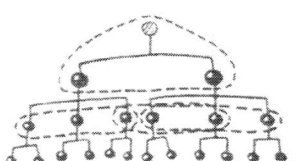
Model 3: The Bureacracy With Project Teams and Task Forces

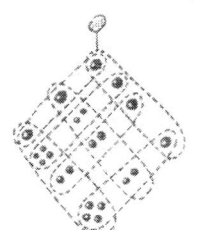
Model 4: The Matrix Organization

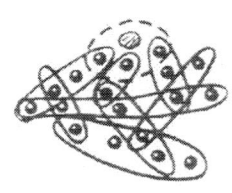
Model 5: The Project Organization

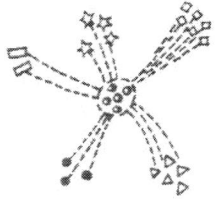
Model 6: The Loosely-Coupled Organic Network

출처: Gareth Morgan, 『magination: The Art of Creative Mangement』, CA: Sage Publication, 1993, p.384.

<그림 3-3> 조직의 6단계 진화모델

일곱 번째는, 거미식물 조직(Spider Plant Principle organization)이다. 이 조직은 위의 여섯 가지 유형의 혼합형으로 가장 발전적인 조직 유형이라고 할 수 있다. 이 조직은 기획조정실이나 인력개발부서 등이 필요 없으며, 모든 단위 조직이 외부용역 계약에 의하여 분사 운영(spinning off)된다. 모든 조직은 네트워크화되어 중앙의 컴퓨터를 중심으로, 하나의 계약에 의해서 조직되고 운영되는 지속적인 변동과 흐름의 조직을 말한다. 즉, 모든 전략, 전술 및 정보가 컴퓨터 네트워크로 연결되는 거미줄에 서로가

공존 공생하여 열매를 맺는 식물의 조직을 말한다. 이는 모든 기능이 외부로 표출되어 있지 않다. 그러나 보이지 않게 스스로 유기적이고도 자생적인 스스로의 조직으로서 팀워크와 개인의 노력을 균형 있게 조화시키는 M형 조직의 전형이라고 말할 수 있다(〈그림 3-4〉).

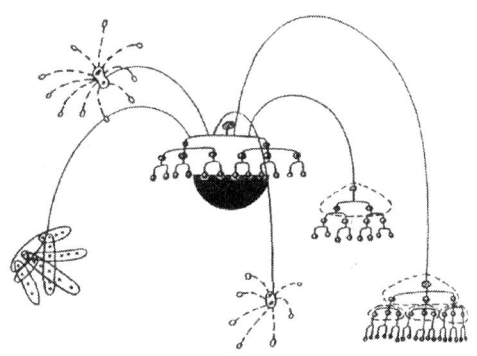

출처: Gareth Morgan 著·김정원 외 13 譯, 『창조경영』, 한울, 2005, p.85.

<그림 3-4> 거미식물 조직

3.2. M형 건축조직

M형 건축조직이란 복합구조(matrix structure)[238]를 지닌 조직으로, 건축관계자 간 경쟁 위주의 적대적 관계를 극복하고 새로운 형태의 팀워크를 형성한 효율적 조직방식을 의미한다. M형 조직의 근거는 1984년 UCLA의 오우치(William G. Ouchi)[239] 교수가 등장시킨 개념으로, 그는 전통적인 조직의 형태와 조직관리 이론의 문제점을 보완하기 위해 성공적인 대기업

• • • •

238 복합구조는 관료제 패러다임의 퇴조로 등장한 후기 관료제 연구가인 David I. Cleland 등에 의해서 제기된 조직이론으로, 복합조직 구조란 사업구조(project structure)와 기능구조(functional structure)를 결합시킨 혼합구조이다. 즉, 일정한 기준에 따라 서로 기능이 같거나 유사한 업무들을 묶어 조직단위를 구성하는 部省化 원리(departmentalization principle)에 입각한 조직구조로서, 전통적 조직구조보다 융통성이 큰 조직구조이다. David I. Cleland & William R. King, 『Systems Analysis and Project Management』, Mac Graw Hill, 1975, p.234ff.

239 Ouchi, William G., 『The M-form society: how American teamwork can recapture the competitive edge』, 1984, Addison-Wesley.

조직방식을 분석하고 이를 통합하여[240] 'Theory M'이라는 이론을 등장시켰다. 따라서 M의 개념은 이전의 X · Y · Z · W의 조직관리 이론 이후에 이들의 한계를 극복하고 현대사회의 요구에 부응하는 효율적 조직방식을 의미한다. 그러므로 M의 이해는 X · Y · Z · W이론의 이해가 선행되어야 한다.

(1) X · Y · Z · W이론

X · Y이론이 공식화된 것은 1957년 맥레거 교수에 의해 명명되었지만, 1940년 맥레거 교수의 연설문이나 기사로 이론적 기초는 이미 제시되었다.[241]

X이론이란 노동자라는 것은 원래가 게으른 자로 인식하는 전통적 경영관리자의 사고방식을 의미하는 것으로, X이론의 기본적인 3가지 명제[242]는 ① 관리는 생산기업에 있어서 기본이 되는 요인으로, 예컨대 자본, 자원, 인력 등을 경제적 목표를 위하여 조직화할 책임이 있다. ② 인력 관리란 사람들의 노력에 대한 방향을 결정해 주고 동기화하며 그들의 행동을 통제하고 조직의 목표에 일치하도록 행동을 수정시키는 일련의 과정이라고 할 수 있다. ③ 관리라는 도구의 효과적 개입이 없을 경우 인간은 수동적이 되며 심지어는 조직목표에 저항할 수도 있기에, 인간은 설득과 보상, 처벌과 통제의 대상이 되어야 한다. 즉, 그들의 행동은 지시되어야 한다. 그것이 곧 관리가 해야 할 일이라는 것이다. 이러한 기본 명제와 함께 맥레거 교수 자신이 지니고 있었던 5가지 신념[243]을 통하여 X이론을 탄생시켰다. 즉, X이론에서 조직구성원은 노동을 천성적으로 싫어하기 때문에

••••

240 오우치 교수는 전통적인 조직구조를 U형(Unified – Form)과 H형(Holding Company – Form)으로 구분하고, U형이란 전형적인 기능별 조직으로 U형 조직은 전문성 · 기능성 · 집권성의 심화에서 그 요체를 흡수하고, H형은 주식회사형으로 자주성 · 독창성 책임체제 · 분권제의 장점을 통합하여 M이론을 탄생시켰다. 기타 U · H형 조직구조에 대한 상세 논의는 윌리엄 G. 오우치, 이희구, 『M형사회』, 1985, 사회사상사, pp.50 – 56 참조.

241 McGregor, Douglas, 『Leadership & Motivation: Essay of Douglas McGregor』, Cambridge, Mass: MIT Press, 1996.

242 McGregor, Douglas, 「The Human Side of Enterprise」, 『Management Review』 vol.46, No.11, 1957, p.23.

243 그의 5가지 신념 또한 3가지 명제와 유사하므로 각주화하였다. ① 보통의 사람은 천성적으로 게으르다. 말하자면 가능한 한 적게 일하려 한다. ② 인간은 야망도 없고 책임을 싫어하며 지시받기를 원한다. ③ 인간은 타고나기를 자기중심적이며 조직목표에는 관심이 없다. ④ 인간은 천성적으로 변화에 저항한다. ⑤ 인간은 아둔하며 그리 명석하지 않고 언제나 허풍쟁이와 선동가에게 속는 얼간이다. McGregor, Douglas, 「The Human Side of Enterprise」, 『Management Review』 vol.46, no.11, 1957, p.23.

게으름을 피운다. 때문에 최고경영자는 이들을 반드시 통제해야 한다는 것으로, 조직의 관리를 통제로 파악하는 조직관리 이론이다.

이후 맥레거 교수는 자신의 X이론을 보완하여 Y이론을 전개하였다. Y 이론의 주요한 3가지 명제는[244] ① 관리의 책임은 생산요소들, 즉 자금, 자원, 설비, 인력 등을 경제적 목표를 위하여 조직화할 책임이 있다. ② 인간은 본성적으로 수동적이거나 조직목표에 저항하지 않는데, 그들이 그렇게 되는 것은 조직 내에서 쌓은 경험 때문이다.[245] ③ 동기·발전에 대한 잠재성, 책임을 수용하는 능력 기타 조직목표에 대한 행동의 조정능력 등은 모든 인간에게 내재되어 있지만, 관리는 그 같은 능력을 인간에게 부여할 수 없고 그 같은 능력을 개인이 인지하여 인간 스스로가 이를 개발하도록 돕는 역할을 할 수 있을 뿐이다.[246] ④ 관리의 본질은 조직의 분위기와 그 운영방법을 조정하여 각 개인이 조직목표를 향해 자신의 노력을 스스로 조정함으로써 각자의 목표를 달성할 수 있도록 하는 데 있다는 것이다. 즉, Y이론에서는 X이론에서의 조직관리란 최고경영자의 통제라고 규정한 것에 대한 수정으로 지나친 통제가 오히려 조직구성원의 의욕과 자율성을 저하시켜 생산성의 저해 요인이 된다는 것이다. 그러나 Y이론이 조직의 자유방임을 의미하는 것은 아니며, X이론의 외적 통제를 내적 통제와 조정으로 전향시킨 것이나 이 두 이론의 기제에는 인간관과 그에 관련된 관리모형이다.

Z이론은 X·Y이론을 보완하기 위해 일본의 과거 경영철학[247]을 바탕으로 오우치 교수가 미국화한[248] 조직관리 이론이다.[249] Z이론은 X·Y이론

• • • •

244 조직 관리의 주요 3명제는 X·Y이론을 통해 조직관리 이론의 장을 연 더글라스 맥레거 교수의 Y이론 명제에 근거하여 작성된 것이다. 물론 그의 이론은 후에 Z이론이나 W이론 및 M이론으로 발전하였지만 그의 명제는 현대에 있어서도 조직관리이론의 근간을 이루고 있기 때문이다. McGregor, Douglas, 「The Human Side of Enterprise」, 『Management Review』 vol.46, No.11, 1957, p.23.

245 따라서 건축관계자가 역할 수행에 수동적이거나 조직의 공유 목표에 저항하여 사익을 추구하는 것은 건축조직의 책임, 엄밀하게는 건축 관리의 책임이다. 따라서 건축경영 패러다임은 인간 본성으로의 회귀라고 할 수 있다.

246 이러한 명제는 현대 조직이론에서 새롭게 대두되고 있는 자율조직(self-organization)의 개념과 부합된다.

247 일본의 기업들은 과거의 개인을 생각하기보다는 기업 전체를 생각하고 고용의 안정성을 고려하여 평생직장의 개념을 가지고 있다.

처럼 명제를 전제하지 않지만 암묵적인 전제는*250* ① 인간은 기본적으로 개인으로서가 아니라 타인과의 관계를 통해서 일체감을 얻으려 한다. 따라서 노동자들은 서로 견제하기보다는 협력한다. ② 인간의 능력은 평등하다. 인간이란 교육과 훈련을 통해 기능과 인격이 배양되기 때문에 같은 터전에서 성장하면 질은 같다고 본다. ③ 개인보다는 집단이 중요하다. 여기서 집단이란 의제혈연관계(擬制血緣關係)를 의미한다. ④ 인간은 일하는 것을 보람으로 느끼며 즐겨 일한다. ⑤ 인간은 감정의 존재로서 단순히 사무적이고 기계적 관계, 즉 동료와의 신뢰, 친밀성 속에서 보다 능력을 발휘한다는 것이다. 따라서 Z형 조직의 조직원은 서로 견제하기보다는 협력하며, 상호 협력을 통하여 목표달성을 하고 보상(rewards)을 조직과 공유하며, 조직원의 관계는 장기적(long‒term relations)이다.

W이론은 X·Y·Z이론에 비해 실제로 도움이 되는(WORK)이론이라는 의미로 K. 브랜차드의 『1분간 매니저』라는 저서에서 유래한다. 따라서 W이론은 1분간 매니지먼트로서 알려진 것이다. X·Y이론은 미지수라는 모호한 명칭과 X에서 Y로의 전환이 함축되어 있고 Z이론은 X와 Y를 초극한 최후의 이론이란 개념인 반면 W이론은 공리공론이 아닌 현실적으로 응용 가능한 효과를 지닌다는 의미에서 명명된 것이다.*251*

••••

248 오우치 교수는 미국형을 A Type으로 일본형은 J Type으로 하고, 이를 고용기간·승진에 요구되는 능력평가 기간, 經歷經路, 통제장치, 의사결정 방식, 책임 분담 방식, 조직원에 대한 관심(全人性向)을 요소로 하여 비교분석하였다. William G. Ouchi, 『Theory Z: How American Business Can Meet the Japaneses Challenge』, 1981, Massachusetts: Addison‒Wesley Publishing Co, p.58.

249 Z이론은 X·Y이론을 수정하면서 등장한 이론으로 David Lawless는 제3자에 의한 관리를 모색하면서 이를 Z이론이라 하였다. 그는 고정적이고 획일적인 관리전략의 절대성을 거부하고 구체적인 조직·집단 및 개인의 고유한 필요를 객관적으로 파악하여 거기에 융통성 있게 대응해야 한다는 것이다. David J. Lawless, 『Effective management: Social Psychological Approach』, 1972, Prentice‒Hall, pp.361‒363. 즉, 인간 모형에 입각한 조직관리 이론을 제시하였다. 또한 Seven Lundstedt는 X이론이 독재형이고 Y이론이 민주형이라면, Z이론은 자유방임형 또는 비조직형이라고 하였다. Seven Lundstedt, 『Consequences of Reductionism in Organization Theory』, 『PAR vol.32, no.4, July/August』, 1972, pp.328‒333. 오석홍, 『조직이론』, 박영사, 2005, pp.223‒224에서 재인용. 이 밖에 A. G. Ramos는 X이론의 인간형을 작전인(operational man), Y이론에 의한 인간형을 반응인(reactive man)이라 부르고 제3의 인간형을 괄호인(parenthetical man)이라 부르고 있다. Warren G. Bennis, 『Changing Organizations: Essays on the Development of Human Organization』, 1966, New York: McGraw‒Hill. 이렇듯 다양한 Z이론 중 가장 많은 관심을 모으는 일반적 이론이 오우치의 이론이므로 본 연구에서는 이를 중심으로 전개한 것이다.

250 박용관, 『한국행정에 있어서 Theory Z的 관리에 관한 연구』, 1985, 서울대 행적학 석론, pp.30‒31의 내용에 근거하여 보완한 것임.

(2) M형 건축조직

① M형 조직구조

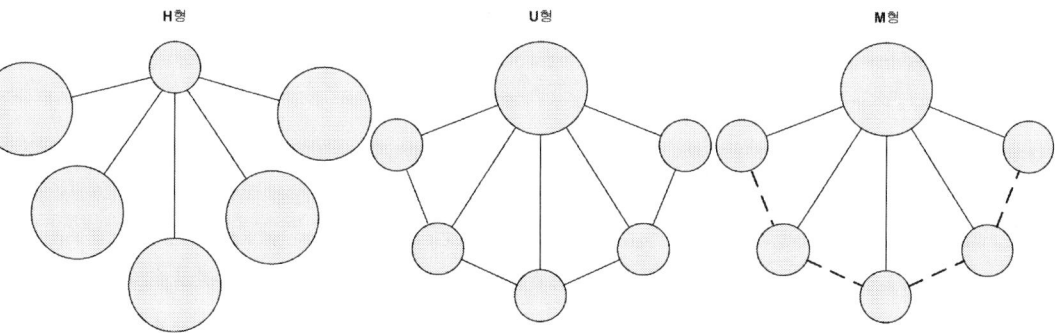

H형   U형   M형

<그림 3-5> U+H의 M형 조직구조의 조직관계 개념

M(multi-divisional)형 조직은 과거 50년간 서유럽과 미국에서 발전된 조직구조이다.[252] M형 조직은 관계성(集權化) 정도에 있어, 조직구성원의 활동이 모두 연결되어 단일 조직처럼 보이는 U형과 조직구성원의 활동 단위가 완전히 무관계한 H형(분산형)의 중간이다(<그림 3-5>). 즉, 조직 간의 관계가 떨어져 있으면서도, 어느 한편으로는 연계되어 있는 모순적인 개념의 조직이라 할 수 있다.

② M형 건축조직 관리방법

조직의 목표는 최대 이익 창출이다. 이를 위해서는 조직원의 적극적 참여를 통한 노력이 필요하다. 이러한 조직원의 적극적 참여를 이끌기 위한 방법이 거버넌스이다. 이를 경영관리(management)와 구분하면, 경영관리란 프로젝트의 의사결정에 관한 일이며, 지배·관리·통치란 의미의 거버넌스(governance)란 다른 사람들이 효과적인 관리를 할 수 있도록 환경조성을 해 주는 것이다.[253] 따라서 효율적 경영관리를 위해서는 거버넌스가 전

251 윌리엄 G. 오우치, 이희구, 『M형사회』, 1985, 사회사상사, pp.8-9 참조.

252 Chandler, Alfred Dupont, 『Strategy and structure: chapters in the history of the industrial enterprise』, 1962, Cambridge: M. I. T. Press 및 Chandler, Alfred Dupont, 『The visible hand :the managerial revolution in American business』, 1977, Cambridge, Mass.: Belknap Press, 참조.

제되어야 하며, 거버넌스는 조직원 각자의 능력이 최대한 발휘될 수 있도록 조직원의 노력을 결합시키는 데 있다.

모든 개인의 합리적 경제인이다. 따라서 조직원은 사익에 구애된다. 그러나 상호 보수성, 즉 공정한 보수가 존재하는 한 조직원은 열심히 일한다.[254] 따라서 이익분배의 공평성을 보증하는 방법이 거버넌스의 형태를 구성한다. 이러한 형평규범을 만족시키는 형태는 시장, 관료제, 경제적 혈족집단의 3가지가 있다.[255]

첫 번째로 시장, 즉 완전자유 경쟁하에서 인간은 어떠한 보수도 공정하다고 인식한다. 그러나 현실적으로 완전 자유경쟁은 존재하지 않는다.

둘째로 관료제의 조직원의 계약관계는 위탁계약이 아닌 위임계약 형식이다. 즉 주체(owner)와 독립적이지 못하고 종속적이다. 이러한 조직관리 구조는 반드시 다스리는 자(controller)가 필요하다는 것이다. 다스린다는 것은 일련의 조건을 설정하고 그 범주 안에서 균형이 잡힌 방식으로 결정된 사항을 지시(order)하는 것이다. 그러나 시장은 자율적이며 다스리는 자를 요구하지 않는다. 반면 관료제의 장점은 긴밀한 팀워크를 통해 비교대상이 없는 독자성 있는 유일의 프로젝트에 있어서도 효과적 조직관리가 가능하다는 것이다. 이때 프로젝트의 성패는 관리자(chief)의 리더십과 역량, 즉 과거의 실적에 근거한 공정성의 판단기준에 달려 있다.

세 번째로 경제적 혈족형은 조직원 간의 친밀도에 있어서 영속적 관계를 의미하는 것으로, 조직원의 관계가 1회성 관계라면 사익을 추구하려하지만, 영속적 관계하의 조직원 개인의 사익 추구는 단기적으로는 이익이지만 장기적으로 개인의 사익 추구는 조직의 불이익이며 이는 이익분배에 있어 자신의 손해이다.[256] 또한 이러한 영속적 관계의 조직은 조직 간이해를 통해 이익분배의 형평성이 도출된다. 이러한 경제적 혈족형 조직관리의 특성은 공정분배에 관한 조직원의 인식 시기에 있다. 예컨대 시장

253 ibid., p.59 참조.

254 Alvin W. gouldner, 「상호성의 규범·시론」, 『American Sociological Review』, 1960, pp.161
    –178. ibid., p.60 재인용.

255 ibid., pp.59–67의 분류기준을 참조하여 기술하였음.

256 이는 대리인 이론에 근거하여 기술된 것이다.

형 관리는 즉석해서 형평이 달성된다.[257] 관료제형 조직 관리는 시장형에 비해 다소 시간이 걸린다. 관료제는 관료의 조직원에 대한 판단을 통해 형평성이 실현되는 것이다. 따라서 프로젝트의 수행이 끝나고 그에 따른 인센티브나 추후 계약 시 적용되는 것이므로 시간이 걸린다. 반면 경제적 혈족형 조직 관리는 이익분배가 즉석에서 달성되는 것이 아닌 연속된 시간의 흐름 속에서 실현된다. 따라서 이러한 조직이 유지되기 위해서는 조직원의 공적 관리를 위한 집단이 존재할 때 가능하다.

결국 M형 조직의 관리는 이 3가지의 조직관리가 혼재된 관리방법이다. 이는 개개의 어떠한 관리도 완전하지 않은 단점을 지니고 있기 때문이다.

따라서 복잡한 양상으로 나타나고 있는 현대의 건축조직의 관리는 이 세 가지의 관리수법이 혼재되어야 효율성을 보장받을 수 있으며, 건축의 가치 창출도 가능해지는 것이다. 즉, 건축조직 간 팀워크와 경쟁을 결합한 **협쟁형 (co-opetition form) 조직관리가 효율적 조직 관리**인 것이다. 따라서 M형 건축조직의 요체는 통합이며, 직무상의 권한은 없고 대등한 관계이고, 이러한 대등한 관계는 정보, 이익, 책임 등이 공유된 화합(partnership)에 기반 한다. 또한 이해관계의 의사결정은 조직 간 합의형성으로 결정되며, 이는 일시적으로 행하여지는 것이 아니라 건축 단계별로 지속적으로 실행되어야 한다. 이해관계의 합의 형성은 프로젝트의 이해관계자만으로는 어려울 수 있다. 그래서 M형 건축조직은 관료제형의 다스림도 요구된다. 이때의 다스리는 자는 좁은 의미로는 건축과정의 리더로서 건축주의 역할이며, 넓은 의미로는 정부 혹은 제3의 관계자(non technical profession)가 요구되는 근거라 하겠다. 따라서 건축주의 대리인은 공급자와의 주계약자이며, 소유자(혹은 투자자)를 대리하는 클라이언트, 공급자(건축기술자)가 전통적인 대리인이라면, 현대건축에 있어서는 전통적 대리인에 더하여 법률적 대리인으로서의 partnering advisor와 경제적 대리인으로서 partnering facilitator가 새로운 대리인으로 등장하였다. 이들은 건축실행 단계에서 협력(partnering)을 통한 협동작업(teamworking)을 보조하는 역할을 하며, 흔히 컨설턴트로 불린다(〈그림 3-6〉).

----

257 예컨대 어떠한 업무의 수행을 위해 주체와 계약을 하고 그 대가를 지불받는다는 것은 상호 간의 형평성에 도달했다는 것으로 그 자리에서 즉시 확인된다.

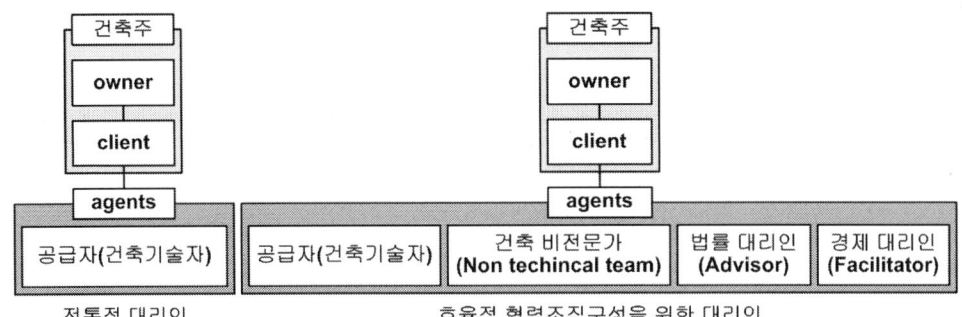

<그림 3-6> 건축대리인

전통적 대리인이 건축주만의 대리인이라면, 새로운 대리인들은 조직통합을 목적으로 조직 간 협력관계 유지를 위한 조직 간 대리인의 역할도 수행한다는 차이가 있다. 즉, 새로운 대리인들은 건축기술자들의 정보교류를 촉진하고, 건축 외적 환경정보를 건축주와 연계시키거나 건축기술자들과 연계시키는 경계조직(interface organization)으로서 엄밀하게는 조직이라기보다는 경계업무 담당직원(boundary personnel)258의 역할, 즉 개인으로 이해할 수 있다.

3.3. 건축조직의 문화

건축조직에 있어 패러다임의 변화가 요구되는 것은 동기 부여의 바탕이 되는 가치관, 판단의 기준이 되는 패러다임, 의사소통과 정보전달의 기준이 되는 행동규범의 3요소로 이는 조직문화를 구성하는 기본적 요소이다.259 조직문화(Organization Culture)란 조직을 구성하는 조직원들이 공유

258 건축조직은 설계, 시공, 행정 등 타 업역의 조직과 교호 작용하는 조직들로 구성되며, 이러한 타 조직(focal organization)과 조직집합을 구성하기 위해서는 조직 간 관계를 중계하는 ① 경계업무 담당직원(boundary personnel)의 역할집합, ② 정보의 흐름, ③ 재화 또는 용역의 흐름, ④ 조직구성원의 교류가 요구된다. 이러한 구분은 조직연구의 접근 방식에 있어, ① 개별조직 간의 관계, ② 조직집합, ③ 조직망, ④ 유사조직군의 연구 방법론 중, 본 연구는 건축조직 간의 관계성에 중점을 두는 것으로 조직집합의 연구방법론을 따른다. 조직집합의 연구는 William M. Evan이 이론발전에 선구적 역할을 했으며, 이후 R. K. Merton이 발전시켰다. 조직집합의 구체적 논의는 Merton, 『Social Theory and Social Structure, rev. ed.』, Free Press, 1957, pp.368-380. Evan, 「The Organization-set: Toward a Theory of Interorganizational Relations」 in J. D. Thompson, ed., 『Organizational Design and Research』, University of Pittsburgh Press, 1966, ch.4 참조.

259 이러한 분류기준은 조직문화를 동기 부여의 바탕이 되는 가치관, 판단의 기준이 되는 패러다임, 의사

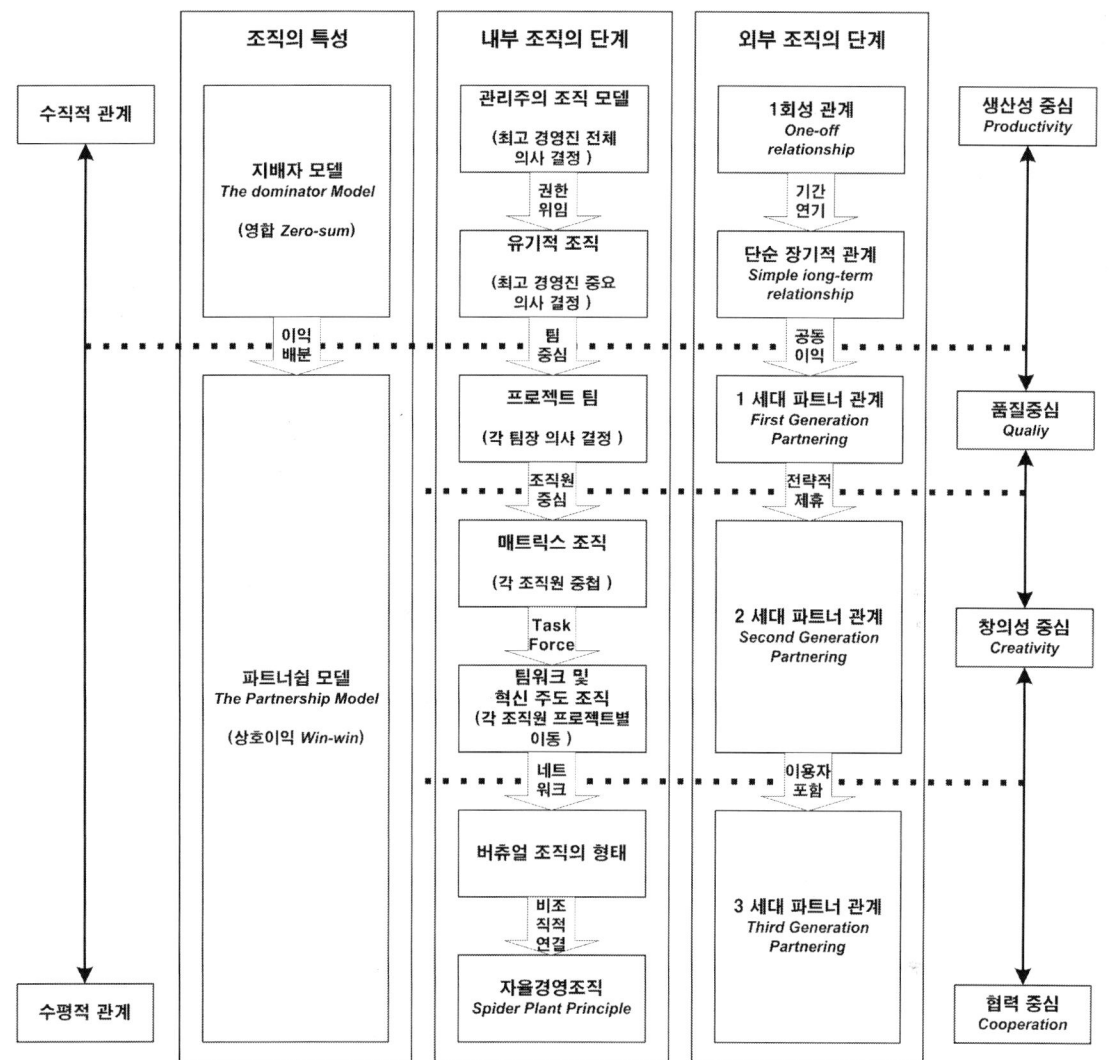

<그림 3-7> 건축경영 패러다임의 변천

하는 행동양식, 즉 규범의 총체이다. 건축의 주체인 건축에 대한 재인식과
건축의 사회적 책임인식(가치관), 건축 경영(조직) 및 건축정보에 대한 재
인식이다. 패러다임이란 시대의 요구이며, 조직문화를 형성하는 핵심요소
이다.

••••
소통과 정보전달의 기준이 되는 행동규범으로 분류한 伊丹敬之 외, 『日本企業 の 經營原理』, 比峰, 1992, p.336의 견해에 따른 것이다.

그 자체가 조직문화로서 조직에 있어 공유되는 가치관이나 규범(norms)이다. 하지만 가치관의 경우 대부분의 조직구성원에게 공유되어 있지 않지만, 패러다임은 공유빈도가 훨씬 높으므로 실제적으로는 조직문화의 요체로 파악된다. 〈그림 3 - 7〉은 건축경영 패러다임의 변천을 정리한 것으로 크게 조직의 구성이 수직인가 수평인가를 나누고, 두 번째로는 조직의 특성에 있어서 전체 조직을 주도하는 방식이 집중인지, 분산인지에 따라 지배자 모델과 파트너십 모델로 나누었고, 세 번째로는 내부조직의 특성에 따라 조직의 발전단계를, 네 번째는 외부조직 관계를 기준으로 발전단계를 구분했다. 마지막으로는 조직문화의 틀(OCI: Organization Culture Instrument)로 생산성 중심에서 품질, 그리고 창의성을 중심으로 해서 최종적으로는 협력 그 자체가 중심이 되는 조직문화의 틀로 나누어 보았다. 이렇게 조직문화에 있어서 패러다임은 신조와 결정의 場으로서 판단의 바탕을 이루고 있음을 알 수 있다. 〈그림 3 - 7〉에서도 알 수 있듯이 건축경영 패러다임은 이미 존재했다. 다만, 건축이라는 영역의 특성상 경영에 관한 마인드보다는 다른 측면, 즉 디자인이라든지, 아니면 기능성에 관한 문제들, 그리고 단순히 비용절감이라는 기초적인 경제적 효과에만 시선이 집중되어 건축경영에 대한 중요성을 제대로 인식하지 못하고 있었던 것뿐이다. 반면 시공에서는 경영 패러다임의 전환에 대한 접근들이 건축보다는 비교적 빠른 시기 내에 논의되어 왔다. 건축조직의 형태는 정보 소유자의 관계형식에 따라 결정된다. 건축 정보는 업무의 특성이나 건축 단계별로 적합한 방식이 다르다. 때문에 이러한 다양한 정보구조는 조직 간 혹은 건축 단계별 커뮤니케이션 장애를 가져오고, 이러한 장애는 건축 과정의 불확실 요소로 작용하여 건축의 질을 저하시킨다. 때문에 현대의 건축조직의 해법은 다양한 정보구조의 통합, 즉, 협력의 방식에 있다. 이러한 정보구조에 영향을 주는 요소는 행위의 동기를 부여하는 가치관 판단의 근거를 제공하는 패러다임, 의사소통의 바탕이 되는 행동규범으로 이루어진 조직문화이다.

시대에 따라 패러다임은 변한다. 그러나 조직문화의 관성은 패러다임의 전환에 어려움이 따르게 되는데 그 주된 이유는 다음과 같다. 첫 번째, 경

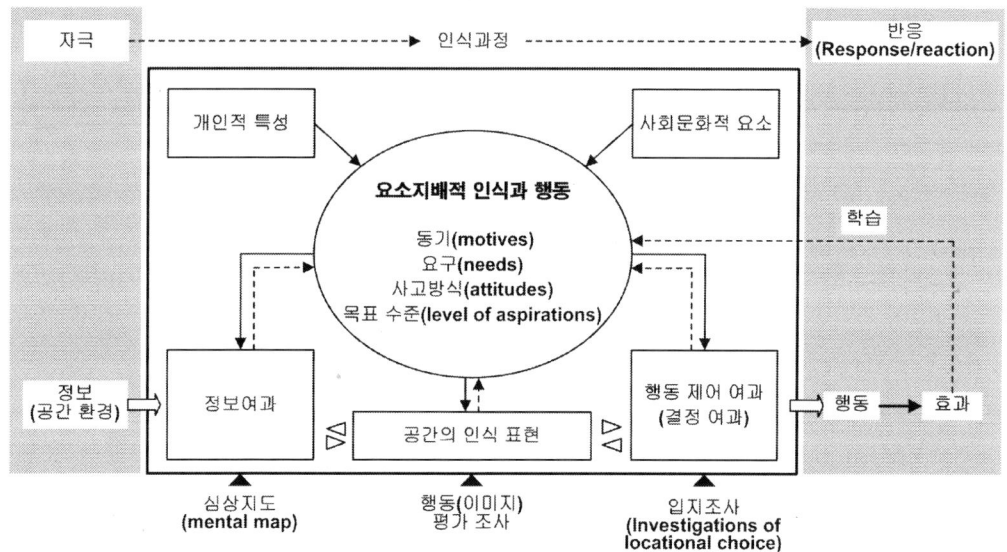

출처: Werlen, Benno, 『Society action and space: an alternative human geography』, London; New York: Routledge, 1993.
<그림 3-8> 인문지리학에서의 행동 모델

영 패러다임은 대부분 조직구성원에 의해 암묵적으로 공유되고 있는 일종의 확신이기 때문에, 각 구성원들이 자신들의 확신하고 있는 바의 내용에 대한 변화가 무엇인지를 자각하는 데에는 특별한 계기가 필요하다. 두 번째로는 건축 환경이 변화하였다고 해도, 기존의 패러다임이 곧바로 통용되지 않는 것은 아니기 때문이다. 즉 기존의 패러다임을 중심으로 하는 대응전략도 단기적으로 통용되기 때문에 조직원들에게 패러다임 변화의 필요성을 납득시키는 데에 많은 어려움이 따른다. 그러나 인간의 행동과 환경(urban setting)의 관계는 호혜적(互惠的)이다.[260](〈그림 3-8〉) 따라서 패러다임의 변화에의 적응은 시기의 문제일 뿐이다. 즉, 누가 먼저 패러다임의 변화를 인식하고 받아들여 경쟁력을 선취하는가의 문제인 것이다.

(1) 패러다임의 변화 단계

〈그림 3-9〉는 패러다임 전환에 성공한 기업들의 사례를 비교한 것으로 4단계의 공통 유형을 찾을 수 있다. 첫 번째가 최고경영층에 의한 뒤흔들기이고, 두 번째가 중간경영층에 의한 돌출, 그리고 변혁의 연쇄반응,

----

260 Paul Knox, Urban Socila Geography: An Introduction, p.241.

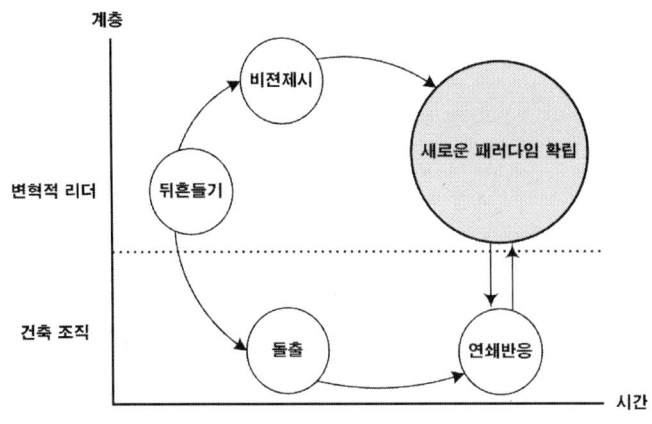

계층

비전제시

변혁적 리더

뒤흔들기

새로운 패러다임 확립

건축 조직

돌출

연쇄반응

시간

자료: 伊丹敬之 外 앞의 책, p.463 수정.
<그림 3-9> 건축경영 패러다임 전환 과정

그리고 마지막이 새로운 패러다임의 확립이다.[261]

첫 번째 최고경영층에 의한 뒤흔들기는 패러다임의 전환을 초래할 정도의 발상전환을 일으키기 위해 기업 경영층에서 새로운 비전 제시를 비롯한 여러 활동을 보여 주는 것이다. 이를 건축조직과 비교해 보았을 때, 건축주에 해당하는 위치와 역할이라고 볼 수 있다. 물론 새로운 비전의 제시는 건축주 혼자만의 책임은 아니다. 건축주는 건축기술자뿐만 아니라 다양한 분야의 전문가들과의 협력을 통해서 새로운 가치창조에 관한 비전을 도출해야 한다. 그럼으로써 전체 프로젝트의 목표를 명확하게 하여, 실행조직이 현상적인 차원에만 머물지 않고 더 좋은 양질의 건축실행에 매진할 수 있도록 환경을 조성해야 하는 것이다.

두 번째 중간경영층에 의한 돌출은 발상과 업무의 중추적인 역할을 하고 있는 중간경영층이 중심이 되어 제품계열의 변화, 표적시장의 변화 및 조직의 재편성을 통해서 패러다임 형성에 기여하는 것을 말한다. 최고경영층은 변화의 기본방향을 시사할 수 있으나 그것을 실제로 구현하는 것은 중간경영층이다. 이는 건축조직에서 건축가 주체에 해당한다고 볼 수 있다. 이 패러다임 전환의 두 번째 단계에서 건축가는 현장과 시장의 정보와 최고경영자의 전략적 의도라는 양쪽의 정보를 모두 접하면서 새로운 건축 디자인이나 건축 실행 방법 등의 아이디어를 도출하게 된다.

세 번째 변혁의 연쇄반응은 패러다임 전환을 위한 기업혁신의 세 번째 단계로서 돌출집단을 중심으로 새로운 패러다임을 사내에 전파하면서 발상의 변환을 증폭시키고 새로운 발상을 시스템화하는 단계이다. 이에 대

261 분류기준은 김민형, 『환경 변화와 건설 경영 패러다임의 전환』, 한국건설산업연구원, 2007. 2, p.9 참조.

140

한 변화의 선도적인 역할은 기본적으로 최고경영층, 즉 건축주의 역할이다, 중간경영층이 건축가 집단으로 가정했을 때, 연쇄반응은 건축의 시공단계로 넘어가면서 나타나는 현상으로 보아야 할 것이다. 건축주가 기본방향을 제시하고, 이를 바탕으로 건축가가 그 기본방향을 설계화하며, 그리고 건축 시공사가 정해지면, 실제 공사기간 동안 건축주는 건축가와 함께 자신들이 확립한 프로젝트의 목표들을 실현화시키기 위해 시공주체에게 충분한 시간을 두고 이를 이해시킨다. 이 과정에서 자연스럽게 시공주체들도 새로운 패러다임의 확립에 일조하게 되는 것이다.

네 번째는 패러다임의 확립으로서 연쇄반응 단계와 거의 동시에 나타나는 변화이며 중간경영층의 행동에 의거하여 최고경영층에서 새로운 패러다임의 최초 방향이 구체화되는 과정이다, 즉 건축주와 건축가, 시공자가 모두 하나가 되어 건축 프로젝트의 윤곽을 확립함으로써 하나의 패러다임을 형성하는 것이다.

3.4. M형 사회의 건축경영 재인식(Re-Thinking)

급변하고 있는 현대 경제(single-market)·사회(M-Form Society)에 내포되어 있는 불확정성은 건축의 리스크를 가중시키면서 건축경영 패러다임을 전환시키게 된다. 〈그림 3-10〉은 현대사회의 불확정성에 영향을 준 장애요소를 조직과 사고방식, 그리고 전통의 틀로 나누어서 도식화[262]한 것으로, 〈그림 3-7〉을 보면 지배자 모델에 속했던 과거의 경제와 사회에서 장점으로 작용했던 내용들이 현대에서 장애의 요소로 변환되었음을 알 수 있다. 과거 생산성 위주의 조직에서 중시했던 위계구조는 현대에서는 불합리한 구조가 되

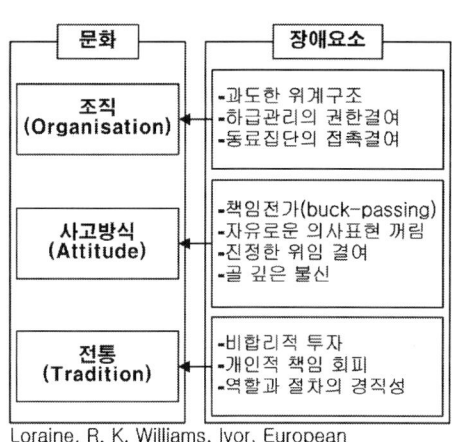

Loraine, R. K, Williams, Ivor, European Construction Institute, 『artnering in the social housing sector :a handbook』 London: Telford, 2000.p.10

<그림 3-10> 장애요소의 변화

••••

262 Loraine, R. K., Williams, Ivor, European Construction Institute, partnering in the social housing sector: a handbook London: Telford, 2000, p.10 인용.

었으며, 상명하복의 조직정신은 현대의 창의적인 사고방식에 장애가 되었으며, 역할과 절차를 중요시하면서 개인적인 책임을 회피하게 된 전통적인 문화 또한 장애요소이다.

문제는 현대사회로 넘어오면서도 과거의 조직문화가 그대로 잔존하고 있다는 것이다. 그래서 현대사회의 건축경영 패러다임이란 이런 조직의 장애요소들로 인해 발생하는 비효율의 통제로 정의되며 그 구체적 내용은, ① 조직의 구조는 기능교차(Cross - functional)를 통한 경계 없는 조직(boundaryless organization), ② 현대건축의 복잡화에 따른 비대해진 건축조직의 규모 조정이 요구된다는 점, ③ 협력의 개념에 있어 대등한 경쟁적 협력(Co - opetition)이라는 점, ④ 협력의 방식은 고정적인 제3섹터 방식이 아닌 건축 단계별로 필요에 따라 협력하고 업무의 수행이 완료되면 해체하는 신조합(new partnership) 방식에 의해 임시체제 방식, ⑤ 건축의 가치정보는 건축 전 과정에 흐를 수 있도록 관리(value stream)되어야 한다는 점, ⑥ 또한 ④, ⑤의 유인에 따라 건축정보가치를 연계할 조정자(facilitator)가 필요하다는 점, ⑦ 의사결정은 개인에 의한 것이 아닌 팀에 의해 합의형성을 이루어야 한다는 점, ⑧ 이러한 조직문화의 패러다임을 수용할 건축주의 변혁적 리더십이 요구된다는 점, ⑨ 건축 또한 하나의 서비스산업으로서 통합적 품질서비스(Total Quality Service) 체제가의 건축관리시스템이 필요하다는 점, ⑩ 이러한 관리란 통제를 의미하는 것이 아닌 건축의 효율을 도모할 수 있는 제반환경 마련으로서의 관리, 즉 거버넌스(Governance)를 의미하는 것이다. 이러한 패러다임의 변화에의 적용은 현대건축가치 창출의 핵심이며, 이때 가장 중요한 것은 변혁적 리더십(Transformation Leadership)과 리더의 조력자로서 변혁적 상황의 효율적 추종자(Effective Follower)의 역할과 관계이다.

(1) 건축조직 환경 거버넌스

조직환경은 크게 내부환경(internal environment)과 외부환경(external environment)으로 구분된다. 내부환경이란 조직풍토(organizational climate)를 말하는 것으로 조직의 목표, 기술 그리고 구조 간의 상호 작용과 외부환경에 의해 창출되며, 조직의 외부환경은 다시 일반적 환경(general environment)과 과업환경(task environment)으로 구분된다.[263] 조직의 과업환경은 변화의 정도(degree of change)와 복잡성의 정도(degree of complexity)에 영향을 받는다. 변화의 정도는 과업환경이라는 요소가 시간의 경

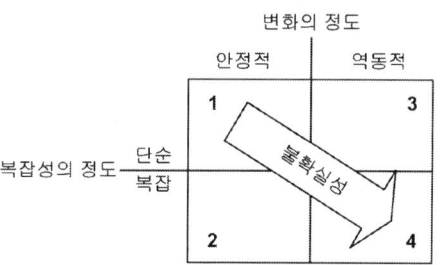

출처: Robert B. Duncan, 「Characteristics of Organizational Environments and Perceived Environmental Uncertainty」, 『Administrative Science Quarterly』, 1972, p.315.

<그림 3-11> 환경변화와 불확실성

과에 대해 안정적(stable) 또는 역동적(dynamic)이냐에 관한 것이며, 복잡성의 정도는 조직의 과업환경이 몇 개이냐에 관한 것으로, 환경적 불확실성(environmental uncertainty)을 결정해 준다.[264] (〈그림 3-11〉)

<표 3-2> 환경과 조직구조

환경			조직구조특성				조직구조 전략
변화정도	복잡도	환경변화와 불확실성	분권화	통제 범위	공식성	복잡성	
안정	단순	1	저	少	고	저	기능적, 기계적
	복잡	2	저	多	고	고	팀·태스크 포스 활용한 기능적, 기계적
역동	단순	3	고	少	저	저	생산적, 유기적
	복잡	4	고	多	저	고	매트릭스 구조와 같은 기능적 구조와 생산적 조직설계 결합

출처: Andrew D. Szilagy, Jr. & Marc J. Wallacce, Jr. opt. cit. p.382.

그림에서 1분면은 조직환경은 비교적 완만한 변동과 외부와의 상호 작용에 있어 최소한의 복잡성을 갖는 것으로 특징지어진다. 2분면은 조직환경은 안정적이나 외부와의 상호 작용이 많음으로써 복잡성의 정도는 증대된다. 내부적으로는 집권화와 공식화의 정도가 높다. 그러나 조직성원들이 상이한 속성을 갖기 때문에 복잡성과 통제의 범위는 1분면의 조직보다 크

263 조직의 일반적 환경은 사회 내의 모든 조직에 영향을 미치는 것으로, 일반적으로 사회·문화적 환경, 정치적·법적 환경, 기술적 환경으로 구분되며, 업무환경은 개별조직의 의사결정이나 전환과정에 관계되는 세분화된 영향력이라 할 수 있다. William R. Dill, 「Environment as an Influence on Managerial Autonomy」, 『Administrative Science Quarterly, March』, 1958, p.409.

264 W. Jack Duncan, 『Organizational Behavior, 2nd ed.』, Boston: Houghton Mifflin, 1981, p.316.

다. 이 경우 효과적인 설계전약은 태스크 포스(task force)나 팀워크(team work)를 첨가한 기능적 또는 기계적 구조이다. 태스크 포스는 특질상 보통 일시성을 띤다. 3분면은 조직환경은 역동적으로 변화하나 복잡성은 낮은 환경이다. 제4분면은 조직은 고도로 복잡하고 역동적인 환경에 직면해 있다. 이러한 대표적 유형이 매트릭스 조직설계이다〈표 3 - 2〉.

따라서 효율적 조직구조는 조직의 불확실성의 영향을 감소시키기 위한 조직환경 조성이 중요하며 이를 거버넌스라 한다. 거버넌스에 대한 이론적 견해는 다양하다. 예컨대 조직 내의 통제의 구조로 이해하거나[265] 자율조정 양식으로 이해하기도 한다. 그러나 거버넌스란 협력적 다스림(協治)으로 공동이익의 추구를 위해 어느 정도 독자적인 행동주체들을 지휘·통제·조정하는 수단이다. 현대건축의 다원적이고 복잡화 경향은 건축조직의 규모를 확장시켰다. 이러한 거대조직을 건축 전 과정에 유지하기 위해서 발생하는 조직관리 비용은 건축비용을 증대시킬 뿐 아니라 사회 적응성이 더디므로 비효율적이다. 따라서 현대 거대 건축조직의 관리는 건축의 효율화를 위한 중요한 핵심요소이다. 거대 건축조직의 효율적 운영은 첫 번째가 살찐 조직의 다이어트, 즉 규모의 축소이며, 두 번째가 건축조직을 조직화하는 것이 아닌 자율화하는 것이다. 이때 자율은 방임이 아닌 것으로 이들 조직 간 경쟁적 협력을 도모할 수 있도록 연결(network)하는 조직 환경을 만들어 주는 것이다. 즉, 건축조직의 비효율 관리에 있어 건축조직이 자율적으로 조정(coordinate)하여 효율을 도모할 수 있는 환경을 조장(facilitate)해 주는 것이 건축조직 환경 거버넌스이다. 따라서 거버넌스는 지시적이거나 권위적인 통제가 아니라 조직 혹은 조직 간의 요구를 균형적으로 수용할 수 있도록 하는 균치(均治)이며, 사회의 요구에 조직문화가 빠르게 적응하게 하고 나아가 패러다임을 주도할 수 있도록 조장·보조하는 의미의 관리이다. 그러므로 건축 환경 거버넌스는 건축조직의 조직화를 제어하여 자율조직으로서 조직의 관리비를 낮추고, 능동적으로 사회의 패러다임을 주도하여 건축경쟁력을 높일 뿐 아니라 경쟁력을 창출한다.

----

265 B. J. Hodge, William P. Anthony & Lawrence M. Gales, 『Organizational Theory: A strategic Approach, 6th ed.』, 2003, Prentice Hall, p.230.

(2) 변혁적 리더십(Transformational Leadership)

<표 3 - 3> 새로운 리더십의 유형과 특성

구분	개념	특성
위광적 리더십 (Charismatic Leadership)	리더의 특출한 성격과 능력에 의해 추종자들의 강한 헌신을 이끌어 일체화를 이끌어 내는 리더십	위광적 리더들은 독특하고 강력한 성격과 비전의 힘으로 추종자들에게 존경, 신뢰, 충성 그리고 헌신을 끌어냄.
영감적 리더십 (Inspirational Leadership)	리더가 항상적 목표(Uplifting goals)를 설정하고 추종자들이 그 목표를 성취할 능력이 있다는 데 대한 자신감을 갖도록 하는 리더십	리더의 개인적 특성보다는 리더의 목표를 통해, 추종자들이 창의적으로 문제를 해결하도록 지도
촉매적 리더십 (Catalytic Leadership)	정부부문의 리더십을 준거로 연광성이 높은 공공의 문제를 다루는 데 촉매작용을 할 수 있는 리더십	전략적인 생각과 행동, 생산적인 과업진단의 발전을 촉진, 그리고 촉매작용에 성공할 수 있는 성격이 리더에게 필요
거래적 리더십 (Transactional Leadership)	리더와 추종자가 가치물을 교환함으로써 관계를 유지하는 리더십	리더와 추종자들이 통합적인 관계를 설정하기보다는 합리적ㆍ타산적 교환관계를 설정
분배된 리더십 (Distributed Leadership)	리더십의 책임을 단일의 명령계통에 집중시키지 않고 공유 분배하는 공동의 리더십	위임된 리더십(Delegated Leadership)과 공동의 리더십(Co - Leadership), 동료의 리더십(Peer - Leadership)으로 분류
발전된 리더십 (Developmental Leadership)	항상 변동을 긍정적인 기회로 받아들이고 변동에 유리한 조건을 만드는 데 헌신하는 리더십	'종복의 정신(Servantship)'을 기본정신으로 추종자를 우선시

출처: 오석홍, 『조직이론』, 박영사, 2005, pp.585~590.

현대의 거대하고 광범위한 건축조직은 복잡화 경향을 띠고 있으며, 이는 건축조직의 비대화와 그에 따른 조직 관리상의 비효용 문제와 전통적 조직문화를 유지하려는 관성의 문제로 인하여 패러다임의 수용이 더디다. 그러나 패러다임은 곧 사회이며, 시대의 경쟁력이다. 또한 건축조직문화는 사회와 상호적으로 호혜관계 속에서 형성되므로 건축조직문화의 패러다임 수용은 그 시기의 문제일 뿐 받아들여질 수밖에 없다. 따라서 건축조직 내에 패러다임을 수용해서 경쟁력을 도모하기 위해 필요한 것이 변혁적 리더십[266]이다. 변혁적 리더십은 하나의 유형을 지칭하기보다는 새로운 리

••••
266 전통조직의 탈관료화를 지향하고 급변하는 현대사회에 적응하기 위해서는 조직문화의 관성을 변화의 방향으로 이끌 리더가 요구되는데, 이러한 리더의 자질에 따라 리더십의 유형이 달라진다. 변혁적 리더십, 위광적 리더십(Charisnmatic Leadership), 영감적 리더십(Inspiration Leadership), 촉매적 리더십(Catalystic Leadership), 거래적 리더십(Transaction Leadership), 분배된 리더십(Distribured Leadership), 발전적 리더십(Development Leadership) 등이 있다. 이에 관한 자세한 내용은 오석홍, ibid., pp.582 - 590 참조.

더십에 대한 태도를 총칭하는 것으로 봐야 할 것이다. 〈표 3 - 3〉은 여러 리더십의 유형을 정리한 것으로 결국 변혁적 리더십은 이 중 하나에 해당하는 것이기보다는 이상의 여섯 가지의 형태를 상황에 따라 적절하고 유용하게 활용할 수 있는 열린 리더십의 태도를 지칭한다고 할 수 있다.

반면 전통적 사고에 있어 리더는 의사결정권자이다. 그에 비해 현대의 리더는 패러다임의 변화를 주도할 수 있는 자질과 독자적 판단력이 요구되며, 이러한 리더는 건축경영의 패러다임을 주도하고 건축가치의 흐름을 연계하는 연계자이다. 따라서 현대의 리더의 자질은 정보학에서의 에이전트의 역할과 부합한다 하겠다. 그러므로 정보학의 에이전트의 특성을 살펴보면 첫째, 특정한 목적을 위해 사용자를 대신하여 작업을 수행하는 자율적인 과정(autonomous process)이며, 둘째, 독자적으로 존재하지 않고 어떤 환경(운영체제, 네트워크)의 일부이거나 그 안에서 동작하는 시스템이고, 셋째, 지식베이스와 추론기능을 가지며 사용자, 자원(resource), 다른 에이전트와 정보교환과 통신을 통해 문제해결을 도모, 넷째, 스스로 환경변화를 인지하고 그에 대응하는 행동을 취하며, 경험을 바탕으로 학습하는 기능을 가지며, 다섯째, 수동적으로 주어진 작업만을 수행하는 것이 아니고, 자신의 목적을 가지고 그 목적달성을 추구하는 능동적 자세를 가진다. 따라서 에이전트의 특징적 요소는 자율성(autonomy), 사회성(social ability), 사회 변화의 반응성(reactivity), 능동성(pro - activity), 시간 연속성(temporal continuity), 목표 지향성(goal - orientedness)이다.

어떠한 조직이든 조직 안에는 리더가 존재하며 리더의 역할은 조직 내적 임무수행의 역할과 조직 외적 사회적 역할을 수행한다. 따라서 건축조직에 있어 리더는 건축조직관리 임무 수행과 건축의 사회적 패러다임의 수용을 주도한다. 즉, 건축조직의 리더의 역할은 건축조직 환경을 관리(governance)하는 관리자이다. 이러한 역할들이 어떻게 배합되는가, 혹은 누구에 의해서 수행되는가, 하는 것은 조직의 성격에 중요한 영향을 미친다. 이러한 역할이 한 사람 또는 몇 사람에 의해 혼합적으로 수행될 경우도 있으나, 각 역할이 별개의 리더에 의해 수행될 때도 있다. 예컨대 조직이 지명한 공식적 리더는 임무수행의 역할을 맡고, 비공식적 리더는 사회적 역할을 맡는 경우가 있다. 이때 사회적 책임은 다분히 윤리적이다. 이러한 책임 윤리는 베버에 의하면 결과에 대한 책임으로, 한정된 자원(수단)을 기초로 목적달성의 최적화가 책임의식의 근거이다. 그러므로 리더는 계약 이전에 건축조직의 신뢰에 기반 한다.

특히 전통 건축조직의 조직문화는 생산 중심적이고, 의사결정 구조는 상관 중심적(boss – centered style)·자의적(arbitrary style)이다. 즉, 이러한 관료적 건축조직구조를 탈피하고 다변·급변하는 사회에 신속하게 대응하기 위해서는 조직문화의 인식전환을 이끌 리더십이 필요하다. 따라서 현대 조직에 있어 가장 적합한 것은 변혁적(變革的) 리더십이라는 주장이 상당한 지지를 받고 있다.[267] 따라서 현대건축조직에 있어 변혁적 리더는 의사결정 조직의 핵심이다.[268] 변혁적 리더 의사결정 방식은 주도적이지 않으며 조직구성원의 의사결정을 조정하고 촉진하는 역할을 한다. 앞서 디자인의 질 관리에서 사례로 들었던 'Design Champion'이 변혁적인 리더십의 대표적 예라고 할 수 있다. 여기서 Design Champion은 디자인의 창의적인 발전을 위한 멘토의 역할을 하면서, 프로젝트에 관련된 여러 조직과 팀원들에게 있어서 방향성을 제시한다. 이는 과거 전통적인 리더가 조직을 직접 이끌던 방식과는 다른 방식으로 위에서 언급한 바와 같이 건축조직의 효율적인 운용을 위한 환경을 조장하는 거버넌스의 또 다른 형태라고 할 수 있다.

(3) 효율적 추종자

건축은 협력을 통해 가치가 창출된다. 따라서 변혁적 리더는 도움을 받을 조력자가 반드시 필요하다. 리더십은 리더와 추종자(Follower) 그리고 상황적 요인이 교호하는 작용이다. 변혁적 리더에게는 그에 맞게 추종자 역시 변화가 필요하다. 만일 과거의 조직인 기계주의적 관료주의 모델과

267 변혁적 리더십은 수많은 조직이론가들이 다양하게 정의 내리고 사용하고 있으므로 이를 특정 모형이라고 할 수 없게 되었다. 다만 변혁적 리더십 개념의 발전에 많은 기여를 한 사람은 James MacGregor Burns(1978), Bernard Bass(1985)이다. 오석홍, ibid., p.582.

268 건축협력의 2번째 단계인 partnering 조직은 의사결정기구는 크게 변화 리더 팀(transformatio leadership team)과 실무 연구 팀(action research team)으로 구성된다. Wilson Jr., R. A., Songer A. D., & Diekmann, J., 「partnering : mare than a workshop, a Catalyst for change」, 『Journal of Management in Engineering』 vol.11, No.5, 1995, ASCE, p.41.

같은 형식으로 구성되어 있다면 변혁적 리더가 추구하는 조직의 이상은 이루기 힘이 들 것이다.

추종자의 행태 또는 역할 유형은 독자적이고 비판적인 사고를 하는가, 아니면 의존적이고 무비판적인 사고를 하는가, 그리고 능동적인가 아니면 피동적인가를 기준으로 구분이 될 수 있다. 그래서 소외적 추종자(Alienated Follower), 순응자(Conformist), 실용주의적 생존추구자(Pragmatic Survivor), 피동적 추종자(Passive Follower), 마지막으로 효율적 추종자(Effective Follower)로 구분했는데, 여기서 독자적·비판적 사고의 틀을 가지고 조직 활동에 능동적으로 참여하는 효율적 추종자는 변혁적인 리더에서 가장 이상적인 추종자라고 할 수 있다.[269]

앞에서 변혁적인 리더는 일정한 틀을 갖추기보다는 상황에 따라 적절한 대응을 할 수 있는 열린 생각의 지도자라고 정의했다. 그렇다면 이에 맞는 효율적인 추종자 역시 변혁적 리더와 같은 성격을 가지는 것이 당연하다고 할 수 있다. 즉, 현대와 같이 급변하는 상황이 비일비재한 환경 속에서 조직 변혁의 필요와 자율관리의 필요가 강조되면서, 리더와 조직원의 관계는 과거 지배적인 모델과는 다른 협력적인 형태를 하는 것이 유리하다. 그래서 효율적인 모델도 엄격한 의미에서 보면 위의 여러 가지 유형의 하나이기보다는 조직에 참여하는 태도, 혹은 성향을 의미하는 것이라 할 수 있다.

이는 효율적인 추종자 역할(Followership)의 요건을 살펴보면 명확해진다. ① 독자적·비판적 사고능력, ② 책임 있는 능동성, ③ 갈등, 모험을 무릅쓸 용기, ④ 개혁 동참, ⑤ 성공을 위한 협력, ⑥ 리더를 위한 지원, ⑦ 신뢰와 존중, 이상이 효율적인 추종자의 요건인데,[270] 내용을 살펴보면 리더와 같이 공동적으로 조직의 운영에 책임을 지고 역할을 하고 있음을 알 수 있다. 이는 '분배된 리더십'에서 세 가지 유형의 리더십에서 위임자와 공동의 책임자 역할을 추종자들이 맡는 것을 의미한다.

••••

269 Robert, E.Kelly의 추종자 유형론(Kelley, 『The Power of Followership』, Doubleday, 1992)을 참고했음. 오석홍, ibid., pp.590 – 591.

270 Daft, 『Organization Theory and Design』, South – Western College Publishing, 2001, pp.400 – 409를 참조한 오석홍, ibid., pp.590 참조.

위임된 리더십(Delegated Leadership)은 대규모의 복잡한 조직에서 최고 관리자가 관리의 기능을 분담하는 형태이며, 공동의 리더십(Co - Leadership)은 공동의 리더를 선임하여 하나는 임무지향, 하나는 인간관계 지향적 역할을 수행하는 리더십을 말하며, 마지막으로 동료의 리더십(Peer - Leadership)은 대상 집단의 구성원 전체에게 리더십의 기능을 분배하여 모두가 리더의 자세로 활동하는 것을 말한다.[271] 이는 가장 이상적인 조직이란 변혁적 리더십이 분배된 리더십의 형태를 띠면서, 책임자의 자세를 가진 효율적인 추종자들이 여러 가지 상황에 맞게 서로의 기능을 교환하면서 대처하는 열린 조직을 말하는 것이라고 할 수 있다.

ㄴ 환경변화에 적합한 건축조직 설계

조직의 외부환경은 효과적인 조직설계를 위해 중요한 결정인자이다. 현대의 역동적인 환경은 과거 안정적인 환경과 다른 유기적 - 적응적인 조직형태를 요구한다.[272] 따라서 현대의 건축조직은 개방체제적 관점에서 건축환경 변화에 적합토록 조직구조를 바꾸어 나가지 않으면 안 된다. 때문에 각 시대는 각자의 환경변화 속도에 맞는 조직형태를 고안해 낸다. 즉 농경문화의 오랜 기간 동안 생활의 속도는 비교적 늦은 편으로 조직체들은 고도로 신속한 의사결정이 필요치 않았던 반면,[273] 현대에는 환경변화에 신속하게 대응할 구조를 고안하는 것이 조직설계(organizational design)[274]의 주요 목표가 되고 있다. 그러나 조직설계의 방법에는 최선의 유일한 방법이 없으며, 조직의 형태는 조직이 직면하고 있는 조건에 따라 다르

• • • •

271 오석홍, ibid., pp.587 - 588 참조.

272 이와 유사 논의로 E. Schein은 조직의 효과성을 조직의 생존(survival), 적응(adaptation), 자체유지(maintain itself) 및 성장(growth) 등의 능력으로 정의하고 있다. Edgar H. Schein, 『Organizational Psychology』, Englewood, Cliffs, New Jersey: Prentice - Hall, 1980, pp.230 - 233.

273 Alvin Toffler, 『Future Shock』, New York: Random House, 1970, p.210.

274 조직설계란 조직 내·외부 환경 변화에 적합한 조직의 형태를 어떻게 바꾸어 나갈 것인가에 대한 문제를 해결해 나가는 과정이다. 구자경, 「환경변화에 따른 상황적합적 조직구조」, 『연구논문집』 Vol.55, No.1, 대구효성가톨릭대학교, 1997, p.367.

다.275 요컨대 어느 조직설계라도 그 핵심적인 요점은 안정성의 토대 위에 구조가 새로운 요구에 어떻게 빨리 대응할 수 있으며, 새로운 기회들을 어떻게 효과적으로 이용할 수 있는가이다. 효과적인 조직설계전략의 수립을 위해서는 검증된 조직원리 이상의 것, 즉 상황이 요구하는 바에 따라 그 원리들을 적절히 응용하는 방법을 알아야 하는 것이다. 이러한 조직의 지속적 환경적응이 효과성(effectiveness)을 증대시킨다는 것은 상황이론 (Contingency theory)276의 전제이며, 이는 역동성으로 인한 불확실성이 증대하고 있는 현대건축 조직구조 설계에 적합한 이론이다.

조직설계에 고려하여야 할 상황요인들로는 전통적 상황이론에서는 규모, 기술, 환경요인들이 대상이며, 현대에는 경영전략, 자원 및 정보, 사회문화적 요인이 있다.277

• • • •

275 劉鐘海·安熙南, 「現代 組織設計戰略에 관한 研究」, 『延世行政論叢』 vol.13, 연세대학교 행정대학원, 1987, p.20.

276 조직설계에 관한 세 가지 기본적인 이론은 ① 과학적 관리법(scientific management)과 理念的 官僚制(ideal bureaucracy)로 구분되는 고전적 설계이론(classic design for organization), ② 인간적 요소(human factors)를 강조한 행태적 설계이론(behavioral design theory), ③ 고전적, 행태적 설계이론과는 달리 어떤 원리 내지는 모델을 제시하는 것이 아니라, 단지 상황에 대한 분신적·실험적 기술에 중점을 둔 상황이론이다. 이들 이론에 관한 상세 논의는 劉鐘海·安熙南. ibid., 참조. 이 중 현대의 역동적 환경에 적합한 조직설계이론 중 상황이론은 영국 및 '스코틀랜드'의 20개 기업을 대상으로 조직구조와 관리실제가 환경과 어떠한 관련을 맺고 있는가를 조사한 버언즈(T. Burns)와 스톨커(G. M. Stalker)의 연구 및 조직설계에 있어 '최선의 유일한 방법'이라는 규범적 처방과 고전적 설계이론의 부적절성을 검토하는 것을 연구의 시발점으로 삼고 있으며, 플라스틱, 식품, 그리고 컨테이너 등의 세 가지 산업의 10개 기업을 대상으로 연구를 실시한 로렌스(P. R. Lawrence)와 로쉬(J. W. Lorsch)의 연구가 대표적이다. 이 중 버언즈와 스톨커는 기업의 환경은 제조기술과 이것과 관련된 제품시장의 비율에 의해서 결정된다는 사실을 발견하였으며, 특히 변화가 심하고 동적 환경하의 기업구조는 그렇지 못한 기업의 구조보다 환경과 관련되는 비율이 높다는 사실을 알게 되었다. 버언즈와 스톨커는 이 두 개의 구조를 각각 기계적 구조(mechanistic structure)와 유기적 구조(organic structure)로 명명하였다. Tom Burns and George M. Stalker, 『The Management of Innovation』, London: Tavistock, 1961, 참조. 또한 로렌스와 로쉬는 경쟁이 매우 극심한 플라스틱 산업과 경쟁이 거의 없는 컨테이너 산업 및 양자의 중간에 위치한 식품 산업의 연구를 통해 분화와 통합이라는 상황이론의 핵심개념을 도출했다. Stephen P. Robbins, 『Organization Theory: The Structure and Design of Organizations』, Engle-wood Cliffs, N. J.: Prentice-Hall, 1983, pp.149-151 참조.

277 신유근, 『조직행위론』, 서울: 다산출판사, 1995, pp.541-543.

4.1. 역동적 환경과 조직구조

어떠한 조직이든 정도의 차이가 있을 뿐 환경에 의존한다. 또한 역동적 환경은 안정적 환경보다 조직구조에 더 많은 영향을 준다.[278] 따라서 역동적 환경하의 조직의 환경과의 유기적 호혜를 위해서는 조직의 경계활동이 무엇보다 중요하다. 예컨대, 건축조직의 경우 건축 환경과 건축에 직접적으로 이해관계를 형성하고 있는 조직은 경계를 형성하고 있다. 따라서 이 경계 간의 경계활동을 위한 건축에 직접적인 이해관계가 없는 제3의 전문조직에 의한 경계활동이 현대건축 조직의 효용을 높이기 위한 방안이다.

이러한 역동적 환경에 대응하기 위한 조직이 임시체제(adhocracy) 조직이다. Mintzberg는 조직의 구성을 재화와 용역 산출에 직접적으로 기여하는 구성원을 최고관리층, 중간계선, 작업계층으로 구분하고, 이들을 지원하는 기술구조와 작업참모 등의 5가지 요소로 구분하고, 이들의 배열에 따른 조직구조를 5가지 모델로 제시하였다.[279](〈그림 3 - 12〉) 여기서 최고관리층, 중간계선, 작업계층은 건축조직에 있어 건축에 직접적인 이해관계가 있는 조직으로 이해할 수 있다. 따라서 이들 조직은 공식적인 권한을 지닌 단일 조직으로 도식화하였다. 이 중 임시체제는 가장 복잡하고 융통성이 큰 조직이며 창의적 업무수행에 적합한 조직으로 급변하는 현대사회의 건축조직에 효과적 양태이다. 따라서 이러한 임시체제에 입각한 구조적 형태를 살펴보면 매트릭스 구조(the matrix structure), 태스크 포스(task force), 위원회 구조(the committee structure), 자유형태 또는 집괴적(集塊的) 구조(Free form or Conglomerate designs) 다음과 같은 것들이 있다.[280]

• • • •

278 Mintzberg, H., 『The structure of Organization』, Englewood Cliff, New Jerset: Prentice - Hall, 1970, p.272.

279 5가지 모델에 관한 구체적인 내용은 Janice H. Zahrly, 「Henry Mintzberg: The Structureing of Organizations」 in Henry L. Tosi. ed., 『Theories of Organization, 2nd ed.』, John Wiley & Sons, 1984, pp.197 - 203; 오석홍, ibid., pp.91 - 99 참조.

280 Stephen P. Robbins, ibid., pp.212 - 221; 박동석, 「Adhocracy의 근무특성에 관한 연구: 전북지역의 task force와 관료조직과의 비교」, 『自治行政研究』 no.1, 전주대학교 지방자치연구소, 1996, pp.3 - 21; 劉鐘海 · 安熙南, ibid; 구자경, ibid 참조.

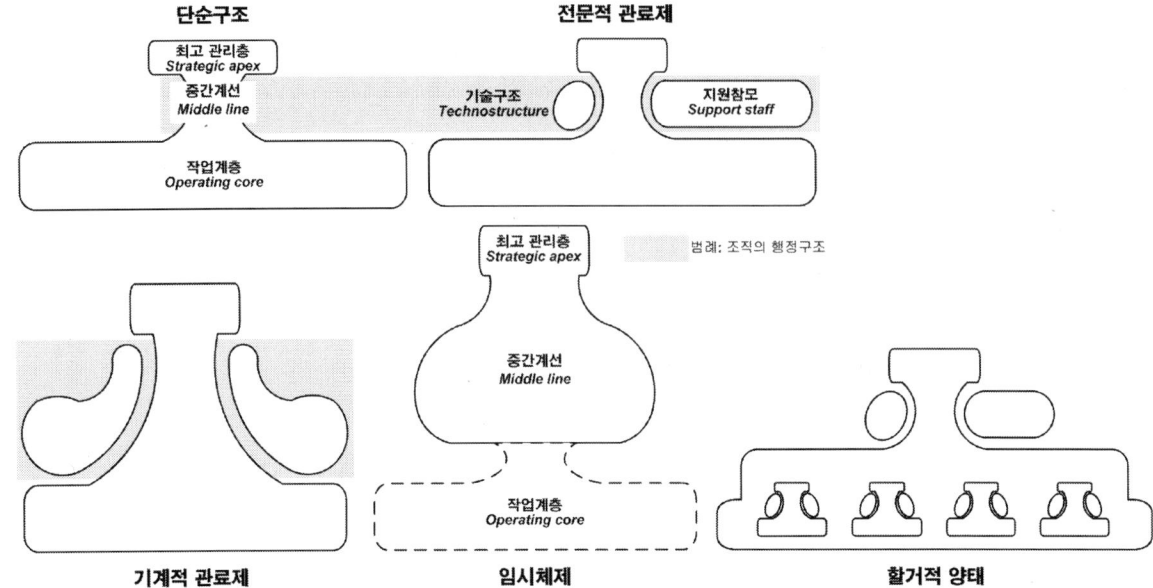

출처: Janice H. Zahrly, 「Henry Mintzberg: The Structureing of Organizations」 in Henry L. Tosi, ed., 「Theories of Organization, 2nd ed.」, John Wiley & Sons, 1984, pp.197-203 참조 수정.

<그림 3-12> Mintzberg의 조직구조 유형

(1) 매트릭스 구조

매트릭스 구조는 사업부제 조직(divisional organization)이라고도 하며, 복잡성과 역동성이 중간인 상황에 적합한 것으로 연구되고 있다.[281] 이 형태는 기능구조와 생산구조의 2개의 구조로 구분된다. 이는 현대 조직의 대규모화에 따른 환경변화에 신속한 대응 필요성에 따라 대두되었으며, 기본적으로 자체 완결적 단위(self-contained units)를 위해 설계되었다. 이 조직은 각 업무 단위별로 자율적 조직운영을 하는 것이 특징이다.[282] 따라서 매트릭스 조직구조는 제품을 크게 강조하며, 건축에 있어 건축물을 창의적으로 생산하는 데 한 조직 단위의 그룹이 모든 노력을 경주할 수 있다. 이러한 소규모 조직 단위를 통한 활동의 집약은 조직목표의 명확성을 높여 건축주의 건축목표를 건축물로까지 연계할 수 있으며, 조직 단위가 건축물에 대한 책임을 분담하므로 건축리스크의 분담 효과가 있다.

••••

281 구자경, ibid., p.377.

282 신유근, ibid.

(2) 태스크 포스

태스크 포스는 과업집단이라고도 불리며, 가장 일반적인 임시체제 조직으로, 이 조직은 목표가 달성됨과 동시에 해체된다. 태스크 포스는 새로운 프로그램이나 프로젝트 발생 시 기존의 조직만으로는 감당하기 어려워 조직 간 상호 의존적 협력의 필요에 의해 발생되었다. 태스크 포스는 많은 수의 하위조직을 수반하는 과업, 즉 조직이 복잡할 경우 과업을 달성하기 위해 구성되는 임시적 구조로서, 임시적 매트릭스의 축소형이라 할 수 있다. 과업이 달성되면 태스크 포스는 새로운 조직을 구성하거나 원래 소속된 조직으로 복귀한다. 따라서 태스크 포스는 조직 전체에 적용할 수 있는 완전한 구조라기보다는 오히려 전통적인 계층적 구조의 부속구조로 파악하는 것이 타당하다. 특히 조직이 해결해야 될 과업의 성격이 그 조직의 사활을 좌우할 만큼 중요한 것이라든지, 정해진 기준에 따라 일정기간 내에 완수해야 되는 경우, 또는 상호 의존적인 기능을 요하는 것인 경우에 태스크 포스는 효과적인 역할을 하게 된다.

(3) 위원회구조

위원회구조는 전통적인 단일 의사결정 구조에 대한 리스크 분산형 구조로 여러 전문가들에 의해 합의 형성된 의사결정 구조를 갖는다. 따라서 위원회구조는 다양한 경험과 소양이 요구되는 의사결정에 효과적이며, 의사결정에 의해 영향을 받는 사람들이 의사결정에 참여하는 것이 허용되는 경우에 효과적이다. 예컨대, 재개발 등의 건축에 지역주민의 참여가 가능한 경우가 이에 해당한다 하겠다. 또한 보다 광범위한 업무분담이 바람직한 경우 및 소유자, 이용자, 디벨로퍼, 투자자 등 다양한 이해관계의 건축주가 개입한 건축의 경우와 같이 한 개인이 조직을 이끌어 나갈 수 없는 경우에 효과적이다. 이러한 위원회구조에는 임시적 위원회와 영구적 위원회가 있는데, 임시적인 위원회구조는 태스크 포스와 유사하다. 그리고 영구적인 위원회구조는 과업의 달성을 위해 활용될 태스크 포스와 같은 여러 가지 투입물의 수집을 용이하게 할 뿐 아니라, 매트릭스 구조가 갖고 있는 안정성과 지속성을 갖고 있다. 건축조직에 있어 건축주 조직이 이와 같은 영구적 위원회구조가 설치된 경우 이 구조는 건축주 조직에게 다양한 시각을 제공하게 되며, 건축주 조직구성원들의 전문지식과 경력에 따라 건축주 조직이 관리해야 하는 다양한 업무들을 분담할 수 있도록 해 준다.

(4) 자유형태 또는 집괴적 구조

자유형태적 구조는 생존을 위해 필요한 형태로 항상 변화하는 아메바(amoeba)로 묘사될 수 있다. 이 구조의 초점은 변화이다. 이러한 접근법을 사용하는 조직의 관리자들은 유연성과 변화에 대처하기 위한 창조성을 필요로 한다. 자유형태적 구조는 계층제, 경직적인 권위와 역할, 命令系線, 그리고 상 - 하의 공식성에 대한 강조성을 줄이는 반면 참여, 팀워크, 자기통제, 그리고 자율성 등을 통한 효과성에 강조점을 둔다. 대규모적이고 다양한 집괴조직 또한 자유형태적 설계를 종종 사용한다. 합병과 취득에 의해 이루어진 집괴조직은 고전주의자들과 행태주의자들에 의해 제안된 프로그램들에 제시된 것보다 더 많은 유연성을 요구한다.*283*

••••

283 자유형태적 구조와 집괴적 구조에 대한 상세한 설명은 John J. Pascucci, 「The Emergence of Free Form Management」, 『Personnel Administration, September - October』, 1968, pp.33 - 4; Thomas O'Hanlon, 「The Odd News About Conglomerates」, 『Fortune, June』 1967, pp.175 - 177 참조.

제2절　건축조직의 관리체계

1　건축법상 건축기술자 관리체계

　　건축조직의 관리란 관리자들이 건축 과정에 참여하는 관계자들과 더불어 그리고 참여 관계자들을 통해서 프로젝트의 목표를 달성해 가는 과정, 즉 건축조직을 운영하고 이끌어 가는 복합과정의 효율화를 위한 건축문화 환경 기반조성의 노력(Governance)이다. 이러한 건축조직의 거버넌스는 한국의 경우 시장에 의한 관리(management)와 건축법에 의한 통제(control)의 2중구조로 되어 있다. 이러한 통제적 관리는 공급자 중심 위주의 사익경시 경향에 따른 것으로 이는 사회적 갈등 구조로 형성하고 있다(〈그림 3 – 13〉).

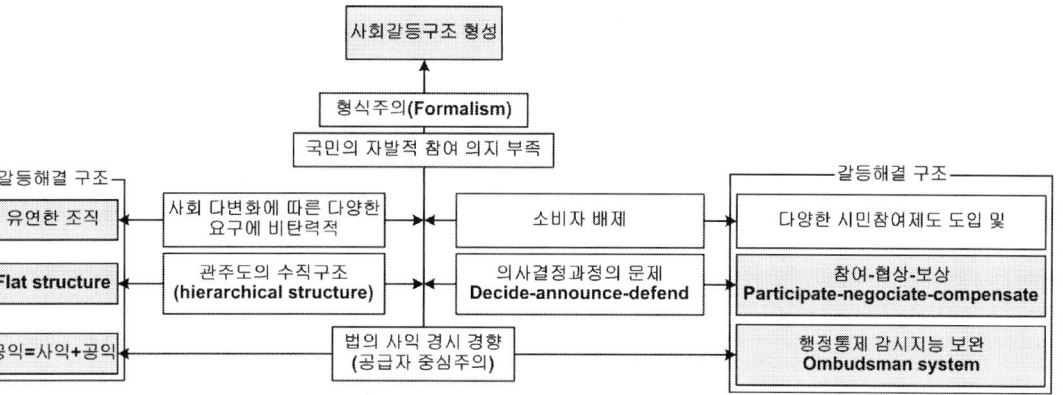

<그림 3 – 13> 법의 사익 경시경향에 따른 사회갈등구조

　　건축법에서의 건축조직 관리는 크게 기술자 관리와 건축정보 관리로 구분된다. 이때 기술자 관리는 건축에 있어 가장 기본이 되는 '건축법'이 위임입법의 특성에 따라 다양한 건축법으로 규정되어 업역화되어 있다는 것이다. 따라서 건축조직의 관리체계는 프로젝트 역할에 따른 건축주에 의

한 계약적 관리와 건축법상의 기술자 고유 업무수행 규정과 그에 따른 책임관리 즉, 통제체제로 되어 있다. 그로 인하여 건축법상의 건축조직은 건축에 참여하는 여러 주체들에 대한 역할과 책임에 대해서만 너무 강조하게 되면서, 결국 건축조직이 갖춰야 할 유연적인 부분과 다양성을 훼손할 수 있는 가능성을 내포하게 되었다.

이런 상황에서 법적 규제를 많이 받게 되는 건축주는 전통적인 조직모델에 해당하는 지배자 모델에서 지배자의 역할을 하게 된다. 그것은 결국 건축법에서 모든 책임은 건축주에게 집중되는 구조이기 때문이다. 반대로 건축가의 입장에서는 책임을 전적으로 부담하는 건축주와 계약을 통해서 고용되기 때문에 수동적인 추종자로 전락하게 된다. 이는 외국의 경우, 건축법은 역할 규정이 아니라, 건축 기술에 대한 의무규정인 경우가 대부분이라서, 계약을 통해 대부분 건축주와 건축가가 협력의 파트너로서 건축조직을 구성할 수 있는 길을 열어 놓았다. 한국에서도 외국 건축조직의 영향을 받아 계약을 통해서 상황에 맞는 건축조직을 구성하려고 하지만, 결국은 건축법과 계약에 의한 조직 간의 역할 중복과 상충으로 인해 많은 문제점을 가지고 있다. 따라서 본 절에서는 2중 구조화되어 있는 건축조직의 관리체계 문제점과 현황 파악을 위하여 건축법상의 건축조직 관리체계와 시장원리(계약)에 의한 조직관리 체계를 분석한다.

1.1. 건축법의 관리특성

건축법상 업역화의 취지는 건축에 참여하는 전문 인력(profession) 및 기능 인력(trade)의 통제를 통해 설계조직과 시공조직의 경쟁을 도모하여, 건축비용의 절감과 건축의 질을 향상시키자는 능률 위주의 관리방식이다. 지나친 경쟁은 오히려 노력의 중복(업무중복), 업무 방해, 조정의 장애, 비능률, 업무수행 해이[284] 등으로 표출되어 건축비용을 증대[285]시키고, 건축

284 조직학의 관점에서 경쟁의 폐단이 조직에 끼치는 해독에 관한 상세 논의는 오석홍, 『조직이론 5th ed.』, 박영사, 2005, pp.288 - 289 참조.

285 경쟁관계에서는 상호 당사자의 정보는 감추어진다. 때문에 상대방 행위자들에 대한 정보를 얻는 데는 비용이 발생하며, 건축조직이 커지고 있는 현대건축에 있어 이는 건축의 비용발생 요소로 작용한다. 또한 Hechter에 의하면 행위자들에 대한 정보를 얻는 데 드는 비용이 증가할수록 협조적 균형의 가능성은 줄어

의 질을 저하시킨다. 이러한 전통적 관리모델의 특성은 교환관계의 중시, 통제지향성, 폐쇄체제적 시야, 공급자 중심주의, 투입지향성 및 보수성(保守性)을 갖는다.286 이 중 교환관계의 중시, 통제지향성 및 폐쇄체제적 시야는 맥을 같이하는데, 조직구성의 동기유발에 있어 단순히 손익을 교환하는 계약 관계하에서 존재하는 것이며, 직무이행에 대한 인간의 피동성을 전제하는 X이론에 의한 폐쇄적 인간관을 가지고 있다. 따라서 능률적인 조정과 통제적 관리가 요구된다는 개념이다. 그러나 이러한 통제는 반대급부를 유인하여 통제를 벗어나려는 건축기술자들의 노력을 발생시킨다. 이는 결국 조직과 프로젝트의 효율성을 저하시키는 장애요소이다. 공급자 중심의 관리라는 것은 공급자인 조직의 입장에서의 관리이다. 따라서 소비자(이하, 건축주)의 참여는 배제된다. 그러므로 건축주는 소비할 재화·용역에 대한 결정을 스스로 하지 못하며, 그에 대한 결정은 공급자인 조직의 관리자나 전문가가 한다. 결국 건축주는 건축물이 완성된 후에야 자신의 의향에 맞는 건축물인지 판단 가능하다. 만약 건축물이 건축주의 의지와 부합한다면 문제가 없겠지만 그렇지 않은 경우 건축주의 불만족은 건축기술자들의 불신으로 연결된다. 투입지향적 관리라는 것은 관리과정의 핵심을 이루는 평가의 기준이 산출이나 그 효과가 아니라 투입이다. 즉 건축에 있어 투입지향적 관리는 건축물 자체의 질이나 가치 혹은 사회적 영향과 책임에 관한 관리보다는 건축에 소요되는 투입비용 그 자체에 관한 관리에 집중하는 관리체제이다. 보수성이란 법의 비탄력적 특성과도 부합하는 것으로 관리의 성향이 현상 유지적이거나 순차적이고, 점증적인 것이다. 즉, 패러다임이나 환경변화보다는 안정을 추구하는 관리이다. 이러한 전통방식의 다스리는 관리체제는 급변하는 환경변화에 대응할 수 없

••••

든다. Hechter, Michael, 「Comment: On the Inadequacy of Game theory for the solution of Real -World Collective Action Problems」 in K. S. Cook & M. Levi., 『Limits of Rationality』, 1990, The University of Chicago Press. 따라서 건축의 가치 창출을 위한 효율적 건축조직 모델은 상호 협력에 기반하며 이를 위해서는 건축주를 포함한 건축관계자들의 투명한 정보 공개가 무엇보다 중요하다.

286 조직 관리의 변천에 있어 전통적 관리모델이라는 것은 능률 중심주의와 통제 중심주의 그리고 그에 이어 등장한 인간관계 중심주의를 배경으로 한 관리이론들의 통칭이다. 이러한 전통적인 관리모델의 유형은 ① 과학적 관리론, ② 관리과정론, ③ 투입지향적 재정관리론, ④ 인간관계론 등이 있으며, 이들의 공통적인 성향, 즉 특성의 분류기준은 오석홍, op. cit. pp.631-632 참조.

으므로 결국 거시적으로는 국가 경쟁력을 저하시키는 요인으로 작용하고 있으며, 미시적으로는 건축주들(client, end user)의 국내 건축에 대한 불신과 불만족으로 표출되어, 사회적 갈등구조를 고착시키고, 건축의 수요를 해외로 향하여 건축 산업의 악화를 초래할 수 있다. 이는 건축법은 그 자체로만은 건축을 관리할 수 없다는 한계, 즉 건축법의 규율 대상인 개개인의 건축행위는 전문기술적인 사항이 대부분이며, 그것은 사회변화에 따라 유동적인 것이 일반적이고 각 지역의 특수성에 따라 구체적 사정이 다른 행위를 규율하여야 하는 경우가 많기 때문에 이러한 모든 사정을 고려하여 법률로 정하기 어렵다는 특성과 이에 더하여 건축법은 국민의 재산권 행사 그 자체를 제한하는 행정작용이므로 법률을 엄격히 적용하여야 하나 법 규율 대상이 기술성과 전문성을 띠고 있으므로 입법상의 기술한계 등으로 건축법에는 개괄적이고 일반적인 사항만을 규정하고 있다는 것때문에 결국 구체적인 사항은 위임하는 위임입법의 형식이[287]라는 것이다. 위임입법의 형식이라는 것은 법률의 독자성의 한계를 의미하는 것을 의미한다. 때문에 건축은 다양한 법률의 통제하에 있으며 건축과 관련한 다양한 법률은 서로 간 중복 규정과 상이 규정의 문제[288]가 있다. 그러므로 건축법의 특성으로 인한 한계와 건축법의 관리방식은 가세되어 건축의 비효율을 초래하는 중요한 유인을 제공하고 있다. 그러므로 건축조직의 관리는 법의 규제원리로 규율될 수 없으며 시장원리에 맡겨져야 한다.

1.2. 건축관계자의 역할과 책임관리[289]

한국의 건축법은 건축관계자의 역할을 의무로 규정해 놓고 있다. 건축법상 건축관계자는 크게 건축주와 설계자, 공사시공자, 공사감리자, 관계전문기술자, 그리고 건물소유자 및 관리자의 의무로 나누어진다. 건축법은 공공복리의 증진을 위한 것으로서 건축허가, 공사감리, 사용검사, 건축제

287 손우태, 『건축법규제원리에 관한 연구』, 단국대 법학과 박론, 1992, p.37 참조.

288 이러한 건축 관련 법률 간 상이한 규정과 중복규정의 문제는 건축물의 용도분류라는 범위에서 연구된 이재인, 『건축물 분류에 관한 연구』, 2002, 참조.

289 참조: 건축법 & 손우태, 앞의 논문, pp.55 – 61.

한 등의 수단을 통하여 어느 정도는 그 역할에 대한 책임을 관리하고 있다. 본 논문은 설계단계에서 건축조직에 대한 연구이기에 시공단계에 해당하는 공사시공자와 공사감리자의 역할은 범위에 포함하지 않는다. 그러나 최근 기획단계의 강화가 세계적인 추세임에 따라, 초기 계획단계에서부터 시공자와 건물관리자 등이 참여하여 전체 프로젝트에 중요한 결정에 대해 협력을 하는 경우가 많아졌다. 이에 전체 건축관계자 중 건축주는 기술자가 아니므로 제외하고, 설계자 및 관계전문기술자의 역할과 책임 관리에 대해서 살펴본다.

(1) 설계자 및 관계전문기술자

'건축법'상 설계자란 "자기 책임하에(보조자의 조력을 받는 경우를 포함한다.) 설계도서를 작성하고 그 설계도서에 의도한 바를 해설하며 지도·자문하는 자"로, 설계자의 의무는 ① 구조안전 기준 준수 의무, ② 건축설비의 설치 및 구조안전 기준 준수 의무, ③ 건축사 자격 없이 허가 대상 건축물 설계 금지(법 제19조)이다.

관계전문기술자란 "건축물의 구조·설비 등 건축물과 관련된 전문기술 자격을 보유하고 설계 및 공사감리에 참여하여 설계자 및 공사감리자와 협력하는 자"로서 법 규정상 건축설계 단계에 설계자를 지원해 줄 수 있는 유일한 조력자이다. 관계전문기술자의 경우, 안전·기능 및 미관에 지장이 없도록 그 업무를 수행해야 한다는 규정은 있으나, 이보다 설계자가 어떠한 상황에서 관계전문기술자의 협력을 받아야 하는지에 대해 더 법적 규정이 치우쳐져 있다.[290]

설계자가 작성하는 설계도서는 건축허가 시 심사기준이 되는 것이고 공사시공의 지침이 되는 것으로 전체 건축프로젝트에 있어서 근간이라고 할 수 있다. 또한 설계자는 건축주에 있어서는 가장 가까운 대리자로서 건축주의 부족한 전문기술과 정보를 제공한다. 다만 다양화와 복잡화 특성이 현대건축에 있어서 설계자, 즉 건축가가 제공할 수 있는 전문기술에도 한계를 가지게 한다. 때문에 이를 보조하기 위해 관계전문기술자가 필요하

••••
290 건축법 시행령 제91조의 3

게 된다. 이는 단순히 건축과 관련된 직접적인 전문기술의 범위를 넘어서서, 경제와 문화 등의 여러 분야의 전문기술이 필요하다. 그럼에도 아직 한국의 건축법은 관계전문기술자의 범위를 구조와 설비로 한정시키고 있다. 결국 기획 및 설계단계의 다양성을 확보하는 데에는 건축법으로서는 한계가 생기게 된다.

1.3. 건축윤리 관련 규정

건축기술자의 건축윤리 규정은 다양한 법안에 산재해 있다(〈표 3-4〉).

<표 3-4> 법규상의 윤리 규정

내용	규정	관계자
업무성실수행 규정	건축법 제9조의2 제1항	건축관계자
	건축사법 제20조	건축사
	건설산업기본법 제22조	건축주·시공자
	건설산업기본법 제38조의2	건축주·시공자
	건기법 제20조의2	설계자
	건기법 제27조의3	감리원
불공정 행위금지	건설산업기본법 제38조	수급인·하수급인 (시공자 간)
부정한 청탁에 의한 재물 또는 재산상의 이익 취득 및 공여 금지	건설산업기본법 제38조의2	발주자·수급인·하수급인·이해관계인(건축이해관계자)
사익추구 행위 금지	건설산업기본법 제38조의2	건축관계자
명의대여금지	건축사법 제10조	건축사
	건기법 제6조의3	건설기술자
	건설산업 기본법 제21조	건설업자

규정 내용과 관계자를 보면 건축과정에서 직접적으로 관계된 내용과 관계자만을 규정하고 있다. 반면 외국은 건축기술자의 역할은 계약에 의해 건축과정에서 규정되는 것으로 인식하고 있다. 따라서 역할은 가변적이고 변동적인 것이며, 관계치환적인 것이라는 인식하에 건축기술자의 역할은 우리나라의 경우처럼 구체적이지 않고 범주화시킨 반면, 건축기술자의 윤리는 어떠한 건축 상황이라도 지켜져야 하는 공통분모가 있는 것으로 인식하여 오히려 윤리규정은 구체화하고 있다. 즉, 우리나라의 규정체계에

있어 역할은 구체적으로 기술하고 있고 반면 윤리규정은 간략화하고 있는 관리체계와 달리 외국은 건축기술자의 역할은 범주화하여 계약에 의해 구체화하도록 규정하고 있고, 건축기술자들의 윤리규정은 구체적으로 기술하여 건축기술자들의 사회적 책임을 관리하고 있다. 결국 건축의 관리대상이 한국은 기술자인 반면 외국은 건축의 사회성을 관리하고 있는 것이다. 이러한 관리대상의 차이는 나라의 건축문화를 형성하고 건축경영 패러다임을 조성하는 기반이 된다. 그러므로 우리나라의 경우 건축물을 개인의 전유물로만 인식하여 건축조직의 도덕적 해이가 발생하고 건축의 사회적 책임에 대한 인식부족을 초래하여 부실불법 건축이 양산되고 이를 통제하려는 악순환이 계속되고 비효율적 관리가 이루어지는 것이다. 따라서 규정도 독자적으로 존재하고 있지 않으며 역할규정 속에 포함시켜 규정하고 있다. 그러므로 우선 각 규정에 산재한 규정을 취합하고, 내용을 좀 더 구체화하여 독자적인 (가칭)전문가 윤리법을 제정할 필요가 있다. 이는 기술자들에 대한 건축주의 신뢰 확보와 건설기술자들에 대한 사회이미지 앙양에 도움을 줄 것이며, 나아가 건설시장의 국제 경쟁력 함양에도 필요하다 하겠다.

건축정보 전달구조와 의사결정 관리

21세기는 정보화 사회로 정보가 곧 가치이며 부의 척도이다. 특히 다른 이해관계로 얽힌 관계 속에서 관계자들이 지니고 있는 정보는 곧 실행과 생산을 통한 이익창출과 직결된다. 그러므로 조직 내의 정보공유와 정보공유를 위한 정보흐름 구조는 사업의 승패를 결정짓는 중요한 요소이다. 그러므로 가장 이상적인 조직은 완전정보(complete information) 체제를 구성하는 것이다. 그러나 실제에 있어 모든 구성원은 합리적 개인이다. 즉, 자신이 습득한 정보가치를 타른 참여자에게 무상으로 제공하기를 꺼려하며, 상대방 또한 자신이 지닌 정보를 모두 공개할 것이라는 확신과 신뢰가 없다. 그러므로 조직 내에는 정보의 편재나 불완전 정보 상황이 일반적일 수밖에 없다. 이러한 불완전 정보의 유형은 게임이론으로 접근하면, 크게 2가지로 구분된다. 첫째, 다른 참여자의 전략에 대한 정보의 불완전으로 인한 다른 참여자의 이익체계에 대한 정보 불완전과, 둘째, 다른 참여자가 나에 대해 어떠한 정보를 가지고 있는지 모르는 상황이다.

건축조직의 형태는 건축정보[291] 소유자와 건축주의 관계 혹은 건축정보조직 간의 관계의 질에 따라 결정된다.[292] 따라서 건축조직이란 건축정보(지식)의 조직화이다. 관계는 서비스 분야뿐 아니라 모든 이해관계는 두 당사자 간 의사(key concept) 상호 작용으로 이루어진다. 상호 작용은 질과 가치창조의 가장 기본적 현상으로, 당사자 간 접촉으로 이루어진다. 이는 관계구조[293]를 형성하며 관계의 질[294]을 형성한다. 이러한 관계의 질은 관계만족을 통한 결과만족의 가장 기초적인 단계이다.[295]

건축의 복잡화와 건축조직의 복잡화는 건축기획의 중요성 대두와 함께 조직 관리의 어려움이 생겼다. 이에 대한 해는 관리가 아닌 신뢰 기반의 자

••••

291 여러 유형의 데이터로 구성되는 정보는 지식의 기반이 되며 이러한 지식은 지능을 형성하는 기반이 되는 지식피라미드를 만든다. 그러나 정보전달 기술의 발달에 따른 현대사회에 있어 정보 혹은 지식은 보유 그 자체로의 가치는 상실되었고 활용에 따른 정보화 지식화가 중요하다. 따라서 본 연구에서 사용하는 정보는 보유된 지식으로서의 정보가 아닌 지식화 혹은 정보화된 정보를 의미한다. 지식화 혹은 정보화에 대한 구체적 논의는 서이종, 『지식·정보사회학: 이론과 실제』, 서울대학교 출판부, 1998. 참조.

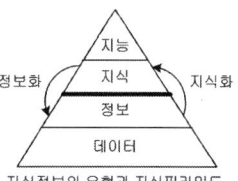

지식정보의 유형과 지식피라미드

292 이러한 견지에서 피터 드러커는 지식사회의 개념을 설명하면서, '지식사회는 조직사회다'라고 정의하였다. Drucker Peter, 『Post-Capital Society』, New York: Harper Collins, 1992, p.315 및 Drucker Peter, 이규역, 『Managing in a Time of Great Change; 미래의 결단』, 한국경제신문사, 1995, p.98. 이는 지식들 그 자체로는 무의미하다는 것으로 여러 지식이 결합되어 하나의 지식공동체를 형성할 때 생산성이 있다는 것을 의미한다. 따라서 그것을 가능하게 하는 것이 조직의 과업이고, 조직이 존재하는 이유이며, 조직의 기능이다. Drucker Peter, 『Post-Capital Society』, New York: Harper Collins, 1992, pp.88-89 참조.

293 관계구조는 최하 단위로서 행위(act)의 집합이 사건(episode)을 만들고, 다시 사건의 집합은 결과(sequence)를 만든다. Christian Grönroos, 『Service Management and Marketing, 2nd ed.』, Wiley, 2000, p.82; Holmlund, M., 『Perceived Quality in Business Relationship』, Helsinki/Helsingfors: Hanken Swedish School of Economics, Finland/Cers, p.96. in Christian Grönroos, 『Service Management and Marketing』 2nd. ed., Wiley, 2000, p.83.

294 Holmlund, M., 『Perceived Quality in Business Relationship』, Helsinki/Helsingfors: Hanken Swedish School of Economics, Finland/Cers, p.160. in Christian Grönroos, 『Service Management and Marketing』, 2nd. ed., Wiley, 2000, p.85 재인용.

295 Liljander, V. & Strandvik, T., 『The Nature of Relationships in Service: In advances in services Marketing and Management, 4, Greenwich』, CT: The JAI Press, 1995, p.143. Christian Grönroos, 『Service Management and Marketing』, 2nd ed., Wiley, 2000, p.86 재인용.

율이다. 따라서 현대의 조직은 과거의 잘 조직된 관료주의적인 Organized 방식이 아니라 Un - organized 방식, 즉 자율조직(self - organization)이 효율적 조직이며 저비용 고생산성의 조직이다. 이러한 자율조직이 되기 위해서는 건축조직 간 투명한 정보공유를 보장받을 수 있는 정보구조가 요구된다. 여기서 자율이란 방임이 아니다. 따라서 조직의 리더는 필요하다. 리더란 의사결정의 주도권자가 아닌 건축 단계별로 창출된 건축정보를 건축 전 과정을 연결하는 역할을 수행하기 위한 가치흐름(value stream)의 연계자가 되어야 한다.

2.1. 건축정보 전달구조

정보구조의 유형(Network Topology)은 6가지로 구분된다.[296](〈표 3 - 5〉) 정보가 한곳으로 집중되는 별형은 연구와 디자인 엔지니어링에 유용하게 사용된다. 건축에 있어서는 설계를 위해서 여러 팀원들이 분업을 하여 최종적으로 하나로 통합을 하는 작업을 하기 때문에 별형(star)구조가 많이 사용된다. 계층형(hierarchical tree) 구조는 하부구조의 정보가 상부구조로 통합되어 가면서 최상부로 정보가 통합이 되어 간다. 동시에 최상부에서 하달되는 정보가 최하부 구조까지 전달이 용이하기 때문에, 건설 현장에서 건물 감리에 이용되기 쉬운 정보 유형이다. 환상형(loop) 구조는 정보의 수평적 이동에 유리한 구조이다. 이는 건축에 관여된 전 분야의 주체들의 상호 정보 교환에 활용될 수 있다. 버스(bus) 구조형은 공동 정보를 설정하여 각 분야로 정보가 분산되어 그 정보를 발전시킨다.

건축에 있어서 견적 작업은 프로젝트 초기에서부터 대략적인 예산을 확정하고 시작을 한다. 그와 같은 전제하에 예산을 분산하고 그에 맞추어 각 부분의 견적작업을 하기 때문에 버스 구조형은 이에 적합한 유형이라 할 수 있다. 고리형(ring)은 버스형과 환상형이 결합된 것이지만 성격상으로는 버스형과 유사하다. 다만 버스 구조형과는 다르게 정보가 수평적으로 이동하면서 전체적 통합에 용이하다. 시공에 있어서 전체의 공사비와

----

296 John Burch & Gary Grudnitski, 『Information Systems, Theory and Practice』, John Wiley & Sons, 1989, pp.162 - 164 및 Figure 5.4 · 5.5 참조.

시공에 대한 정보를 통합하고, 그에 따라 각 공정과 전문 하도급업체와 조절을 유도하기에 고리형의 정보구조형은 많이 선택이 된다. 웹(web)은 각 정보가 객체 간의 연결을 통해서 발전시키는 구조이다. 이와 같은 정보구조형은 건축주와 건축가, 시공자와 같은 대표적인 건축주체 간의 긴밀한 협력을 이끌 수 있는 매니지먼트, 즉 관리에 적당한 정보 유형이라 할 수 있다. 이러한 정보구조는 그 선택적 이용(topology choice)에 따라 사회문화에 영향을 준다(〈그림 3-14〉).

<표 3-5> 정보구조의 유형과 건축분야 비교

유형명칭	구조도식	특 징	건축분야
별형 (star)		연구와 디자인 엔지니어링	디자인 (Design)
계층형 (hierarchical tree)		감독 관리	현장 감리 (Site Supervisory)
환상형 (loop)		사무와 문서	건축 전 분야
버스구조형 (bus)		회계와 경영	견적 (Quantity)
고리형 (ring)		생산과 품질조절	시공 (Construction)
웹 구조형 (web)		팀 간 협력	매니지먼트 (Management)

164

따라서 조직에 있어 정보구조의 선택은 무엇보다도 중요하다. 그러나 실제에 있어서 6가지 정보구조형은 장단점이 있으므로 단독적으로 운영되기보다는 각자의 특징을 필요에 따라 결합하여 이용하는 것이 효율적이다. 때문에 각 정보구조형을 통합할 필요가 있다. 이때 효율적 통합이란 각 특성의 정보구조의 장점의 통합이거나, 혹은 단점의 보완이 아닌 각 정보구조의 특성을 인정하고 이를 필요시에 차용하는 통합(metanetwork)이다〈그림 3-15〉). 이러한 통합을 위해서는 전체 과정을 이끌 권한이 부여된(Empowerment) 리더가 요구되는데, 이러한 리더를 정보구조에서는 Main Bus라 한다. 즉, Main Bus를 중심으로 하여 각자 장점을 가지고 있는 정보구조들이 그 기능들을 수행한다.

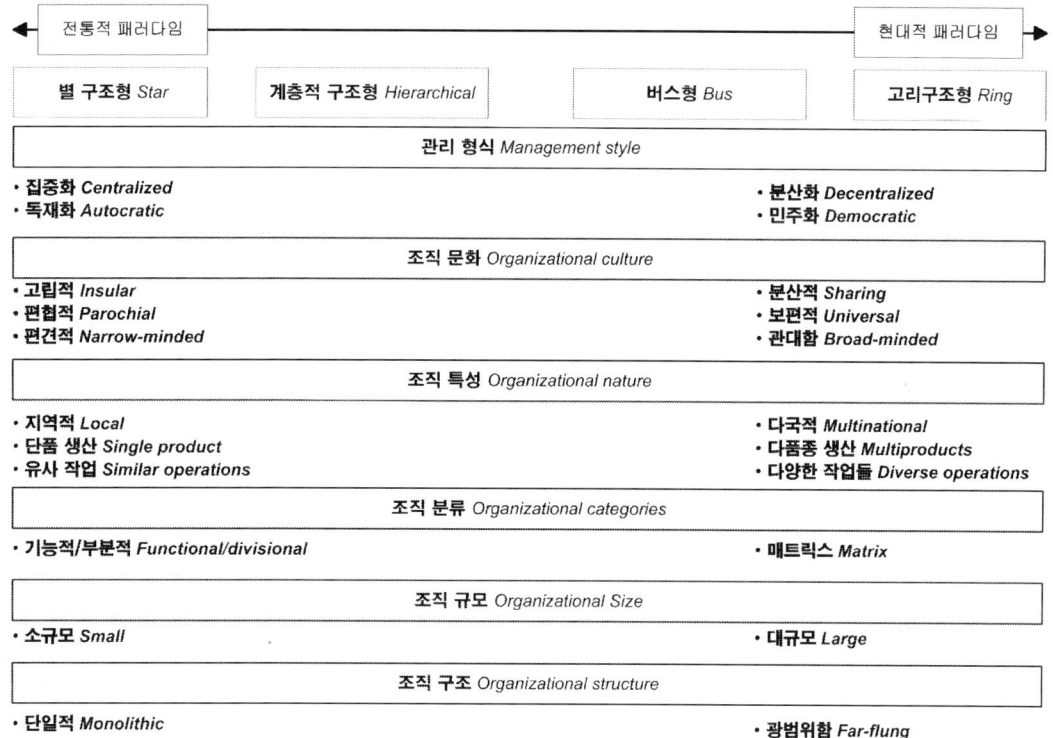

출처: John Burch & Gary Grudnitski, 『Information Systems, Theory and Practice』, John Wiley & Sons, 1989, p.165. 0Figure 5.6 수정도식

<그림 3-14> 정보구조의 선택이 조직과 문화에 영향을 주는 요인

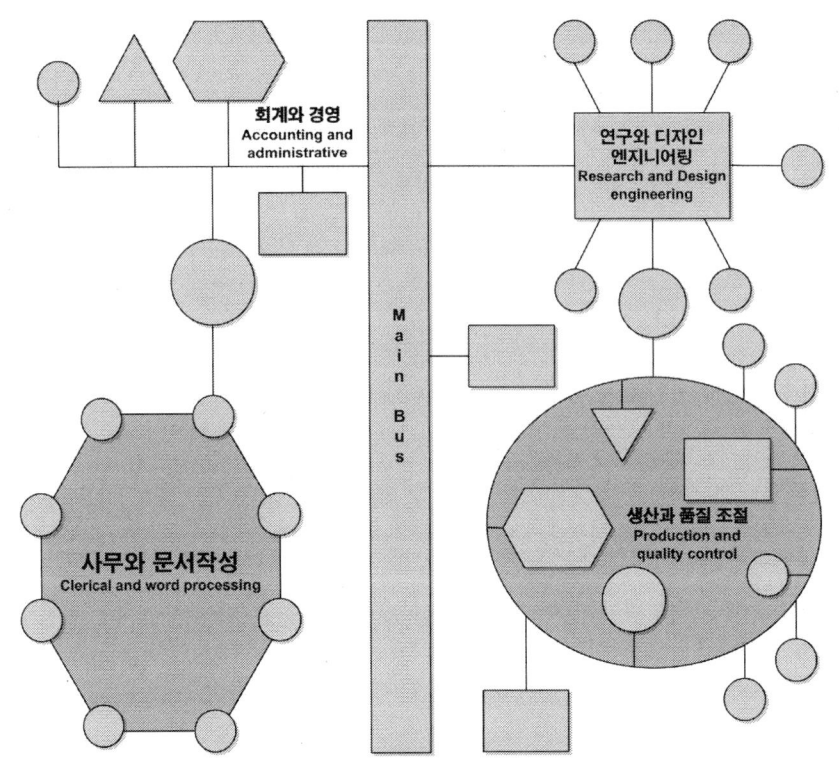

출처: John Burch & Gary Grudnitski, p.164 수정.

<그림 3-15> 기본 정보망 유형혼합을 통한 특수망(metanetwork)

건축 실행에 있어 각 업무 분야 혹은 실행단계에는 각각 적합한 정보구조가 있다. 따라서 이들 정보구조를 통합하고 안내(coordinate)할 전체적인 리더가 필요하다. 때문에 Main Bus는 리더로서 전체의 정보를 프로젝트 진행에 따라 단계별로 업무특성에 맞는 정보구조를 태우고, 필요한 단계까지 이끌며, 임무수행을 완수하면, 하차시키고 또 다른 정보구조를 태울 수 있는 정보구조의 역할을 수행한다. 이를 건축에 적용하면 건축주가 Main Bus를 선택하는 것이 건축조직의 형태를 결정하게 된다. 예컨대, Main Bus가 건축가이면 중세의 Master Builder 구조이거나, 혹은 현대의 Design - Build 방식이 이에 해당하고, Main Bus가 시공자이면, CM방식이 된다. 또한 Main Bus가 둘로 이루어지는 형식이 Design - Bid - Build이다. 그러나 이러한 Main Bus는 리더가 개인이라는 책임의 한계 때문에 최근 Main Bus를 개인이 아닌 Team으로써 운영하는 방식이 요구되고 있다. 전

통적인 건축 프로젝트 과정에서는 Main Bus의 역할을 건축기술자가 주도하였다. 이는 건축 환경의 변화 속도가 늦은 경우에 건축주가 기획 단계에 건축의 환경예측을 통해 건축기술자에게 건축실행 과정의 Main Bus 역할을 대리시키는 것이 가능했다. 그러나 급변하는 건축 환경과 건축의 대규모화, 전문화는 건축의 불확정성을 가중시키면서 건축 환경 변화의 예측은 건축기획 단계에서 일시적으로 예측되는 것이 아니라 건축과정에서 지속적으로 예측되고 수정되어야 할 필요성이 대두되었다. 원칙적으로 건축의 책임 귀속체는 건축주이다. 따라서 현대건축의 Main Bus는 건축기술자로서는 건축과정의 의사행위결정의 책임한계가 있기 때문에 건축주가 Main Bus가 되어야 한다. 그러나 건축주의 건축정보는 한계가 있다. 그러므로 현대의 효율적 Main Bus 구조는 건축주와 건축기술자의 협력관계 속에서 이루어져야 한다.

2.2. 건축정보 관리

정보297란 무한경쟁시대의 가장 강력한 무기로 건축정보는 건축에 직접적으로 필요한 건축기술정보 외에 행정, 기술, 시장 등의 건축 환경정보로 구성된다(〈그림 3 - 16〉). 또한 이러한 정보는 건축조직 간에 원활히 흘러야 한다. 따라서 건축정보 관리란 건축 환경정보와 건축기술정보의 경계를 연계하고 건축조직 간 혹은 건축조직 내부에 건축과정 동안 지속적으로 흐를 수 있도록 하는 것을 의미한다. 이러한 정보를 생산하고 활용하는 건축정보의 주체는 프로젝트의 특성에 따라 다르게 나타날 수 있는데 일반적으로 건축 정보활

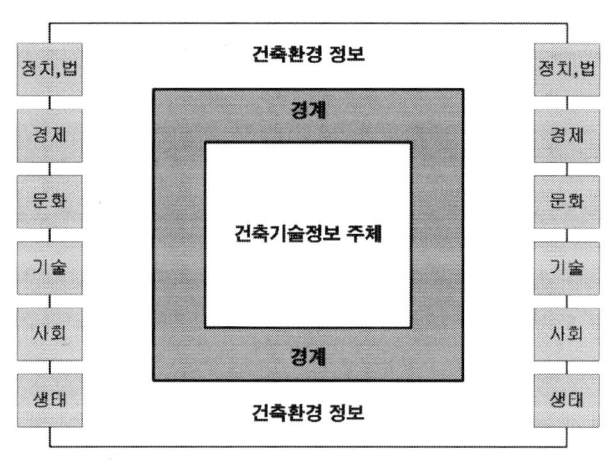

〈그림 3-16〉 건축정보의 경계구조

• • • •

297 정보는 정보수집 방법에 따라 크게 공식적으로 얻을 수 있는 공식정보와 비공식정보로 구분할 수 있으며, 기록의 유무에 따라 기록정보와 비기록정보로 구분할 수 있다.

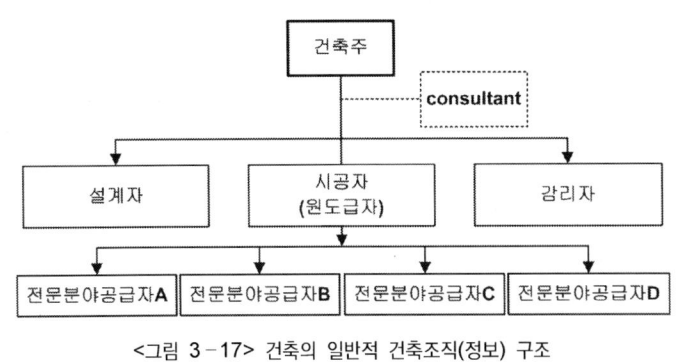

<그림 3-17> 건축의 일반적 건축조직(정보) 구조

동의 주체는 1. 건축주, 2. 설계자, 3. 시공자로 구분한다. 이 중 설계자와 시공자는 건축기술정보의 주체가 되며, 건축주는 이 모든 정보의 흐름 속에 존재한다. 이러한 정보주체에 의한 우리나라의 건축조직 정보구조는 위계적 나무구조를 하고 있다. 따라서 건축은 단계별로 순차적으로 이루어지고 있어 각 단계별로 수집된 건축기술정보는 다음 단계로 이어지도록 하고 있다. 이때 각 단계별로 요구되는 건축정보와 건축기술자가 일치하지는 않는다. 예컨대, 건축계획 단계의 업무 주체는 설계자이다. 그러나 건축계획을 하기 위해 요구되는 정보는 설계자뿐 아니라 시공자 및 구조기술자들이 각각 지니고 있다. 따라서 현재의 일반적인 건축정보(조직) 구조(<그림 3-17>)로는 건축의 질을 높이기 위한 정보가 부족하다. 또한 이러한 순차적인 건축실행은 건축정보가 다음 단계로 연계될 때마다 정보의 주체가 바뀌므로 정보주체 간의 정보전달 장애가 발생할 수 있다. 따라서 건축주가 지닌 정보(의사)는 최하 단위의 정보주체가 지닌 정보와 다르게 되어 건축주의 건축불만족으로 도출될 수 있다. 이는 건축주 입장에서는 역선택의 효과를 유발시켜 결국 건축과정의 리스크 요소로 고착된다. 이러한 건축정보에 대한 인식은 건축에 대한 인식으로부터 출발한다. 건축이란 건축물과 이들의 집합체가 이루는 공간 환경 및 이를 만드는 과정의 건축관계자들에 의한 창의적인 행위(action)[298]를 말한다.

••••

298 특별한 경우가 아니면 일반적으로 '(action)actor'와 '(agency)agent'는 (행위)행위자로 이해할 수 있다. 그러나 슈톰프카(Sztompka)는 『Theory of agency』에서 행위(action) · 행위자(actor)와 작위(agency) · 작위자(agent)를 엄격히 구분하고 있다. 그의 『작위 이론』에 의하면 'action'은 총체성의 수준으로서 'structure'에 대비되는 것으로 개인성의 수준을 의미하고, 'agency'는 개인성의 수준과 총체성의 수준이 매개되는 제3의 수준에 해당한다. 즉, 행동이란 객관적으로 파악된 인간의 동작으로, 예컨대, 규범을 형성하는 역할과, 지위, 권력이 이에 해당하고, 행위는 행위주체가 주관적으로 의미를 부여함으로써 의미를 갖는다. 따라서 행위란 작위(agency) 행동(behaviour)을 말하는 것으로 건축과정의 참여 주체가 건축과정에서 자신이 원하는 것을 인식하고 그것을 추구하는 행동방식을 의미한다. 이러한 행동과 행위의 구분은 베버가 사회학의 근본개념으로 정의한 '행위' 개념에 근거한 것으로 그는 "행위 하는 개인이 그의 행동(behavior)에 주관적인 의미를 부여할 때, 우리는 그것을 행위(action)라 부른다. 행위의 주관적

또한 건축행위는 건축주가 헌법으로 보장받은 고유한 재산권[299](토지소유권=사용권＋처분권)을 행사하는 것으로, 자본주의를 구성하는 기본제도[300] 중 재산권은 편익에 수반되는 비용을 부담하면서 부의 편익을 향유할 자유 내지 허용이며, 실체적인 사물이나 사상(事象)이 아니라 추상적인 사회관계이다.[301] 그러나 건축법상 건축행위는 건축물[302]을 신축·증축·개축·재축 또는 이전하는 행위를 한정 규정하고 있으며,[303] 민법[304]에서는 공작물을 토지에 정착시키는 단계의 행위에서부터 건축행위가 있는 것으로 파악하고 있다. 그러나 정보화 사회에서 건축정보는 단순히 건축 기술정보에 국한되지 않는다. 예컨대, 정치변화에 따른 법률정보와 시장변화에 따른 경제정보가 현대건축의 또 다른 핵심 정보를 구성한다. 따라서 현대건축조직의 지식전문가(knowledge specialist)는 건축주, 건축 기술조직, 경제정보 전문가(advisor) 및 법률전문가(facilitator)로 구분할 수 있다. 또한 이들 개성 있는 정보 조직

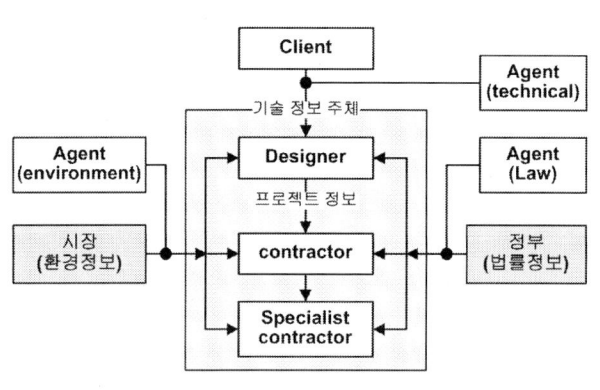

<그림 3-18> 건축정보 관리의 개념

의미가 타인의 행동을 고려하고 이에 따라 서로 지향하고 있을 때, 행위는 사회적(social) 행위가 된다."
라고 하고 있다. Max weber, Economy and Society: An Outline of Interpretive Sociology, New York; Bedminster Press, 1968, p.4.

299 '헌법' 제23조 제1항, 제37조 제2항 및 '민법' 제212조.

300 ① 생산적 자산에 대한 소유권, ② 계약의 자유, ③ 입헌정부(제한된 정부)로 구분하고, 이는 다른 사회체제들과 자본주의를 구별 짓는다. Pejovich, Svetozar, Furubotn, Eirik Grundtvig, 『The Economics of Property Rights』, Cambridge: Ballinger Pub., c1974, p.39.

301 I. Fisher, 『Elementary Principles of Economics』, New York: Macmillan, 1923, p.27.

302 '건축물'이라 함은 토지에 정착하는 공작물 중 지붕과 기둥 또는 벽이 있는 것과 이에 부수되는 시설물, 지하 또는 고가의 공작물에 설치하는 사무소, 공연장, 점포, 차고, 창고 기타 대통령령이 정하는 것을 말한다. 건축법 제2조 제1항 제2호.

303 건축법 제2조 제1항 제9호.

304 판례상 건축행위의 시점은 ① 건축물을 짓기 위해 지하 부분의 기초공사를 완료한 경우, 1983. 01. 18. 선고81도1364 판결, ② 기초공사를 마치고 철근으로 기둥 부분을 완성하는 행위, 1977. 12. 13. 선고77도1717 판결, ③ 컨테이너를 토지상에 부착하는 행위, 1991. 06. 11. 선고91도945 판결 및 1992. 06. 08. 선고92두14 결정, 그러나 이는 행정형벌의 대상인 불법건축 행위의 기수·미수를 판단하기 위한 개념으로 건축행위를 정의하고 있는 것으로, 건축물과 관계된 모든 창의적 행위 과정이라는 일반적 건축개념보다는 협의의 개념이다.

간의 왜곡 없는 원활한 정보의 흐름을 위해서는 정보주체 간의 조정자(agent)가 필요하다(〈그림 3 - 18〉). 건축의 가치 창출은 이러한 정보주체 간 정보교환의 원활성에 의해 결정되며, 정보주체 간 정보 교환의 원활성과 질[305]은 커뮤니케이션 구조와 채널에 따라 달라진다. 우리나라의 경우 건축조직 간 커뮤니케이션 수단은 대부분 보고서 방식을 취하고 있다.[306] 때문에 건축실행 결과에 있어 건축주의 불만족으로 인한 갈등과 분쟁요소를 담고 있다.

(1) 건축법상의 건축정보 관리

건축주의 기술자 선택에 있어 지식 불균형은 첫째, 건축기술 관련 정보의 부족 문제와, 둘째, 기술자 관련 정보의 부재에서 초래된다. 그러므로 우선 건축주가 기술자 선정 시 도움을 받을 수 있는 건축기술 관련 현황 규정을 살펴보면, 대표적으로 '건설기술관리법'(이하 '건기법')에 의한 '건설기술정보의 제공'과 '설계자문위원회' 및 '건설산업기본법'에 의한 '건설산업정보의 종합관리' 및 '하수급인의 의견청취' 규정이 있다. 이 중 '건설산업정보의 종합관리'와 '설계자문위원회' 규정은 국가, 지방자치단체, 국가 또는 지방자치단체가 건축주가 되는 공공건축물에 한(限)하는 제도이고, '하수급인의 의견청취'는 건설업자가 시공해야 하는 규모 이상을 건축하는 건축주가 대상이므로, 다수의 개인 혹은 소규모 건축물[307]을 건축하고자 하는 건축주를 위한 제도는 아닌 것이다(〈표 3 - 6〉).

특히 도시건축의 80%가 소규모 건축물이라는 점을 감안한다면 다수의 건축주는 제도권 밖에 있다 할 수 있다. 또한 기술자 관련 정보의 경우, 시공자의 관리는 '건설산업기본법'[308]이나 '건기법'에 의해 전술한 바와

----

305 여기서 정보 교환의 질이란 대화 당사자 간 왜곡 없는 의향전달의 수준을 의미한다.

306 커뮤니케이션 이론에 따르면 컴퓨터출력물, 보고서, 문서/E - mail, 음성메일, 전화, 면대면의 순으로 정보의 풍부성 정도가 높다. Hodge, Billy J., Anthony, William P., Gales, Lawrence M., 『Organization theory: a strategic approach』, Upper Saddle River: Prentice Hall, 2003, p.281.

307 여기서 소규모 건축물이라 함은 '건설산업 기본법' 제41조 및 동법시행령 제36조에 의한 건설업자가 시행해야 하는 규모 이상 혹은 다중이용 건축물 외의 규모를 의미한다. 또한 04. 12. 31. 기준, 건설교통부의 면적별 건축물 통계에 의하면 연면적이 100㎡ 미만이 50.7%, 100 - 200㎡ 미만이 28.5%를 차지하고 있다. www.moct.go.kr

308 제24조 (건설산업정보의 종합관리) 제1항. 건설교통부장관은 건설업자의 자본금 · 경영실태 · 공사수

같이 한정적이나마 이루어지고 있으므로, 이는 건축사 관리의 문제로 집약된다. 건축사는 건축주의 조언가로서 건축의 전체적 조정자(coordinator)이기 때문에 건축주가 계획을 세우고 이를 대행해 줄 핵심적 조력가로서 건축사의 선택은 건축주 이익창출에 가장 핵심문제라 하겠다. 이에 현황 규정은 '건축설계자의 선정'('건기법 시행규칙' 제13조의2 및 동 규칙 별표 7) 규정을 운영하여 공공건축물의 설계용역 발주 시 건축사의 자격(능력)을 한정하고 있는데, 이 또한 개인 건축주를 위한 제도는 아니다.

<표 3-6> 정보제공 관련 규정

명칭	규정조항	정보이용 대상
건설기술정보의 제공	건기법 시행규칙 제6조 제1항	이용자
건설산업정보의 종합관리	건설산업기본법 제24조	기관·단체
하수급인의 의견청취	건설산업기본법 제24조	발주자
건설업등록 등의 정보관리	건설산업기본법 시행령 제10조	국민
건설산업정보 종합관리체계의 구축·운영	건설산업기본법 시행령 제26조의3	
설계자문위원회	건기법 제5조의2	발주청

또한 과거에는 (등록)건축사들을 건축사협회에서 통합 관리하였으므로 이를 활용하여 개인 건축주에게 건축사 정보를 제공할 수 있었겠으나, 현황은 건축사 통합관리 체계 없이 각 구청에서 산발적으로 관리되고 있으므로 건축주는 건축사의 능력에 관한 정보를 개인적 선택으로 취할 수밖에 없다. 결국 건축주는 기술자에게 충분한 보상을 지불하지만 정보부재에 의한 역선택(adverse selection)으로 자신의 이익극대화는 장담할 수 없는 것이다. 그러므로 건축법은 다수 개인 건축주를 보조할 체계(client aid program)를 갖추어 건축 초기단계부터 경제적 위험관리를 해야 한다.

역선택의 문제는 원칙적으로 정보 불균형 현상으로 인하여 발생한다. 즉, 건축주의 역선택은 전문가와의 원활치 못한 커뮤니케이션에 기인한다.[309] 역선택 문제를 해소하기 위한 일반적인 대응방안으로는 ① 정보를
• • • •

행 상황 등 건설업사에 관한 정보와 건설공사에 필요한 자재·인력의 수급상황 등 건설 관련 정보를 종합적으로 관리.

309 인간관계적 측면의 커뮤니케이션 기능은 ① 친교기능(Affinity function), ② 정보획득기능(Information and understanding function), ③ 설득기능(Influence function), ④ 의사결정기능(Decision function),

많이 가진 쪽에서 보다 유리한 거래를 하기 위하여 신호를 보내 정보를 자발적으로 전달하는 신호발송(signaling), ② 정보를 적게 가진 쪽이 정보를 많이 가진 상대방에게 속지 않도록 자기선택장치를 이용하여 정보소유자가 갖고 있는 정보를 얻고자 하는 선별행위(screening), ③ 정부의 규제로 모든 당사자들을 강제적으로 거래하도록 하는 규제(regulation)에 의한 강제집행방안, ④ 평판(reputation)을 유지하기 위하여 품질관리를 강화하는 방안 등이 있다.[310]

(2) 불완전 정보와 정보 불균형 관리

현대건축에서 요구되는 건축정보 조직을 구성하기 위해서는 우선 정보의 흐름을 저해하는 요인을 이해하여야 한다. 건축정보의 흐름의 장애 요인은 건축의 불확실성을 가중시켜 건축의 리스크로 작용한다. 또한 기술(시공기술·행정기술)과 지식(전문가)을 구매해야 하는 건축주 입장에서는 기술자들의 능력[311]이나 신용(timing·ethic)에 대한 불완전 정보는 건축비를 높게 할 뿐 아니라, 정확한 건축물의 가치산정을 모호하게 한다. 이러한 불완전 정보(incomplete information)의 형성은 건축조직 간의 정보 불균형(asymmetry information)에서 초래된다. 건축과정의 주요 정보에 대한 불완전 정보는 시장기능을 왜곡시킨다. 건축과정의 주요정보는 ① 기술인력 정보, ② 기술정보, ③ 행정절차 정보, ④ 상품가격 정보(적산 정보)로 구성되며, 이에 따른 시장기능의 왜곡 현상, 즉 건축의 가치를 저하시키는 결과는 ① 건축주의 기술자 역선택, ② 건축의 질 저하, ③ 건축문화의 질 저하, ④ 건축조직의 공모로 현상화되고 있다.[312](〈표 3 - 7〉)

••••

⑤ 확인기능(Confirmation function)이 있다. 구체적 내용은 James C. McCroskey & Lawrence R. Wheeless, 『Introduction to Human Communication』, Allyn and Bacon, Ine., 1976, pp.232 - 426 참조.

310 강내진·유정식·홍종학, 『미시적 경제분석』, 서울: 박영사, 1996, pp.574 - 581.

311 건축물을 완성할 능력뿐 아니라 건축주의 최대효용을 보장할 새로운 기술이나 사회정보의 활용 능력을 포함하는 광의의 개념임.

312 부정방지대책위원회, 『건설부조리 실태 및 방지대책』, 1993, p.45 참조 재해석.

<표 3-7> 건축의 불완전 정보와 시장기능의 왜곡

건축과정의 주요 정보	시장기능 왜곡
기술인력 정보	건축주의 기술자 역선택
기술정보	건축의 질 저하
행정절차 정보	건축문화의 질 저하
상품가격 정보(적산 정보)	건축조직의 공모(담함·덤핑)

정보의 불균형은 조직외부 환경에 대한 정보가 서로 다른 주체와 대리인 간의 여러 가지 관계에서 핵심을 이루는 것이다. 때문에 시장[313]을 통해 위험부담을 배분하는 것이 가능한지 여부는 개개 경제주체의 정보구조에 의해 강력하게 조건 지어진다. 여기서 정보구조란 어느 순간에 존재하는 지식의 상태만을 의미하는 것이 아니라, 향후 적절한 정보를 얻을 수 있는 가능성을 포함하는 의미이다. 이러한 정보습득의 향후 가능성의 개념을 커뮤니케이션 이론의 용어로써 설명하자면 정보채널을 소유하는 것이다. 정보의 불균형은 조직외부 환경에 대한 정보가 서로 다른 주체와 대리인 간의 여러 가지 관계에서 핵심을 이루는 것이다. 때문에 시장[314]을 통해 위험부담을 배분하는 것이 가능한지 여부는 개개 경제주체의 정보구조에 의해 강력하게 조건 지어진다. 여기서 정보구조란 어느 순간에 존재하는 지식의 상태만을 의미하는 것이 아니라, 향후 적절한 정보를 얻을 수 있는 가능성을 포함하는 의미이다. 이러한 정보습득의 향후 가능성의 개념을 커뮤니케이션 이론의 용어로써 설명하자면 정보채널을 소유하는 것이다.

2.3. 건축조직의 의사결정 형식

현대정보기술의 발달은 접속(동원)될 수 있는 인적 자원과 지식정보를 거의 무제한적이게 하며, 그러한 의미에서 외부 조직 환경이 불확실한 조건에서 불확실성의 정도가 높은 의사결정은 일반적(상시적)이다. 그러한

313 권위적 배분이 아닌 완전 자유경쟁적 배분이 지배하는 기제를 시장(market)이라 부르고, 권위적 배분에 따른 비능률을 일반적으로 정부실패라 부른다.

314 권위적 배분이 아닌 완전 자유경쟁적 배분이 지배하는 기제를 시장(market)이라 부르고, 권위적 배분에 따른 비능률을 일반적으로 정부실패라 부른다.

의미에서 지식에 기초한 조직[315]은 조직구성원 개개인이 목표에 대해 책임지고 조직에 공헌하며, 진실로 행동에 대해 책임질 것이 요구된다.[316] 따라서 현대의 건축은 건축주 개인의 전유물이 아니며, 사회적 재화라는 건축주의 건축가치 인식이 요구된다. 그러므로 건축과정의 의사결정은 건축주의 독자적 판단이 아닌 건축조직의 합의 형성을 통해 이루어져야 한다. 이는 궁극에 건축주의 이익으로 돌아오며, 국가의 경쟁력이 되고 우리의 문화가 된다. 때문에 건축주의 건축에 대한 가치인식이 건축문화를 형성하게 되며, 건축조직의 형태를 바꾸는 원동력이다.

건축조직 경영이란 건축과정의 의사결정 관리다. 건축주는 건축의 실질적 주체로서 건축 단계별로 수많은 의사결정 상황에 직면한다. 이러한 의사결정이 건축의 비용과 질을 결정하며 나아가 건축가치 창출의 중요 요소이다. 그러나 현대건축의 첨단화 대규모화에 따른 건축조직의 대규모화는 감독비용을 발생시키고, 건축관계자들의 다양한 의견에 대한 건축주의 합리적 선택의 문제, 합리적 경제인으로서 건축관계자들의 사익추구에 따른 조직 간 불협과 예측 불가능한 환경의 급변은 의사결정을 더욱 어렵게 만들었다. 따라서 이러한 의사결정의 문제는 건축의 또 하나의 리스크 요인으로 작용하여 현대건축의 성패를 결정하는 주요 요인으로 작용하고 있다. 그러므로 현대건축조직에 있어 의사결정은 최상부조직의 독단적 결정으로는 건축가치의 창출이 불가능해졌다. 따라서 건축조직의 의사결정은 건축관계자가 대등한 관계로 참여하여 합리적으로 이루어져야 한다. 이때 합리성을 이루는 근원은 목적이 아니라 목적과 수단 간의 관계의 최적성이다. 이러한 합리적 의사결정의 접근은 ① 개인의 의사결정 상황에서의 정보 수준, ② 의사결정 상황에서의 개인의 가치 부여, ③ 의사결정 규칙의 설정이 의사결정의 규범(norms)이 된다.

· · · ·
315 건축조직은 건축정보가 부족한 건축주가 건축지식정보를 조직화한 것이다. 따라서 건축조직은 지식에 기초한 (정보)조직이다.

316 Drucker Peter, 『Post-Capital Society』, New York: Harper Collins, 1992, p.169.

(1) 의사결정 규범 모델[317]

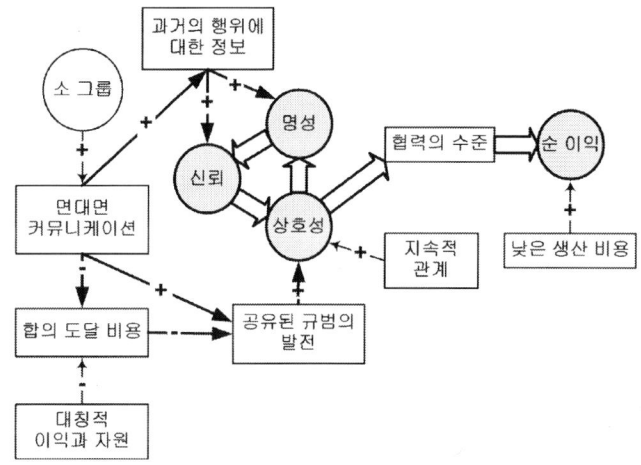

출처: 저용덕, 『합리적 선택과 신제도주의』, 대영출판사, 1999, p.15.

<그림 3-19> 오스트롬의 조직의 자발적 협조 관계 모델

규범은 내용에 따라 ① 개인의 행위에 초점을 둔 모델(Focus on the actions of Ego), ② 상대방의 행위에 대한 당사자의 반응에 초점을 둔 모델(Focus on Ego's reactions to actions of Alter), ③ 이해 당사자 간 협상에 초점을 둔 모델(Focus on nego- tiation between Ego and Alter)의 3유형으로 나뉜다.

개인의 행위에 초점을 둔 모델은 건축관계자(사회구성원) 사이에 존재하는 행위 패턴에 주로 관심을 갖는다. 이 모델은 이익 극대화, 모방, 시행착오 등 최초의 원인과 무관하게 그것을 통해 형성된 행위가 건축조직에 받아들여지면 규범적 성격을 띠게 된다고 본다. 이렇게 형성된 규범은 최초의 원인 때문에 지켜지기도 하고 단순히 건축조직에 의해 강제되기 때문에 지켜지기도 한다고 보며, 규범의 유지를 위해 비용이 너무 클 때 규범의 발생과정이 재실행된다. 그러나 이 모델은 유형화된 행위가 어떻게 규범적 성격을 갖게 되는지 혹은 언제 어떠한 이유로 규범이 변화되는지를 정량화할 수 없다는 2가지 약점이 있다.

상대방의 행위에 대한 당사자의 반응에 초점을 둔 모델은 전게 모델의 2가지 약점을 보완하는 모델로 상대방의 행위가 지니는 외부효과(externality)에 주목한다.

••••

317 이는 Horne Christine, 「Sociological Perspectives on the Emergence of Social Norms」 in Michael Hechter & Karl-Dieter Opp, 『Social Norms』, 2001, New York; Russell Sage Foundation에 근거한 한윤기, 『합리적 선택이론의 결정 상황에 대한 연구: 사회규범을 중심으로』, 2006, 서울대 정치학 석론 중 규범의 내용을 참조한 것이다. Horn의 논문은 사회학적 관점에서 규범의 발생을 설명하는 모델을 제시하고 있으며, 규범의 발생을 설명하기 위하여 규범의 내용(content), 분포(distribution), 강제(enforcement)의 3요소를 고려하고 있다. 여기서 괄호는 논문에서 사용된 용어이며, 이를 본 연구에 부합된다고 판단하는 용어로 바꾸어 괄호 앞에 명기한 것이다.

건축과정의 의사결정은 불확실 상황이나 위험 상황에서 이루어진다. 따라서 의사결정자가 완벽한 정보를 갖는다고 가정하는 것은 비현실적이다. 그러므로 일반적으로 건축주는 학습, 경험 또는 모방을 통해서 주먹구구식 의사결정을 내린다. 이 또한 주어진 상황하에서 최적의 선택 혹은 합리적인 의사결정 모델이다.[318]

(2) 건축조직의 커뮤니케이션 구조

조직 내에서 형성되는 의사전달의 방향과 유형은 조직의 구조와 기능에 영향을 미친다. 일반적으로 커뮤니케이션은 발신자의 의향(intended message)과 수신자의 인식(perceived message) 사이에 이해의 장애(noise)가 발생한다. 그러므로 성공적인 의사전달을 위해서는 의사전달 과정의 장애요소의 억제와 통제는 무엇보다 중요하다(〈그림 3-20〉). 이러한 커뮤니케이션의 문제는 전통방식의 건축실행 구조(〈그림 3-21〉)에서 나타난다.

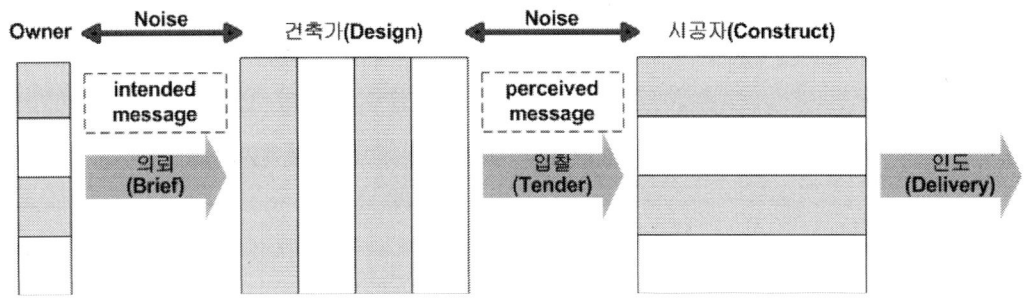

<그림 3-20> 일반적인 건축과정의 커뮤니케이션 문제

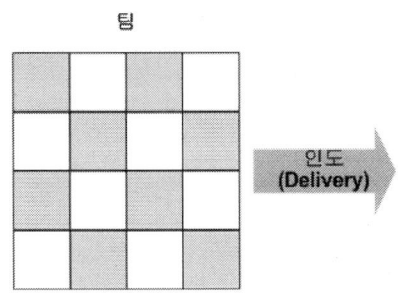

<그림 3-21> 대안 모델

• • • •
318 이명석, 「게임이론과 제도분석」, 정용덕 외, 『합리적 선택과 신제도주의』, 1999, pp.13-14.

예컨대, 설계단계에서 건축주가 전달한 의향과 이를 받아들이는 건축가의 이해 사이에는 갭(gap)이 존재한다. 또한 이러한 갭은 시공단계에서도 건축가와 시공자 사이에 발생하며, 이는 결국 건축주는 최초 자신이 목적했던 건축물과 인도받아야 하는 건축물 사이의 괴리로 인한 건축주의 불만족으로 표출되기도 하고, 전문가 사이의 커뮤니케이션 갭은 건축의 질 저하 요소로 작용되기도 한다. 또한 이러한 건축 단계별 커뮤니케이션 방식은 발생 가능한 문제를 예측[319]하고 해결할 수 없고, 문제발생 사후에 대처해야 하는 문제점이 있다. 따라서 이는 건축에 있어 잦은 설계변경으로 나타나고 있으며, 이에 따라 공기의 지연·건축의 활용가치 판단의 어려움 및 건축주로 하여금 건축비 예측을 어렵게 한다. 커뮤니케이션이란 발신자(communicator)와 수신자(receiver)의 공통 이해관계 성립을 위한 노력인 것으로, 건축주 입장에서는 건축으로 인한 만족을 얻고 양질의 건축을 위해서는 첫 번째로 커뮤니케이션 장애요소 억제와 통제가 요구되며, 이는 의사전달 조정·통제전담부서(audit·monitoring groups)를 활용한 모니터 방식[320]과 둘째, 커뮤니케이션 과정의 암호(메시지) 해석[321]을 해 주

319 건축에 있어 예측의 중요성은, 건축과정이 지니는 불확실성이라는 측면과 함께 건축이라는 상품의 활용방법은 현재에 있지만 활용가치는 미래에 있다는 점 때문에 더욱 중요하다. 따라서 건축에 있어 체계적 예측은 건축의 활용가치를 높일 수 있다는 측면에서 매우 중요하며, 건축과정의 체계적인 예측이란 방어적이거나 사후에 대응하는 것이 아니라 환경에 공격적(proactive)으로 대응해야 한다.

320 장애요소 억제와 통제를 통한 의사전달 과정의 전략적 기법으로는 ① 문호 개방(open door policy) 등을 통한 수직 통합, ② 채널 매체의 정밀화, ③ 채널의 적정화[lean channel 및 rich channel: 풍부한 통로(channel richness)란 1회 전달에 수용할 수 있는 정보의 양의 개념이다. Stephen P. Robins, 『Organizational Behavior(fifth edition)』, Prentice Hall, 2003, p.295], ④ 반복(redundancy), ⑤ 순환, ⑥ 시간조절(timing), ⑦ 의사전달 조정·통제전담부서(audit·monitoring groups)를 활용한 모니터 방식이 있다. 오석홍, 『조직이론』, 박영사, 2005, pp.476 - 480 참조.

321 커뮤니케이션 과정에 있어 해석과정의 필요성을 제시한 사람은 슈람(Wilbur Schramm)으로 슈람의 커뮤니케이션 모델은 원래 오스굿(C. E. Osgood: Osgood, Charles Egerton, Tzeng, Oliver C. S, 『Language, meaning, and culture: the selected papers of C. E. Osgood』, New York: Praeger, 1990, 상세논의 참조.)이 창안한 것을 슈람이 1954년 그의 논문 『How communication works』에서 제시한 것이다. 여기서 그는 커뮤니케이션 과정을 피드백 개념을 차용하면서 기존의 선형(일 방향)이 아닌 순환개념으로 설명하였다. 때문에 슈람(Wilbur Schramm)의 모델을 순환모델 또는 상호관계 모델(Interaction

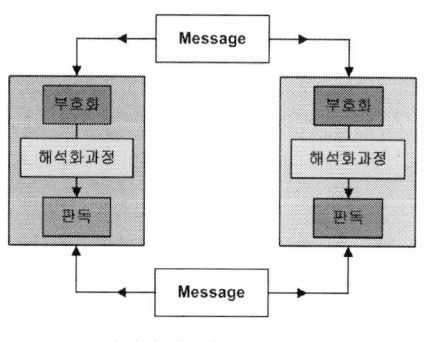

슈람의 상호관계모델 개념

는 대리자(advisor or facilitator)가 필요하다. 셋째, 건축주의 의향이 건축 전 과정에 전달되기 위해서는 건축조직이 건축 초기단계부터 핵심 팀(core team)을 구성하고, 이 팀 내에서 통합된 의견이 건축 전 과정에 전달될 수 있도록 하여야 한다.

현대의 부의 척도는 소유(stock)가 아닌 정보의 활용 능력(flow)이다. 즉, 정보를 소유하는 것이 아닌 다양한 정보 소유자와 상호 교류를 통해 새로운 정보를 창출하는 것이 현대의 가치 창출의 개념인 것이다. 따라서 현대건축 실행의 성패는 건축조직의 정보교류의 원활도, 즉, 커뮤니케이션 구조에 따라 결정된다. 이러한 커뮤니케이션은 정보전달의 정확성과 관련된 기술적인 측면, 정보내용의 올바른 해석과 관련된 어의적인 측면 그리고 전달된 정보가 수신자에게 미치는 영향과 관련된 효과적인 측면에서 고려되어야 한다.[322]

3. 건축리스크 관리

건축은 시대의 변화에 따라 고도화, 복잡화, 대형화되어 가면서 수많은 종류의 리스크(Risk)와 불확실성에 노출되어 있다. 일반적으로 손해(Loss), 손상(Injury), 불이익(Disadvantage), 파괴(Destruction)로 정의되는 리스크는,[323] 건축에 있어서 건축과정의 의사결정 상황에서 직면하는 결과 예측 가능성의 결여로 파악될 수도 있다. 그래서 건축 실행 시 정보수집 수준이나 상황예측 능력에 따라 ① 미래상태의 발생을 완전히 예측한 경우와, ② 미래에 대하여 완전히 무지한 상태의 경우, ③ 미래에 대하여 부분적인 정보를 가지고 미래상태의 발생을 예측하는 경우로 나눌 수 있다.[324]

Model)이라 한다. 슈람의 모델은 대화 상대 간의 메시지 전달과정은 순환되어야 하고, 전달 메시지는 각기 (수신자 및 송신자) 해석과정을 거쳐 판독이 되어야 한다는 개념이다. 김병철·안종묵, 『커뮤니케이션 이론과 실제』, 한국외국어대학교출판부, 2005, pp.30-37; 안정현, 「의사소통과 인간관계」, 『人文論叢』 Vol.34, No.1, 부산대학교, 1989, pp.163-188.

322 Weaver, Warren, 「The Mathmatics of Communication」, 『Scientific American』, no.7, July, 1969, pp.11-15.

323 Rothcopf, M. H., 『Measuring Risk』, Xeros Palo Alto Research Center, 1975.

건축리스크란 건축조직의 비효율을 초래하여 건축의 효용을 저하시키는 모든 장애 요소로, 건축비용을 높이고 건축의 질을 저하시켜 건축의 가치를 저하시킨다. 이러한 비효율은 건축에 있어 건축 손해에 직접적으로 영향을 주는 **낭비(浪費)**와 간접적 유인을 제공하는 **해이(hazards)**로 구분할 수 있다. 따라서 건축리스크 관리란 크게 건축비용(agency cost) 관리와 해이관리로 구분할 수 있다.

이러한 건축 리스크는 역선택과 도덕적 해이라는 대리인 문제로 표출되어 건축의 가치를 저하시킨다. 따라서 효율적 건축조직 구성을 위해서는 효율성을 저하시키는 장애요소의 통제가 핵심이다.

3.1. 리스크와 해이

리스크, 즉 위험은 ① 인적위험 또는 투기적 위험(speculative risks)・순수위험(pure risks),[325] ② 기본위험(fundamental risks)・특수위험(Particular risks), ③ 정태적 위험(static risks)・동태적 위험(dynamic risks),[326] ④ 물리적 위험(physical risks)・사회적 위험(social risks)・시장위험(market risks),[327] ⑤ 생애주기 위험(personal risks)・재산위험(property risks)・배상책임위험(legal liability risks)으로 구분할 수 있고, 이 중 투기적 위험은 특징적으로 이익(＋)상황과 손해(－)가 공존한다. 〈그림 3-22〉는 위험과 관련된 개념을 정리한 것으로 해이와 손인사고, 손해가 모두 연관 관계를 가지고 있음을 알 수 있다.

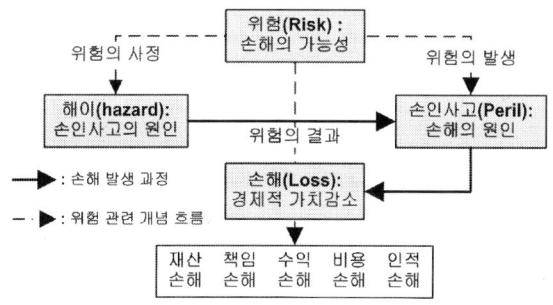

출처: 高良坤・崔錫奎, 「道德的 危態에 대한 경제적 대응 방안」, 『論文集』 no.42, 全北大學校, 1996, p.222 수정도식.

<그림 3-22> 위험의 개념

324 최동환, 『건설 리스크 사건의 분석 및 평가를 위한 폴트 트리 적용 방안』, 중앙대 석사논문, 2001, pp.14-15.

325 高良坤・崔錫奎, 「道德的 危態에 대한 經濟的 對應 方案」, 『論文集』 no.42, 全北大學校, 1996, p.219.

326 Willet, A. H., 『The Economic Theory and Insurance』, Oxford University Press, 1951, pp.15-19. 高良坤・崔錫奎의 앞의 논문에서 재인용.

327 Hardy, Charles O., 『Risk and Bearing』, Chicago: Univ. of Chicago, 1923, pp.2-3.

위험으로부터 파생되는 해이(Hazard)는 損因事故(Peril)로부터 발생하는 손해(loss)의 가능성을 만들어 내거나 증가시키는 정보이고, 특정 損因事故로 인하여 일어날 수 있는 손해의 가능성을 만들거나 증가시키는 조건·상황이며,[328] 損因事故를 발생케 하는 여러 가지 기여(寄與) 요인이다.[329] 해이의 유형은 물리적 해이(Physical hazard), 도덕적 해이(Moral hazard), 방관적 해이(Morale hazard) 혹은 위험관리 주체의 제어 가능 여부를 기준으로 미시적 해이(micro hazard)와 거시적 해이(macro hazard)로 구분할 수 있다.[330] 〈표 3 - 8〉은 해이에 따른 위험의 종류를 분류한 것이다.

<표 3 - 8> '해이'에 따른 '위험'의 유형

분류기준	명칭	내용 및 특성	
작위성	투기적 위험	인위적으로 위험을 창출함으로써 존재하는 것. 이익·손해의 발생가능성 존재	
	순수위험	이미 존재하고 있는 위험	
사회경제	정태적 위험[331]	1. 사회경제의 정상상태에서의 위험(천재지변). 재산의 한 단위 혹은 몇 가지 단위에만 작용하는 특징이 있음.	
	동태적 위험	1. 사회경제의 동태적 변동(가격 변동). 일정 종류의 재산 전 단위에 작용	
유인	물리적 위험	재산에 대한 직접적 손해 가능성	자연적 물리적 위험
			생산과정의 원료결함·기술상 하자
	사회적 위험	파업이나 세제개혁 등 사회집단의 예측 불가능한 행동에 따른 위험	
	시장위험	1. 시장지식의 미활용에 따른 위험 2. 판매 시의 상품가격이 구매 시에 비해 하락으로 발생하는 위험[332]	
잠재성	생애주기 위험	생애주기에 따른 위험(노후화·멸실)	
	재산위험	각종 재산의 파괴, 소실, 상실 등을 초래하는 위험	직접손해
			간접손해: 직접손실 복구 시 강화된 규제로 비용초과에 따른 손실
			순소득손해: 수입 감소 요인,[333] 경비 증가 요인[334]에 따른 손실
	배상책임위험	과실이나 계약위반 등으로 발생하는 법적 배상책임. 예) 소송·협의 및 부대비용	

출처: 高良坤·崔錫奎, 앞의 논문, pp.219 - 220의 분류명칭을 참조하여 재해석

••••

328 Vaughan, Emmett J., Vaughan, Therese M., 『Vaughan, Emmett J. Vaughan, Therese M.』, New York, NY: J. Wiley Sons, c2003, p.6.

329 Bickelhaupt, David Lynn, 『General insurance』 9th ed., Homewood, Ⅲ: R. D. Irwin, 1974, p.9.

330 高良坤·崔錫奎, 「道德的 危態에 대한 經濟的 對應 方案」, 『論文集』 no.42, 全北大學校, 1996, p.221.

331 정태적 위험은 개별적 발생 가능성 측면에서는 불규칙적이나 대수적(大數的) 측면에서는 규칙성을 지니고 있다.

332 예컨대, 건축주가 최초에 100원을 지불하고 구매한 건축물이 시장변동에 의해 판매 시 100원보다 하락할 수 있는 위험.

해이로 인해 발생하는 손해(Loss)란 사고(事故)의 결과로 생산되며, 가치의 감소를 의미한다. 손해의 유형은 ① 재산손해, ② 책임손해, ③ 수익손해, ④ 비용손해, ⑤ 인적 손해로 구분할 수 있다.[335]

3.2. 건축 비용관리

건축설계 단계의 비용 소요인자는 건축정보 취득 비용이다. 이러한 건축정보를 취득하는 데드는 비용은 요소는 크게 외적 요소와 내적 요소로 구분할 수 있다. 이때 외적 요소는 자연환경, 사회·경제 및 정책적 정보 취득 비용으로 구성되며, 내적 요소는 건축조직의 기술력과 건

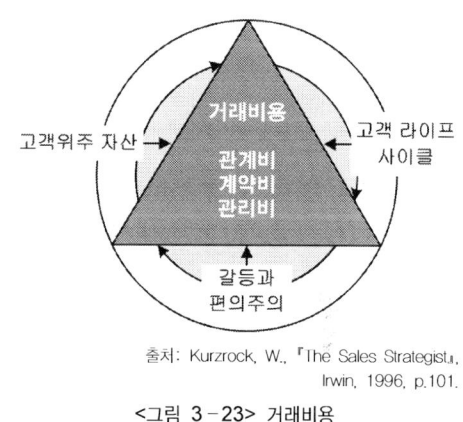

출처: Kurzrock, W., 『The Sales Strategist』, Irwin, 1996, p.101.

<그림 3-23> 거래비용

축조직의 관리비용이다. 이 중 건축실행 전체의 증감에 차이를 발생시키는 요인은 내적 요인이다.[336] 이러한 내적 요인을 구성하는 비용은 거래비용이다. 거래란 경제이익 주체 간에 교환이 일어나도록 하는 데 수반되는 교섭(negotiating), 감시(monitoring), 이행비용(enforcing cost)이 있다. 이러한 거래비용의 발생은 거래의 어려움 때문에 발생하는 것으로, 효율적인 조직이란 소비자가 요구한 제품이나 서비스를 최소한의 비용으로 제공할 수 있는 조직이다.[337] 따라서 건축비용 관리란 건축주와 건축기술자 간에 발생하는 교환에 따라 발생하는 정보와 조직 관리비용을 최소화하는 동시에

••••

333 예컨대, 건축물의 부실·하자로 인해 임대료 수입이 상실되는 경우 등.

334 예컨대, 건축물의 유지관리에 드는 비용이 증가하는 경우.

335 Williams, C. Arthur, Heins, Richard M., 『Risk Management and Insurance』 6th ed., New York: McGraw-Hill, c1989.

336 박근준, 「국내공동주택공사의 연면적 변화에 의한 공존별 비용증감 추이분석」, 『대한건축학회논문집 구조계』 vol.16, No.5, 2005, pp.69-75.

337 Fama, E. F., Jensen, M. C., 「Agency Problems and Residual Claims」, 『Journal of Law and Economics, 26, June』, 1983.

최대의 가치를 창출하는 데에 목적을 두고 있다.

 전문·분업화 양상을 보이는 현 사회에서 전문가와의 계약적 대리는 필수불가결하다. 그러나 그에 따른 경제적 위험요소 또한 배제할 수 없다. 이러한 대리 문제는 1976년 Jensen과 Meckling에 의해 처음 이론화되었으며, 일반적으로 주체－대리인 모형(principals－agents model) 혹은 대리인 이론(agency theory, agency problem) 등으로 부른다. 대리인 이론은 인간들의 상호 작용이 합리적이고 자기의 이익을 추구하며 효용을 극대화(rational utility maximize)하는 일련의 교환 작용[338]이라는 전제를 바탕으로, 대리관계를 '하나의 당사자(principal[s])가 다른 당사자(agent)에게 결정권한을 위임함으로써 자신을 대신하여 업무를 수행토록 맺는 계약'이라고 정의하고 있다.[339] 즉, 주체는 대리인에게 보상을 지급하는 대신 그들로 하여금 자신을 대행하도록 명시적 혹은 묵시적인 계약(implicit contract)을 통해 고용한다. 일단 양 당사자가 계약조건에 합의하면 주체는 대리인에게 결정권한을 위임하고, 대리인은 주체의 이익에 봉사함으로써 약속된 보상을 받는다. 그런데 주체－대리인 모두는 합리적인 경제인으로서 스스로의 이익에 따라 행동하게 된다는 것이다. 때문에 대리인이 주체의 이익을 충실하게 대변하고 확보하지 못하는 대리인 문제(agency problem)와 대리인 비용(agency costs)이 발생한다.

 이러한 문제는 정보 불균형(asymmetric information), 즉, 대리인이 가지고 있는 정보를 주체가 알지 못하거나 불충분하게 알고 있기 때문으로(〈그림 3－24〉), 주체는 대리인의 능력에 비해 많은 보수를 지급하거나 능력이 부족한 대리인을 잘못 선택(reverse selection)하는 경제적 위험과 대리인이 사익을 위해 고의적이고 악의적인 부주의(moral hazard)한 행동에 의한 경제적 손실에의 위험을 안고 있다. 그러므로 대리관계는 당사자 간 공평성(fairness)을 바탕으로 한 네트워크가 가장 중요한데,[340]〈그림 3－

••••

338 사람들이 교환을 위한 기회를 탐색하고, 확인하고, 교섭하는 수단으로서 또한 교환이 그들의 형편을 보다 나아지게 할 것이라고 기대하기에 계약에 참여한다. Svetozar Pejovich, 한상인 외, 『재산권 경제학』, 문영사, 2000, p.42 참조.

339 Jensen, Michael, and William Meckling, op. cit.,1976, p.308.

340 Robert G. Eccles, 「Transfer Pricing as a Problem of Agency」, 『Principals and agents:

25)) 이때 공평함이란 정보의 균형, 상호 역할 분배에 따른 책임 공유를 통한 공정한 보상(reward/incentive)과 반대급부를 포함하는 개념이다.

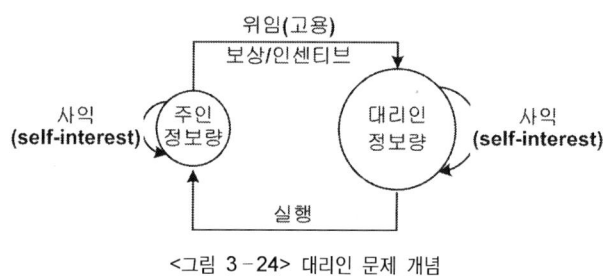

<그림 3-24> 대리인 문제 개념

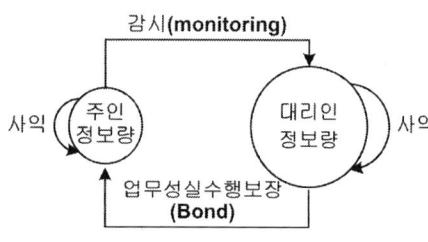

<그림 3-25> 대리인 문제 해결 개념

이와 같은 대리인 관계에서 발생하는 것이 바로 대리인 비용으로 대리 문제를 극소화하고 주체의 이익을 극대화하기 위해 프로젝트 수행과정을 개선하는 데 소요되는 비용을 지칭하며 아래에 기술된 바와 같이 3가지로[341] 분류된다.

(1) 감시비용(Monitoring expenditure)

이는 대리인이 비금전적 항목을 과다하게 지출하는 것을 제한하는 데 발생하는 비용이다. 즉, 주체가 계약에 영향을 미치는 변수에 대하여 대리인보다 모를 경우 대리인은 주체의 부를 감소시킬 수 있는 행동을 할 수 있다. 때문에 이러한 정보편재를 완화시켜 주는 통제시스템, 즉 대리인의 유해한 행위를 제한하거나 그릇된 행위를 탐지해 낼 감시 장치(monitoring

The Structural of Business』, Harvard business school press, 1991, p.152.

341 Robert G. Eccles, 「Transfer Pricing as a Problem of Agency」, 『Principals and agents: The Structural of Business』, Harvard business school press, 1991, p.308.

devices)가 요구되며 그에 소요되는 비용이다.

(2) 공사 이행보증과 보증비용(Bonding expenditure)

이는 대리인이 주체의 이익을 희생시키는 어떠한 행동도 취하지 않겠다는 신뢰성 보장을 위한 비용[342]으로, 업무 대리인의 능력부족이나 부주의한 실수[343] 등으로 발생 가능한 경제적 손실에 있어 개인적으로 부담할 능력범위 밖의 비용을 제3자에게 전가시키는 방법이다.

① 보증 · 보험

건축행위는 여러 전문기술자들과 복잡한 행정절차를 거쳐야 하는 복합 프로젝트(Complex project)로 모든 요소가 잘 조화되어야 건축주가 원하는 양질의 건축물을 얻을 수 있다. 복합 프로젝트는 매 절차마다 많은 양의 문서 등을 포함하게 되는데, 이때 실수에 따른 건축주의 경제적 위험 가능성을 배제할 수 없다. 이러한 위험에 대한 일반적인 리스크에 대응 유형은 회피(Avoidance), 감소(Abatement), 보유(Retention), 전가(Transfer) 4가지 종류가 있으며,[344] 사회의 현상적 제도로는 보증제도와 보험을 활용하고 있다.

<표 3-9> 보증과 보험

명칭	내용구분	비용부담
보증	이해 당사자 간 보증계약	주인, 대리인
보험	제3자로의 전가를 통한 보증	대리인

우선 보증이란, 이해 보증 당사자(surety)가 다른 이해 당사자(principal)에게 제삼자 또는 단체(obligee)의 이익을 위해 계약에 명기된 의무 수행 보장을 동의하는 이해 당사자 간 계약으로, 입찰보증(bid bond), 업무완료 보증

----

342 Ross L. Watts, Jerold L. Zimmerman, 『Positive Accounting theory』, Prentice-Hall International Inc.1986, p.181.

343 건축사가 계획 시 새로운 법을 몰라 잘못된 계획을 하거나, 시공과정에서 건축비를 절감할 만한 신기술 · 신재료를 모르는 경우 등.

344 有岡正樹, 문영기 · 장희순, 『부동산 개발사업과 위험관리』, 부연사, 2004, p.214.

(completion bond), 상호채권보증(dual obligee bond), 지불보증(payment bond), 신용보증(fidelity bond), 이행보증(performance bond), 법정보증(statutory bond), 지급보증(supply bond)이 있다.[345] 반면, 보험은 제3자(보험회사)에 책임을 전가 (轉嫁)하여 위험요소들을 관리한다는 차이가 있다(〈표 3 - 9〉). 그러므로 보험 은 자금력이 부족한 개인 전문기술자들의 경우 적합한 리스크 대응 유형으로, 건축주 입장에서는 프로젝트 초기단계에서의 비용의 불확정 부분을 줄일 수 있는 장점이 있다.

외국의 경우 건축과정에서 보증제도와 전문직 실수보상보험(professional negligence insurance)을 적극 활용하고 있다.[346] 미국은 보증회사를 통한 보증제도와 전문직능 보험이 법적 규제사항은 아니지만 입찰계약의 경우 필수항목으로 채택되고 있다. 특히 보험은 전문가 자신을 위한 경제적 위 험관리 장치인 동시에 건축주의 신뢰확보 수단이기도 하므로 기술자들에 게 보험은 필수사항으로 인식되고 있다. 영국은 보증제도를 운용치 않으 며, 전문배상보험(PII, Professional Incompetence Insurance)제도를 활용하고 있으나, 미국의 경우처럼 의무 가입대상은 아니다. 그러나 기술자들이 보 험에 가입하지 않았을 경우 건축주와의 계약 시 건축주에게 PII에 가입되 지 않은 사실을 반드시 알리도록 하여 건축주로 하여금 선택할 수 있도록 하고 있다.[347]

② 보증ㆍ보험의 국내 현황

한국은 건축과정의 경제적 위험에 대한 안전장치로서 보증제도, 건축공 사현장안전관리예치금 규정을 활용하고 있다(〈표 3 - 10〉). 건축과정의 주 요 보증제도는 건설업자들이 조합원으로서 설립한 '공제조합'(표), '대한주 택보증주식회사', '신탁회사'에 의한 보증 및 연대보증제도('건축물의 분양 에 관한 법률 시행령') 등을 통해 이루어지고 있다(〈표 3 - 11〉).

• • • •
345 David Haviland, Hon, op. cit., 1994, p.3.
346 기타 미국의 보험 관련 상세 내용은 Ibid., pp.135 - 150 참조.
347 RIBA publication, 1991, op. cit., pp.56 - 57.

<표 3-10> 공제조합의 보증 종류('건설산업기본법 시행령' 제56조)

명칭	보증 내용
입찰	공사 등의 입찰에 참가하는 조합원이 입찰참가자로서 부담하는 입찰보증금의 납부에 관한 의무 이행
계약	조합원이 도급받은 공사 등의 계약이행과 관련하여 부담하는 계약보증금의 납부에 관한 의무 이행
공사이행	조합원이 도급받은 공사의 계약상 의무 불이행의 경우, 조합원을 대신하여 계약이행의무를 부담하거나 일정금액 납부
손해배상	조합원이 도급받은 공사 등의 계약이행 중 발생한 제3자의 피해에 대한 배상금의 지급채무
하자보수	조합원이 준공한 공사 등의 시공 중 설계도서 기타 지시서에 위배하여 발생된 하자 보수 의무 이행
선급금	조합원이 도급받은 공사 등과 관련하여 수령하는 선금의 반환채무
하도급	조합원이 하도급 받고자 하거나 하도급 받은 공사 등과 관련하여 부담하는 채무 보증

인·허가, 지재구입, 대출, 납세, 하도급대금지급

이는 건축관계자에 의해 설립된 기관이라는 한계와 대규모 건축의 시공과정만을 대상으로 하거나 분양(아파트)이라는 특정 경우만을 한정하여 보조하는 협의의 안전장치라는 점 및 계획과정의 건축가의 실수로 인한 관리가 배제되었다는 측면에서 온전한 건축과정의 안전관리는 아닌 것이다. 또한 건축관계자라는 측면에서 보면 시공자와 건축주의 관계로 집약되며, 건축계획 과정의 건축가의 과실에 관한 보증제도는 없다.

<표 3-11> 보증 관련 법과 기관

법 명칭	주관 기관
보험업법	보험회사
은행법	금융기관
건설산업기본법	공제조합
증권거래법 시행령	증권거래법 시행령 제84조의16
주택법	대한주택보증 주식회사
신탁업법	신탁회사

다음은 건축과정상의 보험제도로, 현황 법은 건축과정에 있어 보험의 필요성을 인식하여 2005년부터 규정('건설산업기본법 시행령' 제26조의2)을 신설 운영하고 있으나, 이는 4대 의무 보험만을 규정('건설산업기본법' 제22조 제5항)하고 있으며, 전문 기술자와 관련한 보험제도는 시행치 않고 있다. 그러므로 건축과정의 당사자 간 신뢰확보와 안전장치로서 보

증·보험제도는 건축 전 과정에서 전 기술자를 대상으로 하는 장치가 마련되어야겠다.

(3) 건축과정의 잔여손실(Residual loss)

건축주의 감시활동과 대리인의 결속활동에도 불구하고 나타나는 경제적 손실이 있는데 이도 대리 비용으로 보고 이를 잔여손실(residual loss)이라고 한다.

이는 대리인의 이기심(moral hazard)으로 자신의 사익을 위해 주체의 이익에 반하는 고의적이고 악의적 행동에 의해 발생되는 주체의 손실로 대리인에의 실제 성과결과와 대리인에의 기대성과 결과의 차이다. 그러므로 대리인의 능력부족이나 실수에 의해 발생하는 보증비용과 구별되며 이에 대한 완화책으로는 주체－대리인 간의 계약 시 표준산출물을 명확히 설정하는 것이다.

결국, 감시비용과 잔여손실은 건축주가 자신의 이익 극대화를 위해 소요되는 비용이다. 이때 감시비용은 프로젝트 전반을 관리하고 대리자들과의 커뮤니케이션에 소요되는 비용이다. 건축주가 잔여손실을 최소화하고 자신이 계획하고 기대했던 결과물(건축물)을 얻기 위해서는 철저한 계약(의사표시)을 통해 대리인의 도덕적 해이에 대한 반대급부 및 인센티브를 적용할 수 있어야 한다. 보증 비용은 프로젝트 수행과정 중 발생 가능한 대리인의 부주의에 의해 건축주가 재정적 손실을 입을 경우 이에 대한 보상비용으로 이는 대리인들이 부담하는 비용이다(〈그림 3－26〉).

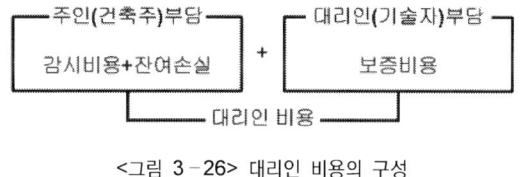

<그림 3－26> 대리인 비용의 구성

그러므로 건축주는 건축자금 계획 시 건축물 자체에 소요되는 직접 결과 비용뿐 아니라 과정비용(감시＋손실)도 고려해야 하며, 기술자들과 계약 시 성실히 업무를 수행할 것을 약속받는 의미에서 보증도 받아야 한다.

3.3. 건축조직의 비효율 요인

대리인 문제의 접근은 주체-대리인 관계의 효율성을 저하시키는 합리성의 제약, 정보 불균형, 대리인의 기회주의적 행동, 자산특정성, 소수독점 등 5가지 제약요인[348] 분석과 제약요인의 통제가 핵심이다.

우선 첫 번째로 주인-대리인 관계에서 합리적 선택을 제약하는 요인들은 많다. 그러나 대리인 이론이 중요시하는 요인들은 다음과 같이 분류할 수 있다. ① 인간의 인지적 한계에 의한 절대정보 부족, 즉 상황적 제약 때문에 발생하는 '합리성의 제약'으로, 이는 환경변화 등의 불확실 요소에 의해 발생하므로 통제하기가 어렵다. ② 일반적으로 주체(건축주)보다 대리인(건축기술자)은 업무수행에 관한 정보를 더 많이 소유하고 있다. 이러한 현상을 정보 불균형(Asymmetry information)이라 한다. 이러한 '정보 불균형'은 건축주가 건축기술자들의 재량에 의존할 수밖에 없는 유인을 제공하여, 건축주를 건축과정에서 배제시킨다. ③ 이러한 대리인에 의한 업무 의존은 대리인의 기회주의적 행동(Opportunism)에 대응할 수 없다는 문제로 인해 건축주의 손해유인으로 작용한다. 대리인의 기회주의적 행동이란 노력은 최소화하고 이익은 최대화하려는 대리인의 도덕적 해이(Moral hazards)를 의미한다. 이러한 대리인은 자신에게 유리한 정보는 과장하며 불리한 정보는 은폐(Hidden action)하려 한다. 따라서 이러한 건축정보의 불확실(Incomplete information)성은 건축주의 역선택(Adverse choice), 즉 역량이 부족한 건축기술자의 선택이나 대리인의 자질에 비해 비싼 대가로 계약하는 이익 불균형을 초래할 수 있다. ④ 자산특정성(asset specificity)이란 프로젝트에 투자한 자금이 고정적이고, 특정적이면 조직 내의 관계나 외부공급자와의 관계가 고착된다는 것이다. 따라서 비록 건축주가 대리인 관계가 비효율적이라도 이를 바꾸기 어렵다는 것이다. 예컨대, 비용결정에 따른 건축계약 방식에 있어서 고정가계약방식(Lump-sum or fixed-price)의 경우가 이에 해당한다 하겠다. ⑤ 소수독점(Oligopoly)

----

348 이러한 분류기준은 대리인 이론에 근간한 B. J. Hodge, William P. Anthony & Lawrence M. Gales, 『Organization Theory: A Strategic Approach』, 6th ed., 2003, Prentice Hall, pp.222-237 참조.

이란 프로젝트를 수행하는 대리자의 수가 적으면 불리한 선택을 할 가능성이 높다는 것이다. 예컨대 건축주와 설계자, 시공자의 1:1관계는 건축과정의 합리적 선택을 할 수 없는 장애요소이다.

3.4. 건축법에 의한 조직통제에 따른 건축리스크의 유형

시장 메커니즘에 의하여 건축조직을 형성하고 있는 선진국과는 달리, 한국은 '건설산업기본법', '건축법', '건설기술관리법', '건축사법' 등 제도적 장치를 토대로 형성되어 있어, 건축조직을 형성하는 건축관계자의 대부분의 업무 또한 법률에 의해 규정된 업역으로 형성되어 있다. 즉, 외국의 건축조직은 다양한 업역의 관계자들로 구성되어 있는 반면, 한국의 경우 건축관계자(조직)의 미분화로 업무와 그에 따른 위험(Responsibility & Economic risk)이 편중되어 있는 실정이다. 이러한 규제적 업역화는 법의 비탄력적 특성상 시장의 요구에 빠르게 대응할 수 없어 거시적으로는 건축 산업의 국제 경쟁력을 떨어뜨리고 있으며, 미시적으로는 건축 단계별(설계단계 및 시공단계) 조직 간의 이해관계를 첨예화하고, 건축의 질 향상을 위한 기술개발보다는 사익추구(도덕적 해이·지대추구[349])의 반대급부를 초래하고 있어, 결과적으로는 건축주의 불만족,[350] 건축비용의 증대 및 부실공사를 발생시키는 요인으로 작용하고 있다.[351]

이러한 문제는 결과적으로 건축비의 증가 요인으로 작용하여 건축의 질을 저하시킨다. 이러한 문제요소를 세분하면 크게 ① 업무 미분화에 따른 업무 편중과 특정 건축기술인력 부족 초래, ② 통합적 건축 관리 부재에 따른 업무 중첩, 건축 관리 비용(monitoring cost)의 증가, 담합 및 덤핑,

----

349 건축산업에서의 지대추구는 면허에 강하게 독립성이 부여될 경우에 건축업체가 정상적인 활동을 통한 이윤추구보다는 면허대여, 입찰참가에 따른 대가수수 등을 통한 이윤추구에 더 치중하는 현상으로 설명될 수 있다. 이 지대추구는 건축산업 조직의 업역화를 더욱더 부추기는 요인으로 항상 지적되어 왔다. 김재연·이형찬, 앞의 보고서, p.30. 각주 8 인용.

350 건축주의 불만족은 시공보다는 특히 건축 디자인(Design quality)의 경우가 그러하다. 때문에 디자인 빌드방식의 대부분의 대형 건축 프로젝트는 암묵적 아웃소싱(현행 '부가가치세법'상의 문제 등으로 외국 건축가가 적법하게 국내에서 수주 활동을 하기 어렵다. 때문에 외국 건축가의 국내 디자인 활동은 국내 설계사무소(architect of record or local architect)와 연계되어 비공식적으로 활동하고 있다.)에 의해 외국 건축가에 의해 기본디자인이 시행되고 있는 실정이다.

351 김재연·이형찬, 앞의 보고서, p.30 참조 수정.

③ 단순한 커뮤니케이션 채널과 일방향 커뮤니케이션 구조에 따른 각 조직 간 정보소통 미협(未洽)으로 발생하는 잦은 설계변경과 공기지연이 있다. 〈표 3-12〉는 건축단계의 유형별 리스크 요인[352]을 정리한 것이다.

<표 3-12> 건축 설계단계의 유형별 Risk 요인

위험유형		위험인자
기획 및 설계단계	재정 및 경제	인플레이션, 의뢰자 재정능력, 환율변동, 하도급자 의무불이행, 보험가입 적정성, 자금유통을 위한 준비의 적정성, 세금 등
	설 계	설계범위 결정의 불완전, 설계결함 및 누락, 부적합한 시방서, 현장여건 상이, 신기술의 발전 및 적용, 조사 분석상의 결함, 설계와 시공간의 부적합한 의사소통
	정치, 법, 환경	법, 규정, 정책의 변경, 전쟁 및 내란의 발생, 공해 및 안전문제, 생태환경파괴, 폐기물처리, 대중의 이해관계, 통상규제, 토지 수용 또는 몰수
관리 운영	물리적 요인	구조물의 손상, 장비의 손상, 화재, 도난, 산업재해
	천재지변	홍수, 지진, 태풍, 산사태, 낙뢰 등
	건물운영	시장 여건의 불규칙적 변동, 유지관리의 필요성, 안전운영, 운영목적에 대한 적합성

(1) 건축주의 역선택

계약(契約)이란 "……을 책임지고 해나갈 수 있다(vertragen)는 것을 주체적으로 의사 표시하고, 그것으로부터 적극적으로 구축된 속박(vertrage)이다."[353] 이러한 견지에서 보자면 건축관계자들에 의한 계약의 집합체(the nexus of contract)인 건축과정에서 외형적으로 건축주는 건축과정의 소유권자는 아니다.

책임에 권한이 수반되는 것이고, 건축주의 건축책임이 소유권에 의하는 것이라면, 엄밀한 의미에서 건축과정의 건축주의 책임은 한계를 지닌다고 할 수 있다. 그럼에도 불구하고 건축으로 인한 궁극의 이익 향유자라는 점을 감안하여, 건축주의 책임을 의미 있게 만들기 위해서는 책임을 지닌 사람과 관계자 간에 적절한 제재를 가할 수 있는 능력의 균형과 함께 관계자 간의 지식균형이 이루어져야 한다.[354]

••••

352 조영준, 「설계에 기인한 위험으로부터 계약당사자 보호를 위한 전문책임보험 도입방안연구」, 『대한건축학회 논문집』 12권 10호, 대한건축학회, 1996. 10, p.306 표 1 참조 수정.

353 www.moleg.go.kr: 법제처, 『법령정보』, 2006. 11, pp.30-33.

354 책임성에 관한 자세한 논의는 Diana Leat, 노연희, 『제3섹터란 무엇인가』, 아르케, 2003, pp.209-227 참조.

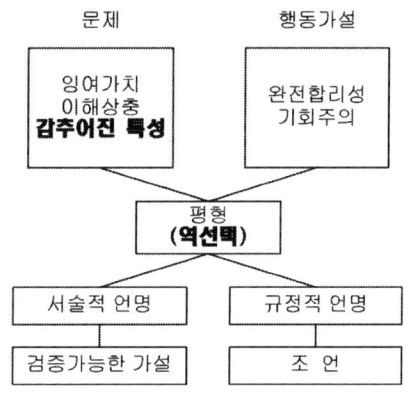

Hendrikse, George, 『Economics and management of organizations』, p.96.

<그림 3-27> 감추어진 특성과 역선택

일반적으로 건축주(Occasional · Inexperi- enced clients)는 건축의 비전문가로 건축 실행과정의 실질적인 주도권자로서의 역량이 부족하다. 이러한 역량의 부재(Lack of leadership)는 현대에 있어 가장 중시되는 정보의 문제로 귀결된다. 이러한 건축주의 정보부재(Asymmetry Information)[355]는 감추어진 특성에 기인한다. 감추어진 특성이란 2가지 양상으로 파악할 수 있다. 하나는, 계약의 문제이며, 다른 하나는 건축과정의 커뮤니케이션의 문제이다. 건축관계자 상호간의 (책임)관계는 계약으로 관계된다.[356] 그러나 건축주는 전문기술자의 역량 등을 파악할 정보가 부재하므로 건축 초기단계부터 건축적 위험(逆選擇)[357]에 당면하게 되는 것이다.

또 다른 하나는, 건축 과정의 감시(Monitoring)의 문제이다. 건축주는 건축의 질을 결정하는 실질적 주체이다. 그러나 건축주는 건축지식이 부족하므로 대리인들(Agents)[358]의 도덕적 해이(Moral hazards)와 자신의 최소한의 요구(Quality & Interest)에 충분히 부합되는 행위를 하고 있는지에 대한 감시를 할 수 없다. 또한 건축의 가치판단은 건축과정에서 이루어질 수 없고, 건축물이 완성되어 건축주에게 인도된 후에야 가능하다. 때문에 건축주의 건축 불만족은 건축과정에서 피드백되지 못하고 건축분쟁으로 이어진다. 따라서 건축주가 건축의 질을 높이고 건축을 통한 이익 극대화를 위해서는 별도의 감시비용(Monitoring expenditure)이 발생한다.

대리인 문제의 정보 불균형 구분하는 기준으로 숨겨진 정보(Hidden

----

355 여기서 정보부재란 절대적 정보부재뿐 아니라 최근 IT의 발달로 인한 범람하는 정보(information overload) 중 취사선택할 능력을 포함하는 개념이다.

356 건축법 제9조의2 제2항.

357 정보의 격차가 존재하는 시장의 경우 도리어 품질이 낮은 상품이 선택되는 가격 왜곡 현상으로, 자기선택 또는 반대선택이라고도 한다. 이는 어느 한쪽만이 정보를 가지고 있기 때문에 발생하는 문제로, 정보를 가진 쪽은 결과적으로 정상 이상의 이득을 챙기거나 혹은 타인에게 정상 이상의 손해 또는 비용을 전가(轉嫁)하는 행위 일반을 가리킨다.

358 건축주외의 위임 계약을 통해 관계된 건축기술자들.

information)에 의한 행동(도덕적 해이)과 특성(역선택)으로 구분하는 방법과 발생시점을 기준으로 계약 후(Post – contractual)와 계약 전(Pre – contractual)으로 구분하기도 한다.

<표 3 – 13> 정보 비대칭성과 유인문제(Incentive – provision)

구 분	계약 후 비대칭 정보	계약 전 비대칭 정보
숨겨진 행동	도덕적 해이	역선택
숨겨진 특성	유사 역선택	

출처: 진성훈, 「대리인문제와 최적계약이론」, 『西江經濟論集』 Vol.29, No.2, 2000, p.29.

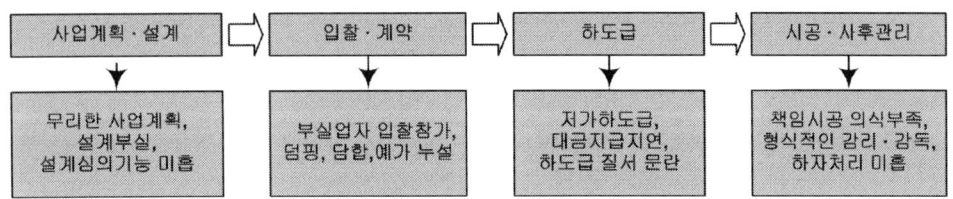

출처: 부정방지대책위원회, 『건설부조리 실태 및 방지대책』, 1993, p.57.

<그림 3 – 28> 대리인들의 건축 단계별 '해이' 발생 유형

(2) 업무 편중에 따른 리스크 개인집중

앞서 건축관계자들의 역할과 책임 관리에서 다룬 바와 같이 건축관계자들의 주요업무는 '건축법', '건설산업기본법', '전기공사업법', '건축사법', '엔지니어링 육성법', '건설기술관리법' 등에 의하여 규정되고 있다. 이는 이에 관련된 가장 주요한 주체를 나누어 보면 건축주(발주자), 설계자(건축사), 공사감리자 및 공사시공자로 구분할 수 있다. 현대의 건축은 기술과 정보의 발달로 다양한 기술의 집약으로 탄생된다. 따라서 건축은 다양한 업역의 복잡한 조직구조를 형성한다. 그러나 건축법은 외국에 비해 단순한 관계자 규정359으로 인한 과중하고 편중된 업무를 규정하고 있다. 따라

359 예컨대, 1998년 독일은 건설법전의 개정을 통하여 제3조에 주민의 참가, 제4조 공익대표기관의 관여, 제4a조 경계를 초월한 자치체와 공익대표기관의 관여, 제4b조 제3자의 관여를 신설하여 건축관계자의 범위를 이해관계자의 범위로 확대하고 있으며, 서울시정 개발연구원, 『21세기 세계 대도시 도시관리방향』, 2002, pp.82 – 83 상세 내용 참조. 영국의 경우 건축관계자는 ① 건축주(client), ② 건축주 관리자(Client's manager), ③ 건축가(architect), ④ 견적사(Quantity surveyor), ⑤ 기타 컨설턴트(Other consultants), ⑥ 시공자(Contractors), ⑦ 전문 하도급자(Specialist sub – contractors), ⑧ 감리자(Site supervisory staff)로 세분하고 있다. 이들의 세분 업무에 관하여는 RIBA, 『Architect's Handbook of Practice Management』, 1991, pp.192 – 98 참조.

서 건축법상 건축관계자의 업무 등을 살펴보고 그에 따른 구체적인 문제 인식을 하고자 한다.

설계자는 자기 책임하에 설계도서를 작성하고 그 설계도서에 의도한 바를 해설하며 지도·자문하는 행위를 하며,[360] 건축사(Registered Architect)이다. 이들 건축사는 건축법상 기획단계에서는 건축주의 Consultant이며, 설계단계에서는 설계자이며, 허가단계에서는 한시적 공무원(현장조사·검사 및 확인업무 대행자)[361]이며, 시공단계에서는 공사감리자[362]이고 건축 전 과정에 있어서는 Manager이다. 우리나라의 경우 외국에 비해 공사감리자의 역할 범위가 넓고, 책임이 과중하다.[363] 이러한 과중한 건축사의 업무는 결국 건축의 질을 저하시키는 장애요소로 작용한다. 즉, 현행 건축법은 업무의 미분화로 모든 실질적 업무 책임이 건축사에게 집중되어 있어 그에 따른 경제적 위험 또한 편중되어 있다. 따라서 건축사 업무 분화와 함께 경제적 배상에 대한 전가제도를 통해 건축 전 과정의 위험관리 제고가 필요하다.

(3) 업무의 중첩

건축주체들의 주요업무를 법률로 규정한 것은, 이를 통해서 각 건축과정 단계마다 참여주체를 명확히 함으로써 능률을 올리자는 취지이나, 문제는 이로 인하여 업무의 중첩이 생긴다.[364] 즉, 건축과정에서 건축주와 시공자, 감리자의 역할이 독립적으로 주어지고 있다기보다는 동일한 관리업무를 검토하고 감독하는 역할이 더 큰 것으로 나타나고 있다. 특히 건축시공과정에서 이러한 경향이 두드러지게 나타나고 있으며 때로는 설계자와 시공자 간의 역할도 명확하지 않다. 예를 들면 설계도서의 작성은

---

360 건축법 제2조 제1항 13호.

361 건축법 제23조 제1항.

362 건축사법 제2호 1호.

363 이재인·김억·김기철, 「建築物 監理의 改善에 관한 研究」, 『대한건축학회 논문집』 Vol.20, No.8, 2004, pp.114-121 참조.

364 참여주체 간 업무 미세분화에 따른 업무 중첩은 원수급자와 감리·감독자의 업무 중 중복업무와 불필요한 업무가 약 50~60%에 달한 것으로 분석했다. 이에 따를 때 건축공사간접비 중 약 13~15%가 업무 중복으로 인하여 발생하고 있는 것으로 나타나고 있다. 김재연·이형찬, 『건축산업의 종합적 관리방안 연구』, p.52.

설계자 고유의 업무이다. 그러나 건축규모에 따라 현장도면 작성은 시공자가 작성하도록 하고 있다.[365] 이는 한국의 경우 건축공사 과정에서 참여주체들 간의 업무가 명확하게 구분되지 않아서 나타나는 것이다. 즉 대부분의 건축공사 과정에 참여하는 주체들의 업무가 명확하게 규정되지 않기 때문에 업무가 중복되고 때로는 전가되고 있는 것이다. 이러한 업무중복이 문제가 되는 것은 건축공사 비용 증가가 원인이 되고 건축공사에 대한 책임의식을 희박하게 만들어 부실공사를 발생시키는 원인이 되기도 한다.

(4) 건축조직 통제에 따른 건축조직의 공모

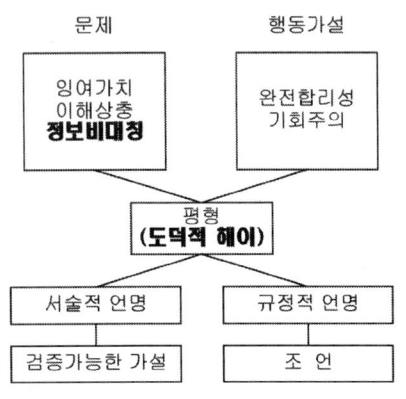

Hendrikse, George, 『Economics and management of organizations』, p.95.

<그림 3-29> 정보비대칭과 도덕적 해이

이해관계가 얽힌 조직의 문제는 관계자 간 정보 비대칭으로 인한 잉여가치의 배분의 문제에 따른 이해상충의 문제이다. 이때 이해관계자들의 행동에 따라 이해의 균형이 발생한다. 이때 이해관계자들의 행동은 완전 합리성 경향과 기회주의 성향으로 나뉘지며(〈그림 3-29〉),[366] 이해관계자들은 이 중 어떠한 행동을 선택한다. 따라서 어떠한 행동을 선택하더라도 이해관계자 간의 근본적 문제해결을 통한 이익 균형을 위해서는 이해관계자 간의 정확한 계약이 요구

된다. 이러한 계약은 검증 가능해야 하며, 규정의 성격으로서 이해관계자 간의 구속력이 있어야 한다. 이러한 투명하고, 구속력 있는 계약이 전제되지 않았을 경우 발생 가능한 문제 중 하나가 공모(談合)이다. 여기서 공모의 주체는 주체(건축주)와 대리인(건축기술자) 및 비대칭정보의 통제수단으로 감시자이다.

이러한 대리인 이론의 전제는 시장(계약)의 상황만을 대변하고 있다. 그러나 법에 의해 건축조직이 관리되고 있는 우리나라의 경우 이러한 대리

---

365 연면적의 합계가 5천 제곱미터 이상인 건축공사인 경우 공사감리자가 공사시공자로 하여금 상세 시공도면을 요청할 수 있다. '건축법' 제19조의2 제4항 및 동법 시행령. 이하의 규모일지라도 시공자가 현장도면을 작성하고 설계자가 승인하는 경우도 있다.

366 Hendrikse, George, 『Economics and management of organizations』, p.90.

<표 3-14> 공모의 주체

연구자	공모(公募) 주체	문제점
Tirole[370]	대리인 - 대리인	주체는 대리 비용 증가 효과
Kofman and Lawarree	대리인 - 내부 감독자	외부감독의 도입으로 도덕적 해이 방지
Demski · Sappington	주체	주체의 도덕적 해이는 비용 없이 완전 해결 가능하다.
	감독자	강력한 반대급부를 통해 도덕적 해이 방지
Pradeep Agrawal	주체 - 대리인(Double Moral Hazard)	사회적 책임(연구자의 주장)[371]

인 문제에 있어 주체는 정부이며, 대리인[367]으로서 건축주와 건축기술조직이다. 그러므로 이론상의 주체였던 건축주는 사익을 추구하는 합리적 경제인으로서의 대리인이 되어 공모에 가세한다. 따라서 건축조직의 공모는 담합[368]이나 덤핑 등으로 현상화되고 있다. 특히 여기서 주목해야 할 공모의 주체는 건축주이다. 건축의 주체로서 건축주의 공모(double moral hazards)는 건축의 질을 저하시키고 건축문화의 가치를 떨어뜨린다. 따라서 이론적으로는 주체(건축주)의 공모는 비용발생 없이 완전 해결 가능한 것으로 연구되고 있으나, 통제구조하에 있는 우리나라의 건축 환경은 사회적인 경제손실을 초래할 수 있다.[369]

이러한 담합 행위는 협상형(Bargaining model), 매수형(Bribery model),

367 여기서 대리인이란 법률적 대리관계의 대리인을 의미하는 것이 아닌 주체에 대한 상대적 개념으로서의 통칭으로서의 대리인을 의미한다.

368 담합이란 '2인 이상의 사업자가 공모하여 관련 시장에서의 경쟁이 실질적으로 제한되는 행위'로 규정하고, 담합이 성립되기 위해서는 ① 2개 이상의 사업자(주체)와, ② 이들 간의 공모(의사의 합치) 및, ③ 실질적인 경쟁제한성 존재 등 세 가지 요건이 갖추어져야 한다. 공정거래위원회에서는 1995년 8월에 제정한 '입찰질서 공정화에 관한 지침' 일반적으로 담합은 불공정 거래행위를 의미하지만, 경쟁 입찰 방식의 불평등성에 대응한 건축업체들의 대항력 또는 자기 방어 행위로 인식하여, 건축 공시의 입찰 경쟁에서 담함 행위의 정당성을 주장하는 견해도 있다. 이러한 관점에서 건축업계는 연고권이나 협의 방식과 같은 선의의 협상형 입찰 담합 행위는 건축 시장의 특수성에 비추어 필요한 정도로 인식해야 한다는 주장이다. 특히, 입찰 담합 행위를 통하여 결정되는 낙찰 가격은 당초 발주자가 합리적으로 산정하고, 지불할 의사가 있는 예정 가격의 범위 내에서 결정되기 때문에 본질적으로 예산의 낭비와 사회적 후생의 손실을 초래한다고도 보기 어렵다는 것으로, 일반적으로 독점의 폐해가 가격 인상과 생산량 감소로 나타난다면, 건축 입찰 담합의 경우 생산량에 대한 영향은 없고, 가격 수준의 상승에 영향을 주나 이 역시 공사 예정 가격 이하에서 통제되기 때문에 제조업에서의 독점 또는 담합과 같은 후생의 손실은 거의 나타나지 않는다고 볼 수도 있다. 윤영선 · 김태황 · 이선희, 『공공 공사 입찰 담합에 관한 연구』, 한국건축산업연구원, 1998. 11, p.15 인용.

369 예컨대, 현황 옥탑의 불법적 이용은 사용 검사 후 건축주가 개인적으로 불법 용도로 변경하여, 사용 수익하는 경우도 있으나, 시공과정이나 서례과정에서 건축주가 추후에 불법으로 사용할 것을 전제로 설계도서를 작성해 주거나, 시공과정 중에 이를 묵인해 주는 사례가 이에 해당한다.

370 Tirole, Jean, 「Hierarchies and Bureaucracies: On the role of Collusion in Organizations」,

위협형(Coercion model), 사술형(Disguise model)의 4가지 유형으로 분류되나,[372] 이 중 협상형 담합이 건축업계 내부에 남아 있는 전형적인 형태이다. 협상형 입찰 담합은 현시적 또는 묵시적으로 입찰 참가자들 간에 서로의 공동 이익을 위하여 주고받는 식의 행태로서 참여자들 간의 죄의식이 희박하고 상호 연대 의식이 강한 특성이 있으며 주로 대형 건축업체들이 많이 이용하고 있다. 이러한 협상형 입찰 담합은 다시 연고권을 중심으로 한 밀어주기 방식(Assist model), 나눠먹기 방식(Distribution model), 그리고 경쟁 상대방과의 연합 방식(Coalition model)의 3가지 유형으로 구분된다.[373]

즉, 건축법으로 건축조직의 업무가 규정되고 있는 한국의 건축조직은 동종 업계와 타 동종업계 간의 정보 불균형이 발생할 가능성이 높다. 이는 부정부패와 마구잡이식 공사발주 및 불합리한 입찰제도, 건축업면허 및 건축시장 개방에 따른 과당경쟁, 형식적인 공사감리 및 하도급 비리은 건축 전 과정에서 발생할 수 있다. 따라서 건축 전 과정의 통합적 관

<표 3-15> 협상형 입찰 담합의 유형

구 분	특 징
밀어주기 방식 (Assist Model) -연고권 방식	1. 특성 공사에 대한 연고권을 가진 업체가 낙찰받도록 하기 위하여 다른 입찰자들이 위장으로 입찰하는 경우 -새로 발주될 공사와 인접한 곳에서 시공 중이거나 이미 완성한 공사가 있는 경우, 해당 공사가 본사의 소재지에 속한 경우 또는 기타 사전에 당해 발주 예상 공사에 대한 수주 획득을 위하여 별도의 노력을 기울인 행위 등이 연고권에 해당됨. 2. 연고권에 의한 입찰 담합은 대형업체들을 중심으로 거의 묵시적인 약속을 통하여 관행화된 형태로 볼 수 있음.
나눠먹기 방식 (Distribution Model) -윤번제 방식	1. 향후 발주될 여러 건의 공사를 다수의 업체 간에 순차적으로 낙찰될 자를 미리 정하고 상호 지원하기로 협정하는 방식 -여러 건의 공사를 일시에 발주하는 경우 발생함.
경쟁상대방과의 연합방식 (Coalition Model)	1. 1건 공사에 대하여 연고권 또는 윤번제 방식의 적용이 어려운 경우 공동 수급체를 구성하는 방식에 해당됨.

• • • •

『Journal of Law, Economics and Organization 2. Fall』, 1986, pp.181-214.

371 주체-대리인(Double Moral Hazard)이란 예컨대, 건축주는 건축의 질이 나쁘다고 하여 건축비를 낮게 책정하려 하고, 기술자들은 업무량이나 성과를 과장하는 양자 간 도덕적 해이 상황을 의미한다. Pradeep Agrawal은 주체가 가세한 공모는 문제가 없는 것으로 분석하고 있으나 본 연구에서는 사회적 책임에 대한 문제로 파악하였다.

372 김정현, 1995.

373 출처: 윤영선·김태황·이선희, 『공공 공사 입찰 담합에 관한 연구』, 한국건축산업연구원, 1998. 11, p.15.

등이 얽혀 고질적인 입찰담합의 관행을 형성하게 되었다.[374] 이러한 담합
리가 요구된다.

(5) 현장조사·검사 확인 업무대행자의 윤리적 딜레마(Ethical dilemma)

공무원은 국민 전체의 봉사자로서 공익을 추구함은 물론 업무 수행에 있어서도 창의적이고 민주적인 능률적인 태도로 적극적, 발전적인 행동이 기대된다. 이러한 공무원의 특수한 입장 때문에 주체(국민)는 더 높은 직업윤리를 기대한다. 그러나 책임성 있는 행정을 구현해야 한다는 당위적 목

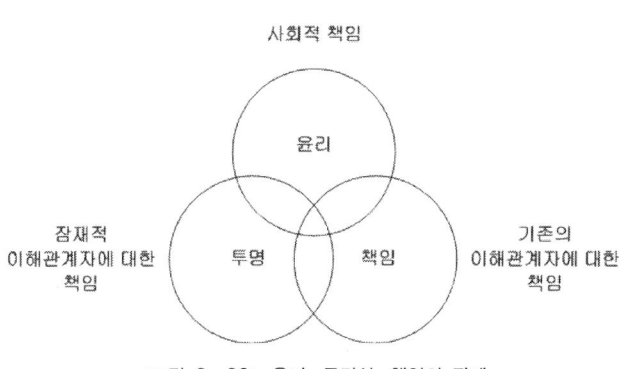

<그림 3-30> 윤리, 투명성, 책임의 관계

표와 실제 행정 간 괴리 발생의 여지가 많다. 이와 같이 이상적 윤리기준과 실제 당면하게 되는 어려움을 윤리적 갈등 내지 윤리적 딜레마라 한다.[375] 건축법은 건축행위를 하는 일반 사인(私人) 간의 관계를 규정한 사법적 성격과 국가기관과 사인 혹은 국가기관 간의 관계를 규율함을 목적으로 하는 공법적 성격을 지닌다. 행정주체와 사인(국민) 간의 관계인 행정작용 법적 관계는 권력관계, 관리관계, 국고관계(國庫關係)로 구분되는데, 권력 관계란 당사자가 법률상 지배자와 복종의 지위에 서는 관계를 말하며, 관리관계란 공공복리의 실현이라고 하는 행정목적을 달성하기 위한 사법관계와 다른 특수성이 인정되는 법률관계이다. 또한 행정주체가 공행정 작용을 사법적 형식으로 수행하는 경우, 즉, 우월한 공권력의 주체로서가 아니라 국고의 주체(사법상 재산권의 주체)로서 사인을 대하는 경우 당해 관계를 국고관계라 하며, 예컨대 건축계약이 이에 해당한다.

----

374 1998년을 기준으로 낙찰률이 95% 이상이고 참가업체수가 15개 이하인 공공공사 입찰 중 담합혐 의가 짙은 3건에 대한 직권조사로 인해 모두 그 혐의가 사실로 드러났고, 계약금액 2백억 원 이상이면서 낙찰률이 90%를 넘어 추가 조사대상이 된 공공공사만 해도 26건의 입찰담합이 적발되었다. 한국경제신 문(1999. 3. 6).

375 이를 행정윤리의 딜레마로 칭할 수 있다. 이에 대한 내용은 다음을 참조한다. 송용선, 「행정윤리의 인식적 기초 및 법제화에 관한 연구: 한국 행정윤리 법제화 과정을 중심으로」, 『목원대학교 논문집』 Vol.39, 2000, pp.288-293.

건축과정의 관계공무원은 허가권자와 한시적 공무원인 건축지도원 (Architectural Instructor) 및 현장조사 · 검사 및 확인업무의 대행자[376]가 있다. 그러나 이들 한시적 공무원은 그 1회성으로 공무원이 지녀야 할 윤리 · 도덕성을 기대할 수는 없다.

(6) 각 주체 간의 정보유통의 미협에 따른 건축의 질 저하

건축공사 과정에서 가장 중요한 것은 건축공사 비용과 품질 그리고 기술내용을 담고 있는 건축정보의 원활한 유통이다. 한국에서는 건축주체 간의 정보유통이 원활하게 이루어지지 않아 건축공사 비용관리나 품질 확보 면에서 많은 문제점이 발생하게 되었다. 우선 기획 단계에서 유사사업 실적관리, 공공사용에 대한 자료 미비로 기획 작업에 많은 시간과 비용이 소요되고 있으며 조사 · 기획단계 전문인력이 부족하게 되면서 건축공사에 관련된 정확한 정보가 획득되지 못하게 되며 설계 · 감리단계에서는 설계조직 간의 정보 및 의사소통의 결여로 도면상호 간 연계성이 부족하게 되어 건축공사 품질관리의 어려움을 가중시키게 된다. 뿐만 아니라 설계 시 기획단계의 각종 조사 및 타당성 정보의 연계활용이 부족하고 시공정보 파악이 곤란하여 설계내용의 시공성이 미흡하고 기술기준, 실적공사비 등의 정부보유 정보 이용에 제한을 받게 된다. 그리고 이는 예정 가격의 비합리적인 산정으로 저가 수중에 의한 부실시공을 초래하는 원인을 제공한다.

(7) 잦은 설계변경 및 시공지연에 따른 공사비 증가

건축 실행은 정부와 건축주 및 전문기술자들에 의해 창출된다. 따라서 이러한 관계자의 협력은 건축의 질 향상을 통한 국가 경쟁력을 도모하는 원천이다. 그러나 현행 건축 실행과정(Construction Phase)에는 공공과 건축주는 배제되어 있거나, 건축 단계별로 참여하는 일방향의 커뮤니케이션 구조를 띠고 있다. 이러한 단속적(斷續的)인 건축관계자의 참여는 건축과정의 협력을 통한 시너지를 기대할 수 없다.

••••
376 건축법 제77조 (벌칙적용에 있어서의 공무원의제) 다음 각 호의 어느 하나에 해당하는 자로서 공무원이 아닌 자는 '형법' 제129조 내지 제132조, '특정범죄 가중처벌 등에 관한 법률' 제2조 및 제3조의 적용에 있어서는 이를 공무원으로 본다.
   1. 제23조의 규정에 의하여 현장조사 · 검사 및 확인업무를 대행하는 자.

특히 정보가 곧 가치인 현대의 급속히 발전하는 건축기술과 많은 정보를 단일 조직에서 수용할 수 없고, 협력을 통한 정보와 지식의 교류가 필요하다. 예컨대, 일반적으로 디자인 단계에서는 건축주와 설계자만이 관계를 갖는다. 때문에 건축의 비용과 질은 디자인 단계에서 결정이 난다. 그러나 설계자는 급변하는 시공기술 등에 관하여 모두 인지할 수 없고, 이를 다시 시공과정에서 검토하여 설계를 수정하여야 하는데, 이는 공기지연과 부실공사 및 건축비 증가 요인[377]이 되어 건축주의 이익을 감소시킨다. 따라서 건축주, 기술자, 비기술자들[378]이 건축 기획 단계부터 커뮤니케이션을 통하여 의견을 통합하여 건축을 실행하여야 건축의 효용성을 높일 수 있다.

앞에서 정리한 바와 같이 리스크 결과 예측이 중요한 요소는 건축 설계단계에서 결정된다. 설계단계란 단순히 도면작업만을 의미하는 것이 아니라, 재정 및 경제 그리고 정치와 법, 환경 등을 고려한 건축 전 과정을 예측하는 기획을 포함하는 것이기 때문이다. 초기단계에서 충분한 예측을 함으로써 이후에 발생할 수 있는 리스크에 의한 손해를 미리 예방할 수 있는 것이다. 이를 위해서는 그 후 단계에서 참여하는 주체가 기획 및 설계단계에도 참여하여 각 분야에 대한 리스크를 예측하고, 협의를 통한 합의형성(consensus building)이 중요하다.

그러나 단순히 리스크 발생에 따른 손실(Loss), 피해(Damage), 결여(Lack) 등에 대한 부정적인 측면만을 강조하고 수익(Profit), 획득(Gain)과 같은 긍정적인 관점을 등한시하는 경향이 있다.[379] 특히 건축을 비롯한 현대의 모든 산업들은 단순한 생산성을 넘어서는 새로운 가치 창출에 대해 인지되고 있는 상황에서, 금전적 혹은 시간적 손실에도 불구하고 장기적인 관점

377 김홍일 의원의 사료에 근거한 보고서에 의하면, 정부 및 정부투자기관에서 발주한 공사를 분석한 것으로 총 396개의 공사 중에서 129개의 공사에서 약 622건의 설계변경이 이루어졌음을 알 수 있다. 이로 인해 도금 총액의 약 22.6%에 해당하는 공사비를 변경공사에 더 투자하게 되면서 효율적인 건축 관리에 실패했음을 알 수 있다. 김재연·이형찬, 앞의 보고서. p.56.

378 건축주와 기술자들의 중재적 역할을 하는 coordinator 혹은 Manager·건축의 경제적 조언과 관리를 담당하는 facilitator·건축과 관련한 제반 법률을 담당하는 advisor

379 International Risk Management Institute, Inc., 『The Construction Risk Management Manual』, Dallas, Texas. 987.

에서 투자를 이끄는 경우도 생기기 시작한다. 그럼으로써 도리어 리스크에 대한 정의가 더욱 불분명해지는 경향이 발생하기도 한다. 즉 리스크에 대한 예측이 그만큼 어려워진다는 사실을 의미한다.

제3절 건축조직의 대리유형

1 건축주와 건축조직의 관계

사회·경제관계의 최근의 경향은 다자간 관계를 지향하고 있다. 건축은 사회에 민감한 산업이기 때문에 이와 같은 경향에 영향을 받는 것은 당연하다고 볼 수 있다. 현대 사회의 관계는 전통의 개인 대 개인의 단성식 (uniplex) 관계에서 다중식(multiplex) 관계를 지향하고 있다. 관계란 대상과 교호작용을 의미하며, 이러한 관계를 중계하는 것은 ① 역할, ② 정보의 흐름, ③ 재화 또는 용역의 흐름, ④ 조직구성원의 교류 등이다.[380] 이 4가지의 요소가 작용하여 소비자–공급자 간의 4가지의 관계유형이 도출될 수 있다. 이에 우선 관계유형의 기본적인 4가지 관계유형에 대해서 살피고, 이를 건축주와 건축조직의 대리관계에 적용시켜 분석을 한다.

1.1. 소비자–공급자 관계유형[381]

소비자–공급자의 관계적 유형은 1회성(Contact: one point relationship), 조정관계(Passive·Pro–active Coordinator), 통합관계(Integrator)로 분류할

380 Merton, 『Social Theory and Social Structure, rev. ed.』, Free Press, 1957, pp.368–380; Evan, 「The Organization–set: Toward a Theory of Interorganizational Relations」 in J. D. Thompson, ed., 『Organizational Design and Research』, University of Pittsburgh Press, 1966, ch.4, 참조.

381 Søren Hougaard·Mogens Bjerre, 『Strategic Relationship Marketing』, Springer, 2002, pp.219–220 참조.

수 있다.382 이를 바탕으로 분류된 단성식과 단성－다중식, 다중－단성식, 그리고 다중－다중식의 관계유형은 각자의 개별적인 관계유형의 특성도 가지고 있지만, 동시에 어떠한 조직의 발전단계로 파악될 수도 있다. 즉, 하나의 조직이 단성식에서 출발하여 장기적인 관계를 유지하거나 조직의 규모가 비대해지면서 발생하는 여러 가지의 문제점들을 능동적으로 해결하려는 조직의 변화된 의지를 표명하는 구성으로 발전할 수 있다. 그래서 가장 초기적인 단계인 단성식에서부터 조직구성의 완결의 단계라 할 수 있는 다중－다중식까지 순차적으로 분석한다.

<표 3－16> 소비자－공급자 관계유형

명칭구분	관계	도식	특징	핵심고객 관리
단성식 (Uniplex)	개인:개인		· 전통 조직의 거래관계 · 각 조직의 대표자만의 일회성 관계 · 개인이 조직의 관계에 관련된 정보와 자료를 독점	접촉 (Contact)
단성－다중식 (Uniplex to Multiplex)	개인:팀		· 공급자 조직에서는 개인, 소비자 조직에서는 여러 기능과 개인들을 상대 · 공급과 소비자 사이의 불균형 초래 위험성이 높음.	수동적 조정 (Passive Coordination)
다중－단성식 (Multiplex to Uniplex)	팀:개인		· 소비자 조직에서는 개인, 공급자 조직에서는 여러 기능과 개인들이 상대 · 단성－다중식과 같이 두 조직간의 관계에서 불균형 거래 위험성 존재	능동적 조정 (pro－active coordination)
다중식 (Multiplex)	팀:팀		· 소비자와 공급자 조직의 여러 대표자들 간의 관계 · 관계된 조직 간의 영역을 넘어 개발된 암묵지는 새로운 가치를 창조	완성형 (Integrator)

참조: Søren Hougaard · Mogens Bjerre, 앞의 책, pp.219－220 & Figure 7－6

(1) 단성식(Uniplex)

단성식(單性式) 관계는 전통조직에서의 일반적 관계유형으로 조직 내의

· · · ·
382 Søren Hougaard, Mogens Bjerre, 앞의 책, pp.179－188 참조.

대표자로서 개인 대 개인만이 1회성으로 접촉하는 것으로 핵심고객관리 (Key Account Management)의 유형상 접촉(Contact)에 해당한다. 이러한 단성식 관계의 문제는 관계된 두 조직이 오직 개인에만 의존함으로써 조직 간 정보와 자료 등의 교류에 결함이 발생할 확률이 높다는 점에 있다. 그 원인은 조직 간의 관계된 자료들이 대부분 개인이 소유하게 되기 때문이다. 이로 인해 개인이 자신의 입장만을 강조해 조직의 관계에 사건만을 중시할 가능성이 높기에 조직 관계의 관건이라 할 수 있는 유연성과 개체성에 대한 배려가 필수적이다.

(2) 단성 – 다중식: 개인 대 팀(Uniplex to Multiplex: One to Team)

단성 – 다중식[개인 대 팀(Uniplex to Multiplex: One to Team)]은 공급자와 소비자 조직(customer's organization)의 여러 기능 또는 개인 간의 관계로 구성되어 있다. 핵심고객관리의 유형은 수동적 조정(Passive Coordination)에 해당한다. 이 관계의 구도는 영속적인 것이 아니며, 조직 간 교환의 통제에 있어서 요구되는 능력과 통찰력이 프로젝트 수행에 관련될 수 있다. 관계성과 교환성에 대한 요소의 조정은 판매와 관련된 분야뿐만 아니라 공급 조직의 다른 분야에 있어서도 중요한 과제이다. 더욱이 다수를 상대하는 조직이 개인의 통제를 받는다면 많은 문제점과 쟁점들이 발생할 뿐만 아니라, 자신을 비롯한 여러 타인들과 관련된 문제점의 해결을 위한 선택을 해야 한다. 이런 관계의 특성은 공급자와 소비자 간의 균형에 위험을 끼치며 불균형을 초래하게 된다. 그 예가 바로 소비자가 선점을 하거나, 공급자가 독점을 하는 경우이다.

(3) 다중 – 단성식: 팀 대 개인(Multiplex to Uniplex: Team to One)

다중 – 단성식[팀 대 개인(Multiplex to Uniplex: Team to One)] 관계는 단성 대 다중의 반대적 상황이지만 근본적인 문제는 동일하다. 여기서는 구매자가 공급자의 조직에서 여러 기능 또는 개인의 관계를 통제한다. 내부적 요소의 관계성과 교환성에 대한 조정은 조직, 즉 구매자 조직에 연루된 개인에 의해 통제된다. 이는 핵심고객관리(Key account Management)의 유형상 능동적 조정(pro – active coordination)에 해당한다.

(4) 다중 – 다중: 팀 대 팀(Multiplex: Team to Team)

다중식 관계[다중 – 다중: 팀 대 팀(Multiplex: Team to Team)]는 각 회사를 대표하는 몇몇의 대표자들 관계를 의미한다. 그룹과 양쪽 조직 내부에서 암묵지(暗默知, Tacit Knowledge)[383]를 개발하는 데에는 내부적 경험과 목적을 공유하는 것이 최선의 선택이 될 수 있다. 여기서의 문제점은 이 관계에서 벗어난 개인들과 경험을 공유하는 데에 어려움이 따를 수 있다는 것이다. 이와 같은 다중 대 다중의 관계조직은 핵심고객관리(Key account Management)의 유형상 완성형(Integrator)에 해당한다. 팀과 팀 간의 접근은 관행화될수록 더 바람직한데, 회사에서 한 부분을 따로 투입하여 다른 파트너와의 관계를 통제하는 방법이 그 한 예이다. 여기서는 그룹 내부에서 조직 간의 경계를 넘어서 개발된 암묵지가 그 안에서 새로운 영역과 경험들을 창출해 낸다. 이와 같은 독특한 조직 구조를 발전시킴으로써 관계를 유지하는 것은 회사가 독립적인 구조로 발전하는 데에도 일조할 수 있다. 그로 인해 회사가 그들의 능력과 자산의 일부에 대한 공유를 결정함으로써 완전한 합병이 아닌 한정된 상황을 유지할 수 있게 된다. 〈표 3 – 16〉은 다양한 단성식과 다중식의 결합관계를 정리한 것으로 핵심고객관리 유형상, 완성형인 다중식이 가장 발전된 방식이라 할 수 있다.

----

383 현대는 정보화 · 지식화 사회이다. 이때 정보화 혹은 지식화라는 것은 개인적으로 보유된 지식정보의 흐름 속에서 재생산되는 것이다. 따라서 지식화라는 것은 자원으로서의 지식정보(지식집합)라는 측면과 지식정보를 생산하고 흡수 · 소화할 수 있는 인간적 능력 또는 바탕이라는 측면이 있다. 즉, 전자는 이미 만들어진 지식이며, 후자는 지식의 생산능력이며, 이러한 생산의 바탕이 되는 것을 에밀 뒤르껭과 막스 베버는 정신(Geist), 에토스(Ethos), 하비투스(Habitus)로 칭하였다. 즉, 현대의 지식이라는 것은 보유된 것이 아닌 생산되는 것이며 이러한 개념을 마이클 폴라니(Micheal Polanyi)는 암묵지로 개념화하였다. 또한 1998년 세계은행(World Bank)의 '발전을 위한 지식' 보고서에는 지식을 기술에 대한 지식(knowledge about technology)과 태도에 대한 지식(knowledge about attitudes)으로 구분하고 후자를 지식생산의 능력이며 통양이라고 정의하고 있다. 서이종, 『지식 · 정보사회학; 이론과 실제』, 서울대학교 출판부, 1998, pp.10 – 11 참조.

1.2. 건축주와 건축조직 간의 대리유형

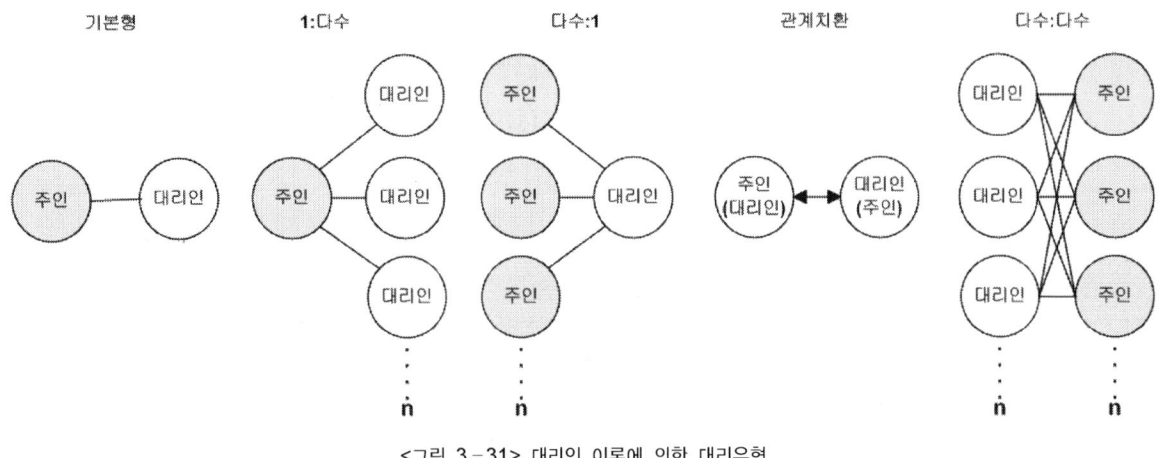

<그림 3-31> 대리인 이론에 의한 대리유형

앞서 대리인 이론에서 주체와 대리인의 관계에 대해 양 당사자가 계약 조건에 합의하면 주체는 대리인에게 결정권한을 위임하고, 대리인은 주체 의 이익에 봉사함으로써 약속된 보상을 받는다고 정의한 바 있다. 이는 대리인 모형의 기본형이 주체-대리인이 1:1로 1회의 관계를 유지하는 것 에서 출발한다는 가정의 근거가 되어 준다. 앞서 소비자-공급자 관계유 형에서 이는 단성식(Uniplex)에 해당한다. 이를 근거로 하여 이후의 연구 는 기본형으로부터 얻은 결과를 발전시키고, 또한 제약적 가정을 완화시 키는 방향으로 발전되었다. 따라서 대리인 모형의 연구는 계약단순화 모 형,384 장기적 관계모형,385 다수 및 양면 관계모형으로 연구되어 왔다(〈그

384 Holmstrom, B. & P. Milgrom, 「Aggregation and Linearity in the Provision of Intertemporal Intensives」, 『Econometrica 55』, 1987, pp.303-328; Holmstrom, B. & P. Milgrom, 「Mul-task Principa-Agent analysis: Incentive Contracts, Asset Ownership and Job design」, 『Journal of Law, Economics and Organization 7』, 1991, pp.24-52; Diamond, P., 「Managerial Incentives: On the Near Linearity of Optimal Compensation」, Journal of Political Economy 106』, 1998, pp.931-957.

385 Rander, R., 「Monitoring Cooperative Agreements in a Reapted Principa-Agent Relationship」, 『Econometrica 49』, 1981, pp.1127-1148; Lambert, R., 「Long-Term Contracts and Moral Hazard」, 『Bell Journal of Economics 14』, 1983, pp.441-452; Rogerson, W., 「Reapeated Moral Hazard」, 『Econometrica 53』, 1985, pp.69-73; Allen, F., 「Reapted Principal agent Relationships with Lending and Borrowing」, 『Economic Letters 17』, 1985, pp.27-31; Fudenberg, D., B. Hlimstrom & P. Milgrom, 「Short-Term Contracts and Lond-Term Agency Relationships」, 『Journal

림 3 - 33)). 이 중 건축계약은 특성상 M:M 계약구조를 갖고 있으므로 다수 및 양면관계 모형의 형태를 취하고 있다. 다수 및 양면관계란 주체-대리인 관계를 1:다수, 다수:1, 혹은 관계치환 관계로 확장시키는 것으로, 가장 일반적인 모형은 한 사람의 주체가 다수의 대리인을 상대하는 다수대리인 모형(multiple agency model)이다. 이 모형은 대리인의 도덕적 상황에서 개별계약의 상대적 성과를 고려하는 문제와 무임승차(free - riding)를 극복하는 문제가 새로이 발생한다.

(1) 1:1 관계

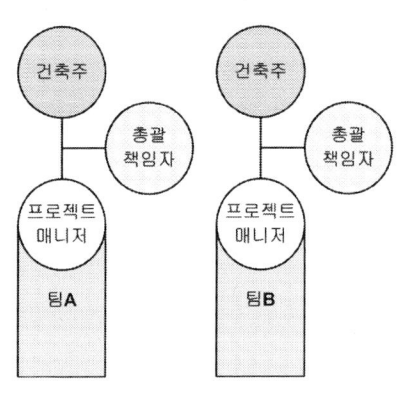

<그림 3 - 32> 프로젝트 단위 팀 조직

1:1관계는 대리관계의 가장 기본형으로 단성식(單性式, Uniplex) 관계에 해당하며, 건축 업무 실행에 있어 프로젝트 단위별로 팀을 조직하는 프로젝트 팀 조직이 이 유형에 속한다. 그래서 1:1 관계의 건축조직은 건축주와 건축가의 관계가 장기적으로 유지하기는 적합지 않고, 일회적인 프로젝트에 적합하다.

건축가가 건축주에게 계약으로 고용되기 때문에 건축가에 대해 건축주가 지배적인 위치를 점할 수 있으나, 반대로 건축가에 의한 대리문제, 또는 역선택의 문제가 발생할 가능성이 높다. 또한 단성식의 특성상 모든 정보를 개인이 소유하기 때문에 조직이 경직되기 쉽다.

〈그림 3 - 32〉는 1:1 관계 유형을 중심으로 건축조직을 구성한 건축기업의 예를 도식화한 것이다. 기본적으로는 건축주와 프로젝트 매니저 간의 1:1 대응 방식이지만, 정보의 흐름을 원활하게 하기 위하여 총괄 책임자는 건축주와 프로젝트 매니저 사이에서 일종의 Main Bus의 역할을 맡는다. 그러나 이는 기업의 조직이 방대해지고, 대규모 프로젝트 혹은 프로젝트 단위가 다수였을 때 총괄 책임자가 개입할 수 있는 정보 유통에는

••••
of Economic theory 51」, 1990, pp.1 - 31; Gibbons, R. & J. Murphy, 「Optimal Incentive Contracts in the Presence of Career Concerns: Theory and Evidence」, 『Journal of political Economy 100」, 1992, pp.468 - 505.

한계가 있을 수밖에 없다.

(2) 1:M 관계

건축주는 일반적으로 비기술자로서 건축행위의 특성상 기술자들의 도움을 필요로 하며('건축사법' 제4조) 이들은 계약으로 관계된다('건축법' 제9조의2). 그러므로 계약을 통해 건축주는 기술자(건축사・시공자)들에게 토지이용권(건축권)을 위임하면서 자신의 부(富) 극대화를 위해 행동할 것을 희망하나 기술자들 또한 자신의 이익을 추구함으로써 이해관계의 상충현상에 직면하게 된다. 이때 만약 건축주가 자신의 이익 극대화를 위한 최선의 행동방안이 무엇인지를 알고 또 비용발생 없이 기술자들의 행동관찰이 가능하다면 기술자들에게 그 방안을 지시할 수 있을 것이나, 실상 건축주는 그렇지 못하다. 때문에 건축주와 기술자들 사이에는 대리문제가 발생할 수 있다.

<표 3-17> Multi-agents 문제해결 방안

문제 유형	연구자	주체-대리인 관계	문제해결 방안
개별계약 상대적 성과	Nalebuff-Stiglitz	1:다수	상대적 성과 평가
	Mookherjee		
무임승차	Holmstrom	팀・파트너십	예산파괴자로서의 주체의 역할
	Rander & Abreu・Pearce・Stachetti	파트너십 관계 반복	동태적 보수・징계 메커니즘

1:M 관계에서는 발생하는 이런 문제는 단성-다중식의 관계유형에서 나타나는 전형적인 장애요소 중의 하나이다. 또 하나, 바로 M에 속하는 조직 간의 통제도 1:M 관계에서 주요한 변수라 할 수 있다. 만일 1, 즉 건축주 주체가 효과적으로 다수 M의 기술자들을 조정, 통제하지 못할 경우 전체 조직은 각자의 사익만을 추구하는 경향이 뚜렷해진다.

이를 대리인 이론의 측면에서 보자면, 다수의 대리인 상황에서 대리인의 도덕적 해이의 문제는 생산의 파레토 최적을 달성할 수 없는 결과를 초래하며, 이는 다수대리인의 상대적 성과를 고려하는 문제, 즉, 상대적 성과 평가(relative performance evaluation)를 통해서 해결될 수 있다. 이때 상대적 성과 평가는 대리인들 사이의 경쟁을 유발하기 위함이 아니라 대리인들이 직면하는 공통의 불확실성을 제거하여 위험을 감소시키기 위해서 필요한 것으로, 여기서 상대적 평가란 대리인들이 성과를 상호 비교함을 의미한다.[386] 또한 주체-대리인의 관계가 팀 생산 혹은 파트너십 관계에 발생 가능한 무임승차의 문제는 전체적인 보수계약이 예산제약에 구애받지 않는 예산파괴(budget-breaking)가 가능할 경우 극복될 수 있다.[387] 이는 주체의 새로운 역할을 시사하는 것으로, 주체는 대리인들의 무임승차 문제를 해결하기 위해 잉여 및 손실을 감수하는 예산파괴자(budgetbreaker)의 역할을 해야 한다는 것이다. 또한 주체-대리인의 파트너십 관계가 반복되는 상황일 경우의 무임승차를 극복하는 방안은 동태적인 보수(incentive)나, 징계의 메커니즘을 이용할 수 있다.[388](〈표 3-18〉)

설계조직의 1:M관계 유형은 설계사무소의 운영상, 부(部)단위로 운영되는 조직이나, PM조직, 매트릭스 조직, 변형조직으로 구분 가능하다. 부단위 조직은 가장 일반적인 형태로서 각 팀의 조직을 대표하는 프로젝트 매니저가 건축주와 연계하여 사업을 관리하는 전형적인 1:M 방식으로 조직의 의사결정이 전적으로 건축주에게 위임될 가능성이 높다. 그로 인한 반대급부로 건축주의 역선택 문제가 발생할 가능성도 가장 높다.

PM 중심 조직은 각 조직을 총괄하는 프로젝트 매니저가 Main Bus 역할과 전체 조직을 조정, 관리하여 건축주에 대응하는 구조이다. 부단위 조직에 비하여, 다조직을 운영하는 데에는 효과적일 수도 있으나, 프로젝트 매니저와 조직들이 수직 구조화되어 유연성이 결여되어 비탄력적인 경영으로 흐르기 쉽다.

• • • •

386 Nalebuff, B. Rodriguez, A. Stiglitz, J. E., 「Prizes and Incentives: Towards a General Theory of Compensation and Competition」, 『Bell Journal of Economics 13』, 1983, pp.21-43; Dilip Mookherjee, 「Optimal Incentive Schemas with Many Agents」, 『Review of Economic Studies 51』, 1984, pp.433-446.

387 Holmstrom, B., 「Moral Hazard in Teams」, 『Bell Journal of Economics 13』, 1982, pp.324-340.

388 Rander, R., 「Repeated Partnership Games with Imperfect Monitoring and No Discounting」, 『Review of Economic Studies 53』, pp.43-57; Abreu, D. D. Pearce & E. Stachetti, 「Towards a Theory of discounted Repeated Games with Imperfect Monitoring」, 『Econometrica 58』, 1990, pp.1041-1063.

매트릭스 조직의 경우, M에 해당하는 조직 간의 연계가 그물망처럼 연계된 형태로서 운영 책임자가 Main Bus의 역할을 하고, 프로젝트 매니저는 전체 관리를 나누어서 균형이 비교적 갖추어진 유형이라고 할 수 있다. 다만, 여러 조직 간의 의사결정에 있어서 다른 여타 조직보다는 비교적 늦은 편이라서 상황변화에 대처가 어려운 것이 단점이다.

변형조직은 1:M과 M:1의 유형이 혼재된 형태로서 하나의 건축주가 상대하는 프로젝트 매니저는 하나이지만, 설계부사장을 통해서 여러 조직과의 연계를 통해서 담당하는 프로젝트 매니저의 부족한 기술력과 정보력에 대한 협력을 제공하는 조직형태이다.

<표 3-18> 1:M의 설계회사의 프로젝트 실행조직 유형

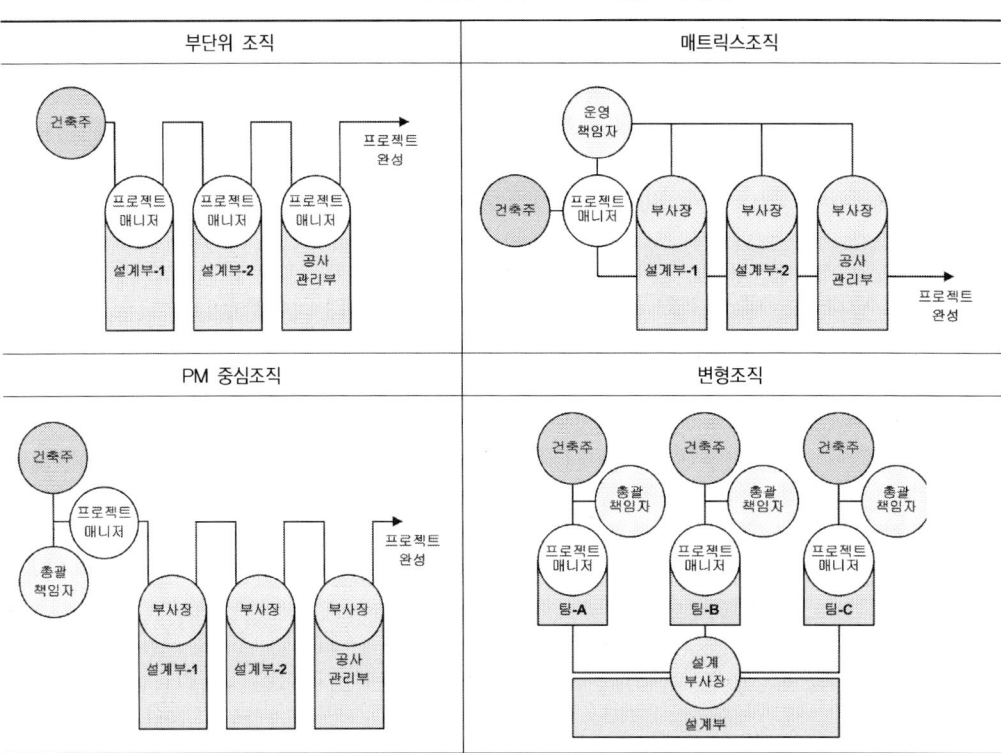

(3) M:1 관계

<표 3-19> common agency model의 선행연구

연구자	내 용
Bernheim·Whinston[389]	공통관계가 효율성의 개선 및 담합의 수단으로 활용 가능성 연구
Gal-Or[390]	대리인 비용의 정보가 불완전할 경우 공통대리인을 고용하는 것의 득과 실
Dixit·Grossman·Helpman[391]	공통대리인 모형을 공공정책의 분석 응용방향

이 모형은 여러 명의 주체(M Principals)가 1명의 대리(1 Agent)인에게 과제를 동시에 독립적으로 부여하는 형태로, 일반적으로 공통대리인 모형 (Common agency model)으로 알려져 있다.

<표 3-20> M:1의 설계회사의 프로젝트 실행조직 유형

1:M이 건축주 중심의 관계유형이라면 설계업무 실행조직의 M:1관계 유형은 공급자, 즉 건축가 중심의 관계유형이라고 볼 수 있다. 관계유형의

••••

389 Bernheim, D. & M. Whinston, 「Common Marketing Agency as a Device for Facilitating Collusion」, 『Rand Journal of Economics 16』, 1985, pp.269-281; Berheim, D. & M. Whinston, 「Common Agency」, 『Econometrica 54』, 1986, pp.923-942.

390 Gal-Or, E., 「A Common Agency with Incomplete Information」, 『Rand Journal of Economics 22』, 1991, pp.274-286.

391 Dixit, A., G. Grossman & E. Helpman, 「Common Agency and Coordination: General Theory and Application to Government Policy Making」, 『Journal of Political Economy 105』, 1997, pp.752-769.

형태를 결정하는 것은 자금의 흐름보다는 정보의 소유권을 어느 쪽에서 점유하고 있는지가 더 중요하다. 1:M은 건축주가 정보력을 가지지 않은 상태에서는 수행하기 어려운 건축조직이다. 그것은 건축주가 실제로 여러 조직 간의 조정자, 혹은 관리자의 역할을 하지 않으면 원활하게 조직이 운영되기 힘들기 때문이다. 반면 M:1은 정보의 점유권을 건축조직에서 가지고 여러 건축주를 상대하기 때문에, 상대적으로 유리할 수 있다.

M:1의 건축조직 중 기본형으로는 건축 스튜디오 조직이 대표적이며, 이를 기본 모형으로 한 변형조직들이 있다. 스튜디오 조직은 1:1 관계에서 건축주의 요구에 응해서 프로젝트 단위별로 팀을 조직하여 대응하는 방식과는 달리, 스튜디오 매니저의 조정에 따라 팀을 구성하여 대응하는 방식이다. 실질적으로 대부분의 소규모 건축사 사무소가 스튜디오 조직을 운영하고 있다고 볼 수 있다. 그러나 이 방식은 결국 건축사 사무소에 업무의 부담을 가중시키게 된다. 그래서 나타난 것이 변형조직 1과 2이다. 건축주를 전문적으로 상대하는 하나의 팀을 구성하여 여러 건축주의 기획 및 초기 계획단계를 소화하고, 이후 계획과 설계단계는 팀을 구성하여 프로젝트를 수행하게 되는 이중적 구조를 갖춘 것이 변형조직 1이라 할 수 있다. 반면 변형조직 2는 프로젝트 매니저가 다수의 건축주와 프로젝트를 진행하면서, 필요한 정보와 조직에 대한 협력을 별도의 팀에 의해서 지원 또는 제공을 받게 된다.

(4) M:M 관계

소비자와 공급자의 관계유형에서 다중식 관계를 건축 관계 조직유형에 적용했을 때, 가장 대표적인 조직유형은 파트너십(Partnership)과 파트너링(Partnering)이라 할 수 있다. 다수의 건축주와 다수의 건축조직이 관여되기 때문에 구체적인 건축조직 관계도는 나오기 힘들다. 이는 다른 1:1, M:1, 1:M의 관계유형이 소비자와 공급자의 관계에 있어서 자본 혹은 정보의 상대적인 독점권을 점유하면서, 지배적인 위치에서 조직에 참여하는 경우가 많은 반면, M:M은 소비자와 공급자가 궁극적으로 혼재되어 수평적인 관계로 이행되기 때문이다. 즉 다른 건축주와 건축조직 간의 대리유형이 지배자 모델이거나 그에 지배자 모델과 파트너십 모델과의 중간형에 해당하는 유형임에 비하여 M:M은 파트너십 모델로서 자율경영 조직의 성격을 지니고 있다고 볼 수 있다.

이에 앞서 다중식 관계에서 중요시했던 암묵지(暗默知, Tacit Knowledge)의 가치를 확인할 수 있다. 건축 프로젝트에 있어서 암묵지는 전체 과정을 아우를 수 있는 설계목표, 혹은 설계방향이 지침이 되어 조직 관리의 핵심으로 작용하는 것이다. 또한 팀과 팀 간의 팀원의 교류를 통해서 경계를 넘어서 새로운 부가가치를 창출할 수 있는 방안을 추구하는 것도 M:M의 특색 중의 하나라고 할 수 있다. 이와 같은 M:M 관계유형은 변혁적인 리더와 효율적인 추종자로 구성될 수 있는 건축조직의 한 예가 될 수 있다. 변혁적인 리더의 특징 중, 조직 관리의 의지로써 전체 조직의 방향을 설정하고 이를 바탕으로 능동적인 추종자들을 통해서 소비와 생산의 카테고리를 넘어서는 제3의 길을 모색하는 것이 M:M의 관계유형에 적합한 것으로 사료되기 때문이다.

(5) 관계치환

주체－대리인이 보는 관점에 따라 역할이 바뀌는 경우로, 양면적 도덕적 해이(Double Moral Hazard)로 불린다. 예컨대, 시공자와 건축주 사이의 하자보증(warranty) 계약관계에서 발생한다. 즉, 시공자로 하여금 건물의 질을 선택한다는 측면에서는 시공자나 제조업자를 대리인으로 파악할 수 있다. 반면, 건축주가 건축물 이용상의 노력을 기울이는 측면에서는 건축주를 대리인으로 파악할 수 있다. 따라서 건축에 있어서는 당사자(건축주－기술자) 외에 제3의 감시구조가 필요하다.

건축은 원칙적으로 조직 간 계약 관계에 기반 한다. 이러한 자유계약의 원리는 시장 경제 질서의 기초를 형성한다고 할 수 있으나, 이는 계약 당사자들이 동질적인 정보를 가지고 계약에 임한다는 것을 이상적인 전제조건으로 하고 있다. 그러나 계약 중에는 불확실한 결과를 예상하면서 어느한쪽이 다른 쪽에게 의사결정권을 부분적으로 또는 전부 위임할 수밖에 없는 경우, 위임받은 사람의 행동이나 노력에 따라 위임한 사람에게 귀속되는 경제적 성과에 영향을 미치는 경우가 많다. 이러한 관계에서 문제는 대리인의 행동이나 노력에 대한 대가로 일정한 보상을 해 주어야 하는데 대리인이 본인을 위하여 최선의 행동이나 노력을 경주하는가를 완벽하게 관찰할 수 없다는 데에 있다. 이것은 이른바 감추어진 행동으로 인하여 발생하는 문제로서 흔히 도덕적 해이 문제(moral hazard problem) 또는 일반적 본인-대리인 문제(principal-agent problem)라고 한다.

도덕적 위험 혹은 도덕적 해이란 대리관계에 있어 허위정보의 제공이나, 나태한 행동(shirking)뿐 아니라, 선택상황에 있어 주체에게 최선의 이익을 제공하지 못하는 모든 행동을 일컫는다.[392] 즉, 도덕적 해이는 수급자인 대리인(건축사, 시공자, 감리자)이 도급자인 건축주의 이해에 반하는 행위를 하는 것을 의미하며, 이들 이해관계자들 사이의 목표가 일치하지 않고 이들 간에 정보가 불균형적으로 주어졌을 경우에는 언제든지 발생할 수 있다. 전통적 경제이론에서는 대리인은 주체의 목적(interest)을 위해서 행동하는 것을 가정하고 있다. 그러나 현실적으로 주체와 대리인은 차별적인 정보를 가지고 있는 것이 보편적인 현상이기 때문에 주체-대리인의 목표가 부합하지 않거나 대리인의 비윤리적 태도가 존재한다면 전통적인 경제이론의 가설은 무의미하다. 대리관계에 있어 정보 불균형으로 인한 도덕적 해이 문제를 해결할 수 있는 유형은 크게 대리인 성과에 대한 적절한 보상계약(incentive contract)과 외부 감시자(monitor)를 통한 주체의 재무정보를 공시[393]하는 방법이다.[394]

• • • •

392 W. H. Beaver, 『Financial Reaporting: An Accounting Revolution』, Prentice-Hall, 1989, pp.34-42.

393 유사연구로 정보이론의 한 부류인 신호이론(signal theory)에 따르면, 외부감사(監査)를 시장기능에 의하여 거래 가능한 사적 재화의 속성으로 파악하고, 주체가 이러한 시장기능을 통하여 재무정보를 자발적으로 공시함으로써 대리 비용 감소의 유인(誘因)을 갖는다고 파악했다. 따라서 주체가 외부감사를 받아들이는 것은 정보 불균형하의 대리관계에 있어 대리 비용을 경감시키기 위한 주체의 신호행위이다. L. E. DeAngelo, 「Auditor size and Audit Quality」, 『Journal of Accounting and Economics 3. Dec.』, 1981, pp.183-199.

394 W. H. Beaver, 『Financial Reaporting: An Accounting Revolution』, Prentice-Hall, 1989, pp.34-42.

⊇ 대리제도의 사회적 작용

경제적인 관점에서 정리된 대리이론에 비하여, 법적인 대리제도의 개념은 근대사회의 유산으로서 비교적 일찍 개념화되었다. 이는 바로 대리제도의 근간이 계약제도와 연관되어 있기 때문이다. 즉 고용의 개념이 후퇴되고 계약을 통해서 위임·위탁의 개념이 생성되면서 대리제도는 그 기반을 조성할 수 있었던 것이다.

그래서 건축조직의 대리유형에 대해서도 시장과 법률로 이중 구조화된 한국 건축조직에서처럼 이분법적인 접근이 가능하다. 아직까지 대리관계에 대한 개념은 민법상으로 규정되어 있지만 특별법인 건축법에는 그 개념이 적용되어 있지 않다. 그래서 대리제도의 사회적 작용을 살펴보는 그 첫 번째 단계로 법률상, 대리제도가 가지고 있는 정의와 그 역할을 검토해 보고, 두 번째로는 실제로 대리제도의 개념이 적용되는 계약적인 측면을 비교하여 건축조직의 대리유형의 사회적 작용에 대해 검토·분석해 본다.

1.1. 법률행위의 대리제도[395]

민법상에서 대리제도의 정의는 '대리인이 본인의 이름으로 법률행위(의사표시)를 하거나 또는 의사표시를 받음으로써, 그 법률효과가 직접 본인에 관하여 생기는 제도'를 말한다. 이를 보통 '직접대리(直接代理)'라 지칭한다. 그러나 이와 같은 개념은 근대 이전까지는 법률적인 지지를 받지 못하였다. 원칙적으로 법률행위는 당사자가 직접해야 한다는 개념이 지배적이었기 때문이다. 그러나 근세에 이르러 경제활동의 규모가 커지며, 거래관계가 발전 복잡해지면서 대리제도에 의한 대리행위는 필수적인 것으로 되었다.

대리에 있어서의 행위의 당사자는, 대리인과 상대방이다. 대리인의 행위가 대리행위(代理行爲)로서 성립하려면 우선 '본인(건축주에 해당)을 위한 것임을 표시'하여서, 대리의사를 표시하여야 한다.[396] 이것을 현명주의(顯

----

395 곽윤식, 『민법총칙 – 민법강의 Ⅰ』, 박영사, 2002, pp.359 – 410 참조.

396 민법 제114조 참조.

名主義)라 하는데, 한국의 민법에서는 이를 채택하고 있다. 그러나 모든 대리행위에 있어서 현명주의의 원칙이 고수되는 것은 아니다.397 반면 설계단계에서 허가 및 신고, 그리고 시공단계에서 감리업무를 맡는 건축가의 경우, 분명히 건축주의 대리인으로서 대리행위를 하고 있지만 철저히 현명주의의 원칙을 고수하고 있다. 앞서 건축주의 역할을 분석한 내용에서 허가 및 신고, 그리고 용도변경 등의 모든 행위의 주체는 건축주로 명시되어 있다. 설계자는 이에 필요한 설계도서를 작성하는 역할만을 법적으로 규정하고 있을 뿐이다. 그러므로 대리행위의 문제가 발생하면 그것이 본인, 그러니까 건축주에게 귀속되게 되어 있다. 이 뜻은 건축주가 대리인을 통해서 얻어진 설계 혹은 건축물에 문제점이 발생하였을 때에 그 책임이 대리인에게 있는 것이 아니라, 건축주에게 속해져 있다는 것이다. 그러나 어떠한 행위의 결과적 판단은 대리인에 관하여 정하는 것이 당연하고 법률적으로 그렇게 되어 있으나398 모든 책임은 본인(건축주)에게 있다는 데 민법과 대리제도의 모순적 문제점이다.

대리권이란 대리인이 본인의 이름으로 의사표시를 하거나 또는 의사표시를 받음으로써, 직접 본인에게 법률효과를 귀속시킬 수 있는 대리인 본인에 대한 법률상의 지위 또는 자격을 말한다. 이러한 대리권의 발생은 원인에 따라 법정대리권과 임의대리권으로 나누어질 수 있다. 법률행위가 불가능한 본인을 대상으로 하는 법정대리권은 논외로 하고, 임의대리권만 살펴보면 그것을 수여하는 본인의 행위, 즉 본인의 의사에 의한 이른바 수권행위(授權行爲)에 의하여 발생한다. 이 수권행위는 기초적 내부관계를 발생케 하는 행위들, 즉 위임, 종속, 도합, 조합 등과는 구별되어야 한다. 즉, 수권행위는 본인과 대리인 사이의 내부관계를 발생케 하는 행위 그 자체는 아니며, 그것과 독립하여 대리권의 발생만을 목적으로 하는 행

397 대표적인 예외가 상행위(商行爲)이다(상법 제48조 참조). 이는 기업 활동의 비개인성(非個人性)이라는 특수성을 이유로 한다. 이는 대리인 개인을 중요하게 보지 않는 거래, 예컨대 특정의 영업주(營業主)를 상대로 하는 거래나, 행위의 상대방이 누구이든지 그 개별성에 중점을 두지 않는 것이 상행위의 특성이기 때문이다.

398 민법 제116조에는 의사표시의 효력이 의사의 흠경(欠缺), 사기(詐欺), 강박(強迫) 또는 어느 사정(事情)을 알았거나 과실(過失)로 알지 못한 것으로 인하여 영향을 받을 경우에는 그 사실(事實)의 유무는 대리인을 표준으로 하여 결정한다고 규정되어 있다.

위를 지칭한다. 이는 계약과 함께 수권행위가 발생하는 것이 아니라 단독행위로서 수권행위를 파악하고 있기 때문이다. 그러나 이는 한국의 민법적인 상황이다. 일본은 프랑스 민법적 사고의 영향으로 위임과 대리를 일체(融合契約說)로 파악하고 있다. 이와 같은 차이는 한국의 건축법이 엄격한 의미에서는 건축주에 대해서 건축조직의 대리제도를 실질적으로 반영하지 못하는 모순으로 작용했다. 그렇기 때문에 건축법에서 건축주가 건축행위의 전반적인 상황에 대해서 책임을 지게 된 것이다.

건축조직에 있어서 대리제도의 영향은 확연히 나타난다. 과거 건축주는 건축을 수행했을 시, 건축가를 고용하는 것이 아니라 석공이나 목공 등의 기술자 조직을 고용하여 자신의 의도대로 건축을 행하는 사례가 대부분이었다. 그러나 근대 이후, 건축가의 개념이 확립되면서 건축주는 더 이상 건축주를 고용하여 건축행위를 하는 데에 제한을 받게 된다. 이는 근대 이후 건축법은 공공복리 증진에 초점을 맞추어 개인의 사익을 제한하는 구조로 발전했기 때문이다. 그래서 한국의 건축법에서도 건축주는 모든 건축행위의 주체임에도 설계와 시공에서는 각각의 전문가와 계약을 통해서 건축실행을 행할 수 있도록 되어 있다. 즉, 설계자와 시공자와 같은 건축관계자는 건축주의 역할에 대한 대리인이라고 말할 수 있다. 이에 우선 법률행위의 대리제도의 작용과 효과, 종류 및 계약과의 관계를 건축주와 건축조직 간의 대리제도 적용으로 살펴본다.

(1) 법률행위로서의 대리제도의 작용과 효과

대리제도의 작용(作用)은 크게 사적 자치의 확장과 사적 자치의 보충,[399] 두 가지로 나눌 수 있다. 사적 자치(私的 自治)의 확장이란 거래관계가 점점 더 기술화·전문화, 또는 전국적·세계적 규모로 확대해짐에 따라 개인이 자기의 자유의사만으로 거래를 하는 데에 기술, 정보 등의 한계에 부딪히면서 타인을 대리인으로 하여 대리인의 의사(판단)에 의해 직접 본인의 법률관계를 처리케 하는 것을 말한다. 이 경우 대리인은 본인(주체)과 행위를 받는 당사자 사이의 중간 전달자일 뿐이다. 즉, 대리인

----

399 여기서 사적 자치의 보충은 행위무능력자의 보호를 위한 개념이므로 본 연구에서 논외로 한다.

의 의사나 판단은 본인의 의사와 판단범위 안에 있는 것이다. 따라서 대리인의 의사에 의해 행위를 했다 하여도 이에 관한 책임은 본인에게 귀속된다. 그러므로 이를 건축단계로 이해한다면 건축설계 단계의 설계자에 의한 행정적 대리만이 이에 해당하며, 건축기획이나 시공 등의 행위는 엄밀한 의미에서 법률행위로서의 대리는 아닌 것이다. 그러므로 책임이라는 측면에 있어 대리제도는 행정을 수반한 설계단계에만 국한한 것이며, 건축기획 단계나 시공단계에서는 대리제도가 성립하지 않는다. 다시 말해 건축기획 단계나, 건축행위(시공)로 인한 책임은 건축주가 아닌 직접적인 행위자에게 귀속된다. 즉, 건축기획 단계나 시공단계의 건축관계자는 건축주의 대리인이 아닌 동등한 파트너 관계일 수밖에 없다. 따라서 '건축법'에서 판단하고 있는 건축으로 인한 모든 책임이란 건축행정에 대한 책임만을 의미할 뿐 건축 그 자체에 대한 책임을 의미하지 않는다. 그러므로 대리제도를 확장 해석하여 당사자를 사회로 간주하면 건축조직은 건축주와 사회의 대리자이다. 따라서 건축조직은 건축으로 인한 사회적 책임의 귀속체이기도 하다.

(2) 대리의 종류

① 임의대리와 법정대리

민법은 대리에 있어서 임의대리(任意代理)와 법정대리(法定代理)가 있는 것으로 예정하고 있다.[400] 임의대리는 이를 위임대리(委任代理)라고도 부른다. 앞서 사적 자치의 확장에 해당하는 것이 바로 위임대리이고, 사적 자치의 보충을 법정대리로 볼 수 있다. 법정대리는 가족관계에 의하여 발생하는 것이기 때문에 이 역시 본 연구의 해당 사항은 아니다.

임의대리는 본인의 신임을 받아서 대리인이 되는 것으로, 대리권이 본인의 신임을 바탕으로 하여 그의 의사에 의해 부여되는 것이다. 건축주와 건축조직의 관계에 적용했을 때, 임의대리, 즉 위임대리는 계약이라는 구속력을 가지고 있는 관계임에도 불구하고, 건축주가 자신을 대리하는 건

••••
400 민법 제120 · 122 · 128조 등 참조.

축조직에 대해서 신뢰성을 가지고 있어야 한다. 이를 위해서 건축가, 혹은 건축조직에 대한 정보에 대한 투명성이 보장되어야 한다.

② 능동대리와 수동대리

대리행위의 모습에 의한 분류로서 본인을 위하여 제3자에 대하여 의사표시를 하는 대리가 능동대리(能動代理)이며, 적극대리(積極代理)라고도 칭한다.[401] 반면 본인을 위하여 제3자의 의사표시를 받는 대리가 수동대리(受動代理)이며, 소극대리(消極代理)라고도 한다.[402]

건축주를 대리하는 건축조직은 이 두 가지의 태도를 다 포함하고 있는 게 상례이다. 그것은 대리에 있어서의 3면 관계성 때문이다. 대리관계는 본인과 대리인, 대리인과 상대방, 상대방과 본인과의 3면 관계로 되어 있기 때문이다.[403] 이는 건축주의 입장을 대변하는 건축가와 같은 설계조직과, 설계조직이 건축주를 대신하여 시공조직에 대해서 건축주의 입장에서 전체 프로젝트를 관여하는 특성을 가지고 있기 때문이다. 물론 이도 각 건축조직 간의 역학관계 속에서 변화할 수 있는 여지가 충분히 있다.

1.2. 위임·위탁계약

앞서 법률행위로서의 대리제도를 분석에 의하면, 현행의 한국 법률에 의하면 대리제도의 사회적 작용에 있어서 대리인에 해당하는 건축가 혹은 건축조직은 현명주의에 입각하여, 건축주에게 위임을 받아 건축실행 조직들, 예를 들면 설계 혹은 시공과 감리에 대하여 대리행위를 하는 것으로 파악이 되었다.

이로 인하여 건축계약은 통칭 위임계약으로 인식되고 있다. 즉, 대리제도는 위임대리를 의미하며, 위임대리란 법률행위에 한정하고 이는 건축에

----

401 민법 114조 I 참조.

402 민법 114조 II 참조.

403 대리인이 본인의 정당한 대리인이라는 관계(대리권의 관계), 이러한 대리인이 본인을 위하여 상대방과의 사이에서 법률행위를 하는 관계(대리행위의 관계), 그리고 그 결과 상대방과 본인 사이에서 권리변동이 생기는 관계(대리에 의한 법률효과의 관계)가 대리인의 3면 관계성의 특서이다. 참조: 곽윤식, 앞의 책, pp.368 – 369.

있어 건축행정 행위에 국한한다. 그러나 건축이란 행정뿐 아니라 행위를 수반하는 것으로 위임대리만으로 수행할 수 있는 것은 아니다. 특히 급변하는 현대사회에 있어 건축은 기획의 중요성이 부각되고 건축의 특정 단계에서 이루어지는 것이 아니라 전 과정에서 건축기획을 요구하고 있다. 건축기획의 업무는 법률적 사항을 대리하는 것이 아닌 행위판단에 대한 대리이므로 위임계약을 통해 이루어질 수 없다. 즉 건축법상의 위임계약은 곧바로 한계를 가지게 된다. 따라서 건축계약은 행정행위를 제외한 모든 계약에 대한 위탁계약의 필요성이 대두되고 있는 것이다.

위임계약과 위탁계약은 표면적으로는 유사하게 보이지만, 엄밀하게는 완전히 다른 발상의 계약 개념이다. 위임·위탁계약은 한 당사자가 상대방에게 사무 처리를 맡겨 처리토록 한다는 점에서는 공통점이 있지만, 위탁계약은 이에 더하여 행위를 대상으로 한다는 점에서 의사결정에 있어 계약주체와 독립적 성격이 있다. 현대건축의 복잡화는 대리인 또한 개인이 아닌 팀조직을 요구하고 있다. 이 경우 대리인이 자신을 보조할 또 다른 대리인을 자기 책임하에 직접 선택하여 대리조직을 구성할 경우 이러한 대리관계는 복대리(複代理)라 한다(〈그림 3-33〉).

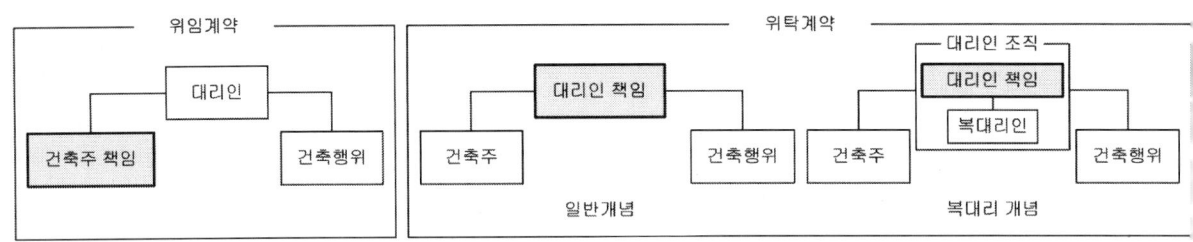

<그림 3-33> 위임·위탁 및 복대리의 개념

따라서 위탁계약은 맡는 자에 대한 맡기는 자(건축주)의 절대적 신뢰가 전제되며, 이는 곧 맡는 자의 책임과 권한으로 구체화된다. 물론 대리제도는 기본적으로 신뢰가 바탕이 되지 않으면 안 되지만, 위임계약은 맡는 자가 맡기는 자의 사무처리 및 법률행위를 대상으로 한다는 점에서 계약주체의 대리인404적 성격이다.

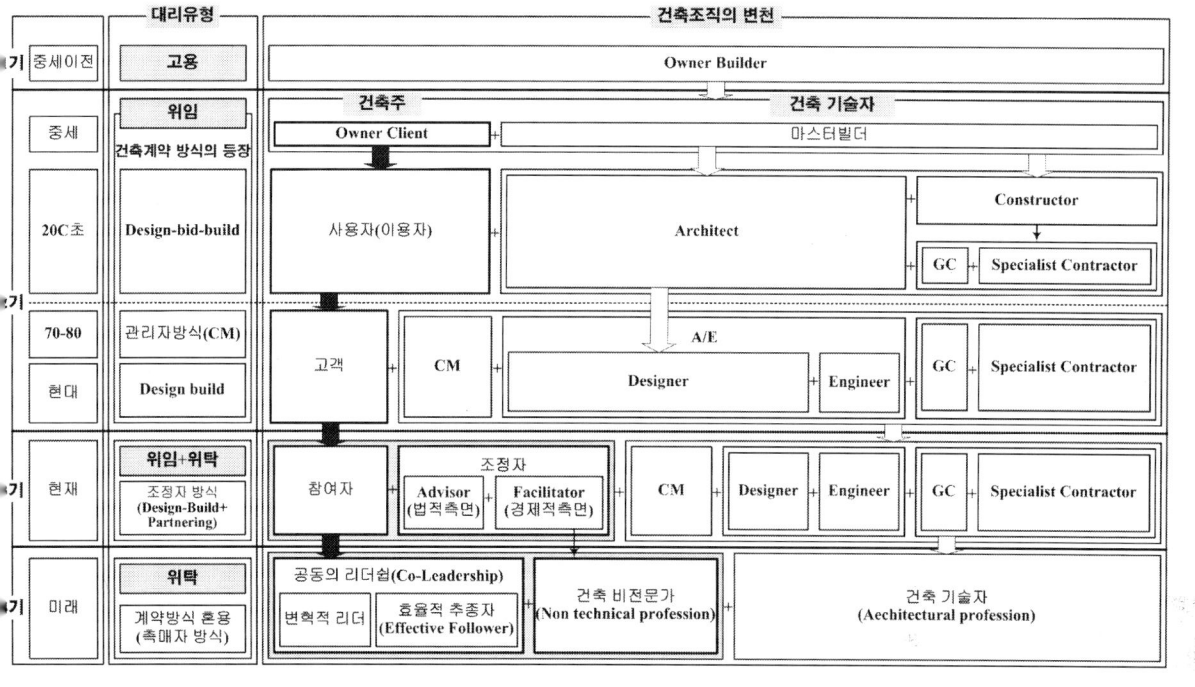

<그림 3-34> 대리유형의 변천

　〈그림 3-34〉는 대리유형과 건축조직의 방식을 비교한 것이다. 현재 외국의 건축조직은 위임과 위탁을 혼용한 방식을 사용하고 있는 반면, 한국의 건축법은 원칙적으로 위임계약방식을 고수하면서도 일부 건축행위 계약은 위탁계약의 성격을 지니는 모순[405]을 지니고 있어 건축의 분쟁과 갈등요소로 남아 있다. 즉, 건축은 행위 기반의 건축조직의 협력에 의한 창의적 활동이다. 따라서 건축법에 의한 건축대리제도의 관리는 한계가 있으며 이는 건축주와 건축관계자의 자율적인 대리제도 선택을 통해 이루어져야 한다. 특히 건축은 행위대리(위탁계약)를 통해 이루어지는 것이므로 건축관계자 간의 상호 신뢰를 형성할 수 있는 사회문화적 기반 형성이 가장 중요하다.

• • • •

404　여기서 대리인(代理人)은 건축법 제76조의5의 대리인, 민법 제114조 내지 제136조의 대리인(본인 – 대리인의 관계)의 경우나 동법 제680 내지 제692조의 위임계약(위임인 – 수임인) 관계와 일치하는 개념이며, 정보경제학의 주인 – 대리인 개념과는 일치하지 않는다. 정보경제학의 대리인 개념은 본 연구 3장 1절 2의 건축정보 전달구조와 의사결정관리의 p.56 참조.

405　감리자는 건축물 및 대지가 관계법령에 적합하도록 공사시공자 및 건축주 지도 등 공사현장의 안전·품질 및 법적 사항을 관리 감독의 행위를 한다('건축법 시행규칙' 제19조의2 제1항). 즉, 감리계약이 위탁계약의 성격이 분명함에도 불구하고, 대법원 2000. 8. 22. 선고2000다1942는 감리계약을 위임계약의 성격을 가지는 것으로 판시하여 위탁계약과 구분하고 있지 않다.

Part_4

건축계약상 대리유형
모델 사례와 리스크 분석

1:1 방식은 주도적인 의사결정권을 가진 단일의 건축가나 혹은 건축주에 의해 운영되는 건축조직이다. 1:M 방식은 단일 이해관계의 민간 건축주와 다수의 이해관계를 지닌 대리조직의 공평한 의사결정권을 지닌 관계를 의미한다. 즉 단일의 의사결정권을 가진 개인 혹은 하나의 기업조직에 대응하여 건축가를 비롯한 여러 건축 관련 주체들이 합의를 통해서 공동의 의사결정권을 행사하면서 프로젝트를 진행하는 방식을 일컫는다. M:1 방식의 건축가 전담 유형과 마찬가지로 1:M도 하나의 결정권을 가지는 건축주가 전체 건축조직에 있어서 다수의 건축실행 주체들을 주도하는 경향을 보인다. 1:1의 경우는 비록 건축주와 건축가가 1:1의 대응관계로서 건축주에게 있어서는 자금으로, 건축가는 건축기술과 정보력을 통해서 건축조직의 주도권이 대치될 수 있다. 그러나 궁극적으로 건축실행의 결정권은 건축주에게 귀속되는 것이기 때문에 1:1 방식도 본 연구에서는 우선적으로 건축주 주도 유형으로 분류한다. 1:1 방식은 소규모 건축 혹은 단순한 건축행위에는 유용할 수 있으나, 규모가 대형화되고 특화된 건축기술들이 필요한 복잡한 건축프로젝트에는 부적합하다. 그래서 다양성이 중시되는 현대건축에서는 1:1 방식보다는 1:M 방식이 더 선호되고 있다. Ford를 비롯한 자동차 3사의 건축조직의 변화는 1:1 방식과 1:M 방식은 물론이고 1:1에서 1:M으로 발전해 가는 과정을 이해할 수 있는 사례이고, Leeum과 Project Partnering은 1:M의 다양한 형태를 확인할 수 있는 예로서 이들을 기준으로 1:1과 1:M 방식의 건축조직의 특성에 대해 분석을 해 본다.

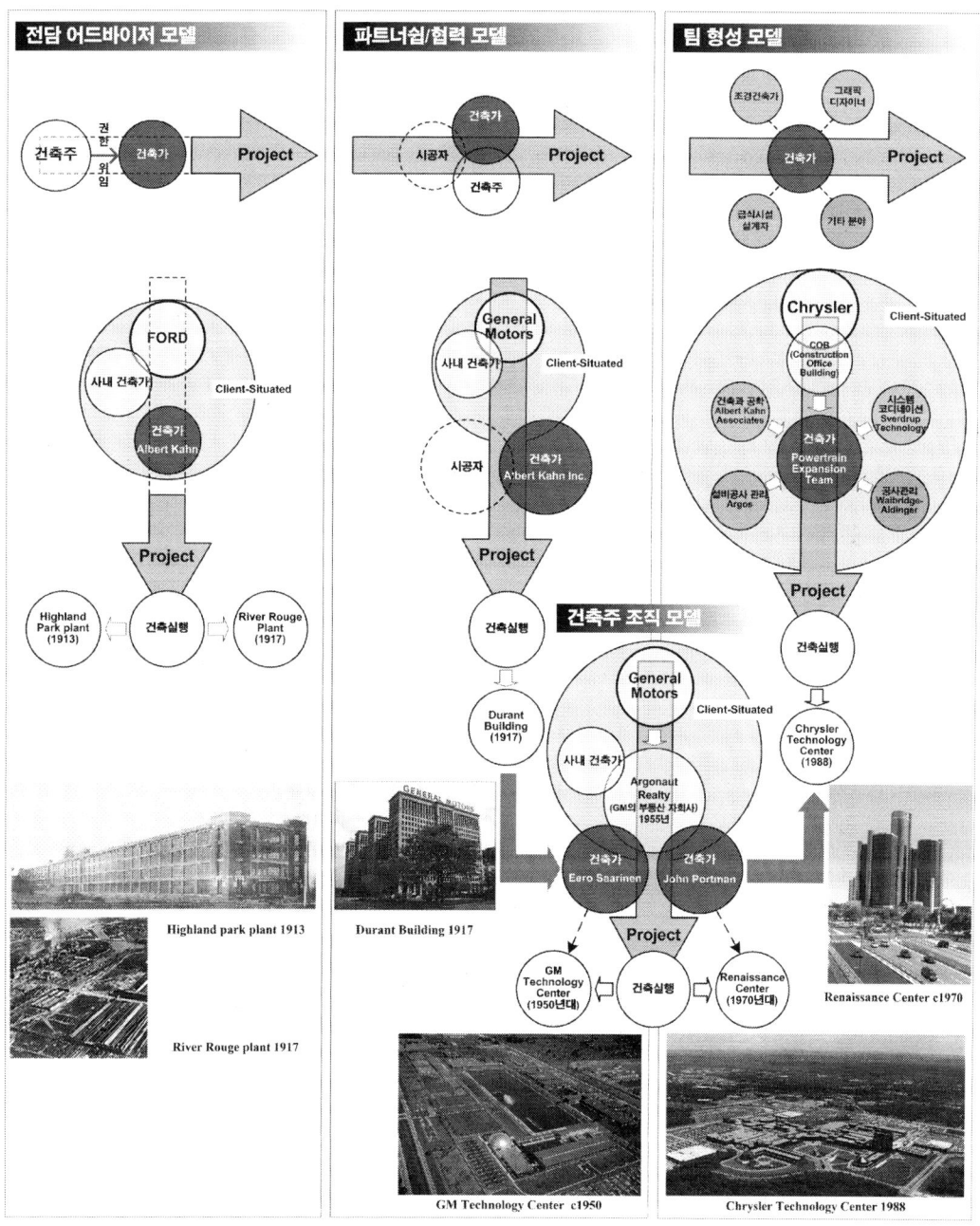

<그림 4-1> 3사의 건축조직 유형분석

• • • •
406 자동차 3사의 사례는 Brain K.의 박사학위 논문에 근거하여 분석한 것이다. Brain K. 「Organization Client and Architectural Communities of Practice: Material and Social construction at the Chrysler Technology Center」, PhD., The University of Michigan, 2002.

20C초 미국의 경기를 주도했던 자동차 3사(Ford, GM, Chrysler)는 건축가를 건축주의 부재한 정보의 보조자 역할뿐 아니라, 기업의 (컨설팅)파트너로서 기용하면서 새로운 건축조직의 형태구성을 시도했다. 이때 건축가와의 관계는 사내 건축가(in-house architect)를 활용한 고용계약관계, 외부건축가와의 위탁계약 및 위임계약 관계를 유기적으로 활용하여 신뢰 기반의 파트너 관계를 유지하였다. 따라서 근본적인 대리인 문제에 의한 건축리스크를 극복한 사례이다. 따라서 건축가는 건축주의 신뢰에 기반 하여 건축주의 대리인이 아닌 건축주 입장에서 건축실행(Client-Situated Architectural Practice)을 주도하였다.407 이때 건축가를 보조할 조직구성 방법은 크게 3가지로, 사내 건축가(In-house Architects), 장기 컨설팅(Long-Term consulting), 프로젝트 공동협력(Project Partnering)을 유기적으로 활용하였다.

이러한 자동차 3사의 건축조직은 조직의 구성방식과 건축가의 역할에 따라 3사별로 건축조직 초기모델인 1기와 발전 모델인 2기로 구분되는데, 3사를 통합적으로 분석하였을 때 유사모델이 반복적으로 채용되고 있다. 따라서 3사의 건축조직을 건축주와 건축가의 역할관계로서 분류하면 전체적으로는 1, 2, 3, 4기의 네 가지 유형으로 나눌 수 있다(〈그림 4-1〉).

1기는 1:1 방식으로 Ford의 초기 건축조직 모델이 이에 해당하며, 건축가는 건축주의 조언자(Advisor)이며, 건축과정의 실질적 주도자로서의 역할을 수행한다. 따라서 이를 전담 어드바이저 모델(Trusted advisor model)이라 칭한다. 전담 어드바이저로서 건축가는 건축주와의 신뢰가 가장 우선시되며, 건축가는 기획단계에 건축주의 의사결정(Policy making)의 대리자로서의 역할을 한다.

2기 역시 1:1 방식으로 Ford의 초기 건축조직 모델을 발전시킨 것으로, Ford 2기와 GM 및 Chrysler의 건축조직 초기모델이 이에 해당한다. 2기는 건축주가 건축가에게 전담하는 방식이 아니라 건축주와 건축가가 파트너의 관계로서 건축실행을 하였다. 따라서 이를 파트너십/협력 모델(Partnership/Collaboration model)408이라 한다.

••••
407 따라서 건축가는 기획단계에서는 자문으로서의 역할과 설계단계에서의 고유한 설계업무를 수행한다.

3기는 1:1과 1:M의 중간 형태로 GM2기가 이에 해당한다. 3기의 건축조직은 건축주가 건축실행을 위해 팀을 조직하여 건축과정을 주도하는 방식이다. 3기 조직은 2기에서 4기 조직 변화에 있어서 과도기적인 형태로서 건축주가 건축조직에 있어서 팀 형성의 중요성을 인지하는 단계이다. 그러나 팀 형성에 있어서 건축실행 주체보다는 건축주와 연관된 주체만을 형성하는 한계를 가지고 있다. 이에 3기는 건축주 조직 모델이라고 칭한다.

4기는 1:M 방식으로 Chrysler 2기로서 다양한 참여자로 구성된 별도의 협력조직(제3 sector), 즉 건축주와 건축가가 파트너링을 통해 동등한 입장에서 팀을 형성하여 전체 건축과정을 이끄는 모델이다. 이를 팀 형성 모델(Team builder model)이라 칭한다.[409] 여기서 건축가는 팀(Consultants group)의 리더이면서도 건축주를 보좌하는 건축주 입장에서 건축을 실행한다. 이러한 팀 조직은 장기적인 관계를 유지하면서 여러 프로젝트를 진행하는 데에 적합한 구조이다.

1.1. 전담 어드바이저 모델: Ford 1기

전담 어드바이저 모델은 Ford의 초기 건축조직 모델이 이에 해당하며, 계약방식에 있어서는 일종의 Design – bid – build 방식이라 파악할 수 있다. 그러나 건축주와 건축가 관계에 있어 건축가는 단순한 Designer 이상의 파트너로서 건축가는 기획단계에서부터 참여하여 건축과정을 주도하여 highland

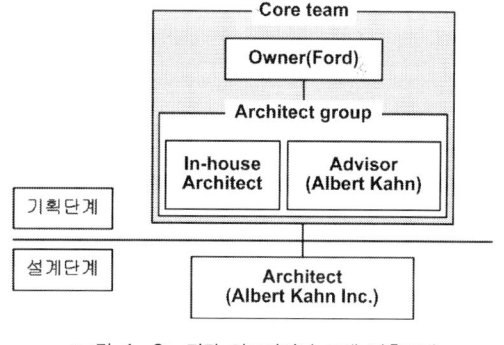

<그림 4 - 2> 전담 어드바이저 모델 건축조직

408 물론 이는 공동의 이익, 공동의 책임이라는 측면에서는 현대적 개념의 파트너십은 아니지만, 공동의 목적 설정이라는 측면에서는 파트너십으로 파악할 수 있다.

409 여기에 사용된 모델 명칭 중 전담 어드바이저 모델(trusted advisor model), 파트너십 모델(partnership/collaboration model), 팀 형성 모델(team builder model)이라는 용어는 AIA의 건축가의 서비스 모델 유형 중에서 차용한 것이다. AIA, 『The Architect's handbook of professional practice』 13th. ed., John Wiley & Sons Inc., 2001, pp.65 – 68 참조.

park(1913)과 River rouge plant(1917) 건축을 실행하였다.

　Ford 1기의 기획단계의 건축조직 구성은 건축주인 Ford와 건축주의 어드바이저인 Albert Kahn과 이를 보조하는 사내 건축가로서 구성이 되고, 설계단계에서는 건축주의 지명을 받은 Albert Kahn의 설계회사 프로젝트를 진행하였다(〈그림 4 - 2〉).

　(1) 건축주와 건축가 간의 신뢰

　Ford는 자동차 산업의 새로운 혁신이 된 'T형 포드'의 개발로 소품종 대량생산 체계의 포디즘(Fordism)[410]의 상징(icon)이 되었다. Ford Group의 창시자인 Henry Ford는 T형 포드 생산을 위해서 Detroit 지역의 건축가인 Albert Kahn에게 공장 설립을 의뢰하게 된다. Albert Kahn은 공장 건축물에 대한 전문적인 지식을 가지고 있는 건축가로서 Henry Ford와의 개인적인 친분도 깊은 건축가였다.

　이와 같은 과정에서 탄생하게 된 1913년에 설립된 Detroit의 Highland Park Factory는 1970년대의 오일쇼크 이전까지 소품종 대량생산 체계에 적합한 공장의 프로트 타입이 된다.

　Highland Park Factory는 이를 시행하는 건축 관계조직에 있어서도 다른 사례와 차별성을 가지고 있다. 우선 Albert Kahn은 이 공장을 짓기 전부터도 공장 건축의 대가로서 충분한 경력을 가지고 있는 건축가로서 Henry Ford가 Highland Park Factory에 대한 구상을 가졌을 때부터 그에 대한 건축적 조언을 하는 고문의 역할을 담당하였고, 실제로 건축 계획의 실행이 결정이 난 이후로는 Ford Group 내의 사내 건축가들에게 건축주의 입장에서 초기 건축 기획에 있어서 중요한 역할을 수행했다. 그리고 건축 설계단계에 들어가서도 하도급업체에게서 대량 매입한 자동차 생산용 부품들의

----

410 포디즘이란 용어는 20세기 마르크스주의 이론가인 그람시(Antonio Gramsci)에 의해 처음 사용된 용어이다. 그는 부르주아 관료제를 개별기업단위와 국가단위로 구분하여 비판하였는데, 개별기업단위 비판에 관한 것이 테일러리즘(Taylorism)과 포디즘(Fordism)이다. 이때 포디즘이란 그람시의 표현에 의하면 '더욱 지겁고 소모적'인 노동자 통제의 부르주아 조직이론이라고 할 수 있다. 즉 카르텔의 시장정복 능력에 따라, 결정된 작업속도를 지시하는 이동조립라인, '임금압박'의 상태에서 노동자의 수중에는 전혀 협상 방안이 주어지지 않는 상태의 표준일급별 임금의 표준화 등이 노동자의 자발적인 노동참여를 거의 완벽하게 배제하고 있을 뿐만 아니라, 고임금에 의해 노동자를 더욱더 파편화하며, 아울러 기업소속 의식이라는 이데올로기적 공세를 통해, 헤게모니의 확고한 구축을 해내게 된다는 비판을 하는 것이다.

적재(積載)공간의 문제, 그리고 대량생산에 필요한 공장 동선 라인 등을 해결하는 설계와 이후의 시공과정에 적극적인 개입을 하였다. 이는 건축주와 건축가와의 (개인적 친분) 관계를 통한 건축가의 위촉방식이나 역할에 있어서는 현재 일본의 구마모토 현(熊本 縣) 아트 폴리스의 Commissioner와 유사한 개념으로 볼 수 있으며, 공장설계의 과거 실적에 의해 기획에서부터 시공에까지 전적으로 건축가를 대리한 것으로서는 도쿄 미드타운의 3기 MA 방식에서 CA의 역할과 유사하다.

Highland Park Factory의 성공은 이후 Albert Kahn은 Ford Group에게서 두 번째 공장 설계 프로젝트를 위임받게 된다. 바로 이 공장이 1917 – 1928년에 완성된 River Rouge Plant이다. 이 프로젝트도 Highland Park Factory와 같이 Henry Ford의 전폭적인 지지를 받은 Albert Kahn이 소품종 대량생산 체계에 적합한 공장 건축 설계의 대가로서의 입지를 굳히게 된다.

(2) 건축가 전담

1기 모델의 건축가는 프로젝트 이전 단계부터 건축주의 장기적 관계(Long – term relation) 유지를 통한 파트너로서 조언을 해 주며, 기획단계에서는 건축주조직의 멤버로서 건축주의 의사결정에 보조적 역할을 한다. 실시설계 단계에서는 기본설계와 실시설계를 담당하고, 시공단계에서는 건축주의 입장을 대리하여 건축 관리까지 담당한다. 그래서 전담 어드바이저 모델에서 건축주의 역할은 건축가 선정뿐이다.

(3) 건축주와 건축가의 밀월

전담 어드바이저 모델은 1:1에서 건축주 주도보다는 건축가 전담형에 가깝다고 볼 수 있다. 그러나 앞서 언급한 바와 같이 1:1은 소규모 건축이나 단순한 건축 프로젝트에 어울리는 건축조직 방식으로, 포드의 공장건축 프로젝트와 같은 대규모 사업에 적용될 수 있었던 것은 건축주와 건축가 간의 높은 신뢰도가 바탕이 되었다. 포드사의 사주였던 Henry Ford와 실행 건축가였던 Albert Kahn의 관계는 단순한 건축주와 건축실행자 간이 아닌 하나의 이상을 향한 동반자적인 관계였기 때문에 가능한 것이었다. 그래서 전담 어드바이저 모델에 있어서 건축주는 건축가가 장기적 관계를 통해서 신뢰감을 확립하지 않으면 이 모델을 선택하는 데에는 비용과 함께 건축 프로젝트의 가치와 품질 등에 대한 리스크가 생길 가능성이 높다는 사실을 인지하고 있어야 한다.

반대로 건축주와 건축가의 관계가 너무 밀접한 것도 전담 어드바이저 모델의 문제점이 될 수 있다. 이 모델의 가장 큰 문제점 프로젝트가 전적으로 개인의 이익 창출에만 집중되기 쉽다는 것이다. 그래서 공공복리에 관한 건축의 사회적 책임을 등한시하는 경우가 생기기 쉽다. 특히 건축주의 개념이 개인에서 사용자까지 확대하는 현대의 시점에서 전담 어드바이저 모델은 건축뿐만 아니라, 다양한 주체의 정보와 의견을 수렴하는 데에는 문제점을 가지고 있다.

1.2. 파트너십/협업 모델: Ford 2기와 GM 및 Chrysler 1기

두 번째는 가장 일반적인 건축조직으로 자동차 3사에서 사내 건축가가 건축주 입장에서 외부 공급자인 건축가가 파트너가 되어 프로젝트를 수행하는 것이다. 이는 기업이 건축주 주체였을 때, 건축가 1인 혹은 하나의 건축설계 회사와 계약을 통해서 단일 프로젝트를 진행하는 1:1 방식의 하나이다. 같은 1:1 방식이지만 전담 어드바이저 모델과 파트너십/협업 모델의 차이점은 전담 어드바이저 모델에서 건축주는 건축가에 비해 정보력이 현저히 부족한 데에 비해, 파트너십/협업 모델은 건축주가 건축가에 준하지는 않지만 전체 프로젝트 결정에 전문적인 영향력을 미칠 수 있을 정도의 정보력을 확보하고 있다는 전제에서 확인할 수 있다. 그래서 전담 어드바이저 모델과 같은 건축가가 주도하는 형식이라면, 파트너십/협업 모델은 건축주와 건축가가 시공자까지 포함하여 계약을 통해서 각자의 업역에 대한 결정권을 나누어 가지고서는 프로젝트와 관련하여 공동의 의사결정을 도출하기 때문에, 건축주 주도형이나 건축가 전담형으로 확연히 구분을 지을 수 없는 중립적인 1:1 방식으로 파악할 수도 있다.

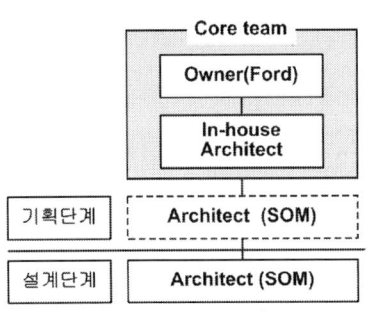

<그림 4-3> 파트너십/협업 모델 건축조직

그러나 파트너십/협업 모델은 자동차 3사의 예에서처럼 사내 건축가와 같은 조직을 통해서 전문성을 보완한 건축주는 건축가에 대해 자금과 기획 단계에서 확보된 정보력을 바탕으로 결국은 건축 프로젝트를 주도할 가능성이 높기 때문에 파트너십/협업 모델의 전반적인 양상은 건축주 주도의 유형으로 분류된다.

자동차 3사 중에서 파트너십/협업 모델을 최초로 채택한 회사는 General Motors였다. 이 사례에서도 Detroit의 지역 건축자인 Albert Kahn의 설계사무실이 파트너가 되었는데, 여기서는 GM의 사주와의 특별한 친분으로 Albert Kahn의 회사가 선택된 것이 아니라 회사의 설계실적을 바탕으로 건축가로 선정된 것이다. 이와 같은 방식으로 건설된 것이 Durant Building(1917)이며, 좀 더 발전적으로 적용된 것이 Ford의 World Center(1956, 〈그림 4 - 1〉)와 Chrysler와 Chrysler Center(1972)이다.

(1) 건축주의 건축가 선정

Ford와 같이 Detroit에 기반을 두고 있었던 GM은 Ford와 관련된 건축실행을 많이 했던 Albert Kahn의 건축사무실(Albert Kahn Inc.)에 사무실 건설을 의뢰하고 이 결과물이 바로 Durant Building으로 Renaissance Center가 세워지기 전까지 전 세계 GM법인의 중심지로 역할을 해 왔다. Durant Building 건축조직의 특성은 건축주와 건축가가 1:1의 계약을 통해 건축실행을 진행하는 건축조직으로 현재까지도 건축 프로젝트에 가장 일반적으로 활용되고 있다. 이와 같은 건축조직은 건축주가 건축가에 있어서 지배적인 위치를 점하여 건축가의 건축실행에 있어서 영향을 미칠 가능성이 높다. 다만 Durant Building의 경우, Detroit의 지역 건축가 중 그 영향력이 컸었던 Albert Kahn의 건축사무실이었기 때문에 비교적 건축주와 대등한 위치에서 건축가의 역량을 발휘할 수 있었다. 그러나 엄격한 의미에서는 Durant Building의 건축조직은 건축주 주도의 파트너십/협업 모델이다. 이는 건축주의 비전문적인 측면을 보완하기 위한 협력조직들이 Core Team을 이루고 있고, 건축주가 건축가에 대해서 기본적으로 계약적인 측면에서도 우위를 차지하고 있다는 사실이다. 그러나 파트너십/협업 모델

역시 전담 어드바이저 모델과 마찬가지로 건축가 선정의 역선택에 대한 문제를 야기할 위험성이 존재하고 있는데, 그것은 보통 이 방식이 단일 프로젝트로 운영이 되기 때문이다.

Durant Building의 건축조직을 한층 더 발전시킨 것이 바로 Ford의 World Center이다. 오랜 기간 동안 Albert Kahn에게 건축실행을 전담시킨 Ford는 Henry Ford 2세가 새로운 회사의 대표가 되면서 2차 세계대전 이후 달라진 경제 환경을 표현하는 데에 Albert Kahn의 디자인은 한계가 있다고 사내 건축가와 함께 판단을 내린다. 이에 오피스 건축에 많은 기술을 축적하고 있는 SOM에 의뢰를 한다. 이 건축조직에서 주목해야 할 것은 사내 건축가(In – house Architect)의 역할이다. 사내 건축가들은 건축에 있어서 비전문적이었던 Ford사를 대표하여 SOM과의 협업을 통해서 Ford가 나아가려는 새로운 비전을 건축을 통해서 표현했다. 그 결과가 바로 Ford World Center이며 이 건축물은 Curtain Wall 수법이 적용된 대표적인 Office 건축물의 한 사례가 된다. 이후 Chrysler도 사내 건축가를 적극적으로 활용하여 World Trade Center를 설계한 미노루 야마사키와 함께 Chrysler Center를 세웠다.

(2) 건축주에 의한 건축 기획단계 강화

2차 세계대전 이후부터 자동차 3사는 미국 국내뿐만 아니라, 전 세계로 진출하면서 건축 관련 프로젝트들이 그전과 비교할 수 없을 정도로 많아졌음에도 단기적인 관계인 파트너십/협업 모델로서 각 그룹이 표방하고자 하는 기업 브랜드를 상징하고, 필요한 기능들을 갖춘 건축물들을 실현할 수 있었던 것은 사내 건축가의 역할이 컸다고 볼 수 있다. 즉 역선택으로 인한 정보의 비대칭문제를 사내 건축가 조직을 통해서 건축주가 해결할 수 있다는 것이다.

이에 건축주의 사내 건축가의 주도하에 기업의 Core Team에서 결정된 설계방향이나 설계지침에 따라 건축가는 건축을 실행하는 경우가 많아졌다. 그러나 Ford World Center의 경우처럼 건축가의 기술력을 인정받아 사내 건축가와 기획에 참여하여 이후 설계단계에 필요한 내용들을 협의하는 케이스도 있다.

(3) 건축주의 지배력 강화

파트너십/협업 모델은 건축주와 건축가가 1:1로 계약을 하는 것처럼, 건축주와 시공자도 1:1로 계약을 한다. 즉 기획과 설계, 시공까지 포함했을 때, 건축주와 건축가, 시공자는 각각 동등한 파트너가 되는 것이다. 건축주와 건축가, 시공자를 다 포함했을 때, 파트너십/협업 모델은 1:M의 방식의 특성을 보인다고 볼 수도 있으나, 건축가와 시공자 모두 건축주와의 1:1 관계성을 유지하고, 건축가와 시공자는 건축주를 통해서 간접적인 커뮤니케이션을 공유하고 있고, 두 주체 간의 자발적인 상호협력을 기대하기에는 어려운 구조이기 때문에 건축주의 영향력이 지배적일 수밖에 없게 된다. 이는 H형의 조직구조(〈그림 3-5〉 참조)로서 사내 건축가를 통해서 정보력까지 확보한 건축주가 이를 바탕으로 여러 건축주체들을 면대면 방식으로 대하는 데에서 발생하는 문제이다. 그래서 어떠한 의미에서는 전담 어드바이저 모델보다도 건축주의 사익을 위해서 조직의 운용이 결정될 가능성이 높다.

또한 파트너십/협업 모델은 건축주가 여러 프로젝트를 동시에 진행했을 때, 장점을 가지고 있는 건축 방식으로 생산성과 그에 따른 성과를 중시하는 경향이 있다. 성과, 즉 생산성을 중시하는 것은 관리주의 조직 모델(〈그림 3-7〉 참조)로서 전근대적인 조직의 형태라 할 수 있다. 이는 외부의 창의적인 의견에 수렴이 힘들어지면서 새로운 패러다임의 변화에 적응하기 힘들게 된다. 더욱이 역선택 문제를 해결하고 생산성을 중시하는 취지에서 사내 건축가 조직을 강화하는 데에 비용이 많이 들지만, 전체적인 관점에서 사내 건축가 조직이 외부 건축조직과의 원활한 정보교류를 위한 Main Bus의 역할을 충분히 할 수 없게 되면서 도리어 비효율적인 건축실행 조직이 될 수 있다.

1.3. 건축주 조직 모델: GM 2기

파트너십/협업 모델은 소품종 대량생산 체계에 적합한 건축조직으로서

1970년대 오일쇼크 이후, 기업환경의 변화가 촉발되면서 한계를 드러내게 된다. 포드가 주도했던 소품종 대량생산 체제, 즉 Fordism은 Post Fordism (다품종 소량생산 체제)로 전환하게 된다. 그러면서 자연스럽게 대두된 생산 기법이 바로 Lean Production[411]이다.

Lean Production의 대두는 과거 국가 중심의 자동차산업 체제를 지역 중심으로 전환시키는 계기가 된다. 그래서 Toyota City와 같은 기업도시의 발생을 촉진시키기도 한다. 이와 같은 지역화(Regionalization)는 각국의 무역장벽을 높이게 되었고, 오일쇼크 이전 세계화를 통해 그룹의 규모를 키우던 Big Tree는 큰 타격을 입게 된다. 이에 Big Tree는 각 국가의 현지 법인과 공장을 설립하는 방식을 통해서 수출의 증대를 꾀하게 된다. 그러나 과거 단순히 사내 건축가와 외부공급자가 파트너십을 통해서 그룹의 건축과 건설을 맡아 진행하는 것은 이와 같은 추세에 맞지 않게 된다. 동시 다발적으로 전 세계에 많은 건축을 실행하기 위해 일반적 건축 관계조직 모델은 한계에 다다른 것이다. 이에 GM은 Argonaut Realty라는 회사의 부동사 자회사를 따로 설립하여 이 모든 업무를 맡아 실행하기에 이른다.

이 건축주 조직은 1:1 방식과 1:M의 방식의 중간적인 특성을 가지고 있다. GM의 자회사이기는 하지만 Argonaut Realty는 독립적인 법인으로서 건축가와 건축그룹을 형성하여 건축주인 GM의 건축 프로젝트를 수행하는 1:M의 조직구성을 가지고 있다. 반면 GM과 사내 건축가와 함께 Argonaut Realty가 Core Team을 이루어, 실행건축가와 함께 프로젝트를 실행한다는 점에서는 1:1의 특성도 엿보인다(〈그림 4-4〉).

GM은 이 조직방식을 활용하여, 1950년대에 GM Technology Center를 건축하였고, 1970년대에는 과거 GM의 중심이었던 Durant Building을 대신하는 상징적인 건물인 Renaissance Center를 세운다.

••••
411 Lean Production은 세계적 수준에 이른 1반복 공정으로서 시간을 중요시하는 새로운 반복공정 생산 시스템이다. 시간성을 중시하는 Lean Production의 특성 때문에 Just-in-time이라는 별칭으로 불리기도 한다. 제2차 세계대전 후 일본의 도요타 자동차의 도요타와 ohno가 Lean Production의 개념을 가장 먼저 개척하였다. 그러나 Lean이란 말은 MIT의 연구진이 붙인 이름이다. Lean Production은 일본의 자동차 산업에서 가장 많이 볼 수 있지만, 세계 곳곳에 퍼져, 많은 자동차 회사들이 린 생산을 도입하였다.

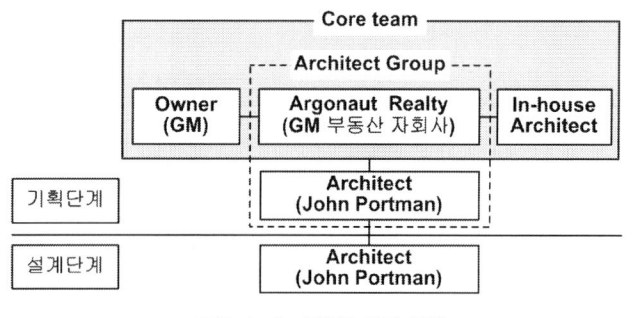

<그림 4-4> 건축주 조직 모델

(1) 내부 팀과 외부 팀의 연계

건축주 조직 모델은 앞선 전담 어드바이저 모델과 파트너십/협업 모델을 비교해 보았을 때, 비전문가인 건축주가 역선택에 대한 문제를 해결하기 위해 보다 적극적인 조직을 구성했음을 알 수 있다. 이는 Lean Production이 가지는 품질 중심의 경영이 준 영향이 일조하였다. 더욱이 오일쇼크 이전, 자동차 수출을 위해 자국에 공장을 건설하던 관행에서 세계 각처에 공장을 설립하고, 그에 따른 건축 프로젝트를 실행하는 데에 있어서 건축기술에만 국한되어 왔던 사내 건축가의 유용성에 대한 회의가 제기되게 된다. 이에 GM은 건축을 위한 토지매입에서부터 자금, 경영 등의 측면을 비롯하여 건축기술적인 측면에까지 관리할 수 있는 부동산 회사인 Argonaut Realty를 세워 그룹의 건축 프로젝트에 대해 위임을 한다.

Argonaut Realty은 사내 건축가뿐만 아니라 GM의 전 그룹차원의 지원을 받은 건축주체로서 Main Bus의 역할을 통해 외부 팀과 내부 팀을 연계하여 앞서 파트너십/협업 모델의 한계를 극복하려는 시도가 엿보인다. 이로 인해 Argonaut Realty는 건축주와 건축가의 중간자적 입장에서 양쪽의 입장을 대변하여 건축의 가치를 높이는 역할을 수행한다. 이는 Argonaut Realty가 대리제도의 3면 관계 중에서 본인인 건축주와 상대방인 건축 실행조직을 연계하는 대리인으로서의 역할을 수행할 수 있는 구조이기 때문이다. 그러나 건축주 조직 모델을 위임이 아닌 위탁계약의 형태로 파악할 수 없는 것은 결국 Argonaut Realty가 GM의 자회사로서 종속적인 위치에 있기 때문이다. 도리어 기획과 계획, 설계단계 전 과정에서 좀 더 건축주의 입장을 효과적으로 전달할 수 있는 정보체계를 갖추었다고 볼 수 있다. 그래서 정보에 대한 관점으로 보았을 때, 정보의 흐름을 확보한 건축주 조직 모델에서 건축가는 전담 어드바이저 모델은 물론이고 파트너십/협업 모델에 비해서도 수동적인 위치를 점하게 된다.

(2) 건축주 조직 구성

건축주 조직 모델에서 건축주는 기획에서부터 설계, 그리고 시공까지 전 과정에 주도적인 위치를 점한 반면, 건축가의 역할은 건축실행에만 집중되어 있는 경향을 보인다. 건축가가 건축주 조직과 함께 기획에 참여를 하지만, 사업에 필요한 전반적인 정보를 건축주 조직에서 제공하기 때문에 프로젝트에 관련된 기술제안과 그리고 향후 설계단계에서 건축주의 요구에 부응할 수 있는 여건 조정에만 건축가의 기획력이 집중이 된다. 그래서 이 모델은 건축주 조직의 강화가 건축가의 창의적인 디자인 능력에 대한 장애로 작용할 수 있을 가능성은 크지만, 건축가가 프로젝트 수행에 필요한 정보와 건축 외의 다른 분야의 기술적인 협력을 건축주 쪽에서 받을 수 있기 때문에 건축가의 업무 편중을 해결할 수 있는 조직구성이기도 하다.

건축주 조직 모델은 단일보다는 복수의 건축 프로젝트를 운영해야 하는 건축주에게 적합한 모델이다. 표면적으로는 건축주 조직 모델을 운영하는 데에 있어서 건축주에게 많은 부담이 될 것으로 보이지만, 기획단계가 압축되고 내실 있게 운영됨으로써 설계단계, 그리고 그 이후 시공단계에서까지 원활하게 프로젝트가 진행하는 데에 기여를 많이 할 수 있어 전체적으로 건축주에게 이익을 줄 수 있다.

1.4. 팀 형성 모델: Chrysler 2기

GM의 건축주 조직 모델도 오일쇼크가 촉발한 새로운 경제 환경에 대해 문제점을 드러내게 된다. 이에 자동차 3사의 후발주자였던 Chrysler는 Ford와 GM의 건축실행 구조의 한계점을 인지하고, 과거와 전혀 다른 새로운 방식의 건축실행 조직을 구성한다. 이 조직이 바로 팀 형성 모델의 시작인 Powertrain Expansion Team이다. 이 조직은 건축주인 Chrysler의 권한을 위임받은 자회사인 COB (Construction Office Building)이 중심적인 핵을 맡고, 다양한 건축 실행 주체들을 참여시켜 1988년부터 Chrysler Technology Center의 확장공사를 전담한다(〈그림 4 – 5〉).

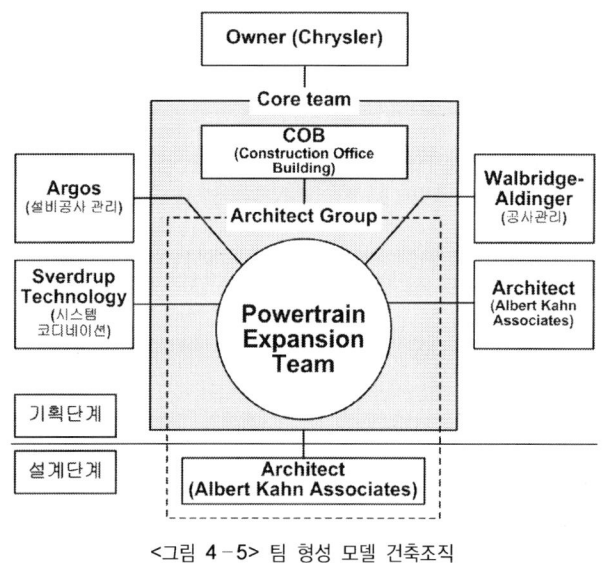

Owner (Chrysler)

— Core team —

COB
(Construction Office Building)

Argos
(설비공사 관리)

--- Architect Group ---

Walbridge-Aldinger
(공사관리)

Sverdrup Technology
(시스템 코디네이션)

Powertrain Expansion Team

Architect
(Albert Kahn Associates)

기획단계

설계단계

Architect
(Albert Kahn Associates)

<그림 4-5> 팀 형성 모델 건축조직

(1) 건축가와 건축주의 팀 구성

Powertrain Expansion Team은 1:M 방식의 건축조직으로서 건축주인 Chrysler가 주기적으로 확장 공사를 해야 하는 Chrysler Technology Center(이하 CTC)의 장기 프로젝트를 수행하기 위해 사내 건축가들을 독립시켜 COB라는 자회사를 설립하고, 건축의 기획단계에서 건축가와 설비기술자, 공사 관리자, 그리고 시스템 코디네이션을 참여시켜 구성시킨 일종의 Core Team이다. 그러나 다른 건축프로젝트에서 기획단계의 Core Team이 단일 프로젝트 수행만을 위해 구성되어 설계단계에 들어가면 곧바로 해체되는 것과는 달리, Powertrain Expansion Team은 CTC의 확장공사에 대한 경영적인 검토와 결정들, 기본적인 기획과 설계, 그리고 시공까지 전 과정을 전담하고, 시공이 완료된 이후에도 그 골격을 유지하면서 다음 확장 프로젝트를 대비한다는 데에서 큰 차이점을 가지고 있다. 그래서 건축주 조직 모델에 비해 팀 형성 모델에 속하는 건축가는 단순한 건축주의 고용인이 아니라 건축 프로젝트 전반에 걸쳐 건축주와 함께하는 사업 파트너로서 새로운 부가가치를 창출하는 데에 매진을 하는 능동적인 주체가 된다. 이 팀 형성 모델은 처음 전담 어드바이저 모델에서 거래적 리더십을 발휘하던 건축주가 분배된 리더십을 발휘함으로써 과거 수동적인 추종자였던 건축 실행조직의 참여자들을 능동적이고 효율적인 추종자로 변화할 수 있는 기회를 만든다.

(2) 건축주와 건축가와의 역할 교차

건축주 조직 모델도 팀 형성 모델과 함께 장기적인 관계를 기반으로 하는 조직이기는 하나, 건축주 조직 모델은 참여 주체들이 건축주가 운영하는 조직을 중심으로 구성되기 때문에 인력 풀과 정보력의 한계를 가진다. 반면 건축가의 능동적인 참여를 이끈 팀 형성 모델은 프로젝트 공동협력(Project Partnering)으로 외부에서 정보력과 전문 기술력을 확보한 다양한 주체들로 구성된 팀이 건축주의 입장(Client - situated)에서 건축주를 대리한 주체로서 건축실행을 한다.

팀 형성 모델에서는 또 하나 주목해야 할 것은 건축주의 개념의 확대이다. 과거 기획단계에서 건축가가 디자인에 대한 조언만을 했다면, 팀 형성 모델에서의 건축가는 경영에 대한 참여뿐만 아니라 건축조직의 효율적인 관리와 그에 관련된 디자인 서비스를 제공하는 것이다. 이는 전통적인 건축가의 역할과는 큰 차별성을 가진다. 이는 현대 조직에서 요구하는 교차 - 기능 팀(Cross - Functional Teams)의 개념이 확대된 결과로 볼 수 있다.

건축주 입장에서 다양한 업무를 소화하면서도 건축가인 Albert Kahn Associates는 설계단계에서 직접 실행을 전담하여, 전체 프로젝트에서 많은 비중을 차지한다. 이처럼 과중한 역할을 Albert Kahn Associates이 책임질 수 있었던 것은 1985년 설립되어 처음 Ford사의 highland park 설계를 맡은 이후로 자동차 3사의 경영 마인드 변화와 함께 꾸준히 발전해 온 Albert Kahn Associates의 디자인 서비스 체계, 즉 Lean Design이 가지는 장점 덕분이었다.

1.5. 교차 - 기능 팀(Cross - Functional Teams)[412]

1기에서 4기로 발전하는 자동차 3사의 건축조직은 앞서 말한 바와 같이 두 가지의 중요한 개념을 촉발시킨다. 하나는 프로젝트 팀 조직에 있어서 영구적인 형식보다는 기능에 따라서 유연하게 팀을 구성하는 교차 - 기능 팀(Cross - Functional Teams)과 건축실행에 있어서 유효적절한 운영으로 낭비를 막고 고효율의 부가가치 창출이 목적인 Lean Design이다.

교차 - 기능 팀은 과거 대규모 프로젝트를 실시할 때 거대한 TFT(Task Force Team)을 운영했던 전례에 대한 반성에서부터 시작했다. 프로젝트의

••••
412 참조: Stephen P. Robbins, 『Essentials of organizational Behavior』, Prentice - Hall, Inc., 1997. p.113.

규모에 비례해서 TFT을 조직하여 운영하는 것이 비록 성공적인 결과를 이끈다 하더라도 전체 조직에 있어서 비효율적이고, 실패한다면 그 피해는 조직에게 치명적인 해를 주게 된다. 이에 대한 해결책으로 등장한 것이 바로 교차-기능 팀이었다. 교차-기능 팀은 연관성이 있는 여러 팀 조직의 멤버들을 프로젝트 단계별로 필요에 따라 임시적인 조직을 구성하는 방식이었다. 이는 과거 기능별로 팀을 구성하고 이들이 협력하는 체계를 수직적인 체계로 다시 세우는 팀 조직 방식에서 탈피하여, 유연성을 갖춘 네트워크형의 팀을 구성하는 것이 바로 교차-기능 팀의 특성이다.

교차-기능 팀 방식 역시 Lean Production의 Just-in-time에 영향을 받은 조직구성 방법으로 1980년대 말부터 Toyota를 선두로 한 일본자동차 회사들과 미국의 Big 3, 그리고 BMW 등에서 자동차 생산의 복잡한 프로젝트를 해결하는 데에 적용하고 있다. 이후 모토롤라를 비롯한 세계 유수의 기업들이 교차-기능 팀 방식을 적용하여 프로젝트를 운영했다. 교차-기능 팀 방식의 주요 특성으로 그 첫 번째는 전체 조직의 여러 팀들을 서열화하는 체계가 아니라, 각 팀의 멤버들을 필요에 따라 차출하여 정보를 교환하고 그에 따라 새로운 콘셉트를 전개하고 문제를 해결하는 것, 두 번째로는 새로운 시각을 가지고 있는 각기 다른 분야의 팀원들을 통해 신뢰도와 함께 팀워크를 형성해 나가야 한다는 것이다.

이와 같은 교차-기능 팀의 특성은 이후 Linking Team, 즉 경계 혹은 연계 팀의 개념으로 발전해 나가, 고효율의 조직이론을 발전시켰다.

1.6. Lean Design[413]

Albert Kahn Associates(이하 AKA)는 자동차 3사와의 많은 프로젝트를 통해서 Fordism의 탄생에서부터 Post Fordism인 Lean Production으로 전환 과정을 직접 경험한 몇 안 되는 설계회사 중에 하나이다. 그 과정을 통해서 AKA는 두 가지 개념을 채용하게 되는데, 하나는 전사적 품질 서비스인 Total Quality Service(이하 TQS) 프로그램이고, 다른 하나는 이와 연관

----

413 참조: http://www.albertkahn.com/cmpny_firmprofile.cfm &
:http://www.albertkahn.com/cmpny_leansust.cfm?lsid

된 Lean Design이다.

Lean Design은 Lean Production에서 파생된 디자인의 개념으로 건축설계회사가 경쟁력을 키우기 위해서 서비스 또는 설계에 있어서 비부가가치의 요소들을 제거하는 것으로, 건축설계회사가 추구해야 할 것은 단순한 표준화 또는 프로그램이 아닌 경영에 대한 철학이라는 개념으로 파악될 수 있다.

Lean Design의 개념은 첫 번째, 건축의 가치 흐름을 이해해서 건축 가치의 창출단계를 파악하고, 두 번째로는 건축주의 입장에서 건축의 가치를 인식하고, 세 번째로는 낭비절감과 효율성을 위해 건축실행을 단계별로 진행하지 않고 동시적으로 실행한다는 특성을 가지고 있다. 그리고 마지막으로는 정보단절이 없도록 지속적인 관리를 요구하고, 건축 단계별 지속적인 업무개선, 즉 feedback의 중요성을 인지하는 것이 주요한 Lean Design의 개념이다. AKA는 이와 같은 Lean Design의 개념과 관련하여 다음의 여섯 가지의 지침을 정해 놓고 있다.

① 낭비 절감(Reduce waste)

② 효율 개선(Improve efficiency)

③ 기대되는 서비스를 제공
(Provide a closer match of expectations with service)

④ 고객 만족 향상(Improves customer satisfaction)

⑤ 건축주가 포함된 팀의 공약들을 통해 설계 스케줄 안정화
(Stabilize design schedules through commitments of team(including Client))

⑥ 문화 변경 요구(Requires cultural changes)

이상 여섯 가지 지침의 Lean Design은 팀 형성 모델에 있어서도 중요한 키워드이다. 낭비 절감과 효율 개선이 뒷받침되지 않는 이상, 팀 형성 모델에서 과중한 업무를 책임지는 건축가는 금세 한계를 드러내게 될 것이다. 무엇보다도 건축주를 포함시킨 팀을 구성하여 공동의 의사결정을 도출하여, 기획 및 설계과정에서 오류를 줄이고, 새로운 건축조직 문화의 창

출에 대해 고려하는 것이 결국은 건축의 전체적인 품질을 유지하는 데에
중요한 관건이 된다.

<표 4-1> 3사의 건축조직의 특성과 사례 비교

구분		건축조직 개념도식	특성	실행 사례 이미지
전담어드바이저 모델 (1:1 방식)	F1기	**FORD** 사내건축가 ≡ Albert Kahn Client-Situated 건축실행 Highland Park plant (1913) / River Rouge Plant (1917)	· 건축주(Ford)의 의견을 적극 반영한 건축가 (Albert Kahn)가 사내 건축가와 협력하여 프로젝트 추진 · 수직적인 지배구조모델의 조직특성이 반영되어 능률만을 중시	Fords Highland Park Factory
파트너십/협업 모델 (1:1 방식)	G1기	**General Motors** 사내건축가 Client-Situated 외부 공급자 ≡ Albert Kahn Inc. 건축실행 Durant Building (1917)	· 과거 일반적인 건축조직 · 건축주(GM)는 자동차 관련 건축 전문이 건축가 (Albert Kahn)에 건축실행을 위임 · 건축주 입장을 대변하는 사내 건축가 조직의 전문성 부족이 외부공급자에 대한 의존성을 높임.	Durant Building
파트너십/협업 모델 (1:1 방식)	F2기	**FORD** 사내건축가 Client-Situated 외부 공급자 ≡ SOM 건축실행 Glass House "Ford World Center" (1956)	· 과거 일반적인 건축조직 · Ford가 세계화 및 품질 중심의 추세에 부응하여 변화를 추구한 프로젝트에 적용 · 실제로 건축실행에 있어서 외부 공급자(SOM)가 운영함으로써 건축주 입장을 대변하는 건축조직은 사내 건축가 조직으로 후퇴	Ford World Center
파트너십/협업 모델 (1:1 방식)	C1기	**Chrysler** 사내건축가 Client-Situated 외부 공급자 ≡ Minoru Yamaski 건축실행 Chrysler Center (1972)	· 과거 일반적인 건축조직 · 1, 2차의 오일쇼크의 영향으로 인하여 소품종 대량생산의 산업체제가 다품종 소량생산의 체제로 바뀌면서 급변하는 시장에 적응하기 힘든 건축실행 구조임을 인지함	Chrysler Headquater

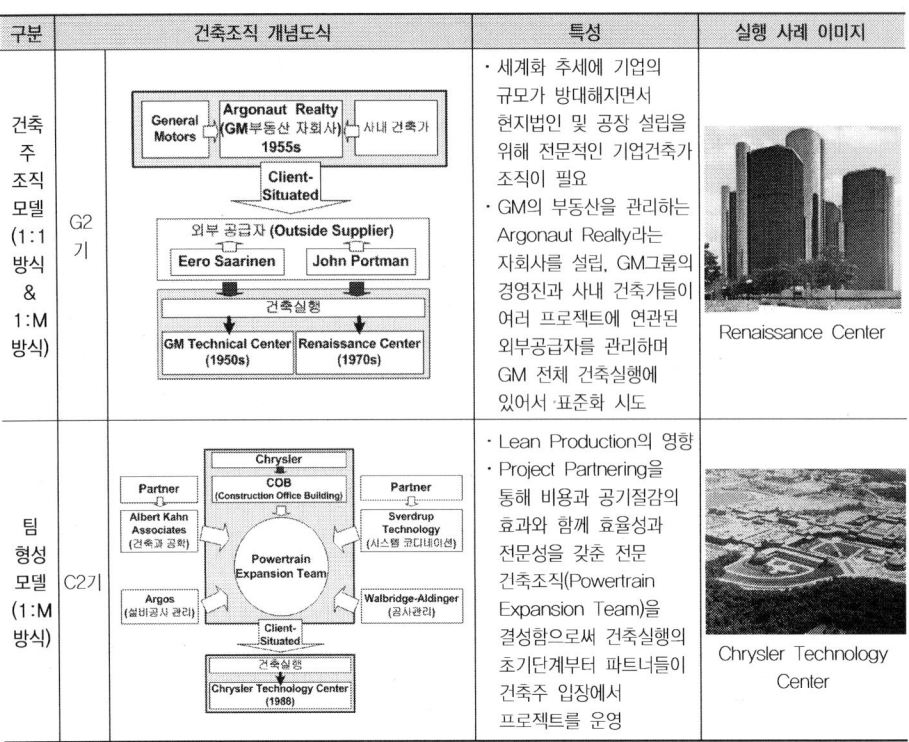

구분		건축조직 개념도식	특성	실행 사례 이미지
건축주 조직 모델 (1:1 방식 & 1:M 방식)	G2기	General Motors — Argonaut Realty (GM부동산 자회사) 1955s — 사내 건축가 / Client-Situated / 외부 공급자 (Outside Supplier) — Eero Saarinen / John Portman / 건축실행 / GM Technical Center (1950s) / Renaissance Center (1970s)	· 세계화 추세에 기업의 규모가 방대해지면서 현지법인 및 공장 설립을 위해 전문적인 기업건축가 조직이 필요 · GM의 부동산을 관리하는 Argonaut Realty라는 자회사를 설립, GM그룹의 경영진과 사내 건축가들이 여러 프로젝트에 연관된 외부공급자를 관리하며 GM 전체 건축실행에 있어서 ·표준화 시도	Renaissance Center
팀 형성 모델 (1:M 방식)	C2기	Chrysler / COB (Construction Office Building) / Partner — Albert Kahn Associates (건축과 공학) / Argos (설비공사 관리) / Partner — Sverdrup Technology (시스템 코디네이션) / Walbridge-Aldinger (공사관리) / Powertrain Expansion Team / Client-Situated / 건축실행 / Chrysler Technology Center (1988)	· Lean Production의 영향 · Project Partnering을 통해 비용과 공기절감의 효과와 함께 효율성과 전문성을 갖춘 전문 건축조직(Powertrain Expansion Team)을 결성함으로써 건축실행의 초기단계부터 파트너들이 건축주 입장에서 프로젝트를 운영	Chrysler Technology Center

〈표 4-1〉은 3사의 건축조직을 비교, 정리한 것으로서 개념도식은 건축시공까지 포함하여 도식화하여 각 기별이 가지는 특성을 더 강조하였다. 3사 사례분석을 통해서 Ford 1이 속한 전담 어드바이저 모델과 파트너십/협업 모델까지는 1:1 방식이고, 건축조직의 기술들이 발전해 감에 따라, 과도기적인 건축주 조직 모델을 통해서 1:M의 팀 형성 모델로 발전해 가는 과정을 확인할 수 있다.

ㄹ Leeum[414]

삼성문화재단이 도시, 건축, 자연이 어우러진 공간 속에서 예술, 인간, 문화가 서로 만나 대화하며, 과거와 현재와 미래를 넘나드는 새로운 문화

····
414 리움의 건축조직에 대한 분석은 당해 건축에 참여한 간부급 직원과의 인터뷰를 통한 내용을 기초로 하였다.

예술의 지평을 제공할 목적으로 2004년 10월 19일 문을 연 리움(Leeum)의 건축조직의 특징은 시공과정까지 크게 세 단계의 각기 다른 건축조직들이 운영되어 디자인되었다는 점이다. 이 세 단계에 적용된 것은 모두 1:M 방식의 건축조직이지만 건축주가 적극적으로 주도했단 것만 공통점일 뿐, 각 조직의 구성 방식은 다르다.

첫 번째 기획 단계에서 적용되었던 방식은 건축주 위원회 방식의 1:M 방식이고, 두 번째 계획단계에서는 Task Force를 구성한 1:M 방식이다. 그리고 설계단계에서는 코디네이터를 활용해 협력조직을 구성한 1:M 방식을 운영하였다. 리움 설계에 이와 같은 3단계의 방법을 적용한 것은 이 프로젝트가 건축주의 요구와 개성이 각기 다른 세 명의 건축가의 공동 작업이기 때문에 각 단계별로 필요한 전문 인력의 성격이 다양해질 수밖에 없었다. 이에 건축주인 삼성문화재단은 전체 실행과정에 적극적으로 참여하여 프로젝트의 성격을 유지하기 위해 각 단계별에 적합한 건축조직을 구성하여 운영을 하였다. 그래서 리움의 사례는 앞서 분석한 Chrysler의 팀 형성 모델이 앞서 팀 형성 모델이 발전한 교차 – 기능 팀의 개념이 발전적으로 적용된 것이라 볼 수 있다.

2.1. 기획단계의 건축주 위원회

삼성문화재단(Owner)은 리움 건축을 위해 기획 초기단계에 임원들로 구성된 건축주 위원회를 구성하였다. 건축주 위원회는 Concept Designer 선정을 위해 설계사무소의 대표, 건설사의 대표, 건축주 측 대리자(비서실 팀장)로 구성된 건축주 위원회를 결성하였다. 이 위원회는 Concept Designer에 대한 Short List를 작성하였다. 이 Short List의 선정 기준은 건축주가 목적하는 건축물과 유사한 용도의 건축물에 대한 건축 경험이 있는 건축가들로 구성되었다. 이후 이 Short List에 의해 당해 건축가에게 건축의향(건축의지와 건축주가 목적하는 건축물에 대한 실적 사항 등)을 묻고, 의향이 있는 건축가들을 대상으로 계약 전 역선택을 방지하기 위해 Designer에 대한 정보를 수집하였다. 정보 수집방법은 첫째, 실적물 답사, 둘째, 당해 건축가가

<그림 4-6> 좌측: 렘쿨하스, 중앙: 마리오 보타, 오른쪽: 장 누벨

운영하는 사무소를 방문하여 사무소의 규모와 조직을 판단하는 것이다. 이렇게 수집된 정보를 통해 선정위원회는 외국의 건축가 3인(Rem Koolhaas, Mario Botta, Jean Nouvel)을 선정하고, 이들과 컨소시엄 방식의 계약을 체결하였다. 이때 계약은 설계사무소와 체결한 것으로, 이후 원칙적으로 설계사무소가 대리인으로서 건축주(Client)의 역할을 담당한다.

리움 사례에서 건축주 위원회는 건축가 선정 이외에도 Core Team의 역할도 같이 수행하였다. 기획단계 이후 다양한 건축 관계조직을 운영하는 데에 있어서 연속성을 확보할 수 있는 기본적인 설계지침과 계획의 목표를 확립한 것이다.

건축 프로젝트 자체가 다양한 주체의 협력을 필요로 할 경우, 즉 대규모 프로젝트 혹은 건축기술자뿐만 아니라 다양한 전문적인 조언이 요구될 때 Core Team 구성은 계획 프로세스에서 수행되어야 할 첫 번째 단계의 일이다. 핵심 팀은 프로젝트를 수행하는 데 필요한 각 기능 또는 부서의 구성원 한 명씩으로 구성된다. 이러한 기능 또는 부서의 목록은 상황분석을 수행하는 착수단계에서 작성되어야 한다.

프로젝트에 연관되는 모든 기능이 파악된 상황분석 정보를 이용하여, 핵심 팀을 구성하는 것은 잠재 핵심 팀원을 선정하는 데서 시작된다.[415] 이러한 선정단계에서, 프로젝트 매니저는 핵심 팀원에게 프로젝트 성공을 위해 요구되는 기여의 범위를 자세하게 설명해 주는 것이 중요하다. 핵심 팀원은 반드시 그들의 기술, 문제해결 및 대인관계 능력에 따라서 선정되어야 한다. 항상 프로젝트의 시작에서 끝까지 그리고 전임(full-time)으로 프로젝트를 진행할 구성원들로서 효과적인 팀이 구성되어야 한다는 것을 명심하여야 한다. 이러한 것들이 모두 프로젝트 매니저가 고려해야 할 중요한 요소들이다.

2.2. 계획단계의 Task force

기획단계에서 건축가가 선정된 동시에 Concept Design을 위해 10여 명의 간부급으로 Task Force Team이 구성되었다. TFT는 당해 건축에 직접적으로 참여할 대상으로 구성되었으며, 구성원의 성격은 경리, 회계, 전시기획 전문가 및 건축기술자들로 구성된다. 구체적 구성원들은 설계조직(Project manager), 시공조직, 건축주 측 대리자(총무과, 경리부), 큐레이터, Signage designer 등이 이에 해당한다. 기타 관련 기술자들의 경우는 TFT 내에서 필요시 워크숍에 참여하여 조언을 하기도 하였다.

태스크 포스 팀(Task Force Team, 이하 TFT)[416]은 보통 프로젝트 팀(Project team)이라고도 한다. TFT는 각 전문가 간의 커뮤니케이션과 조정을 쉽게 하고, 밀접한 협동관계를 형성하여 직위의 권한보다도 능력이나 지식의 권한으로 행동하여 성과에 대한 책임도 명확하고 행동력도 가지고 있다. 일정한 성과가 달성되면 그 조직은 해산되고, 환경변화에 적응하기 위한 그 다음 과제를 위하여 새로운 태스크 포스가 편성되어 조직 전체가 환경변화에 대해 적응력 있는 동태적 조직의 성격을 가진다. 태스크 포스

----

415 핵심 팀원을 선정하는 데 있어서 핵심적인 선정 기준은 다음과 같다. 첫째, 그들이 지식이나 기술을 가지고 있는가이고, 두 번째로는 그들이 열정적으로 프로젝트를 지원할 것인가, 세 번째로는 그들이 프로젝트에 참여할 시간이 있는가, 네 번째로는 그들의 프로젝트 참여를 방해할 만한 요인이 있는가. 그리고 마지막으로, 그들은 요청을 받으면 참여할 것인가 등이다.

416 Task Force TFT라는 약어로 보통 표현하는데, task 목적을 가지고 그 목적을 추진하기 위해 임시로 모인 집단을 이야기할 때 쓰인다. 회사에서 중요한 일, 새로운 일(프로젝트)을 추진할 때 각 부서 및 해당 부서에서 선발된 TASK에 관련된 인재들이 임시 팀을 만들어 활동하는 것을 말한다. 대기업은 TFT에 발탁되면 본인의 새로운 사무실에서 새로운 사람들과 그 일만 집중하다가 나중에 다시 본연의 임무로 돌아가든가 TFT을 정식 팀으로 승격시켜 전보 발령을 내는 경우도 있는데 중소기업은 일반 업무에 TFT 업무가 부가되는 것이 보통이다.

는 시장이나 기술 등의 환경변화에 대해서 적응력을 갖는 조직형태일 뿐만 아니라, 새로운 과제에의 도전, 책임감, 달성감, 단결심 등을 경험하는 기회를 구성원들에게 제공하고, 구성원의 직무만족을 높이는 효과가 있다.

리움의 TFT는 건축적 리스크(Responsibility + Economic Risk)에 대한 분담을 목적으로서 2 - 3개월에 걸쳐 수차례의 Free concept workshop을 개최하였다. 이 워크숍은 지질조사 후에 이를 바탕으로 우선 Project Manager가 건축물에 대한 Simulation(section)을 통해 전체적 규모(지하 및 지상층)와 Program의 방향을 제시하고, 프로젝트 팀과 선정된 3인의 건축가가 함께 참여하여 진행되었다.

리움의 초기 기획단계에서 전체 건축계획의 기본적인 설계지침과 계획의 목표를 설정했다면, 두 번째 단계에서는 건축 디자인 개념적인 방향을 설정하는 것이다. TFT은 3단계인 설계단계로 넘어가면서 자연스럽게 해산이 된다.

<그림 4 - 7> 리움의 장 누벨 디자인

2.3. 설계단계의 협력조직

계획단계에서 협의된 콘셉트를 바탕으로 설계단계에서는 한국의 설계사무소에서는 Design Team(Client situated coordinator)과 Engineering team(구조, 설비 등)이 구성되고, 이 두 팀의 대표자인 PM은 외국 건축가가 제안한 디자인을 바탕으로 건축주(owner)와 건축가 사이에서 Coordinator 역할을 수행하였다. 또한 Coordinator는 건축가로서의 전문적 지식을 바탕으로 외국의 건축가에게는 한국의 현실적 상황[법률, 건축적 상황(대지조건, 재료선정 등)]을 조율(Proposal)하여 건축주(Owner)에게 이를 전달하는 역할을 담당하였다. 예컨대, 당초 장 누벨은 건축물의 외관을 노출 콘크리트로 제안하였으나, PM은 대지 주변에 있는 돌을 사용할 것을 제안하였고, 이 제안은 다시 외국 건축가의 제안에 따라 Mock-up test를 거쳐 결정되었다.

본 연구의 대상은 아니지만 시공단계에서는 Design Team의 Engineering team의 PM 건축본부로서 설계자이며, 감리자의 역할까지 수행하였다.

〈그림 4-8〉은 위의 분석을 바탕으로 리움에 단계별 적용된 1:M 방식의 건축조직을 도식화한 것이다. 각각의 건축조직이 가지고 있는 장점을 활용하면서도 단계의 연속성을 유지하여 전체 건축실행에 있어서 건축주가 가진 계획의 목표와 함께 개성 있는

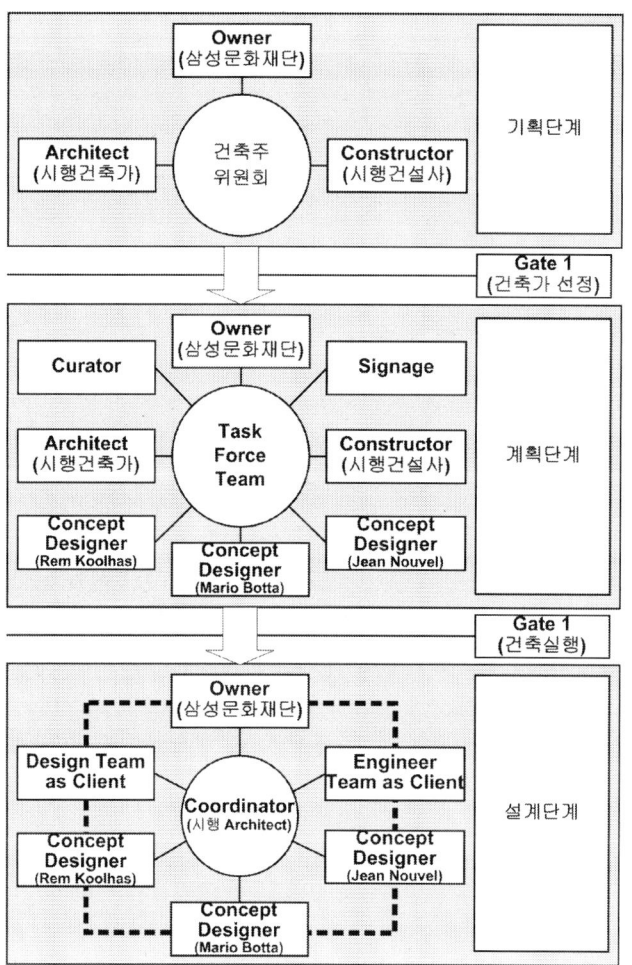

<그림 4-8> 리움의 단계별 건축조직

3명의 건축가들의 공동 협력을 이끌어 낸 매우 드문 사례 중의 하나로서, 건축조직 방식이 단일한 형태로 적용되는 것보다는 복수의 형태로 결합이 되었을 때, 디자인적인 측면에서 어떤 가능성을 가질 수 있는지에 대해 확인할 수 있었다.

리움의 건축조직은 건축주의 의지에 의해 임시적으로 구성된 조직이지만, 이처럼 단계설계별의 기능에 적합한 건축조직 구성을 상설화한 사례로 KPF의 건축조직이 있다. 〈그림 4-9〉는 KPF의 건축설계 단계별 조직도로 리움의 사례에서 건축 단계별로 건축정보 흐름의 연계를 주도를 했던 건축주의 역할(Main-bus)을 건축조직의 하위체계로서 설계조직 또한 건축 설계단계의 건축가치 정보의 흐름을 지속시키기 위해 Design Partner가 Main-bus 역할을 맡아 전체 프로젝트에서의 연속성을 유지하고 있다.

이처럼 단계별로 구성된 다양한 팀들의 연계를 위해 별도의 경계 팀을 운영하는 방식을 연계 팀(Linking Team) 방식이라고 한다. 이는 효율적인 팀 조직을 만들기 위해 고안된 조직 구성 방식 중의 하나이다. 이 방식도 교차-기능 팀과 마찬가지로 대규모보다는 소규모의 핵심 팀을 지향하는 방식으로서 이 팀 또는 이 역할에 해당하는 개인은 세 가지 특성을 가져야 한다. 첫 번째는 기술자이어야 하며, 두 번째는 문제를 파악하고, 대책을 기획하고 그에 대한 정당한 선택을 통해 문제를 해결할 수 있는 의사결정을 할 수 있어야 하며, 세 번째로는 다른 이들의 의견을 청취하고, 그에 따른 조정과 피드백을 통해 전체 프로젝트를 운영할 수 있는 능력이 있어야 한다.[417] 리움의 사례의 경우, 비록 주도하는 건축주는 비전문가이지만 부족한 전문기술을 교차-기능 팀 방식을 통해 보완을 시키고, 그에 따라 단계별 프로젝트의 문제점 해결에 대해 적극적인 대처를 했으며, 다른 건축주체에 대해 조정자 역할까지 참여하여 실질적인 연계 팀의 역할을 했다고 볼 수 있다.

••••
417 참조: Stephen P. Robbins, 앞의 책, p.114.
　　이 책에서는 특히 팀의 규모까지도 10-12명으로 제한해야 한다고 구체적인 숫자까지 제안하고 있다.

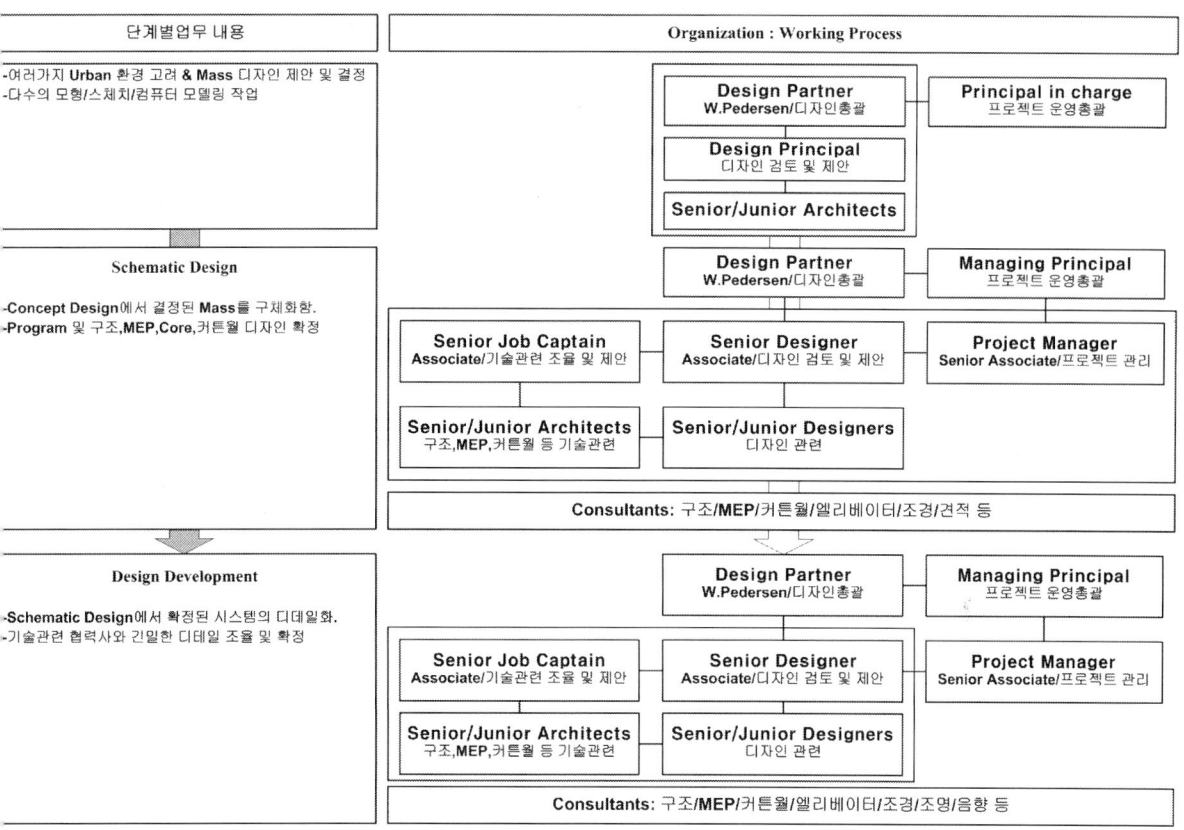

단계별업무 내용	Organization : Working Process

-여러가지 Urban 환경 고려 & Mass 디자인 제안 및 결정
-다수의 모형/스체치/컴퓨터 모델링 작업

Design Partner
W.Pedersen/디자인총괄

Principal in charge
프로젝트 운영총괄

Design Principal
디자인 검토 및 제안

Senior/Junior Architects

Schematic Design

-Concept Design에서 결정된 **Mass**를 구체화함.
-Program 및 구조,MEP,Core,커튼월 디자인 확정

Design Partner
W.Pedersen/디자인총괄

Managing Principal
프로젝트 운영총괄

Senior Job Captain
Associate/기술관련 조율 및 제안

Senior Designer
Associate/디자인 검토 및 제안

Project Manager
Senior Associate/프로젝트 관리

Senior/Junior Architects
구조,MEP,커튼월 등 기술관련

Senior/Junior Designers
디자인 관련

Consultants: 구조/**MEP**/커튼월/엘리베이터/조경/견적 등

Design Development

-Schematic Design에서 확정된 시스템의 디데일화.
-기술관련 협력사와 긴밀한 디테일 조율 및 확정

Design Partner
W.Pedersen/디자인총괄

Managing Principal
프로젝트 운영총괄

Senior Job Captain
Associate/기술관련 조율 및 제안

Senior Designer
Associate/디자인 검토 및 제안

Project Manager
Senior Associate/프로젝트 관리

Senior/Junior Architects
구조,MEP,커튼월 등 기술관련

Senior/Junior Designers
디자인 관련

Consultants: 구조/**MEP**/커튼월/엘리베이터/조경/조명/음향 등

출처: 한종률, 『KPF: 21세기 대형설계』, 「2006 건원세미나」 건축설계조식을 말한다, 2006. 12. 21.

<그림 4-9> KPF 단계별 건축조직의 역할

2.4. Leeum 건축 건축실행의 시사점

리움의 건축실행의 시사점은 세 가지로 정리될 수 있다. 첫 번째 건축
가 선정, 두 번째, 계약방식(설계 시공분리 발주＋컨소시엄), 세 번째로는
건축실행과 건축조직, 이 세 가지이다.

첫 번째, 건축가 선정에 대한 시사점. 리움은 외국의 3인의 건축가와의
컨소시엄에 의해 설계되었다. 이들 건축가들은 모두 유럽(스위스, 프랑스,
네덜란드)의 건축가들이다. 문화 예술 공간은 유럽이 역사적으로 유서가
깊고, 유사건축물이 많이 지어진다는 국가적 이미지도 Short List 선정에
있어 작용되었다. 따라서 건축의 질 향상은 거시적으로 건축에 대한 국가
이미지를 형성하며, 미시적으로는 개인 건축가의 경쟁력으로 되돌아온다.

때문에 건축의 질 관리는 건축 관계조직뿐 아니라 국가 정책적으로 행해져야 한다. 즉, 양질의 건축이란 양질의 규제(Good Regulation)[418]와 함께 병행되어야 한다.

두 번째, 계약방식의 시사점은 리움이 기본적으로 설계 시공 분리발주 방식을 채택하고 있다. 때문에 설계와 시공간의 부조화를 방지하고, 건축의 전체적 관리를 위해 기획단계로부터 설계조직과 시공조직 등을 참여시켜 리스크를 분담하고 있다.

마지막으로 건축실행과 건축조직에 대한 시사점은 적극적으로 건축주가 참여했다는 것이다. 건축 단계별로 팀을 형성하여 건축주가 참여하여 건축실행을 하였으며, 이때 건축주는 기획단계에서는 건축에 있어 명확한 지침을 마련하였고, 디자인 단계에 있어서는 조정자 역할을 수행하였으며, 시공단계에서는 감리자의 역할을 수행하였다. 또한 단계별 팀 구성 내용을 보면 건축기술자(시공자, 설계자) 외에 비기술자인 큐레이터와 Signage designer 등 조직구성에 참여시키고 있다.

건축조직에 있어서도 단순히 설계 팀(Design Team)과 시공 팀(Construction Team)으로만 구성되는 건축 팀(Building Team)이 1970년대 이후부터 건축전문가 이외의 주체가 기획주체로 등장하면서 건축기획 팀(Architectural Planning Team)을 형성하게 되었다. 바야흐로 새로운 시대가 도래하였고, 이러한 현상을 건축설계 분야에서는 '제3의 참가자'의 등장으로 보는 견해도 나타나고 있다.[419]

프로젝트 관리(기획) 팀은 건축주에 대해 건축의 모든 상황에 대한 방향을 제시하고 조정(Coordination)하는 역할과 그에 따른 책임을 진다. 동시에 건축주의 참여로 인하여, 이 프로젝트 관리팀은 건축실행 관리에 있어서 그 권한에 정당성을 획득한다. 이 팀은 계약조건에 따라 건축주, 설계 회사, 건설사의 대표자뿐만 아니라, 건축 프로젝트의 성격에 따라 전문기술자가 아닌 비기술자 중에서 필요한 전문지식을 가진 주체를 포함시켜 구성이 된다.

• • • •

418 양질의 규제란 ① 투명성(공개적, 소비자 친화적), ② 책임성(정부부처 및 국민 전체를 지향하는 규제), ③ 목표성(문제시되는 현상에 규제의 초점을 두고 부작용 최소화), ④ 일관성(일관되게 적용되는 규제), ⑤ 비례성(위해 정도에 적절하게 반응하는 규제). Principles of Good Regulation, OECD, 2002d: 15를 원칙으로 하며, 이는 건축 관계조직의 양질의 관계에 기본적 근거를 제공한다.

419 참조: 일본건축학회 編 · 조용준 외 3인 譯, 『건축기획론』, 기문당, 1999, pp.23 - 24.

즉 건축주 하나에 다수의 주체가 협력을 하여 대응하는 1:M 조직의 특성을 가지고 있고, 이와 같은 팀의 특성을 잘 활용한 것이 리움 사례이다.

제2절 M:1의 건축가 전담 유형

M:1 유형은 다수의 건축주와 대리조직에 있어 단일조직 혹은 개인에 의해 주도되는 관계를 의미한다. 이는 일반적으로 불특정 이용자 혹은 다수의 소유자가 존재하는 공공건축물이나 재개발 재건축과 같이 다수의 건축주가 조합의 형태로 존재하는 대규모 건축이 이에 해당한다. 이는 계약 자체로 보면 공공 건축주와 대리인 혹은 조합과 대리인의 1:1계약의 유형으로 파악할 수 있다. 그러나 계약의 내용적 측면에 있어서는 공공 건축주는 주민(Owner)의 자금을 활용하고 대리하는 클라이언트이므로 다수의 주민이나 이용자가 실질적 건축주라는 점과, 건축주가 기획단계의 대리조직을 구성하는 현재의 양상에 있어 대리조직이 건축주 조직으로 합세하고 있다는 점 및 건축주가 조합의 경우라면 마땅히 다수의 건축주 모임이므로 M:1의 계약으로 파악할 수 있다.

그래서 다양한 건축주체가 참여하는 대규모 건축에 있어 건축주와 건축 실행 조직(설계자, 시공자) 사이에 다양한 의견을 조정하고, 건축 전반에 걸친 디자인을 종합적으로 기획하고 계획하는 건축가의 역할의 중요성이 요구되고, 이에 M:1의 건축조직을 건축가 전담 유형으로 칭할 수 있는 것이다. 건축가 전담 유형인 M:1의 방식도 건축가의 수행방식과 건축과정의 역할도(役割度)에 따라 MA, Commissioner, Coordinator, 위원회, 총괄계획가로 구분할 수 있다.[420] 이에 위에서 열거한 분류를 바탕으로 기획단계에

••••
420 디자인 실행 단계에 조정자 성격으로 우리나라의 경우 심의제도가 있으나, 이는 건축허가 전에 규모와 용도 지역에 따라 지역과의 조화나 건축물의 미관 등을 사전에 조율하는 제도이다. 따라서 심의제도는 원칙적으로 법적 구속력이 있는 것은 아니나, 우리나라의 경우 암묵적으로 심의위원회의 결정 사항은 허가에 준하는 효력을 지니고 있다. 따라서 우리나라의 심의제도는 조정자의 형식을 취하고 있으나, 관계구조가 수직적 형식을 취하고 있으므로, 조정이라기보다는 사전허가 단계로 운용되고 있다. 또한 디자인 실

서 건축주를 보조하는 대리인으로서의 건축가의 역할과 설계단계에서 여러 건축의 주체들 사이에서 건축가의 역할 및 커뮤니케이션 방식을 중심으로 분석하여 그들의 책임 정도와 조직구성에 따른 리스크를 분석한다.

1 Master Architect

Master Architect(이하: MA) 방식이란 공적인 사업주체로부터 사업추진 과정의 관리와 디자인 조정을 위임받은 전문가가 사업이 진행되는 기간 동안 도시환경의 공공성 증진과 개발사업의 공간 환경관리를 위한 마스터 플랜(Master plan)을 작성하고, 가로 디자인을 포함하며 건축물의 전반적인 디자인 지침에서 색채계획이나 마감, 구체적인 상세부분 등을 전체적으로 조정하는 역학을 담당하는 비제도적인 설계운용방식을 말하며,[421] 이러한 일을 사업주체로부터 일괄 위임받은 외부전문가 조직 혹은 개인을 MA라 하고, 이와 같은 설계방식을 일괄설계 방식, 즉 Master Architect Method라 고 지칭한다. MA방식은 프랑스의 지구건축가 제도에서 기인하며 일본에 서 용어를 만들어 일반적으로 사용하고 있다.[422]

대리인이론의 관점에서 보았을 때, MA는 건축관계자 조직에 있어서 새로운 전형의 한 형태로 볼 수 있다. 우선 건축주 주체인 지자체와 개발지역의 주민을 대리하면서 전체 계획에 일종의 지배적인 리더로서 그 역할을 수행하면서도, 전문적인 기술자로서 프로젝트 수행에 따른 이익을 배분받는 공급자의 역할도 함께하게 된다.

MA와 커미셔너 모두 건축주 주체에게서 건축주의 역할을 위임받는 데에서는 동일하나, 커미셔너는 건축실행 전 단계인 기획단계에서 실행 건

• • • •
행에서 직접적인 개입이 없으므로 본 연구에서는 제외한다.

421 박철수, 「MA방식의 이해」, 『하우진』, 대한주택공사, 2002. 12.

422 MA 방식이 일본에 최초로 도입된 것은 1987년 벨콜린 미니오사와 단지였다. 행정부로부터 위탁받은 건축가가 일정기간 담당구역의 가로 디자인을 감수하여 건물의 개구부 디자인에서 외벽의 색채계획이나 마감, 구체적인 상세 부분 등을 전체적으로 조정하기 위한 프랑스의 지구건축가 역할을 이미지로 하여 당시 주택도시정비공단의 담당자였던 사토(佐藤)가 처음으로 Master Architect라는 명칭을 사용하였다.
참조: 대한주택공사 주택연구소, 「경쟁력제고를 위한 주거단지 설계방식과 체제에 관한 사례조사 및 적용방안 연구」, 대한주택공사, 1996. 12, pp.60-61.

축가를 선정하고, 설계단계에서는 건축주와 실행건축가 사이의 이해와 조정 관계에 대한 역할까지만 하는 반면, MA는 커미셔너의 업무에 더하여 건축실행에 직접적으로 참여를 함으로써 M:1의 대리유형 모델 중 건축가가 권한이 가장 큰 건축가 전담 유형이라 할 수 있다.

MA의 도입이 국내 건축시장에 대두되었던 것은 대규모 주거지의 획일적 경관과 패쇄적 단지계획에 의해 주변 도시조직과의 단절 및 인접단지 간의 연계성 부족에 대한 문제를 해결하기 위해서였다.[423] 이는 MA가 기획단계를 주도하여 마스터플랜을 작성하고, 이를 바탕으로 설계단계에서 Block Architect(이하 BA)와 Landscape Architect(이하 LA)와 함께 프로젝트를 진행하는 방식이기 때문이다. 즉, 기획과 설계의 연속성 확보와 함께, 과거 제도 도시설계의 경직성에서 벗어나 창의적인 디자인을 실현할 수 있는 복안으로 MA를 도입하게 된 것이다.

국내에서 최초로 MA가 도입된 것은 녹원 1마을 단지를 포함한 용인신갈 새천년 단지이며, 현재 용인보라 등 10개의 지구개발계획에 MA가 운용되고 있으며,[424] 아산 신도시 배방지구를 비롯하여 충북/울산 혁신도시와 서울시 3차 뉴타운인 수색 증산지구와 같은 뉴타운 개발에도 이 설계방식을 도입[425]하고 있지만, 아직까지는 이를 지원하고 그 성격을 규정지을 수 있는 법적 지원체제는 미비한 상황이다.

이외에 MA는 문화역사 마을과 같은 농어촌지역 마을 만들기에 현재 도입되어 있다. 이는 지자체 행정의 특성상 기본계획, 실시설계, 사업운영이 제각기 다른 주체에 의해 이루어지기 때문에 일관성이 결여되기 쉽고 이 과정에 분절적으로 참여하는 전문가가 책임 있는 역할을 수행하는 데에 어려움이 따르기 때문이다. 그러나 이는 기존의 MA제도와는 다른 변형된 형식으로 현재 운용되고 있다. 마을별로 전문가를 두 명씩 전문위원으로 지

423 참조: 서수정, 「국내MA설계방식의 적용사례 및 성과」, 한국도시설계학회 주체 2003년도 추계 심포지엄 자료집, 2003, p.14.

424 용인에 신갈, 구성, 보라 그리고 그린벨트 해제지구인 고양행신 2, 의정부 녹양, 성남도촌, 안산 신길, 군포 부곡, 광명 소하, 의왕 청계, 남양주 가운에서 MA제도가 운영되고 있다.
    참조: 서수정, 앞의 논문, 2003, p.21 표 1.

425 대통령자문 건설기술·건축문화선진화위원회 & 대한주택공사, 「구자훈」, 『좋은 건축 좋은 도시를 만드는 건축정책』, 2007. 5, pp.125 – 135.

방문화원에 파견하고 지방문화원에서 전문가를 포함하여 문화역사 마을 만들기 추진위원회를 구성하여 사업의 계획에서부터 설계, 감리, 사업운영까지 전 사업기간 동안 사업을 관리할 수 있도록 했다. 여기서 전문가 두 명 중에 한 명은 반드시 건축가를 임명하도록 하였다.[426] 현재 2005년에 3개 마을, 2006년에 7개 마을이 문화역사 마을로 선정되어 현재 10명의 건축가들이 MA로 활동하고 있다.[426] 이외에도 인제군의 용대리와 같이 마을의 새로운 경관관리 실행계획을 실시하는 데에 있어서도 MA제도가 도입되고 있다.[427]

한국의 경우에는 현재 모든 MA제도는 앞선 정의대로 공공의 사업주체와 민간의 협력의 한 형태로 운영이 되고 있지만, 2007년 3월 30일에 일본 도쿄 롯본기에서 문을 연 도쿄 미드타운의 경우, 개발주체인 미츠이부동산(三井不動産)이 구방위청 부지를 매입하여 5개 기업과 컨소시엄을 이루어[428] 민간의 사업주체가 되어 SOM을 MA로, 니켄세키(日建設計)를 Core Architect로 참여시켜 프로젝트를 완성했다.[429] 도쿄 미드타운은 MA의 정의에 있어서 공공과 민간건축가의 협력방식에서 그 특징을 찾는 것이 아니라, 앞서 언급한 바와 같이 계약유형에 있어서 다수의 건축주와 건축가의 관계, 즉 M:1의 유형으로 재해석할 수 있는 근거가 되어 준다.

1.1. MA의 역할

MA의 역할은 크게 세 가지로 나눌 수 있다. 우선 첫 번째로는 서로 다른 계획부문들을 통합 조정하는 것이다. 이에 대한 구체적인 행위가 바로 마스터플랜의 작성이다. 두 번째로는 상하위 계획 등 실현단계 및 시점이 다른 계획 대상의 통합 조정이다. 이는 MA가 적합한 BA와 LA 선정에 건축주를 조력하고, 기획단계와 설계단계에 있어서 조정자의 역할을 수행하는 것으로 볼 수 있다. 세 번째로는 동등한 차원의 공간 단위 및 설계의

426 참조: 임경수, 『농촌지역 마을만들기의 내용과 방법, 그리고 건축』, 한국건축역사학회 9월 학술발표회 자료집, 「마을, 건축실천의 새로운 현장」, 한국건축역사학회, 2006. 9. 16, p.6.

427 참조: 인제군, 『용대리 마을단위 경관관리 실행계획』, 인제군, 2006. 10, p.3.

428 참조: http://blog.naver.com/jkplastic?Redirect=Log&logNo=120037585049

429 新建築社, 「新建築」, 82권 6호 2005. 5, pp.64~67, p.88.

통합조정이다. 세 번째의 역할은 설계단계에서 BA와 LA와 함께 개별설계에 같이 참여하는 것을 의미한다.[430]

위에서 열거한 세 가지 MA의 역할은 사실상 모든 MA제도에서 동일하게 적용되지는 못한다. 이는 한국에서 이미 시행되고 있는 MA제도를 법률적으로 업역화하기 위하여 2006년 6월 30일 건설교통부에서 '도시재정비 촉진을 위한 특별법' 제9조 제3항의 규정에 의거하여 고시한 총괄계획가의 업무지침을 보면 알 수 있다. 그러나 여기서 법률적으로 고시한 총괄계획가와 MA제도는 사실상 차이점을 가지고 있다.

건설교통부의 총괄계획가 업무지침은 기존의 MA의 역할에서 조정자의 역할만을 강조하고 있고, 한국에서는 MA의 건축가로서의 측면에 대한 배려는 물론이고, BA 선정에 있어서도 건축주에 협력하는 것이 아니라 자문 정도로 권한을 축소하고 있다. 이는 벨꼴린 미나미오사와의 사례를 처음으로 국내에 도입한 용인 신갈의 새천년기념단지에서부터 발생한 문제이다. 용인 신갈은 외부전문가인 MA의 아이디어와 기술력을 활용하여 지구 전체의 일관된 개발형태와 우수한 설계의 질을 확보할 수 있었다는 긍정적인 측면이 있는 반면에 택지개발계획이 이미 완료된 시점에서 MA가 투입되어 운영 및 조정자의 역할을 맡을 수밖에 없었다.[431] 이후 국내에서도 MA가 마스터플랜 및 BA 선정에도 참여하는 경우가 있었지만 업무지침에서 알 수 있듯이 조정자의 역할이 더 강조되게 된다.

1.2. MA 조직 유형과 발전과정

〈표 4-2〉는 여러 MA 방식의 내용들을 3가지 유형별로 정리한 것이다. 우선 각 유형별의 공통점은 적용범위가 모두 택지개발 기본계획 작성과 설계단계에까지 참여를 하고, 임기도 모두 단지설계 완료시까지이다. MA의 조건도 모두 비상근이며, 팀 방식의 건축조직을 운영하고 있다.

430 대통령자문건설기술 · 건축문화선진화위원회 & 대한주택공사, 「구자훈」, 앞의 발표지, p.124 참조.

431 서수정, 앞의 논문, pp.21 - 22 참조.

참조: 서수정, 「국내 MA설계방식의 적용사례 및 성과」, 한국도시설계학회 추계 2003년도 추계 심포지엄 자료집, 2003, p.25 표 3, 대한주택공사 주택연구소, 「경영체제고를 위한 추가단계 설계방식에 관한 사례조사 및 적용방안 연구」, 대한주택공사, 1996.12, pp.60~71 新建築社, 「新建築」, 82권 6호 2005.5, pp.64~67 · p.88

<표 4-2> KPF 단계별 건축조직의 역할

구분	유형 1 (용인신길 / 용인보라 / 그린빌도시지구)	유형 2 (미니미오사이와)	유형 3 (도쿄 미드타운)
건축조직	용인신길:MA팀(LA포함) - BA(3개팀) + PQ 1팀 -용인보라:MA팀 + BA(3개팀) [다이어그램] 건축주 — MA(전팀)/MA(내부) — BA · BA · BA	MA(전팀, 자문, 내부) + LA + BA:도시/BA(엔지니어링업체) + 건축BA(설계업체) + 개별블럭별 BA [다이어그램] 건축주 — MA(전팀)/MA(내부) — 미스터플랜 작성 / 개별블럭별 설계 — 도시BA · 건축BA · BA · BA	MA(전팀, 자문) + LA(감리) + BA(배커) + 개별블럭별 BA [다이어그램] 건축주 — MA(전팀)/MA(내부) — 미스터플랜 작성 / 개별블럭별 설계 / 디자인 코드 — LA(경관) · BA(배커) · BA · BA · LA · LA Core Architect + MA(전팀 · 자문) + 개별설계 BA [다이어그램] 건축주 — MA(전팀) — CORE ARCHITECT — 미스터플랜 작성 / 개별 설계 / 업자(건축가) — BA · BA · BA
MA선정	개별적탁립팀중 선정 / 설계자문위원 선정	설계자문위원 선정	계획초기 건축주 지정
적용범위	택지개발 기본계획 수정 및 개발단지 조정	택지개발 기본계획 작성 및 개별블럭별 조성	계획초기 건축주 지정
연기	이론과 실무경험이 풍부한 도시, 건축, 조경 등 각 분야전문가	이론과 실무경험이 풍부한 도시, 건축, 조경 등 각 분야전문가	실무경험이 풍부한 건축가
MA선정기준	택지개발 기본계획 수립 및 개발단지 조정	택지개발 기본계획 작성 및 개별블럭별 조성	택지개발 기본계획 작성 및 개별블럭별 계획 참여
MA구성	팀방식 (건축+조경+환경) -전임MA -자문MA (외부전문가 3인, 개발주체내부 3인) -실무MA(내부 3인)	팀방식 (건축+조경+도시 계획) -전임MA -자문MA (외부2인, 내부 1인) -실무MA(내부 3인)	팀방식 (건축+조경+도시 계획) -전임MA -LA(감리) -BA(배커)	팀방식 (건축+도시계획) -전임 Core -전임 MA -개별설계
MA조건	팀방식 (건축+조경+도시)	팀방식 (건축+조경+도시)	미스터플랜 BA: 공사 현상설계 및 PQ실적 참고 · 개별단지 BA: PQ실적 참고
MA선정단계	택지개발계획 수립 이후	택지개발 기본계획 수립 단계	택지개발계획 수립 단계
BA선정단계	택지개발계획 수립 이후	택지개발계획 수립 이후	택지개발계획 수립 이후
BA선정방식	BA(건축):현상설계 +PQ	BA(건축):현상설계	BA(건축):현상설계	· BA:일괄 · LA:비공개 지명 위촉 · BA(건축):지명설계

각 유형의 가장 큰 차이점은 바로 조직의 구성이다. 유형 1은 MA가 마스터플랜을 작성하고 BA를 현상설계로 선정하여 건축주에게서 권한을 위임받아 전체 프로젝트에 지속적인 영향력을 행사하는 타입이다. 반면 유형 2는 초기에 MA가 마스터플랜을 작성한 이후, BA와 LA와 협조하여 실제 설계에 필요한 디자인에 역할을 하는 것이다. 다만 유형 2도 한국처럼 도시계획에 치중된 경우와 경관계획을 중시하는 일본의 경우로 구분될 수 있다. 유형 3은 MA보다는 Core Architect(이하: CA)의 역할이 중시된다. CA는 건축주는 프로젝트 초기부터 참여하여 MA와 함께 전체 프로젝트를 조정하며, 설계단계에서는 BA와 LA에 MA와 건축주를 대리하여 실행을 진행한다. 유형 3에서 이처럼 건축조직에 CA를 참여시킨 것은 전체 프로젝트 진행에 있어서 MA의 역할에 대한 견제와 균형을 위한 방편으로 해석될 수 있다.

이와 같은 MA 조직 유형 1에서부터 유형 3으로의 변천은 전술한 바와 같이 MA의 권한의 축소과정으로 볼 수 있지만, 동시에 기획단계에서의 건축조직 강화적인 측면으로 볼 수도 있다. 〈그림 4-10〉은 MA조직 유형 3가지를 발전단계로 해석한 것으로 각 발전단계의 기준은 MA의 권한 변화와 기획단계의 강화를 기준으로 하고 있다. 즉 처음에 M:1의 계약유형을 취하고 있던 MA방식이 다수의 건축협력조직을 기획단계에 포함시키면서 M:M의 형태로 발전해 나가는 것이다. 이런 변화는 MA가 담당해야 할 업무

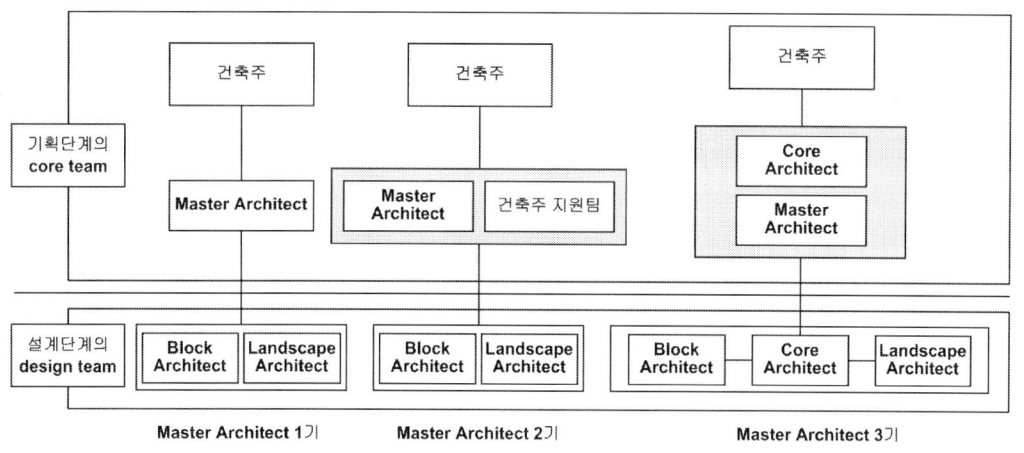

<그림 4-10> MA 조직의 개념과 발전단계

량과 함께 리스크의 분산에도 상관성을 내포하고 있다. 이에 각 MA 발전단계에 해당하는 사례들을 비교 분석하여 각각의 특성과 한계를 살펴본다.

1.3. 1기 MA조직: 지배적인 위치로서의 MA

유형 1에 해당하는 MA 1기는 세 가지 측면에서 리스크를 가지고 있다. 하나는 MA · BA 선정의 기준에 대한 문제이고, 두 번째로는 MA의 권한이 비대화해짐에 따라 발생하는 리스크이다. 마지막으로 MA의 업무 과중화와 그에 따른 보수산정에 대한 문제이다. 이런 문제점이 발생하는 것은 MA가 실질적인 건축주의 역할까지 위임받아 전 과정에서 BA와 LA에 있어서 지배적인 입장을 가지기 때문이다. 비전문적인 건축주를 대신하여 기술자인 MA가 프로젝트 수행에 있어서 효과적인 기여를 할 수 있을 것으로 기대할 수 있으나, 그만큼의 책임과 위험성도 상존하고 있다.

용인 신갈과 보라는 1기 MA조직의 대표적인 사례라 할 수 있다. 또한 인제군이 천혜의 자연경관과 풍부한 관광자원을 보유하고 있는 용대리 일대의 개발을 위해 경관관리의 법적 제도적 틀과 각종 사업을 지원할 수 있는 제도적 장치를 마련하기 위해 2004년 용대리 경관 기초조사와 2005년 인제군 용대리 경관 요소조사를 시행하는 과정에서 용대리 1리와 2리, 3리 마을별을 담당하는 BA와 함께 용대리 전체의 경관계획을 조정하고 결정하는 역할에 MA가 참여한 용대리 마을단위 경관관리 계획은[432] 여러 가지 점에서 시사하는 내용이 많다. 이에 이들 사례를 비교 분석함으로써 위에서 열거한 한계성과 함께 그 특성을 도출한다.

(1) MA · BA선정의 기준

〈표 4-2〉에서도 알 수 있듯이 BA가 현상설계와 PQ 등으로 선정되는 데에 비하여 MA 선정 기준은 사실상 모호하다고 보인다.[433] 이론과 실무

• • • •

[432] 참조: 인제군, 『용대리마을단위 경관관리 실행계획』, 인제군, 2006. 10, pp.2-3.

[433] '도시재정비 촉진을 위한 특별법' 제9조 제3항의 규정에 의거 총괄계획가 업무지침에서 총괄계획가의 위촉 및 운영의 항목을 보면 시 · 도지사는 총괄계획가를 선정함에 있어 도시계획, 도시설계, 건축 등 분야의 이론 및 실무경험 여부, 재정비와 관련된 계획수립의 경험 여부 등을 사전에 충분히 검토하여 위촉하도록 되어 있다.

경험이 풍부한 건축가라는 단서는 달려 있으나, 실질적으로는 건축주의 선택에 좌우되게 되어 있다. 만일 프로젝트가 건축주 개인에 불과하다면 건축주의 MA선택은 전적으로 건축주의 권한이므로 이와 관련된 문제는 건축주가 책임을 지면 된다. 그러나 MA는 대부분 택지개발과 연관되어 불특정 이용자 혹은 다수의 소유자가 존재하며 이에 위임을 받은 위임계약자가 건축주의 역할을 대리하는 것이다. 그런 의미에서 위임계약자가 임의로 MA를 선정하는 것은 문제 발생의 소지를 가지고 있다. 더욱이 불투명한 MA 선정 기준은 결국 잘못된 정보로 인하여 기획단계에서 MA에 대한 역선택의 문제가 발생할 수 있다. 다만 여기서 분명히 해 두어야 할 것은 MA방식이 커미셔너와 코디네이터 등의 방식과 마찬가지로 설계단계의 건축가들의 선정에 있어서 역선택 방지를 위해서 고안되었다는 사실이다. 그럼에도 기획단계에서 프로젝트 성격에 적합하지 못한 건축가가 MA로 선정되었을 때, 1기 MA조직은 기획단계는 물론이고 설계단계에서까지 BA와 LA 선정에 지대한 영향을 미칠 수 있는 MA가 작성한 부적합한 선정기준으로 실행건축가를 선정하게 되는 경우, 이를 견제할 수 있을 만한 설계주체를 가지고 있지 못하다.

용인 신갈과 보라의 경우, 모두 개발전략 수립 팀이나 설계자문위원 중에서 MA가 선정이 되었다. 이는 모두 건축주와 함께 초기 개발전략 수립에 관여할 수 있는 위치, 즉 건축주와 이미 연대를 가지고 있는 건축가가 MA로 선정된다는 것을 뜻하며, 개발 기획 이전부터 건축주와 많은 커뮤니케이션을 가짐으로써 단순히 실적으로 선택되는 MA보다는 이후의 프로젝트 수행에 있어서 능률과 협력을 끌어올리는 데에 있어서는 바람직한 관계라고 볼 수도 있다. 그러나 위에서 열거한 바와 같이 MA가 역선택되었을 때 많은 문제점에 노출된다.

용대리 경관관리계획도 용인 신갈과 보라처럼 지방자치단체인 인제군이 MA를 선정하여 프로젝트를 진행했지만, 한 가지 점에서 차이점을 보인다. 용인 신갈과 보라는 마스터플랜 작성 이후 BA가 선정된 반면, 용대리 경관관리 계획에 있어서는 초기부터 BA들이 참여하여, BA가 Block별로 세운 경관계획을 바탕으로 연구자 문단과 협력을 통해서 MA가 용대리 전체의 시각에서 경관계획을 정리한 마스터플랜을 작성한 것이다. 여기서 BA는 설계단계에서부터 참여한 것이 아니라 기획단계에서부터 참여함으로써 전체 프로젝트에 내실을 높였다는 점에서 주목할 만하지만 인제군에게 계획을 위임받는 MA가 별도의 선정과정 없이 BA를 위촉하고 프로젝트를 진행하는 방식은 역선택의 위험성을 내포하고 있다. 그러나 MA·BA선정에 뚜렷한 기준을 두고 진행한다면 이 방식은 대규모 프로젝트에 경험이 부족한 건축주가 MA방식을 채택하는 데에 있어서 상당히 유리한 조직의 형태라 할 수 있다. 우선 기획단계에 있어서 부족한 건축협력 조직을 BA를 통해서 보완할 수 있으며, MA의 권한과 업무가 늘어나는 것을 방지할 수 있을 것으로 사료된다. 그리고 실제 설계단계를 담당하는 BA가 기획단계에서 충분히 자신의 의견을 피력함으로써 각 BA가 가지고 있는 디자인적 역량을 프로젝트 내에서 창의적으로 발휘할 수 있다.

(2) MA 권한의 비대화

MA는 기획단계와 설계단계 모두에 있어서 건축주를 대신하여 주도적인 역할을 수행하는 설계방식이기 때문에, 설계단계에서부터 참여하는 건축가들은 상대적으로 MA에 비해 정보 면이나 권한 면에서 약자의 입장에 처해질 가능성이 높다. 즉, 기획단계에서 MA가 정한 디자인코드 혹은 설계지침이 강제성을 가지면서 설계단계의 BA와 LA가 자신들이 가진 디자인적 창의성을 발휘하는 데에 장애로 작용될 수 있는 것이다.

〈그림 4-11〉은 용대리 경관계획의 결과로 도출된 경관관리 세부계획 중 하나이다. 용대리 경관계획은 전술한 바와 같이 용대리 일대의 개발을 위해 경관관리의 법적 제도적 틀과 각종 사업을 지원할 수 있는 제도적 장치를 위한 프로젝트임에도 위의 세부계획과 같이 상세한 계획도가 도출되었다. 물론 용대리 경관계획은 BA의 설계단계까지 포함한 것이기는 하지만, 이후에 용대리가 개발되었을 때 위의 설계지침서들이 선택되었을 때, 경관계획에 참여하지 않은 BA가 실제 설계에 참여하게 되었을 때는 디자인에 있어서 많은 제약을 받게 된다.

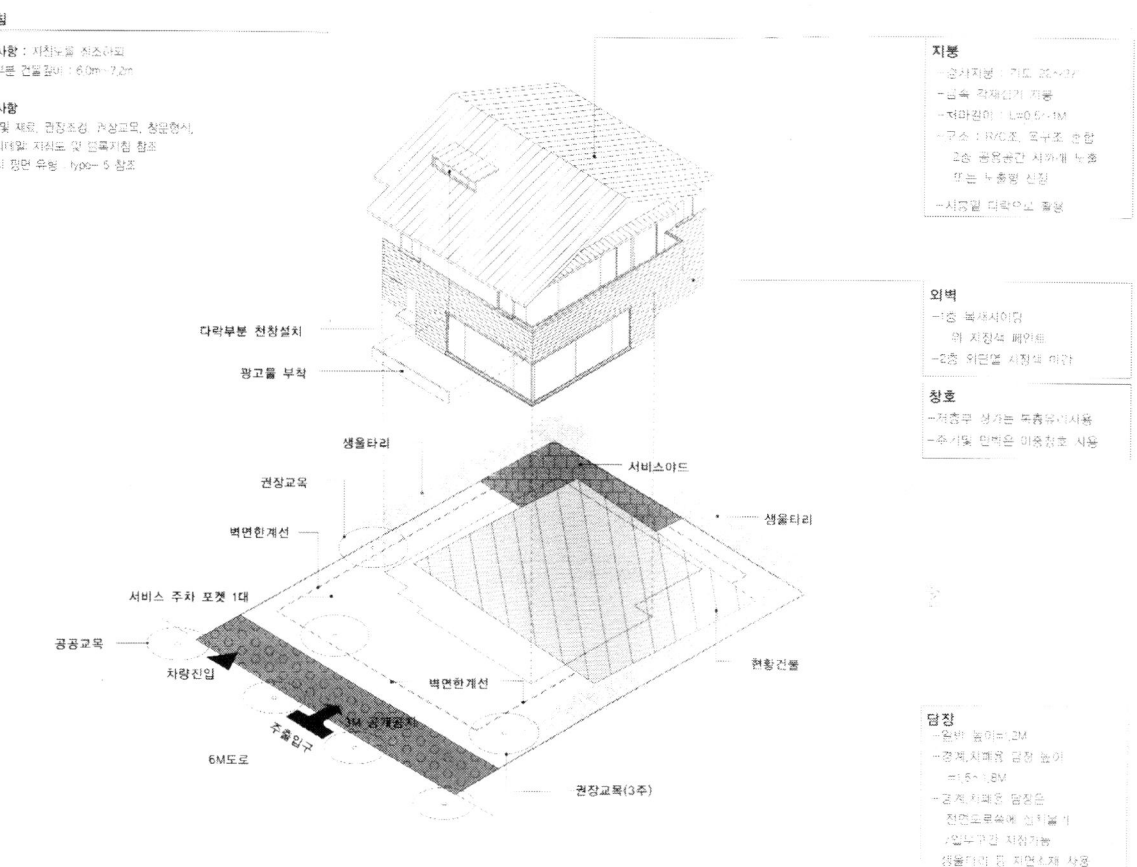

<그림 4-11> 용대리 십이선녀마을 민간부분경관지침 D1-5 필지지침

(3) MA 업무 과중화와 보수산정

건축 프로젝트에 있어서 MA의 권한의 비대화는 결국 업무비중의 과중화, 즉 세 번째 1기 MA조직의 리스크로 이어진다. MA가 1인 또는 소수의 건축조직이었을 때, 건축의 기획단계에서부터 설계단계에까지 모두 관여하고 BA와 LA의 설계에까지 간섭을 하게 된다면 건축프로젝트에서 MA가 수행하여야 할 업무량은 크게 늘어난다. 이에 상응하여 업무량의 과다에 따른 MA의 보수산정에 대한 문제점도 연계된다. 건축가인 MA는 과다한 권한에 따른 책임과 업무량으로 인하여 많은 보수를 기대할 수도 있지만, 실제 계약에 있어서 이를 정량화하는 데에는 많은 문제점을 가지고 있다. 우선 현황상 건축가가 건축주에게 보수를 받는 근거는 도면이나 도서와 같은 실질적인 결과물이 근거가 되기 때문이다. 그리고 MA가 각 기획과 설계단계의 주체들 간의 협력을 조정하는 역할에 대한 중요성이 충분히 인식되지 못한 현황에서도 그 한계성을 찾을 수 있다. 이는 MA의 업무에 대한 기준이 있는 반면 보수에 대해서는 구체적으로 규정된 것이 없기 때문이다. 개인 건축주의 경우에는 계약에 따라 충분히 조정될 수 있지만, 현황 MA방식은 대부분 공공건축에 적용되어 일종의 위임계약자인 국가 혹은 지방자치단체와의 계약이라서 법률적인 제한이 따르게 된다.

용대리 경관계획에 있어서도 프로젝트를 수주한 MA와 BA는 인제군 군수가 그들의 실적과 경험을 고려하여 위촉하는 방식으로 진행되었다. 국가 혹은 지방자치단체와의 계약에 있어서 위촉은 수의계약에 해당한다.[434] 공공단체와의 수의계약은 많은 법률적인 제약이 따르고 있기 때문에, MA의 업무에 상응한 보수산정은 계약에서부터 제한을 두고 출발하고 있는 것이다. 그러나 여기서 이보다 더 주목해야 할 만한 사실은 용대리 경관계획이 실제로는 MA의 설계용역임에도 연구용역으로 수의계약을 체결하였다는 것이다. 이와 같은 계약의 형태를 취하는 것은 마스터플랜과 함께 디자인 지침을 선정하는 MA방식이 법적으로는 실질적인 설계용역으로 인정을 받을 수 없다는 반증이다.[435]

1.4. 2기 MA조직: MA 권한과 업무의 분화

용대리 경관계획 사례에서 다시 확인할 수 있듯이, MA제도는 비제도적인 설계운용방식의 특성이 강하다. 특히 1기 MA조직은 앞서 살펴본 바와 같이 MA·BA의 선정기준과 MA 권한의 비대화, 그리고 MA 업무 과중화

• • • •

434 '지방자치단체를 당사자로 하는 계약에 관한 법률'의 제9조 계약의 방법을 보면 지방자치단체장은 기본적으로 일반경쟁에 의해 계약을 체결해야 하나, 다만, 계약의 목적, 성질, 규모 및 지역특수성 등에 비추어 필요하다고 인정되는 경우에는 입찰 참가자의 자격을 제한하거나 참가자를 지명하여 경쟁에 부치거나 수의계약(隨意契約)에 의할 수 있다고 규정하고 있다.

435 '지방자치단체를 당사자로 하는 계약에 관한 법률'의 시행령 제25조 4호 차목을 보면 특정인의 기술을 요하는 조사, 설계, 감리, 특수측량, 훈련, 시설관리 또는 관련 법령에 의하여 디자인 공모에 당선된 자와 체결하는 설계용역 계약의 경우도 인정하고 있다. 그럼에도 용대리 경관계획이 설계용역으로도 발주될 수 있었음을 알 수 있다.

와 보수산정의 문제로서 많은 문제점을 내포하고 있다. 이에 2기 MA조직은 MA의 권한과 업무를 분화함으로써 이를 해결하려는 시도가 엿보인다. 사실 본 연구에서 2기 MA조직에는 원래 MA방식의 효시인 일본의 미나미오사와 단지가 속하고 있다. 그러나 처음 MA가 국내에 도입되었을 때는 2기 MA조직의 특성이 제대로 적용되지 못하였고, 몇 번의 시행착오를 거치면서 용인구성과 그린벨트해제지구 개발에는 1기 MA조직보다는 한층 더 발전된 조직양상을 보였다. 그리고 도시개발공사와 서울시의 뉴타운 계획에서의 MA방식에서는 법률적인 규제에 의존하는 1기 MA방식에서 진일보하여 계약적인 방법을 통해 변화를 고려했다는 사실을 주목할 필요가 있다. 이에 우선은 일본 타마의 벨콜린 미나미오사와 단지의 사례를 분석하고, 다음은 한국의 사례를 통해서 2기 MA조직의 특성과 한계를 확인한다.

(1) 기획단계의 강화: 타마 벨콜린 미나미오사와(Belle - Colline, 南大澤)

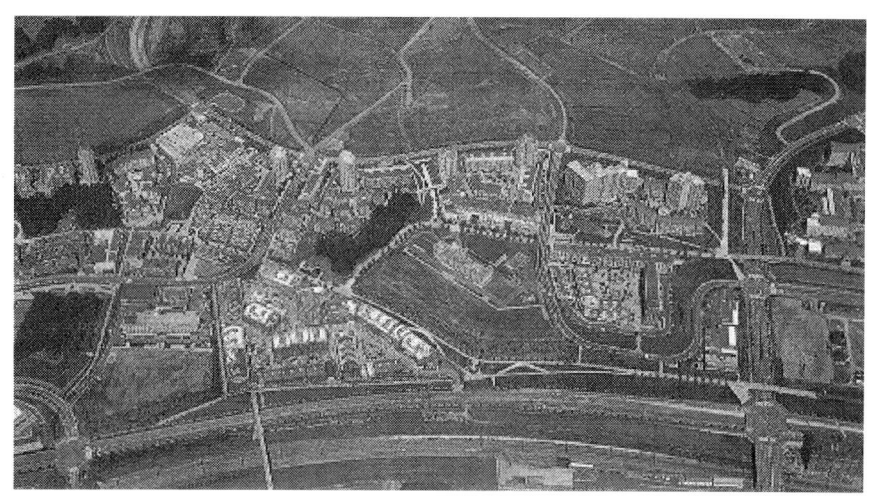

<그림 4-12> 벨콜린 미나미오사와 단지의 항공사진

미나미오사와 단지는 MA를 주축으로 계획부지 전체에 종합적인 계획이 이루어질 수 있도록 각 블록의 디자인을 담당하는 블록건축가인 BA와 경관조정을 담당한 경관건축가 LA[436]의 삼자가 계획단계부터 마지막 실시단계

436 LA(大谷幸夫)는 경관조정뿐만 아니라 벨콜릴 미나미오사와 단지의 랜드마크적인 성격을 띠는 5개의

까지 디자인에 대한 통제와 조정을 행하는 설계운영 메커니즘을 구축하여 가로 전체의 조화를 고려한 단지가 조성되었다(〈그림 4-12〉 참조).

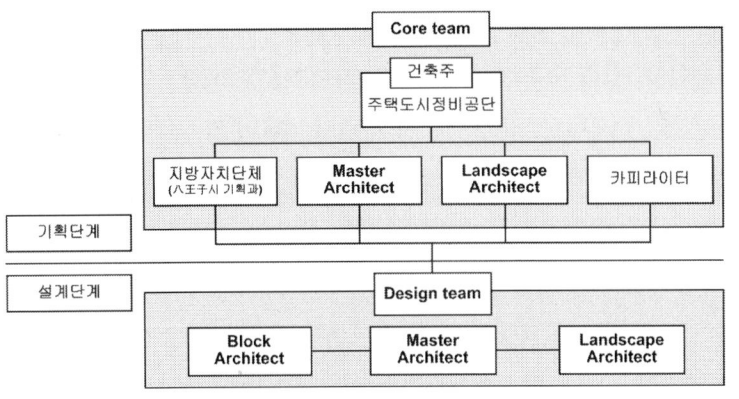
<그림 4-13> 미나미오사와 MA조직구성 개념

벨콜린 미나미오사와 단지 설계의 대표적인 조정체계는 기획회의와 설계회의가 있다. 기획회의 참가자는 해당 지역 지방자치단체[하찌오찌(八王子) 시 기획과]의 담당부서 대표자, 개발주체(주택도시정비공단),

경관건축가, 카피라이터, 그리고 MA 내정자가 참석하는 회의로서 구체적인 설계 이전에 개발지 전체의 개발일정과 조건 등에 관한 협의, 단지 전체에 대한 개발주체의 의견 표명, 기본적인 구상안 협의 등을 통해 기본방침을 설정했다. 설계회의에는 MA, BA, LA 등의 설계담당자들만이 모여 주거단지 계획 및 설계사항에 관한 협의와 조정을 하고, 실시설계 완료된 후 '2차 디자인'이라 칭하는 블록 간 및 전체 조정을 행하였다.[437] 〈그림 4-13〉은 미나미오사와에 적용된 MA방식의 조직구성개념도로서 1기 MA조직과 비교해 보았을 때 LA가 기획단계에서부터 참여한다는 사실을 주목할 필요가 있다. 미나미오사와에서는 MA가 먼저 마스터플랜을 작성한 후, LA와의 조정을 통해서 마스터플랜을 조정해 가면서 최종안을 도출하도록 되어 있다.

　미나미오사와의 사례에서는 LA 이외에도 여러 협력주체들이 기획단계에 참여하고 있는데, 이것이 바로 1기 MA조직과 2기 MA조직과의 가장 큰 차이점이라 할 수 있다. MA의 권한과 업무를 다수의 협력자를 통해서 분산함으로써 1기 MA조직의 문제점인 MA 권한의 비대화와 업무 과중화를 피할 수 있는 것이다. 그리고 무엇보다도 기획단계에 여러 주체들이

●●●●
고층 주동 설계를 담당하였다.

437 참조: 대한주택공사 주택연구소, 앞의 보고서, pp.63-64.

참여함으로써 MA의 독단적인 결정을 피하고, 보다 발전된 기획안과 마스터플랜이 작성될 수 있다.

벨콜린 미나미오사와 단지는 마스터플랜과 별도로 Design Code의 작성이 중요한 MA의 업무 중의 하나였다. 디자인 코드는 종래의 대규모 프로젝트에서 도시설계 지침이 불충분하여 가로경관이 통합되지 않고 각각의 블록이 따로따로 디자인되는 경우가 많아 각 블록의 개성을 살려 다양한 도시경관을 형성해 가면서도 전체로서 통합된 거리를 조성하기 위한 Master Control의 구체적인 수단이다.[438] 이와 같은 디자인 코드의 작성은 바로 기획력의 강화로 인해서 얻어질 수 있는 결과물이라 할 수 있다. 그러나 1기 MA조직에서와 마찬가지로 디자인코드는 건축실행자인 BA와 LA의 창의성을 발휘하는 데에 저해 요소로 작용할 가능성도 존재하고 있다. 그렇기 때문에 기획단계에서 다양한 주체의 참여와 전체 계획을 효율적으로 운영하는 MA선정의 중요성이 1기 MA조직보다 더 부각되게 된다.

(2) MA선정방식의 다양화

한국에서도 용인구성지구부터 2기 MA조직의 특성인 다수의 참여자를 통해 기획단계의 강화가 특성으로 나타나고 있다. 그러나 MA선정 방식에 있어서 종래의 벨콜린 미나미오사와 단지의 위촉방식에서 벗어나 다양한 방식을 시도하고 있다.

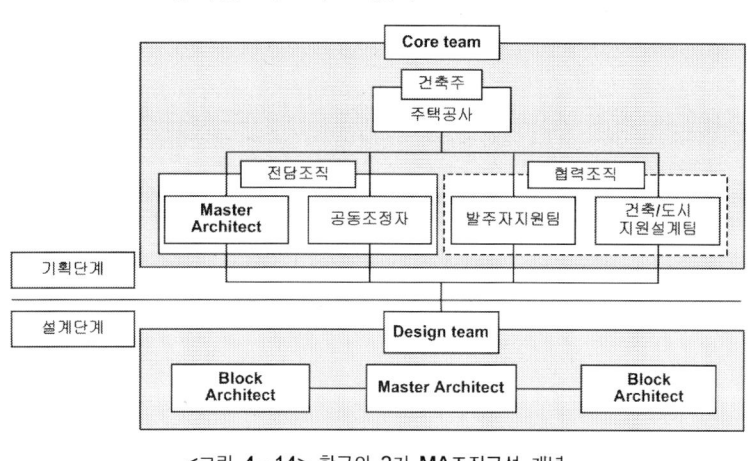

<그림 4-14> 한국의 2기 MA조직구성 개념

〈그림 4-14〉는 현재 일반적으로 시행되고 있는 한국의 2기 MA조직구성의 개념도이다. 이와 같은 차이점이 발생한 것은 앞서 언급한 바와 같이 MA선정의 기준이 모호하기 때

438 인용: 대한주택공사 주택연구소, 앞의 보고서, p.65.

문에 이에 대한 보안책으로 시행된 결과라 할 수 있다. 처음 MA 도입을 시도했던 대한주택공사의 선례를 참조하여 서울시 도시개발공사와 서울시는 택지개발지구와 뉴타운에 MA방식을 도입한다. 그러나 서울시는 MA 선정방식에 있어서 종래의 벨콜린 미나미오사와 단지에서부터 1기 MA조직에까지 유지되어 온 비공개 위촉의 방식을 그대로 답습한 반면, 도시개발공사는 현상설계를 통해 당선된 1위 업체에게 개발 지구에 대한 마스터 플랜과 개별블록에 대한 실시설계권을 부여하고 있으며 BA는 개별블록에 대한 실시설계를 담당하게 하였다.[439] 도시개발공사의 이 방식은 1기의 불명확한 MA 선정 기준에 대한 대안임에는 분명하나 MA가 BA와 함께 현상설계를 통해서 선정되었기 때문에 BA에 대한 권위와 조정능력을 담보하는 데에 한계가 있을 수 있다. 더욱이 개발주체와 MA가 수직적인 계약으로 체결되기 때문에 MA의 권한을 약화시키게 된다.[440] 그럼에도 이 방식은 MA의 권한의 비대화와 업무 과중화를 방지할 수 있다. 또한 MA의 보수산정에 대한 문제점을 해결할 수 있다. 기획과 설계를 일괄적으로 계약함으로써 MA의 업무에 상응한 보수를 법적인 기준이 아닌 계약적인 방법으로 해결할 수 있는 것이다.

1.5. 3기 MA조직: Core Architect의 도입

2기 MA조직이 1기 MA조직의 문제점을 해결하기 위한 것이라면 3기 MA는 2기 MA방식에 새로운 개념인 CA(Core Architect)가 도입되면서 MA방식의 자체적인 변화를 도모했다. 그 대표적인 전형이 바로 도쿄 미드타운(東京ミッドタウン)이다. 엄밀한 의미에서는 3기 MA는 CA방식으로 일컬을 수 있을 정도로 MA의 기존 권한과 업무를 CA가 대행하고 있다. 또한 전술한 바와 같이 도쿄 미드타운은 MA방식이 민간 기업 주체로 이루어진 개발계획에 도입된 최초의 사례로서 특기할 만한 사항들이 많다.

••••
439 서수정, 앞의 논문, p.32 참조.
440 서수정, 앞의 논문, p.35 참조.

(1) Core Architect의 역할

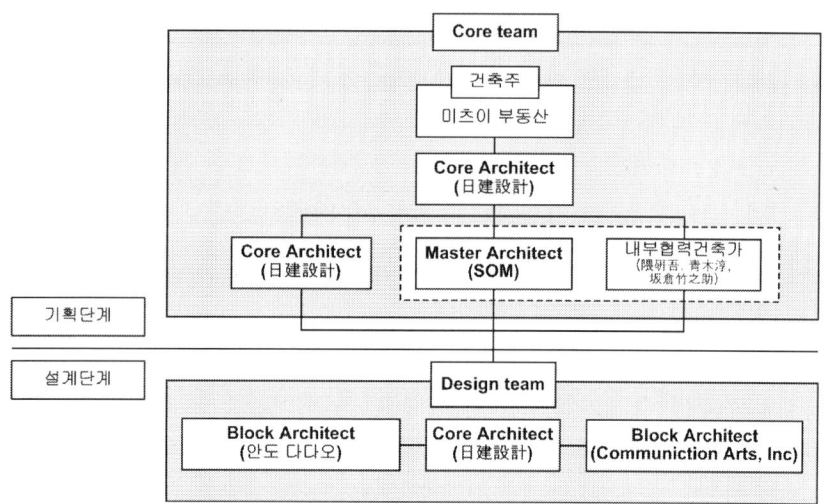

<그림 4-15> 도쿄 미드타운 MA조직구성 개념

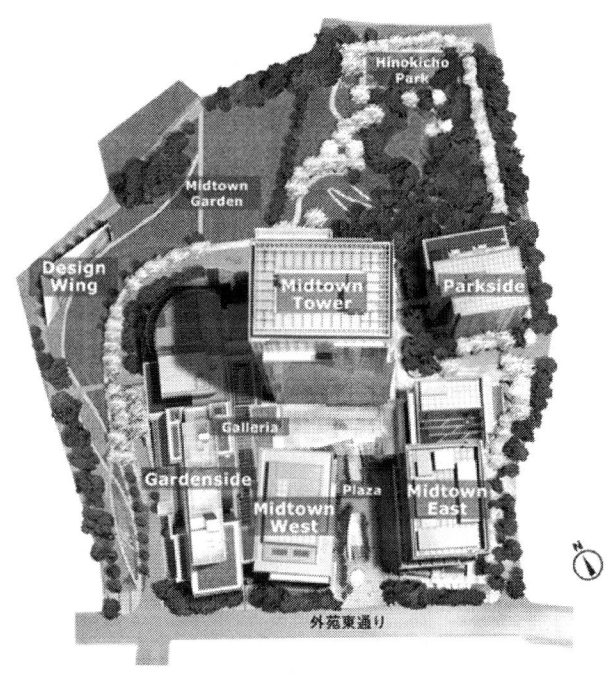

<그림 4-16> 도쿄 미드타운 배치도

도쿄 미드타운에서 니켄세키(日建設計)는 CA로서 3단계로 구성된 매니지먼트를 수행하였다.[441] 1단계는 기획단계로서 건축주인 미츠이 부동산(三井不動産)의 대리자인 니켄세키(이하 CA)는 임의대리(任意代理)를 수행하였다. 여기서 임의대리의 역할은 건축주의 미츠이 부동산(三井不動産)의 요구에 맞춘 설계 조건의 정리나 도시계획의 수속, 기본 플랜의 책정을 수행하였다. 이는 기존 MA방식의 역할을 CA가 수행을 하는 것

• • • •

441 新建築社, 「新建築」, 82권 6호 2005. 5. p.88.

으로 보인다. 2단계에서도 디자이너 상호의 의사소통을 위해 비디오 콘퍼런스나 디자인 세션을 개최해 전체 개념을 공유화하는 MA의 조정자 역할을 니켄세키가 대신한다. 이처럼 CA인 니켄세키가 MA 역할을 대신하면서도 MA로 지칭할 수 없는 것은 바로 3단계에서 수행하는 업무 때문이다. 3단계에서 니켄세키는 각종 의인허가와 공사 발주에 필요한 최종적인 설계·감리 업무를 모두 수행한다. 물론 MA도 설계단계에서는 직접 설계를 실행하지만, 각 BA와 MA의 실행설계는 상호 간의 협력이며 각 블록 간의 최종적인 설계·감리는 각 블록 건축가가 건축주와 연계하여 개별적으로 운영이 된다. 그러나 도쿄 미드타운의 경우는 니켄세키가 전체 최종 설계를 관여하여 디자인과 시공품질을 유지하도록 건축주에게 권한을 이양받았다. 안도 다다오가 설계한 '21_21 DESIGN SIGHT'의 경우 니켄세키가 공동으로 참여하여 강판지붕의 디자인을 구조적으로 해결하였다.[442]

도쿄 미드타운에서 니켄세키의 CA로서의 역할은 사실상 비전문가인 건축주를 대리하여 전 과정에서 적극적으로 개입한 형태로서 파악되어야 할 것이다. 이는 건축주가 CA에 대한 전폭적인 신뢰가 바탕이 되어야 한다. 그러나 공공건축의 개발에 있어서 건축주는 위임계약자일 경우가 대부분이기 때문에, CA를 고용하여 전 과정을 진행하는 방식은 CA의 선정기준이 불분명했을 때는 MA의 경우처럼 많은 문제점을 야기할 수 있다.

(2) MA의 디자이너로서의 역할

CA에게 MA의 기존 역할을 넘긴 도쿄 미드타운의 MA인 SOM이 이 프로젝트에서 맡은 주역할은 전체 경관 디자인과 랜드스케이프를 통해서 다양한 건축가들의 개성 있는 디자인들이 조화를 이룰 수 있도록 하는 것이었다. 1기와 2기 MA조직에서보다 더 약화된 MA의 권한과 업무가 바로 3기 MA조직인 도쿄 미드타운이 가지고 있는 특성이라 할 수 있다.

도쿄 미드타운의 건축조직이 이처럼 구성될 수 있었던 것은 개발주체인 미츠이 부동산의 인식이 중요하게 작용하였다. 도쿄 미드타운은 디자인 부흥이라는 원대한 주제 아래에 시작된 프로젝트였다. 이를 위해 미츠이

••••
442 新建築社. 앞의 잡지. p.88.

부동산은 최고의 건축조직을 구성하기를 원했고, 그 건축조직이 공동작업 정신을 가지고 참여하여 최상의 결과를 낳기를 원했다. 그래서 CA로 니켄세키를 그리고 MA로 SOM을 그리고 블록 건축가로서 안도 다다오 등을 참여시킨 것이다.

이 건축조직 구성에서 핵심적인 협력관계는 바로 니켄세키와 SOM의 관계이다. 미츠이 부동산이 SOM을 MA로 선정한 것은 이 협력관계에 대한 배려이다. SOM은 다른 건축설계 사무소와 다르게, 많은 개인 건축가들이 모여 함께 일하는 설계집단이기 때문에 프로젝트를 위해 다양한 전문가를 참여시켜 프로젝트의 품질을 높이는 데에 대한 거부감을 가지고 있지 않다. 이와 함께 많은 Urban Project에 대한 SOM의 실적은 미츠이 부동산이 SOM을 MA로 선정하는 기준으로 작용했다.[443] 이에 화답하여 MA로서 SOM은 CA인 니켄세키와 함께 여러 일본의 건축가들과 함께 디자인 측면만을 집중적으로 조정하고 설계할 수 있었다.

Commissioner

커미셔너 방식은 한국에서는 실행되고 있지 않으며 일본에서 채택되고 있는 방식으로, 1987년 독일 베를린 국제건축전시회(IBA) 프로젝트의 영향으로 1988년 일본 구마모토(熊本) 아트폴리스(art polis)에 처음 도입되어 1991년 오카야마현(岡山縣)에서 주도한 C·T·O(Creative Town Okayama) 프로젝트 및 TTA(Toyama Town Appearance)에도 채택된 방식이다. 그러나 C·T·O와 TTA는 실행 몇 년 후 중단되었으며 현재까지 실행되고 있는 사례는 구마모토 아트폴리스뿐이다. 그러나 2007년 현재 아트폴리스 사업 또한 실제 건축 프로젝트는 진행되고 있지 않으며, 공모전이나 워크숍을 통한 건축 교육프로그램만이 진행 중이다.

커미셔너 방식의 도입배경에는 공공건축의 설계자 선정방식의 한계를 극복하고,[444] 지방화에 따라 자치체의 경쟁력 확보를 위해 지역 실정에 맞는

----

443 참조: 新建築社, 앞의 잡지, pp.64-65.

창의적 건축실현을 목적으로 새로운 건축 기획 조직구성이 촉발되었다.

커미셔너의 선정은 건축주(현의 지사)에 의한 비공개 지명위촉을 원칙으로 한다. 이 방식은 원칙적으로 건축주가 건축실행을 위한 기획 업무와 건축가 선정을 개인(Commissioner)에게 전담시키는 방식이 기본이었다. 그러나 대규모 건축 실행에 있어 1인에 의해 주도되는 것은 건축의 효율을 저하시키는 등의 한계에 의해 현재는 다양한 분야의 전문가로 구성된 설계자 심의위원회와 같은 어드바이저 조직(advisor group)과 커미셔너가 핵심조직으로 운영되며, 이후 핵심조직인 커미셔너 조직을 보조하는 조직이 더해지는 구성으로 발전된다. 따라서 커미셔너 개인 중심의 커미셔너 1기와 커미셔너 조직 중심의(Commissioner group) 2기로 구분한다(〈그림 4-17〉).

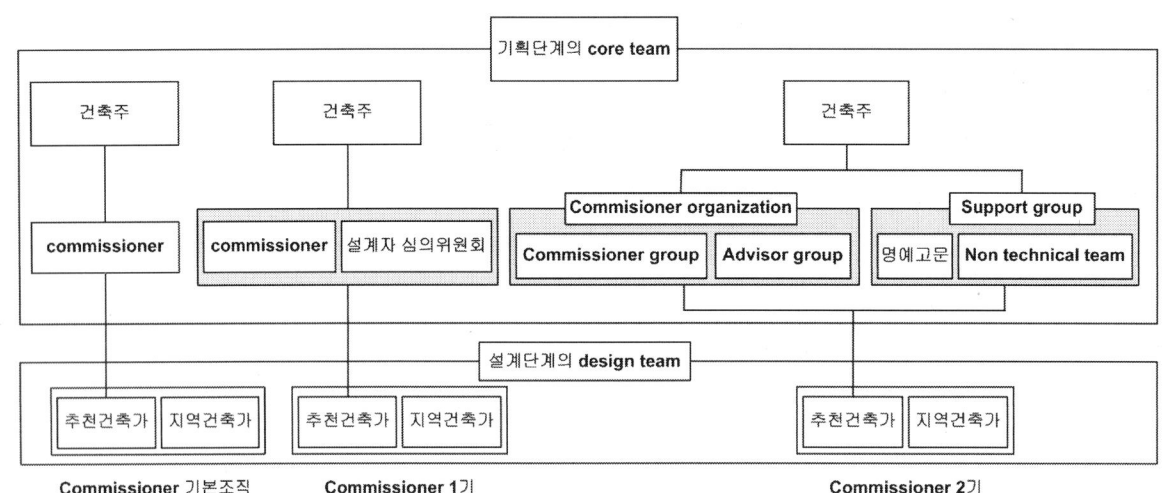

<그림 4-17> 커미셔너 조직의 개념과 발전 단계

1기 커미셔너 방식은 기본적으로 Commissioner 개인이 설계자를 선정하는 방식에서 출발했다. 이 조직은 건축주와 Commissioner 간의 전적인 신

444 일본 공공건축의 설계자 선정은 설계자 선정위원회에서 주관하며, 이때 설계자는 어느 정도의 실적이 있는 건축가에게만 설계권이 부여된다. 따라서 신진건축가의 경우 창의적 아이디어가 있더라도 공공건축에서는 배제되었다. 따라서 설계자 선정의 한계와 함께 공공건축의 디자인이 균일화되는 문제가 야기되었다. 磯崎 新, 「Why Commissioner, Kumamoto Artpolis」, 『JA 9303』, 東京: 新建築社, 1993, pp.8-9 참조.

뢰가 없으면 프로젝트의 성공적 수행이 어렵다. 또한 전적인 신뢰에 기반한다 하더라도 다양한 이해관계가 얽힌 대규모 건축에 있어 개인이 전권을 위임받는 커미셔너 방식은 책임이 전적으로 개인에게 있어 건축과정의 리스크가 크다. 따라서 이는 좀 더 발전된 양상으로서 '설계자 심의위원회'가 커미셔너의 설계자 선정을 보조하는 1기의 방식으로 발전되었다. 그럼에도 1기 방식의 설계자 심의위원회는 보조적 역할을 수행한다는 것과 설계자 선정 조직이 커미셔너와 '설계자 심의위원회'의 단순조직이라는 점 때문에 2기의 팀 조직구성으로 발전하여 의사결정 시 다양한 의견과 조정을 통해 건축가를 선정하는 리스크 분배방식으로 발전하였다. 이를 건축실행 단계별로 보면 설계단계의 건축조직은 변화가 없고, 기획단계의 건축주 조직(Core team)이 복잡하게 조직화되면서 발전하고 있다.

　　Commissioner의 선정은 주로 건축실행 해당 지역의 정보와 이해관계를 잘 알고 있는 능력 있는 건축가를 건축주가 지정하며, 지정된 임기가 있는 것이 아닌 매년 위탁계약[445]을 통해 임기가 연장된다. 커미셔너로 선정된 건축가의 주된 업무는 실행건축가(Designer) 선정이며, 건축설계 단계별로는 건축기획과 건축계획에 해당하는 설계지침으로서 키 센텐스(Key Sentence) 제공 및 마스터플랜 제시와 이러한 제반 업무 수행을 위한 제반 회의를 주관한다. 즉, 커미셔너는 실시설계에는 직접적으로 관여하지 않는다. 이때 건축주는 건축 실행 단계별 연계성 확보와 계획적 건축을 유인하기 위해 최소한의 조정역할을 담당한다.

2.1. 위탁대리(委託代理)의 1기 커미셔너 조직

　　Commissioner 방식이 최초로 시행된 것은 구마모토 현(熊本 縣) 지사 호소카와 모리히로에 의해 1988년에 도입된 구마모토 아트폴리스가 먼저

----

445 위탁계약이란 주체가 대리인에게 업무의 처리를 맡긴다는 점에서는 위임계약과 같지만, 맡기는 대상에 있어 위탁계약은 업무처리 외에 행위를 대상으로 한다는 점에서 주체와의 독립성을 인정하는 반면, 위임계약은 업무처리 외에 법률행위를 대상으로 하기 때문에 주체와 대리인의 독립성을 인정하지 않는 것이다. 즉 엄밀하게 위탁계약자는 주체와 독립적인 주체인 반면, 위임계약자는 주체의 대리의 성격을 지닌다. 그러나 양자는 현재 법적으로 혼용되고 있다. 예컨대, 감리계약은 행위와 업무처리를 대상으로 하는 위탁계약이지만 대법원 판례에 의하면 위임계약으로 판시하고 있다. 대법원 2000. 8. 22. 선고2000다19342 참조.

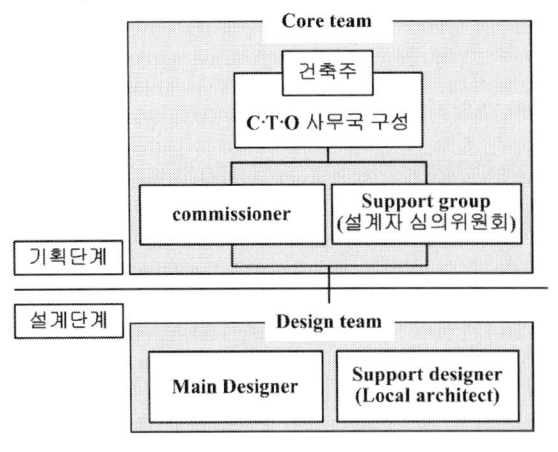

<그림 4-18> 1기 커미셔너 조직구성 개념

이고 1991년에 오카야마 현(岡山 縣) C·T·O사업의 나카쇼(中庄) 단지[446]는 커미셔너 방식의 후발주자이지만, 효율적인 측면에서는 C·T·O 사업은 개인 커미셔너에게 업무를 전담시키고 있는 초기적 형태의 커미셔너 구성방식을 하고 있으며, 구마모토 아트폴리스는 현재까지도 그 조직이 유지·발전되었기 때문에 더 발전된 커미셔너 방식을 보여 주고 있다.

나카쇼(中庄) 단지 건축은 일본 전후(戰後) 지어진 2층의 노후 불량주택 재건축을 목적으로 추진되었다. 나카쇼 단지의 건축조직은 크게 기획단계의 건축주 조직(Core team)과 설계단계의 건축가 조직(Design team)으로 구성된다(<그림 4-18>). 특히 1기 커미셔너 조직에서 주목해야 할 것은 1단계의 건축주 조직이다. 여기서 커미셔너는 건축주의 가장 큰 고유 권한이라고 할 수 있는 건축가를 선정한다. 건축의 기본적인 특성이 비전문가인 건축주가 실행을 위한 건축가를 대리로 내세워서 전체를 운용하는 것이기 때문에, 1기 커미셔너 방식에서 커미셔너가 건축가를 선정한다는 것은 위임의 수준을 넘어선 위탁대리로 보아야 마땅하다.

(1) 기획 단계에서의 커미셔너 선정

나카쇼 단지의 기획단계는 커미셔너의 개입 시점을 기준으로 구분할 수 있으며, 그에 따라 건축주의 역할이 달라진다. 우선 커미셔너 개입 이전 단계의 경우, 건축주인 오카야마 현은 커미셔너 선정까지 총 5단계를 거쳐 건축주의 기획의도 등을 확정하여 커미셔너에게 설계자의 의뢰를 위임하였다.

446 1기 커미셔너 사례인 오카야마 현(岡山縣) 나카쇼(中庄) 단지 내용은 C·T·O사업부 홈페이지를 참조하여 분석한 내용이다. http://www.pref.okayama.jp/doboku/kensido/cto/cto.htm

1단계: 현(縣)은 토목부 도시국 건축지도과 마을 가꾸기 추진계에 C·T·O 사무국을 별도로 조직하였다.

2단계: C·T·O는 지역홍보를 통해 개발주체(기초단체인 市·町·村 및 민간업체)를 구성하고,

3단계: 이들 개발주체(Constructor)와 협의하여 설계단계의 설계자 선정 방식을 결정하였다. 설계자 선정방식이란 설계자를 지역건축가로 할 것인지 혹은 지역 외 건축가로 선정할 것인지의 문제와 설계방식에 있어 1인으로 할 것인지 혹은 여러 건축가와의 협력설계를 할 것인지에 대한 방식을 의미한다.447

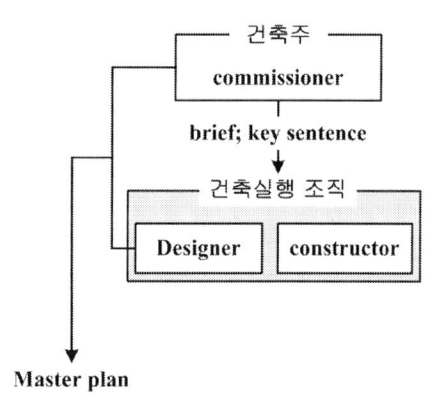

<그림 4-19> 계획단계 Commissioner의
Client-situated 실행 개념

4단계: 실시설계의 내용, 건축비용, 건축기간 등을 현(縣)청 내 심의회에 심사를 통해 결정하고,

5단계: 커미셔너를 선정448하여 결정된 건축 내용을 기본으로 하여 설계자의 선정을 의뢰하였다.

다음은 커미셔너가 선정된 후 설계자 선정을 위한 단계이다. 이때 설계자의 선정은 커미셔너의 주도하에 '설계자 심의위원회'449의 협조를 통해 설계 후보자(short list)를 선정하고 그중 1인을 개발주체에게 추천한다.

(2) 계획 단계의 커미셔너의 역할과 계획안 작성방식

C·T·O 프로젝트의 커미셔너(오카다 신이치)의 주요 업무는 크게 4가지로 ① 마스터플랜의 제시, ② 질적으로 우수한 건축디자인 창조를 위해

----

447 SD특집. 「クリエイティブ TOWN 岡山」, 『都市づくりを 仕掛ける: 建築家だちの 實踐. SD 9601』, 東京, 鹿島出版社, 1996, p.55 참조.

448 나카쇼 단지의 커미셔너는 지자체장인 나가노(長野士郎) 지사가 선정한 오카다 신이치(岡田新一)이다.

449 설계자 심의위원회는 나카쇼(中庄) 단지 초창기(1991)부터 존재했던 기구는 아니며, commissioner 개인이 전담하여 설계자를 선정하는 기준과 리스크 문제가 제기되어 1994년(사업 2기)부터 구성된 조직이다. 조직은 4인으로 구성되었으며, 지역안배를 기본으로 하고 있다. 따라서 동경 출신의 커미셔너, 건축정보 수집을 위한 건축잡지(新建築)의 편집위원장, 관서 및 규슈 지방의 교수 각 1인으로 구성하여, 이들은 건축가 선정 시 자신들의 출신지역의 건축가 1인을 각각 추천한다. 대한주택공사 주택연구소, 앞의 보고서, p.41 참조.

국제적으로 통용 가능한 신진건축가 발굴 추천, ③ 건축 단계별 연계성 확보를 위한 회의 주관, ④ Key sentence 작성이다. 즉, 커미셔너는 강력한 리더십과 건축주의 신뢰에 기반 한 업무를 수행한다. 이러한 업무를 단계별로 살펴보면, 다음과 같다.

우선 추천한 설계자와 건축주가 계약이 체결되면, 커미셔너는 건축실행 조직인 개발주체와 설계자에게는 건축주인 현(縣)의 대리인으로서의 건축주 역할(Client – situated)을 수행한다. 이때 커미셔너의 구체적 수행업무는 건축실행 조직에게 건축주의 건축의도(Brief)를 담은 설계기본방침(Key Sentence)을 작성하여 제시하는 것과, 선정된 설계자와 공조하여 마스터플랜을 작성한다. 따라서 커미셔너는 현의 입장에서는 건축주의 의향을 전달하는 매개자, 즉 대리인이며 건축실행 조직 입장에서는 건축주이다.

매개수단으로서의 키 센텐스란 건축주의 의도를 담은 '설계기본방침'[450]이다. 설계기본 방침의 역할은 총 4기로 구분되어 건축실행을 하는 나카쇼(中庄) 단지의 4명의 건축가[451]에게 통일된 디자인 방향을 설정해 주는 것으로 이를 통해 전체적인 디자인의 조화를 유도하기 위함이다. 또한 '설계기본방침'은 마스터플랜의 기준이 되기도 하는데, 마스터플랜의 작성은 커미셔너가 주도하며 이때 추천받은 4명의 건축가와 협력하여 작성한다.

(3) 설계 단계의 조직과 커미셔너의 역할 및 커뮤니케이션 방식

설계단계의 조직은 크게 건축주 조직으로서 C · T · O사무국과 커미셔너, 디자인 팀 조직으로서 커미셔너가 추천한 건축가와 이를 보조할 협력

----

450 예컨대, 나카쇼 단지의 커미셔너인 오카다가 제시한 키 센텐스는 다음과 같다. 현대는 도시환경이 문제되는 시대이다. 경관의 조화가 계획되고, 여러 가지 시도가 실천되고 있다. 지붕의 형태를 제안하고, 소재를 공통으로 하고, 색채를 통일되게 하는 등 경관규제가 되고 미관조건이 되는 물리적 코드에 따라 조정을 시도하는 경향이 강하다. 복잡한 요소가 포함되어 있는 현대의 도시는 이러한 수법에 따라 만들어지는 것이 아니라 통합적인 방법에 의해 조성되는 것이다. 또한 하나의 도시는 한 사람의 건축가나 하나의 개념에 의해 디자인되는 것이 아니고 많은 건축가가 디자인한 건물에 의해 경관이 만들어진다. …… 각 기를 담당하는 건축가는 개개의 경향에 따르는 것이 아니라 상호 언어로 통합된 건축언어를 공유하는 사람들로 구성할 것을 바탕으로 하고 있다. 대한주택공사 주택연구소, 『경쟁력제고를 위한 주거단지 설계방식과 체제에 관한 사례조사 및 적용방안 연구』, 1996. 12, p.41 각주 11인용.

451 1991년부터 시작된 나카쇼(中庄) 단지는 2000년까지 수행을 목표로 총 4기로 구분하였으며, 그에 따라 커미셔너는 4명의 건축가가 선정되었다. 그러나 건축실행 도중에 건축주(지사)가 바뀜에 따른 정치적 이유와 경제적 이유 때문에 실행 몇 년 후 중단되었다. 대통령자문 건설기술 · 건축문화선진화위원회, 「Kaoru Suehiro」, 『좋은 건축 좋은 도시를 만드는 건축정책』, 2007. 5, p.42.

건축가의 Joint venture 형식으로 구성된다. 협력건축가는 현(縣) 내의 지역건축가들로 구성되며, 커미셔너에게 추천받은 외부건축가의 디자인이 지역특성에 맞도록 지원하는 역할을 담당한다. 이러한 지역건축가와의 협력 방식은 커미셔너가 제안한 것으로, 지역특성에 맞는 건축과 지역 내 건축가들과의 분쟁을 막기 위해 제안된 것이다.

커미셔너는 건축조직의 설계조정 및 조언자의 역할을 수행한다. 조정을 위한 커뮤니케이션 방식은 공식적인 회의를 통해 조정하는 것은 아니며 건축주인 C·T·O사무국과 커미셔너는 Fax를 통해 정보와 의사를 수시로 교환하고, 이에 더하여 C·T·O사무국은 프로젝트 진척상황을 커미셔너에게 매월 문서(月報)방식으로 송부한다. 또한 조정은 기획과정에서 작성된 기준(事務處理要綱)에 의한다. 자문업무의 경우 설계자(추천받은 건축가)가 제시받은 키 센텐스의 해석과정452의 조언을 해 준다.

(4) 커미셔너의 업무 편중

1기 커미셔너의 가장 큰 리스크는 다름 아닌 커미셔너의 업무 편중에 대한 문제이다. 커미셔너가 건축의 기획단계에만 참여하고 설계단계에 참여하지 않는 것은 건축가 선정이라는 위탁대리의 행위에 대한 일종의 견제적인 측면으로 그 권한에 대한 균형을 맞추기 위한 조직 구성 방법이라 할 수 있다. 그리고 교차-기능 팀의 성격까지 부여하여 커미셔너와 실행건축가의 협력을 통해서 디자인의 질 관리에 유리한 영향을 미칠 수 있을 것으로 사료된다. 그럼에도 이 방식의 문제점은 마스터플랜과 키 센텐스의 작성에 대한 커미셔너의 업무가 과다할 뿐만 아니라, 실제에 있어서 설계단계에 참여는 하지 않지만 실행 건축가에 대한 자문의 업무도 비중이 작은 것이 아니다. 같이 업무가 편중되는 MA의 경우에는 설계단계의 참여로 어느 정도의 보수산정이 가능하나, 커미셔너의 보수는 업무에 비해 낮은 편이라서, 결국은 커미셔너의 희생정신이 바탕이 되어야만 유연하게 운영될 수 있는 것이 1기 커미셔너 조직의 가장 큰 약점이라고 할 수 있다.

----

452 키 센텐스의 해석에 의한 디자인 실현 내용은, 대한주택공사 주택연구소, 『경쟁력제고를 위한 주거단지 설계방식과 체제에 관한 사례조사 및 적용방안 연구』, 1996. 12, pp.42-46 참조.

2.2. 복대리(複代理) 유형의 2기 커미셔너 조직

구마모토(熊本) 아트폴리스(Artpolis)는 미래를 위한 소중한 문화유산 조성, 지방 활성화, 새로운 문화생활 창조를 목적으로 역량 있는 건축가 선정을 위해 커미셔너가 도입된 최초의 사례이다. 당해 프로젝트는 크게 공공용 건축과 주거단지 건축(K·P·A 프로젝트)으로 구분되며, 건축조직 구성은 건축주인 구마모토 현(熊本 縣), 커미셔너 조직으로서 커미셔너[453]와 어드바이저 조직, 보조 조직으로서 조사위원회(Investigation committee)와 명예고문으로 구성된다(〈그림 4-20〉).

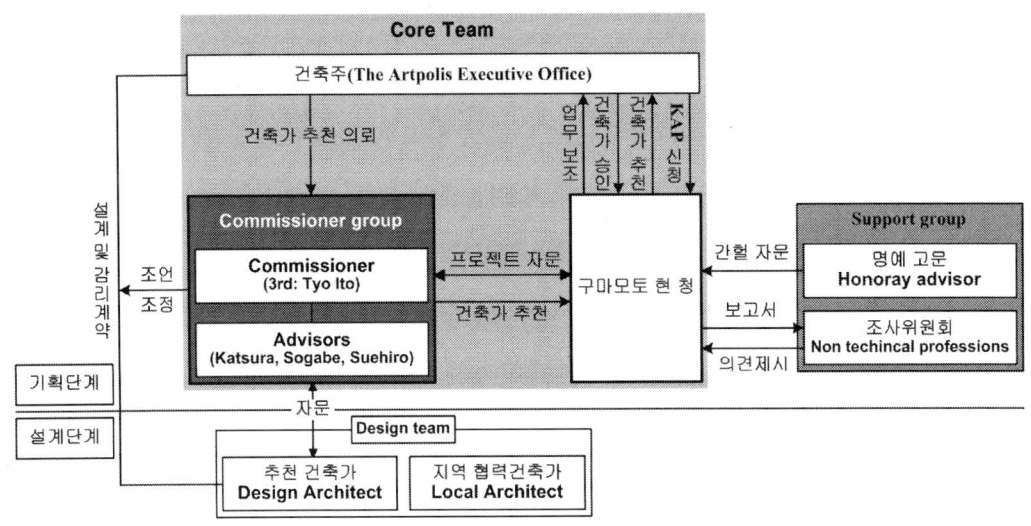

<그림 4-20> 2기 커미셔너 조직구성과 역할관계

(1) 커미셔너 조직의 역할

아트 폴리스 프로젝트의 건축주 조직은 3주체로 이루어진다. 조직구성은 건축주(Client)로서 구마모토 현에서 설치한 사무국(The Artpolis Executive Office), 지사가 비공개 지명 위촉한 커미셔너, 커미셔너와 건축주 사이의

453 구마모토 아트폴리스의 커미셔너의 임기는 별도로 규정된 것은 없으며, 매년 위탁계약을 통해 이루어지며 2007년 현재까지 3번 교체되었다. 1번째는 1988-1998까지 아라타 이소자키(Arata Isozaki), 2번째는 2004년까지 테이이치 타카하시(Teiichi Takahashi)가 역임했으며, 2005년부터 현재는 토요 이토(Toyo Ito)가 커미셔너로 활동 중이다. 구마모토 아트폴리스 홈페이지
http://www.pref.kumamoto.jp/traffic/artpolis/english/links/prize.html

중재자로서 구마모토 현청이 주체를 이룬다. 건축주인 사무국은 커미셔너에 의해 선정된 건축가들(Design Architect)과 설계 및 감리계약의 주체가 되고, K·P·A 프로젝트 참가신청을 받는다.454 또한 지역주민에게 프로젝트의 홍보와 각종 회의(이사회, 간사회, 전문부회)를 주체하며, 내부 의견 청취 및 조정을 위한 회의도 주체한다.

아트폴리스의 커미셔너는 1기의 C·T·O보다 조직화되어 커미셔너 외에 위원회(Advisor) 그룹이 커미셔너 조직을 이루고 있다. 커미셔너는 커미셔너 업무 수행을 위해 별도의 사무실을 운영하며 커미셔너 업무를 보조할 전문가를 위촉할 수 있다.455 바로 이 부분이 2기 커미셔너의 특성을 결정짓는 중요한 특성이다. 1기 커미셔너 조직에서 커미셔너의 과도한 업무집중에 대한 대안으로 이와 같이 커미셔너가 또 다른 보조 전문가를 위촉하는 방식을 채택했다. 이는 대리제도에서 복대리(複代理)라 하여, 건축주의 대리인인 커미셔너의 책임하에 커미셔너를 보좌하여 전체 프로젝트를 운영할 수 있도록 한 것이다. 그래서 2기 커미셔너는 복대리 유형이라 말할 수 있다.

2기 커미셔너 조직에서는 이처럼 커미셔너의 권한과 업무를 분담하는 또 하나의 기획 주체로서 어드바이저 조직을 가지고 있다. 어드바이저 조직은 아트폴리스 프로젝트 초기에는 구성되지 않았으나, 대규모 프로젝트를 소수의 커미셔너에 의해 주도되는 개인책임 방식의 문제점 때문에 등장하게 된 방식이다. 어드바이저 조직은 자문이 필요한 시점에 구성되며 건축, 토목, 행정, 문화, 매스컴 등 다양한 분야의 전문가로 구성된다. 이러한 커미셔너 조직의 주된 업무는 ① 건축가의 추천, ② 건축기획(Key sentence 작성과 Master plan),456 ③ 조정과 자문 업무이다.

• • • •

454 이때 신청자는 기초 자치단체(市·町·村)이다.

455 1대 커미셔너였던 아라타 이소자키는 동경에 별도의 사무실을 운영하였으며, 이때 구마모토 현은 운영비로 1년에 1,000만 엔을 지원하였다. 또한 아라타 이소자키는 자신을 보조할 2명의 전문가를 위촉하였다. 1명은 건축가 선정 시 도움을 받기 위해 건축잡지(건축문화) 관계자를 선정하였고, 다른 한 명은 실질적인 커미셔너 역할을 수행할 건축가를 선정하였다. 대한주택공사 주택연구소, 앞의 보고서, 1996. 12, p.51 참조.

456 아트폴리스의 커미셔너 방식에 있어 마스터플랜의 작성은 필수적인 업무 사항은 아니었으며, 필요에 따라 작성되었다. 예컨대, 신찌 단지의 경우 지역 컨설턴트에 의해 작성된 마스터플랜이 있었으나, 작성 내용이 아트 폴리스의 전체적인 계획에 부합하지 않는다는 판단하에 새롭게 작성되었던 반면, 타쿠마 단

건축가의 추천은 구마모토 현청을 거쳐 건축주에게 추천되고 건축주는 추천 건축가들의 작품 및 면담을 통해 검토 평가과정을 거쳐 승인 혹은 거부할 수 있다.[457] 이때 건축가 추천 수는 프로젝트의 규모 등에 따라 다르나[458] 복수 추천에 의한 건축주가 선택하는 방식이 아닌, 1인 추천이기 때문에 원칙적으로 건축주에게 승인을 받는다기보다는 보고의 형식에 가깝기 때문에 건축주의 역할은 거의 배제된 방식이다.

(2) 2기 커미셔너의 특성

건축기획은 1기 커미셔너 조직의 업무와 동일하나, 1기 커미셔너 조직의 Key sentence와 Master Plan의 작성은 훨씬 더 유연한 과정을 거쳐서 작성이 된다. 즉 커미셔너로 선정된 건축가의 독단을 막고, 기획단계에서 여러 주체들의 의견을 다양한 루트로 확보함으로써 적용 시에 발생될 수 있는 리스크를 줄일 수가 있다.

자문(Advise)과 조정(Coordinate)은 추천 건축가들과 건축주와의 계약 시, 추천 건축가들이 커미셔너가 작성한 Key sentence해석 시에 공통된 개념을 가질 수 있도록 역할을 담당한다.

MA와 커미셔너를 비교했을 때, 커미셔너는 설계단계에서 직접적인 참여가 없기 때문에 약화된 건축주 주도 유형으로 파악될 수도 있다. 그러나 건축 프로젝트에 있어서 건축주가 건축가를 선정한다는 것은 가장 중요한 의사결정이며, 이를 대리하는 커미셔너 방식도 틀림없는 건축가 전담 유형의 대리유형이라 할 만하다. 2기 커미셔너의 경우, 실질적인 소유주이자 건축주인 지역주민의 의견을 청취하여 이를 설계에 반영하기도 하

• • • •

지의 경우는 추천된 3인의 건축가에게 최소한의 가이드라인(기존의 녹도를 유지할 것)만을 제시하고 설계의 전권을 일임하였다. 1대 커미셔너인 아라타 이소자키가 운영하는 커미셔너 사무소의 실질적 커미셔너 작업수행의 파트너인 아스카 하지메(八束はじめ: UPM 사무소 대표)와 주택공사의 인터뷰 내용, 대한주택공사 주택연구소, 앞의 보고서, pp.50 − 51 각주 참조.

457 건축주는 원칙적으로 추천받은 건축가들에 대한 의사결정권을 지니는데, 현재까지 건축주가 거부권을 행사한 예는 1회이다. 건축주는 커미셔너가 추천한 건축가를 1인이 아닌 복수 추천을 요구하고 그중 1인을 선택한 경우이다. 堀内淸治, 「參加する街づくりの システム お仕掛ける」, 『SD 9101』, 東京, 鹿島出版社, 1996. p.19 참조.

458 예컨대, K · P · A주거단지 프로젝트 중 시영 신찌(新地) 단지는 총 5기로 나누어져 건축되었는바, 커미셔너는 50세 이하 5인의 건축가를 추천하여 각 기마다 추천 건축가가 설계를 담당하였고, 총 3기로 나뉜 타쿠마 단지의 경우는 커미셔너가 3인의 건축가를 추천하였다.

고, 홍보를 통해서 커미셔너가 지향하는 설계의 방향을 알림으로써 M:1의
관계 유형의 특성도 보여 주고 있다. 그러나 2기 커미셔너는 3기 MA에서
처럼 조직화를 통해서 건축주 M에 대해서 M의 대응적인 양상도 보이고
있어서 완전한 M:1의 방식으로 파악될 수는 없다.

▣ Coordinator[459]

3.1. 넥서스 월드(NEXUS WORLD)의 건축조직 구성과 역할

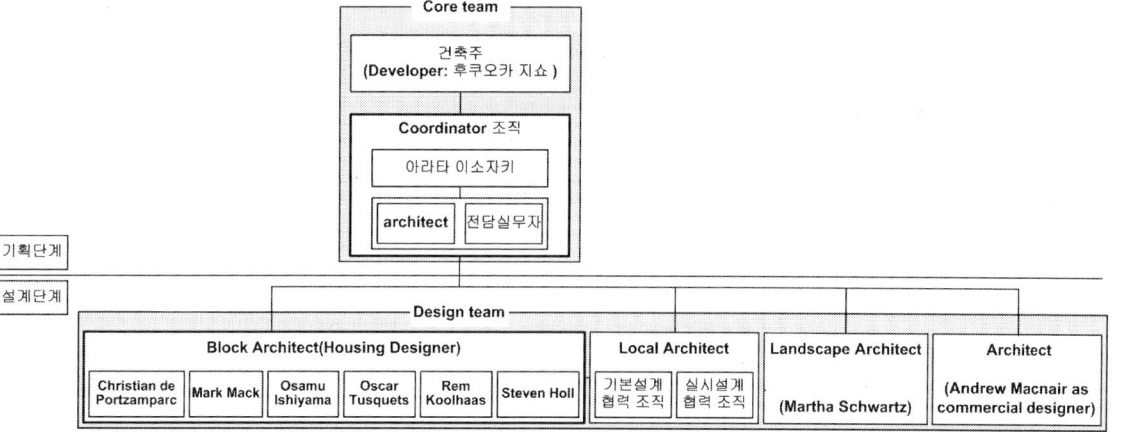

<그림 4-21> 넥서스 월드의 건축조직

넥서스 월드는 공동주택의 획일성을 지양하고, 새로운 주거양식에 대응
하는 창의적 디자인을 목적으로[460] 1987년 민간 개발자인(Developer)인 후

• • • •
459 넥서스 월드의 코디네이터 사례는 기본적으로 대한주택공사 주택연구소, 앞의 보고서, pp.55-59,
　　pp.93-123을 참조하여 재분석한 것이다.

460 이러한 창의적 디자인 노력의 결과로 생활양식의 변화에 따라 공간
　　을 조정할 수 있도록 디자인한 스티븐 홀(Steven Holl)의 힌지드
　　공간(Hinged Space)과 마크맥(Mark Mack)의 캘리포니아 양식의
　　주거안이 제안되었고, 이 두 안은 PA상을 수상하여 프로젝트의 목
　　적이 달성되었음을 대외적으로 입증하였다.

　　　　　　　　　　　　　　　　　스티븐 홀의 주거안　　마크맥의 주거안

쿠오카지쇼(福岡地所)461가 후쿠오카 시(福岡市)에 제안을 하여 코디네이터 방식이 도입되었다.

6개의 블록으로 나뉜 넥서스 월드의 건축조직 구성은 크게 기획조직(Project produce)과 디자인 조직(Design team)으로 구분된다. 기획조직은 건축주인 후쿠오카지쇼와 코디네이터 조직으로 구성되고, 디자인 팀 조직은 코디네이터의 추천에 의해 선정되어 각 블록의 주거설계를 담당하는 6인의 건축가(Block Architect) - 외국 건축가 5인과 일본 건축가 1인으로 구성 - 와 이들을 기술적 측면(기본설계와 실시설계 담당)에서 지원하는 지역 협력건축가(Local Architect)가 6개의 팀 조직 및 전체 경관 계획가(Landscape architect)와 상업시설의 설계를 담당할 건축가로 구성되었다.462 〈그림 4 - 21〉 지역 협력건축가 조직은 설계 단계별로 다시 기본설계 협력조직과 실시협력 설계조직이 구분되어 구성되었다.

넥서스 월드의 코디네이터 방식은 건축주가 블록별로 개성 있는 건축가를 코디네이터의 추천에 의해 위촉하여 건축가들이 스스로 전체의 디자인을 조정하도록 하는 블록별 디자인 방식이다.463 따라서 넥서스 월드 프로젝트의 특징은 건축 전 과정 통일을 위한 마스터플랜이 존재하지 않았다.

건축조직상으로 코디네이터 방식은 전체적인 구조에서는 일견 M:M의 유형으로 보일 수도 있다. 그러나 기획단계에서 마스터플랜의 부재를 제외하고는 커미셔너의 역할과 대부분 유사하고, 무엇보다도 커미셔너가 디자인 팀에 속하는 건축가를 추천했다는 점에서 M:1의 건축주 주도 유형의 방식으로 코디네이터 방식을 분류하였다.

461 원래 후쿠오카지쇼는 보험회사로 출발하였으나 1973년의 오일쇼크 이후 개발업체(Developer)로 전환하였다.

462 이때 전체 경관 계획가 및 상업시설의 설계를 담당할 건축가는 코디네이터의 추천에 의해 선정된 것이 아닌 참여 건축가들의 추천에 의해 선정되었다. 경관계획은 참여 건축가들의 협의를 통해 마크맥이 추천한 마샤 슈왈츠가 선정되었으며, 상업용 건축물 설계자는 스티븐 홀과 렘쿨하스의 협의를 통해 앤드류 맥네어가 선정되었다.

463 이러한 자율적인 디자인 조정사례로서 참여 건축가 중 오사무 이시야마는 건축물을 초록색으로 계획하였으나, 마크맥이 황색과 적색을 이용하여 디자인 사례와의 통일감 있는 디자인을 위해 건축물의 색을 스스로 조정하였다. 또한 다른 참여 건축가(렘 쿨 하스 등)들 또한 추후(2기) 건축예정인 넥서스 월드의 쌍둥이 빌딩을 고려하여 계획을 하였다. 藤江秀一, 「ネクサス ワールド」, 「東京・日經」, 1991. 5, pp.68 - 109.

(1) 기획단계의 건축주의 역할

민간 개발기업이지만 추후 개발된 택지에 입주할 불특정 이용자에 대한 위임계약자인 건축주인 후쿠오카지쇼는 코디네이터 선정 전에 건축가의 선정기준, 설계 조건, 개발 방침 등을 정하고 이를 코디네이터에게 제시하였다.

건축가 선정 기준은 ① 작품의 개성이 다른 다양한 건축가의 선정, ② 40대로 확고한 지위를 인정받은 여러 나라의 건축가의 선정, ③ 서로 다른 역사와 풍토의 거주 공간을 배경으로 한 건축가들이 그 차이점을 일본식으로 혼합시킬 수 있는 방법을 도출할 것이다.

마스터플랜 없이 참여 건축가들의 자율적 조정에 의해 건축된 넥서스 월드는 건축주의 설계조건이 마스터플랜의 역할을 하고 있다. 건축주가 제시한 설계 조건(Design guideline)은 ① 후쿠오카 시에 의해 1987년 제정되고 1988년에 작성된 '도시경관 형성 기본계획'을 설계의 지침으로 활용할 것, ② L자형 부지의 특성을 최대로 살릴 것, ③ 건축규모는 6층에 40호로 구성할 수 있도록 단지계획을 할 것, ④ 가로변에 일정한 높이와 건축깊이를 가지는 유럽 스타일의 주상복합(店鋪並用)으로 디자인할 것, ⑤ 가로 전체의 연속성 유지를 위해 '도시경관 형성 기본계획'에 의해 규정된 지정선(1층 건축선 및 처마선)을 활용할 것이다.

(2) 계획단계의 코디네이터 조직과 역할

코디네이터는 건축주의 지명위촉 방식에 의해 아라타 이소자키(磯崎新)가 위촉되었다. 그는 코디네이터 업무 수행을 위해 건축가 1인과 전담 실무자 1인으로 구성되는 코디네이터 조직을 별도로 구성하였다.[464]

코디네이터의 가장 주요한 역할은 건축가(Schematic Designer)의 선정이며, 부수적으로 건축주와 함께 전체 프로그램을 기획하고 간단한 디자인 가이드라인을 제시하며, 건축주와 참여 건축가들 사이에서 의견을 조정하는 역할을 수행한다. 넥서스 월드의 코디네이터가 제시한 디자인 가이드라인은 중정형, 주동의 높이와 폭등을 규정하는 형태규정을 제시하였다.

---

464 코디네이터 계약기간은 프로젝트 종료시점까지로 하며, 보수 산정은 별도의 기준이 없으므로 유사 사례를 기준으로 1년에 1,000만 엔(약 8천만 원)이었다.

그러나 이는 참여 건축가들이 창의적 디자인에 장애가 된다는 의견에 의해 조정되어 주변지역과 연관성을 최대한 고려하여 설계할 것이라는 기본 방침만을 제시하였다.

이러한 역할도 커미셔너 방식과 유사하나, 디자인 가이드라인이 건축 전 과정의 건축기준이 되는 것이 아닌 건축가들의 창의성 발휘를 위한 지원 정도의 역할을 한다는 점과 강력한 조정권한이 없다는 점에서 차이가 있다.

(3) 설계단계의 협력 건축가 조직과 역할

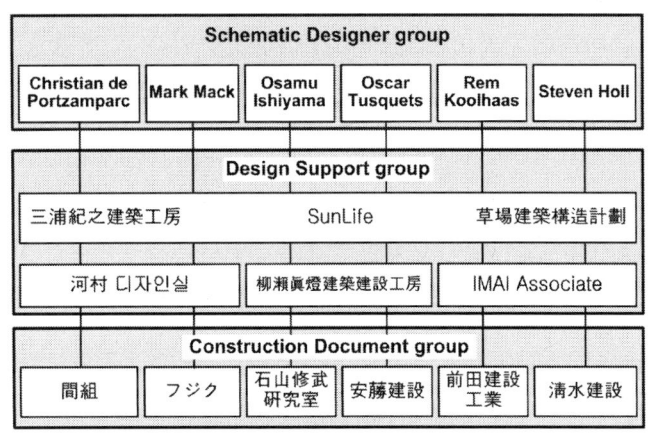

<그림 4-22> 넥서스 월드 설계협력 건축가 조직

협력건축가 조직은 크게 코디네이터에 의해 선정된 6인의 주거건축 설계자를 직접적으로 지원하는 지역건축가 조직과, 전체 단지의 경관계획가 및 상업시설 설계자로 구성되었다. 이 중 지역건축가 조직은 설계단계별로 기본설계 협력조직과 실시설계 협력조직 및 실시설계 조직으로 구성되어, 기본설계 단계에 선정 건축가를 지원하고 설계안을 설계지침에 맞도록 조정하는 역할을 수행하였다(〈그림 4-23〉)

이들의 구체적인 지원업무는 선정 건축가들이 자국의 개성을 일본화된 건축으로 표현하는 데 필요한 각종 정보를 문서화하여 공유할 수 있도록 제공하는 것과 설계과정의 조정의 역할이다. 이때 정보제공업무는 ① 기본적인 정보 제공을 위한 자료, ② 일본 집합주택의 일반적인 평면계획에 대한 설명서 작성, ③ 일본의 건축법('건축기준법')과 금융공공기준 설명서 작성이고, 조정업무는 ① 선정 건축가와 실시설계자 간의 조정, ② 6인의 선정 건축가로부터 제안된 다양한 건축물이 하나의 단지로 인정받기 위한 법적 조정, ③ 설계도서의 일정관리 조정이다.

3.2. 넥서스 월드의 건축조직 커뮤니케이션 방법

넥서스 월드 프로젝트는 창의적이고 개성 있는 디자인을 목적으로 하는 건축주의 요구에 따라 6인의 선정 건축가와 6인의 지역 협력건축가들로 구성된 설계조직에 의해 실행되었다. 그러므로 이 프로젝트는 선정 건축가의 커뮤니케이션은 기본적으로 자율성에 입각하였으며, 건축주와 선정 건축가와의 커뮤니케이션은 협력건축가 조직이 담당하였다. 또한 조직 전체의 커뮤니케이션 수단은 정기적인 회의방식이 아닌 심포지엄,[465] 전람회, 각 팀별 회의 등의 면대면 방식과 함께, Fax를 활용하였다.

기획단계에서는 M:1의 성격이 분명하지만, 설계단계에서는 여러 협력조직들과의 공동 작업이기 때문에 M:M의 유형도 나타나는 게 넥서스 월드의 코디네이터만의 특성이기는 하지만 MA나 혹은 커미셔너와 같은 정기적인 회의 방식의 부재는 건축조직의 연속성을 저해하는 요소로 작용할 가능성이 농후하다. 그러나 코디네이터가 회의를 주재했을 시에는 전체 계획의 연속성을 확보하는 마스터플랜이 없기 때문에 코디네이터 자체가 조정자의 역할을 넘어서게 되거나 실행에 참여한 건축가 또는 다른 주체들에 의해 혼선을 야기할 가능성이 농후하다.

그래서 코디네이터 방식은 코디네이터에 선정된 건축가가 각 주체들 간의 1:1 교류를 통해서 계획과 관련된 전체적인 정보에 있어서 Main Bus의 역할을 조정자의 역할과 함께 수행한다. 정보구조에 있어서 정보가 집약된 주체가 자연스럽게 권한이 강화되는 측면이 있음을 감안해 보았을 때, 비록 마스터플랜이나 키 센텐스, 그리고 디자인 코드를 작성하는 주체가 아님에도 코디네이터는 전체 조직을 주도하는 주체로 파악되어야 할 것이

----

465 이를 위해 기본설계단계에서 참여 건축가가 한자리에 모여 커뮤니케이션을 할 수 있는 후쿠오카 국제 건축기회의(89' FICA)가 개최되었다.

다. 즉 MA나 커미셔너, 위원회 방식이 직접적인 건축가 전담의 M:1 유형이라면, 코디네이터 방식은 정보 주도형 건축가 전담 유형의 M:1 방식이라 할 수 있다. 이는 현대 정보사회의 구조에 부합되는 형태로서 이 코디네이터 방식이 오랫동안 유지되어 올 수 있었던 특성 중의 하나이다.

ㄴ 위원회

위원회[466] 방식은 오사카(大板) 가스공사가 건축주로서 새로운 공동주거 모델 개발을 위해 건설위원회를 운용한 넥스트 21의 사례와 지바현(千葉縣)이 건축주로서 마꾸하리 베이타운(幕張, Bay Town) 신도심 개발을 위해 채용한 사업조정위원회 사례가 있다. 위원회 방식은 건축가를 중심으로 한 위원회를 구성하여, 불특정 다수인 택지개발지의 건축주(Owner)들의 위임 계약자(Client)에 대응하는 M:1의 대리계약 유형이다. 그리고 위원회 방식의 실질적인 리더가 건축가임을 감안하는바, 건축가 전담 방식으로 분류될 수 있는데, 건축가 전담 유형에서 건축가의 권한과 업무에 대한 편중을 해결하는 방향으로 발전한 MA 3기와 커미셔너 2기의 형태와 코디네이터의 특성이 융합된 것으로 볼 수도 있다.

4.1. 건설위원회 방식: 넥스트 21(Next 21)

넥스트 21은 오사카(大板) 가스공사가 다양한 생활양식에 대응할 수 있는 사원 임대아파트를 건립하는 데 있어 '환경공생형 주택개념'과 '2단계 공급방식'에 의한 새로운 도시형 집합주택을 실험적으로 건축한 사례로, 2단계 공급방식이란 다쯔미 가쯔오(巽和夫)의 「공공화 주택론」에 입각하여 2개의 건축가 그룹이 각각 3차원적인 인공지반(Skeleton)을 구성하고 그 틀 내에서 개별적인 단위주택(Infill)을 설계하여 도시적 문맥의 집합주택을 설계하는 방식으로 스켈레톤은 사회적 재화로 남기고 인필(Infill)은 사적

[466] 여기서 위원회라는 것은 '건설기술관리법 시행령' 제19조 내지 제21조에 의한 심의기관으로서의 위원회를 칭하는 것이 아니라 디자인 실행을 위한 기관을 의미하는 것임.

<그림 4-23> 2단계 공급방식으로 디자인된 넥스트 21

소유를 허용하는 새로운 공급시스 템으로 '구조체와 내장의 분리공 급'에 의한 소유권 내지 통제권을 분리한다는 데 핵심이 있다(〈그림 4-23〉).467 이러한 건축개념은 건 축조직의 형태를 바꾸었다. 예컨대, 건축실행 조직은 설계자와 시공자 가 각각 틀을 담당자와 유닛 담당 자로 구분되어 일반적인 건축조직

보다 복잡한 구조를 띠었고, 새로운 주택모델을 개발하고 제안하기 위해 다양한 전문 조직(Working group)이 참여하였다. 따라서 이러한 복잡한 조직의 조정은 프로젝트의 가장 중요한 성공요인으로 작용되어 외부의 제 3의 조정자(Master Coordinator)가 요구되었고 새로운 건축조직 체제인 건 설위원회 방식이 채택되었다.

넥스트 21 프로젝트는 건축주의 실험적 건축 실현노력에 따른 건축조직 의 복잡화 등으로 건축계획에서 준공까지 약 4년에 걸쳐 진행되어 1993 년 10월에 준공하였다.

(1) 건축조직의 구성과 역할468

넥스트 21의 전체 건축조직을 이루고 있는 주요조직은 건축주인 오사카 (大板) 가스공사와 내부 전문조직(In-house working group), 건축 전 과정 의 조정을 담당하는 건설위원회(Master Coordinator)와 위원회 산하 분야별 작업 팀(Working group), 건축주와 건축가가 참여하여 디자인 조정을 담 당하는 주호설계감리 추진실(Coordinator)이 있다.

이 주요조직들은 2단계 공급방식의 수행을 위해 설계자와 시공자가 각 각 인공지반의 디자인과 시공을 담당하는 조직과 주거 유닛의 디자인과 시공을 담당하는 조직으로 크게 구분되어 있다. 이와 같은 2원화된 구조

467 高用光雄, 『二段供給方式の開發と實踐』, 群居 35(東京群居, 1994), pp.23-38, SD別冊, 近 未來型 集合住宅 NEXT 21(東京: 鹿島出版社, 1994).

468 넥스트 21의 건축조직의 구성과 역할은 대한주택공사 주택연구소, 앞의 보고서, pp.72-77 참조.

를 지니고 있는 것은 넥스트 21의 건축조직이 건축주의 건축개념 실현을 위해서 구성된 조직이기 때문이다. 즉, 조정의 2원화(내부 조정자와 외부 조정자)와 실행조직의 2원화이다. 이러한 2원화된 조직구조의 통합을 위해 건축주는 건설위원회(Master coordinator)라는 외부 조직을 구성해 건축을 통합적으로 이끌었다(〈그림 4-24〉).

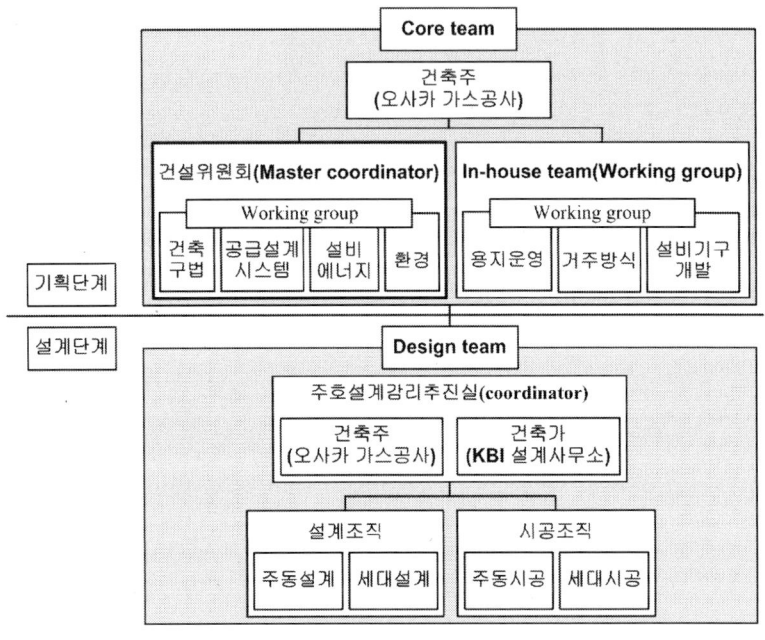

<그림 4-24> 넥스트 21 조직구성

① 건설위원회(Master coordinator)

넥스트 21의 디자인 특성인 2단계공급 방식, 즉 인공지반을 건설하고 그 틀 안에 건축물을 삽입(infill)하는 방식은 건설위원회의 제안에 의한 것이다. 즉, 건설위원회는 기획에서부터 실시설계에 이르는 건축 전 과정에서 건축주와 건축실행 조직 사이에서 조언과 조정자로서 건축주의 대리인 역할을 수행하였다. 구체적으로 위원회는 건축과정의 디자인과 시공의 통합을 유도하고 기본계획 개념을 제시하였다.

넥스트 21의 기본계획 개념은 건축주의 건축의도에 맞추어진 것으로, ① 고효율의 에너지 절약형 시스템의 구축, ② 도시환경에 기여할 수 있도록 개발적 측면(Hard)과 디자인 측면(Soft) 고려, ③ 여유 있는 생활을 실현하는 고성능의 건축, ④새로운 설비시스템의 개발, ⑤ 21세기형 주택 모델의 제안, ⑥ 가변성 있는 주거형을 위한 내장·배관시스템의 개발이 다. 6개 항목의 기본계획 개념은 대부분이 건축물 자체의 성능개발 등을 목적으로 하고 있으나, 여기서 주목할 만한 사항은 건축의 사회적 책임을 인식하고 있는 ②번 항목이다. 이러한 기본계획 개념은 건축실행 조직 행위 의 방침이 된다. 이때 기본계획 개념이 추상적 언어로 제시되어 실시설계의 적용 시 해석의 문제와 2단계로 분리된 설계단계의 연계성을 확보하기 위 하여 건설위원회는 설계지침서인 Rule Book과 예시 설계도서를 작성하여 제시하였다. 이 두 해석서(解釋書)는 커뮤니케이션 이론적 측면에서는 암호 화된 의사전달의 해석 혹은 확인(feed back) 과정으로 이해할 수 있다.

② 분야별 전문조직(Working group)

넥스트 21은 건축의 사회적 책임 수행과 새로운 주거모델 개발을 위하 여 다양한 분야별 전문가 조직(이하, WG)을 구성하고 있다. 이러한 WG 는 총괄 코디네이터인 건설위원회 산하에 건축·구법, 설비·에너지, 공 급·설계시스템의 4개 부서와 건축주인 오사카 가스공사의 내부 전문조직 으로 구성된 용지운영, 거주양식, 설비기구 개발 그룹의 3개 부서이다. 이 중 건설위원회 산하의 WG는 네트워크형 설계시스템에 의한 종합적 계획 유도를 위한 기본계획을 만들었다. 건축주 내부 전문조직의 용지운영 부 서는 건축주(事業主)로서 부지의 선정, 주택운영방식의 검토 및 건설위원 회와의 논의를 통해 프로젝트 전체의 기획을 담당하였다. 거주양식 부서 는 참여 건축가들이 사원들의 다양한 거주양식을 제공할 수 있도록 유도 하는 역할을 담당하였다.[469] 마지막으로 설비기구 개발 부서는 새로운 주 거양식에 부응하는 욕실과 부엌 등의 주택설비기구의 개발 기획을 담당하 였다.[470]

••••
469 넥스트 21은 다양한 이용자들의 수용을 위해 미래주택의 주거유형, 즉 3세대 동거형, 재택근무형, 독신자 주거, DINK형 등을 선정하고 이에 적합한 가족구성을 한 이용자를 모집하여, 5년간 실험 입주토 록 하였다.
470 넥스트 21 주택은 원칙적으로 단위세대가 다양한 위치와 형상을 지니도록 유도되었다. 따라서 배수 의 위치 등이 기존의 방식과 달리 자유롭게 설정 가능하도록 계획되었다.

③ 주호설계감리 추진실(coordinator)

2중 조정자 시스템으로 운영되었던 넥스트 21은 총괄 조정자 외에 주호설계감리 추진실이라는 개별건축물의 디자인 조정을 위한 조직을 운영하였다. 이는 2단계 공급방식이라는 건축개념에 의해 건축실행 과정에서 인공지반을 실행하는 조직과 단위주거를 실행하는 조직 간의 조정과 참여건축가들의 창의적 설계안을 수용하고 건축주의 의도와 조정하는 역할을 수행하였다. 주호설계감리 추진실의 조직은 건축주인 오사카 가스공사와 KBI설계사무소로 구성되었다.

(2) 건축조직의 커뮤니케이션

건축조직의 전체적 커뮤니케이션은 건축주가 참여하고 있는 주호설계감리 추진실(이하 코디네이터)의 주제하에 실시되는 '설계회의'를 통해 이루어진다. 이러한 회의는 정기회의 방식과 건축실행 단계별로 실시되는 조정회의(단위주택설계 개별조정회의)로 구성되었다. 정기회의는 건축주, 코디네이터, 인공지반 설계자와 설비설계자가 참여하며 월 1회로 이루어졌다. 조정회의는 건축주, 코디네이터, 단위주거 설계자와 설비설계자가 참여하여 4차례에 걸쳐서 이루어졌다. 첫 번째는, 설계 개념과 계획의 방침에 대한 확인과 조정, 두 번째는 일반도서와 완성개요서에 따라 설계개요에 대한 확인과 조정, 세 번째는 기본설계도서에 따라 설계내용의 확인과 조정 및 인공지반 건축과의 조정, 네 번째는 실시설계도서에 따라 공사예산을 포함한 설계내용 확인이 그 내용이다. 이러한 커뮤니케이션 수단은 Fax를 이용해 자유로운 의사교환을 하는 방식이다. 이에 더하여 면대면 방식의 접촉이 필요한 경우는 '현장 정례회의'를 통해 이루어졌고, 병행하여 건설위원회가 작성한 단위주택설계지침(Rule Book)이 문서방식의 커뮤니케이션 수단으로서 다양한 커뮤니케이션 수단을 제공하고 있다.

앞서 살펴본 코디네이터 방식에서는 정기회의가 부재한 반면, 넥스트 21에서는 단위주택설계지침과 건설위원회에서 작성된 예시 설계도서를 중심으로 기획단계에서는 설계단계로 이원화된 조직구조에 연속성을 가지기 위한 현장정례회의가 활용된다. 그만큼 단위주택설계지침과 예시 설계도서는 넥스트 21의 근간이 되고, 이를 작성한 건설 위원회는 이 계획에서 중요한 위치를 점하고 있다. 이와 같은 넥스트 21의 위원회 제도는 다수 건축가들뿐만 아니라, 건축주 주체였던 오사카 가스공사의 전문 인력까지도 건축실행에 참여시켜 전체 사업조정과 디자인 조정을 효과적으로 운용할 수 있게 되었지만, 이원화체제로 인해 전체적인 조율에는 많은 시간이 필요하게 되는 것이 단점이라 할 수 있다.

4.2. 사업조정위원회 방식: 마꾸하리 베이타운(幕張, Bay Town)[471]

　　마꾸하리 베이타운 신도심 계획은 지방자치단체, 공공기관, 민간개발업자 등 다양한 건축주가 공동으로 참여한 대규모 프로젝트로서, 프로젝트의 수행기간이 길어 책임자의 변동이 발생할 가능성이 많은 특징을 지닌 사례이다. 특히 책임자의 변동은 당해 프로젝트의 정보주체의 변동을 의미하므로 일관된 건축실행이 어렵다. 때문에 당해 지역 전체의 통합 기획(Design guideline)을 통한 디자인 통일을 위해 사업조정위원회 방식이 채택되었으며, 이를 일명 '마꾸하리 방식'이라고도 한다. 사업조정위원회 방

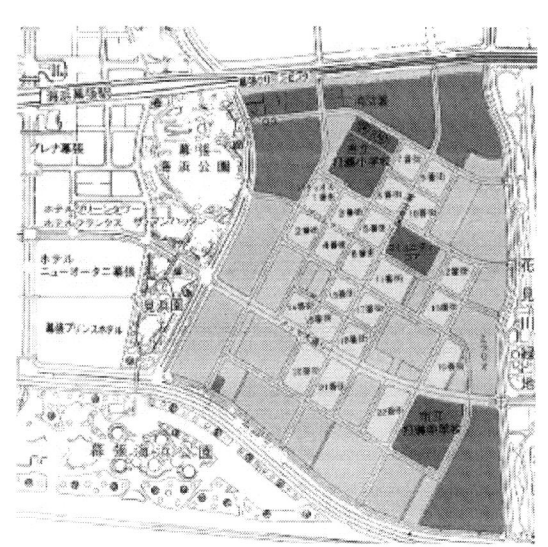

식이란 건축주가 다양한 프로젝트 참여주체의 의견을 제3자의 입장에서 조정하기 위해 비상임 사업조정자 2인을 비공개 위촉 방식이다.

　　마꾸하리 베이타운 프로젝트의 전체적인 조직구성은 건축주인 지바현(千葉縣)이 조직한 지바현기업청의 주도하에 지바현, 지바현기업청, 지바시라는 행정조직과 블록별 건축주(事業主)로서 6개의 민간그룹 대표와 2개의 공적단체(주택도시정비공단과 현 주택공사)로 구성된다.

<그림 4-25> 마꾸하리 신도심 마스터플랜

• • • •
471 마꾸하리 베이타운의 사례분석은 대한주택공사 주택연구소, 앞의 보고서, pp.78-91 참조.

블록별 건축주들(事業者)은 블록 내의 디자인 통일과 도시 전체와의 조화를 위해 블록별로 '계획설계 조정자'를 선정하고, 블록 간 디자인 조정을 위한 '간사조정자'를 둔다. 즉, 마꾸하리 방식은 기획과 설계단계에 각각의 의사결정권자가 존재하여 각 단계가 뚜렷이 분리된 체제를 지니고 있다는 특징과 블록 간의 경계를 연계할 연계조직(간사 조정자)을 구성하고 있다는 특징이 있다(〈그림 4 - 26〉).

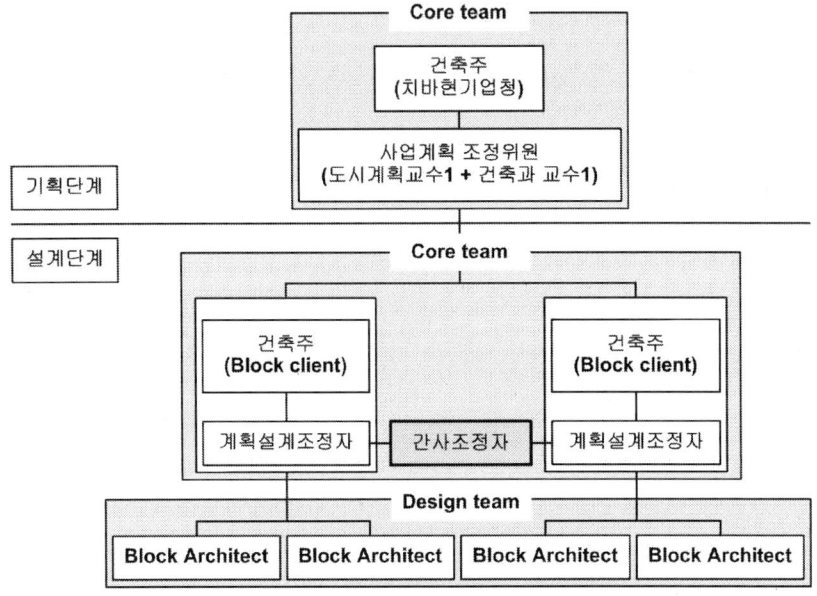

<그림 4 - 26> 사업조정위원회 방식의 조직구성

(1) 기획 단계의 사업조정위원회의 조직구성과 역할

사업조정위원회의 위원은 비공개 지명위촉 방식으로 선정되며, 구성은 도시계획 교수 1인과 건축과 교수 1인 모두 2인으로 구성되었다. 사업조정위원회의 주된 역할은 건축주에의 조언과 프로젝트의 사업성 판단이나 주택의 공급계획 수립과 분양전략을 위한 '주택지구사업추진협의회'[472]와 '설계디자인 회의'[473] 지도 및 블록 건축주가 제시한 사업계획의 심의를

472 주택지구사업추진협의회는 연 4회로 개최되며, 주요 안건은 프로젝트의 물량조정이다. 또한 하위기구로 담당자회의(working group)는 주택지구사업추진협의회를 보완하기 위한 것으로, 도시디자인 담당, 교통 및 커뮤니티 시설 담당, 협정체결 및 기반정비계획 담당의 3그룹으로 나뉜다.

한다. 즉, 사업조정위원회의 2인은 프로젝트의 기획뿐 아니라 설계 전반에 걸쳐 관여한다. 따라서 사업조정위원회 방식은 건축 리스크 관리라는 측면에서 보면 프로젝트에 직접적 이해관계가 없는 제3의 조정자라는 측면에서는 좋은 방식이나, 대규모 프로젝트를 2인에 의해 기획에서 설계에 이르는 전 과정을 담당하게 하는 것은 책임의 집중을 초래할 위험이 있다.

(2) 설계단계의 조정자의 역할과 Design guideline

설계단계의 조정자는 '계획 설계조정조직'과 '간사조정자'로 구성된다. 우선 '계획 설계조정조직'은 블록별 건축주에 의해 건축가와 도시설계 전문가로 구성되며, 이들은 '계획디자인 회의'를 통해 블록 내의 설계자들 간의 디자인을 조정한다. 이때 조정의 기준이 되는 것은 지구별 설계지침(Design guideline)이다.

디자인 가이드라인은 구성 내용에 따라 거리조성 가이드라인, 블록 가이드라인, 건축 가이드라인의 3종류로 구분된다. 마꾸하리 베이타운의 가이드라인은 건축물의 재료, 간판의 위치, 출입구, 굴뚝의 위치, 지붕의 형태 등 기본적 건축의 형태가 제시되었다.[474] 디자인 가이드라인은 마스터 플랜을 구체화시키는 설계방침으로 프로젝트의 통일성 유지의 기준이 되는 장점이 있는 반면, 지나치게 구체화된 가이드라인의 제시는 설계단계의 건축주와 건축가들의 창의성을 저해하는 요소로 작용되어, 획일적 건축 디자인이 유도될 가능성이 있다.

(3) 커뮤니케이션 방식

2중 의사결정 구조를 지니는 마꾸하리 베이타운의 커뮤니케이션 방식 역시 넥스트 21의 사례에서처럼 기획단계와 설계단계의 면대면 방식의 다양한 회의를 통해 이루어졌다. 그러나 넥스트 21이 기획단계의 많은 주체

---

473 디자인 회의는 ① 계획설계조정자 및 간사조정자에 의한 설계조정 방식과, ② 대상 지역의 종합적 디자인 연계를 위해 사업계획 조정위원, 계획설계 조정자, 지자체(市·縣)와 이들 간의 이해 조정을 위한 건축주(기업청)가 참여하여 연 2-3회 개최되는 계획디자인회의, ③ 실시설계 실무담당자들이 참여하여 연 10회 개최하는 워크숍의 3종류가 있다. 이때 ①과 ③은 설계단계에서 이루어지는 것이며, ②는 기획단계에서 이루어진다.

474 마꾸하리 베이타운의 디자인 가이드라인의 구체적 내용은, 대한주택공사 주택연구소, 앞의 보고서, pp.84-90 참조.

들이 계획단계에도 반복하여 참여하는 반면, 마꾸하리 베이타운은 두 단계의 건축주까지도 다른 주체를 가지고 있다. 기획단계에서는 치바현의 기업청이 주 발주자이지만 설계단계에서는 블록별 건축주가 따로 있고, 그에 따른 건축조직의 구성도 다르다는 것이 가장 큰 차이점이라고 할 수 있다. 그리고 지구별 설계지침이 기획단계가 아닌 설계단계에서 블록별로 이루진다는 것도 넥스트 21이 기획단계에서 단위주택설계지침을 작성하는 것과는 다르다. 그럼에도 기획과 설계단계에 있어서 전체 프로젝트의 연속성을 가질 수 있는 것은 조직 간의 경계연계를 위한 커뮤니케이션 수단(간사 조정자)을 마련했기 때문에 가능할 수 있다. 간사조정자는 계획 설계 조정자와 함께 사업계획조정위원가 주재하는 계획디자인에 참여하여 전체 건축실행이 완료될 때까지 계획의 일관성과 함께 각 블록별 디자인의 창의성을 공존시키는 역할을 한다.

엄격한 의미로 보자면 앞서 넥스트 21과 마꾸하리 베이타운의 위원회 제도는 건축가의 조정자적인 역할에 치중이 되어 있기 때문에 코디네이터 제도의 발전형이라고 볼 수 있다. 그럼에도 코디네이터 제도와 구분되는 것은 위원회가 건축가를 비롯한 다양한 주체들을 포함한 의사결정 조직이라는 점이다. 즉 건축가가 가지지 못했지만 전체 계획에 필요한 전문기술들을 참여 주체로서 흡수하여 위원회 자체가 하나의 건축가로서 역할을 하는 것이다. 이런 의사결정권이 하나의 기구로 귀결되기 때문에 위원회 제도도 M:1의 방식으로 귀결되는 것이다.

또 하나 주목해야 할 사항은 MA나 커미셔너의 발전형태, 그리고 코디네이터와 위원회 모두 기획과 설계 단계에서의 조직 구성의 변화가 있는데, 이는 바로 현대 조직이 가치흐름(Value stream)에 따라 적합한 구조를 선택하여 적용하기 때문으로 볼 수 있다. 가치흐름이란 전체 프로젝트를 단계별로 구분할 시, 연속성을 획득하기 위해 동일한 조직구성을 선호하기보다는 각 단계별로 최고의 가치를 창출하기 위해, 단계별 특성상 조직의 구성을 달리하고, 대신 전체 프로세스를 연관시킬 수 있는 경계팀을 운영하는 것이다.

이와 같은 가치흐름에 따른 조직구성은 각 단계별로 적합한 조직구성에 대한 고려와 함께 경계팀에 대한 중요성이 같이 부각되게 된다. 그러한 의미에서 앞서 살펴본 MA 3기에서 CA의 대두, 커미셔너 2기에서 커미셔너와 위원회 그룹의 결합으로 커미셔너 조직 형성, 코디네이터 방식에서 코디네이터의 Main Bus의 역할, 그리고 위원회 제도의 이원화된 조직에 연계성을 주는 건설위원회의 단위주택설계지침(Rule Book)의 작성과 간사 조정자 모두 각 단계별 조직들의 연속성을 유지시키는 커뮤니케이션의 방식들이 다양한 성격의 건축주들인 M과 대응하여 여러 건축실행 조직을 대표하는 1에 해당한다고 분석될 수 있다.

⑤ 총괄계획가[475]

총괄계획가 방식은 총괄사업관리자 방식과 함께 2006년 7월에 시행된 '도시재정비 촉진을 위한 특별법'에 근거하여 (도시재정비)촉진지구[476]의 기반시설 설치와 촉진사업의 효율적인 관리를 위하여 채택되었다. 따라서 2007년 현재 총괄계획가 방식으로 건축된 사례는 없으며, 대부분이 2008년에 시행될 예정이다.[477] 앞서 MA제도에서 전술한 바와 같이 총괄계획가는 이미 도입된 MA제도를 법제화하는 과정에서 생겨난 제도이지만, MA제도가 건축가의 디자인에 대한 능력을 중요시하는 반면, 이 업무지침에서는 조정자의 역할만을 강조하고 있다.

MA제도와 총괄계획가의 상이점은 크게 두 가지며 그 두 가지 측면에서 해답을 찾을 수 있다. 첫 번째는 총괄계획가는 건축가보다는 도시계획가의 측면이 더 강조되었다는 점이다. 원래 Master Architect와 Master Planner는 같은 개념으로 파악이 되어야 하는데, 국내에서는 건축가와 도시계획의 업

475 본 절은 '도시재정비 촉진을 위한 특별법' 및 '총괄사업관리자 업무지침', 건설교통부 고시 제2006 -231호를 기준으로 분석한 내용임.

476 도시재정비 촉진지구란 도시의 낙후된 지역에 대한 주거환경개선과 기반시설의 확충 및 도시기능의 회복을 광역적으로 계획하고 체계적이고 효율적으로 추진하기 위하여 시장·군수·구청장이 특별시장·광역시장 또는 도지사에게 신청하여 지정된 일단의 지역이다. '도시재정비 촉진을 위한 특별법' 제2조 내지 제5호 참조.

477 대전시가 동구 신흥 등 5곳 118만 6000평을 뉴타운으로 지정하고 주택공사를 총괄사업관리자로 선정하여 2008년 실행 예정이다.

역으로 분리하여 파악하면서 총괄계획가를 Master Planner(이후 총괄계획가를 편의상 MP로 지칭)로 보아 도시계획가의 조정의 개념을 더 강조한 것이다. 이는 건축업무와 도시계획에 대한 업역을 법률로 규제한 것이 문제의 발단이 된 것이다.

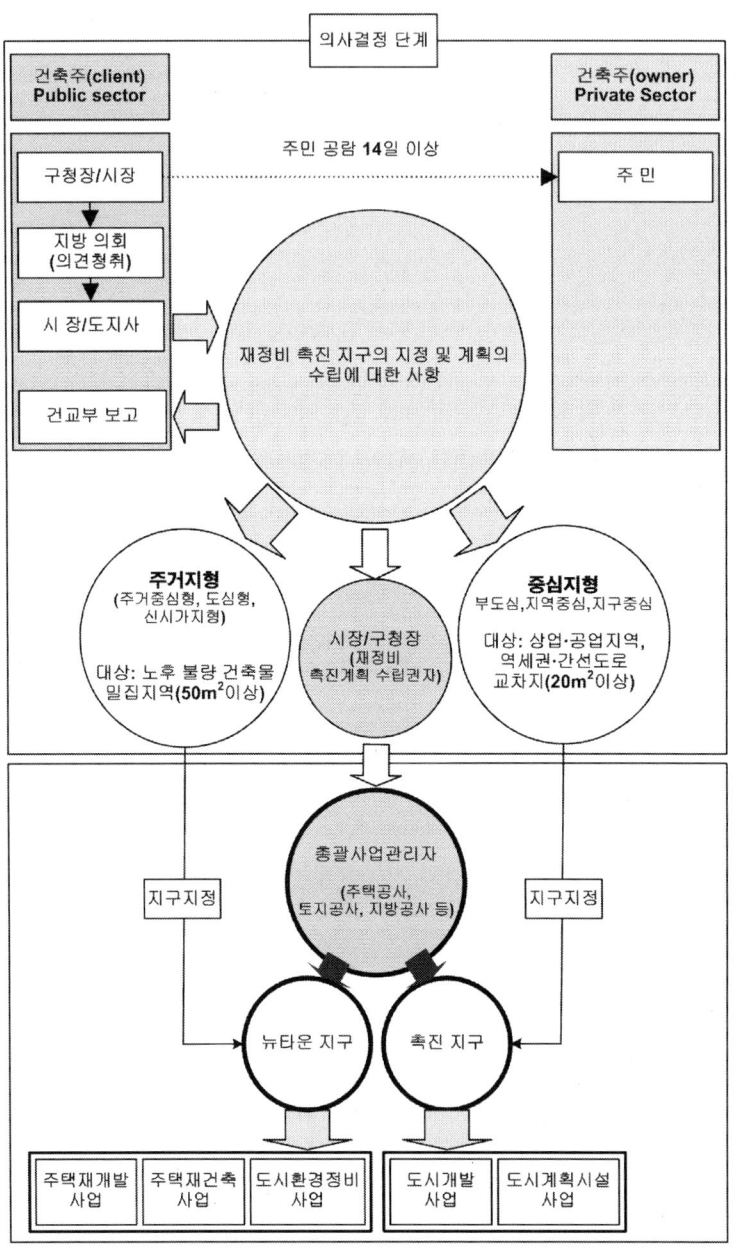

<그림 4-27> 도시재정비 사업과정

두 번째로는 총괄사업관리자(이하, 편의상 PM: Project Manager)와 MP 의 관계이다. MP와 함께 PM의 지침도 같이 고시되었는데, 그 업무 내용 이 MP와 중복되는 내용들이 많다. 특히 PM은 모두 공공의 주체이기 때 문에 상대적으로 민간인 건축가 개인 혹은 건축회사는 건축프로젝트에 있 어서 제약을 받게 된다. 그래서 MP와 PM의 업무지침은 각자의 업역을 분명히 하여 서로 간의 상충되는 문제점을 해결하려는 의도가 내포된 듯 하나, 이로 인해 도리어 MP의 업무가 제한을 받게 된 것이다.

MP는 다른 M:1의 유형과 마찬가지로 불특정의 다수 건축주의 위임계 약자인 시·도지사의 위촉을 받아 전체 프로젝트를 주도적으로 운영하는 방식임에는 분명하다. 그러나 한국의 도시재정비 사업은 MP와 PM, 그리 고 위임계약자인 지방자치단체장에 협력을 하고, 예상되는 실제 건축주인 개발지역의 주민들의 의견을 반영하기 위한 사업협의회의 등, 다수의 주 체들이 혼재되어 운영되고 있는 실정이다. 이에 한국의 도시재정비 사업 의 건축조직에서 MP와 PM의 위치와 역할, 그리고 건축주의 자문조직인 사업협의회를 비교하여 한국의 MP의 개념과 함께 예상되는 리스크에 대 해 분석해 본다.

5.1. 도시재정비 사업의 건축조직

〈그림 4 - 28〉은 '도시재정비 촉진을 위한 특별법'에서 도시재정비 사업 과정을 도식화한 것이다. 이 과정을 보면 주거지형이든, 촉진지구든 간에 촉진계획 수립권자는 시장/구청장이 재정비 촉진계획의 수립권자이며 PM 이 뉴타운 지구 및 촉진지구의 정비를 관리하는 것으로 되어 있다. 이 과 정 속에서 건축주체는 계획수립 주체와 실행주체로 구분된 2원화된 구조 를 띠고 있으며, 전반적인 건축실행의 주도권은 공공 건축주인 계획수립 주체가 지닌다. 건축조직의 구성은 건축주와 MP 팀, PM, 사업협의회로 구성된다. 건축주는 기획단계의 공공의 계획주체와 실행주체인 정비조합으 로 구분된다.

여기서 PM은 공공이며[478] MP는 도시계획, 도시설계, 건축 등 분야의 이 론 및 실무경험에 근거하여 선정한다. 이 경우 선정된 MP는 건축주(계획 수

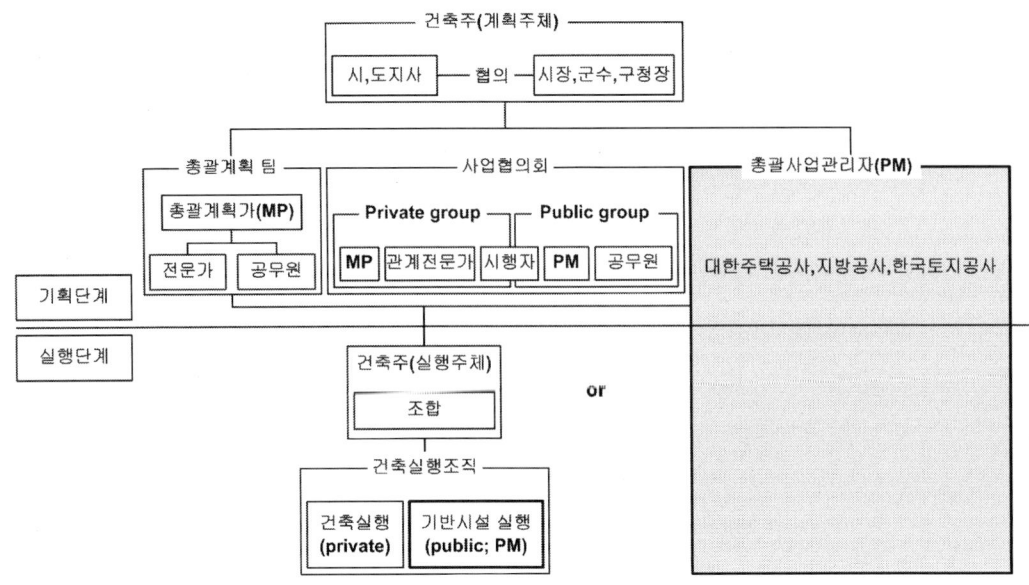

<그림 4-28> 도시재정비 사업의 건축조직

립권자)에게 팀 조직 구성을 요청하여 관련 분야 전문가와 해당 시·도 및 시·군·구의 담당공무원 등으로 총괄계획 팀을 구성한다〈그림 4-28〉).

5.2. 건축주의 조직구성과 역할

도시재정비 사업의 건축주는 계획수립 주체인 공공과 실행주체인 민간 조합으로 구분된다.

계획수립 주체는 원칙적으로 지방자치단체의 장(시장·군수·구청장)이 며, 시·도지사는 지방자치 단체의 장과 협의를 통해 참여한다. 이때 시· 도지사와 지방자치단체의 장은 각각 사업의 전반적인 기획업무를 대리할 자를 협의를 통해 선정하는데, 지방자치단체의 장은 PM을 선정하며,[479]

• • • •

478 '대한주택공사법'에 의하여 설립된 대한주택공사, '지방공기업법'에 의하여 주택사업을 수행하기 위 하여 설립된 지방공사, '한국토지공사법'에 의하여 설립된 한국토지공사.

479 총괄사업관리자의 선정 시기는 촉진계획 결정 전·후에 지정된다. 이때 총괄사업관리자는 수립권자 에게 제안서를 제출하고, 수립권자는 이를 토대로 지정한다. 제안서의 내용은 ① 총괄사업관리의 기본방 향(목표 및 전략 등), ② 촉진사업의 관리 방안, ③ 부진지구 발생 시 사업촉진방안, ④ 기반시설설치 및 투자계획, ⑤ 재원확보 및 운영계획, ⑥ 조직구성 및 인력투입계획, ⑦ 총괄사업관리자의 수행능력, ⑧ 그 밖에 촉진계획 수립권자가 요청하는 사항이 포함되며, 촉진계획 결정 전에 지정 시에는 총괄사업관리 자는 ④와 ⑤의 내용은 제외할 수 있다.

필요시 시·도지사는 MP를 지정할 수 있고,[480] 사업의 협의를 위한 조직으로서 사업협의회를 구성한다. 즉, 계획수립 주체의 역할은 업무를 대리할 대리자의 선정과 협의기구의 조직이다.

원칙적으로 도시재정비사업의 건축실행 주체는 '도시재정비 촉진을 위한 특별법' 제15조에 의하여 각 개별법[481]에 의한 건축주 조직(정비조합)이다.[482] 그러나 토지 등 소유자의 과반수의 동의가 있는 경우에는 PM은 시행자가 되며, 이 경우 이미 해당 주민에 의해 건축주 조직이 결성되었더라도 해산하여야 한다. 이때 건축주 조직은 주민대표기구(주민대표회의)의 성격으로 존재한다. 주민대표회의는 토지소유자, 건축물소유자 및 지상권자로 구성되어 건축법상의 건축주로 구성되지만[483] 건축실행에 있어 실질적 권한은 없다.[484] 따라서 '도시재정비 촉진을 위한 특별법' 제15조는 조합구서에 있어 실질적으로는 배타적 규정으로, 총괄사업관리자가 시행자로 지정된 경우 조합과 갈등이 예상되어 원만한 건축실행이 어려울 수 있다.

(1) 사업협의회의 조직구성과 역할

사업협의회는 건축주(재정비촉진계획 수립권자)의 자문조직으로 20인 이내의 위원으로 구성된다. 이때 위원은 MA, PM 및 해당 지방자치단체의 관계 공무원, 사업시행자, 관계전문가 중에서 건축주가 위촉한다.

사업협의회의 역할은 재정비촉진계획의 수립 및 재정비촉진사업의 시행을 위하여 필요한 사항과 재정비촉진사업별 지역주민의 의견조정을 위하여 필요한 사항의 협의이다. 이러한 협의회의는 정기적인 것이 아니라 사업협의회 위원의 2분의 1 이상이 요청하거나, 재정비촉진계획 수립권자가 필요하다고 판단하는 경우에 비상시적으로 개최된다.

• • • •

480 '도시재정비 촉진을 위한 특별법' 제9조 제3항.

481 '도시 및 주거환경정비법', '도시개발법', '재래시장 육성을 위한 특별법', '국토의 계획 및 이용에 관한 법률', '도시재정비 촉진을 위한 특별법' 제15조 제1항 및 제2조 제2호.

482 '도시재정비 촉진을 위한 특별법' 제15조 제1항.

483 '도시 및 주거환경정비법' 제26조 제1항 1호 내지 3호.

484 주민대표회의는 ① 건축물의 철거에 관한 사항, ② 주민이주에 관한 사항, ③ 토지 및 건축물의 보상에 관한 사항, ④ 정비사업비의 부담에 관한 사항 등에 관하여 의견제시의 권한밖에 없다. '도시 및 주거환경정비법' 제26조 제4항.

(2) 총괄사업관리자의 역할

PM의 역할은 ① 계획 수립, ② 사업 총괄관리, ③ 사업시행,[485] ④ 기반시설 설치이며, 그에 따른 보수는 법으로 정한 기준은 없고, 건축주와의 계약(協約)[486] 시 정한다. 즉, PM은 기획단계와 건축실행단계에 전반적으로 개입하며, 토지 등 소유자의 과반수의 동의를 얻어 사업시행자로 선정 시에는 실행주체(조합)를 배제하도록 법에서 규정하고 있다.[487] 따라서 PM은 건축주이며, 실행의 주체이다.

원칙적으로 PM은 건축주(계획수립 주체)와의 협약을 통한 대리조직이지만, 업무의 내용을 통한 실질적 권한은 건축주이며 건축실행 주체에 해당하는 역할을 하고 있다. 따라서 PM은 형식적으로는 건축주와 실행조직 간의 조정자의 형식을 취하고 있으나 건축주이면서도 건축실행에 대한 전권까지 위임받은 실질적인 단일 건축조직으로서 계약방식상 직영의 성격까지 보여 준다.

그러므로 모든 건축적 리스크는 PM에게 집중되고 있으며, PM을 보조하거나 견제할 조직구조가 요구되는데, 그러한 관점에서 PM과 선정 혹은 위촉의 주체가 다른 MP는 그에 관련된 역할을 기대할 수 있다.

(3) 총괄계획가의 역할[488]

도시재정비 사업에 있어 MP의 역할 업무는, ① 촉진계획 수립과정을 총괄·진행하며 계획의 주요내용 검토·조정, ② 촉진계획 수립단계에서 주민들의 의견을 청취하여 계획에 반영, 필요한 경우 계획의 주요내용을

----

485 재정비촉진계획의 결정·고시일부터 2년 이내에 재정비촉진사업과 관련하여 당해 사업을 규정하고 있는 관계 법률에 의한 조합설립 인가를 받지 못하거나, 3년 이내에 당해 사업에 관하여 규정하고 있는 관계 법률에 의한 사업시행 인가를 받지 못한 경우에는 시장·군수·구청장이 이를 직접 시행하거나 총괄사업관리자를 사업시행자로 우선하여 지정할 수 있다. '도시재정비 촉진을 위한 특별법' 제18조.

486 건축주와 총괄사업관리자는 모두 공공이므로 계약의 형태에 있어 협약방식이다. 협약서 내용은 ① 협약 당사자, ② 협약의 목적, ③ 업무대행 범위, ④ 업무대행 기간, ⑤ 기반시설 설치비용 산정 및 정산방법, ⑥ 기반시설 준공 및 인계인수 사항, ⑦ 기반시설 설치비용 지급시기 및 방법 등에 관한 사항, ⑧ 수수료 지급에 관한 사항(총괄사업관리업무 수행 대가), ⑨ 상호 의무, ⑩ 그 밖에 협약당사자가 필요하다고 인정하는 사항, ⑪ 보칙(기반시설 설치대상 확정 시 협약변경사항 등)이다. '총괄사업관리자 업무지침' 2-2-4.

487 따라서 총괄사업관리자가 사업의 시행자로 선정되면 (정비)조합형태의 건축주 조직은 해산되어야 하며, 주민대표회의 성격으로 유지된다. '도시재정비 촉진을 위한 특별법' 제15조 참조.

488 '총괄계획가 업무지침' 건설교통부 고시 제2006-232호 참조.

주민들에게 설명하고 의견 수렴, ③ 최초 수립된 촉진계획 변경 시 촉진계획 수립권자의 요청이 있는 경우 총괄계획가는 변경사항이 본래의 계획 취지에 적합한지 검토하여 의견 제시, ④ 촉진계획결정 이후에도 촉진계획 수립권자의 요청이 있는 경우, 실시설계단계와 사업승인단계, 건축단계 등에서 의견 제시, ⑤ 사업협의회의 위원으로서 협의 또는 자문에 참여한다. 즉, MP는 계획수립과정의 총괄과, 조정 및 자문의 역할을 수행하며, 공공 건축주와 민간 건축주(end user) 사이의 중재자이다.

이 MP의 문제점은 우선 첫 번째, PM과의 역할 상충이다. 고시된 PM과 MP의 첫 번째 역할은 모두 촉진계획 수립에 대한 내용이다. MP가 총괄 진행한다고 되어 있으나, 계획 수립에 대한 권한은 없고, 모두 진행과 조정, 그리고 검토뿐이다. 이는 MP가 창의적인 사고를 가지고, 디자인에 접근하는 것을 제한한 것이다. 두 번째로는 실질적인 건축주인 주민들에 대한 의견을 청취하고 계획에 반영하는 주체가 MP임에도 사실상의 계획수립권이 PM에 속한 이상 자문의 역할 정도에 그칠 수밖에 없게 된다.

이와 같은 MP와 PM의 역할 상충을 법률적으로 구체적인 업무가 제시되지 않은 문제로 파악할 수도 있으나, MP의 모태가 된 MA는 원래 비제도적인 측면이 강한 방식으로 건축주의 신뢰를 바탕으로 실행건축가 선정이나 마스터플랜의 작성에 이은 실제 계획의 참여 등이 이루어지는 것이기 때문에 이는 도리어 MP의 법률적인 규정을 최소한으로 하고, 계획수립권자가 계획의 취지에 맞게 조직을 구성할 수 있도록 그 가능성을 여는 방향으로 나아가야 할 것이다. 이것이 두 번째 MP의 문제점을 해결할 수 있는 대안이 될 수 있을 것이다. 실제로 PM와 MP의 업무지침을 보면 PM의 역할은 광범위하게 규정되어 있고, 보수 등에 관해서도 PM이 별다른 규정과 기준 없이 주체의 협약으로 하고 있는 반면, 업무뿐만 아니라 총괄계획가의 위촉·보수 등에 관하여 필요한 사항은 시·도의 조례로 정한다.[489]

5.3. 총괄계획가 방식과 건축리스크

아직 구체적인 시행이 이루어지지 않은 총괄계획가 방식에 대한 문제점

----

489 '도시재정비 촉진을 위한 특별법 시행령' 제11조 제6항.

분석은 분명히 한계를 가지고 있다. 그럼에도 현재 '도시재정비 촉진을 위한 특별법'을 근거로 고시된 MP와 PM의 역할과 전체 건축조직에 있어서의 문제점들은 여타 M:1 방식과 비교해 보았을 때 확연하게 드러난다.

첫 번째, 기획과 설계단계에서 이원화되는 현대의 건축조직에 있어서 MP와 PM의 능동적인 역할구조에 대해서 법률적으로 제한을 두었다는 것이다. 이는 앞서 MP의 법률적인 제약에 대해서 언급과 일맥상통하는 내용이다. 즉 두 단계를 연계할 수 있는 역할에 대한 문제인데, 실질적인 건축주인 MP가 그와 같은 연계역할을 하게 되었을 때 그 권한은 과도하게 집중될 가능성이 크다. 물론 MP가 조정에 대한 역할이 명시되어 있지만 계획수립과 건축주를 대리하고 있는 PM에 대한 권한을 견제하는 데에는 한계가 따를 수밖에 없을 것이다.

두 번째로는, 건축조직의 고착화에 대한 리스크이다. 여타 M:1 조직은 다수의 건축주에 대한 하나의 결정권, 혹은 조정권을 가진 주체가 많은 협력조직을 면대면 방식 혹은 위원회 제도를 통해 관리를 할 수 있도록 하였다. 그러나 국내 법률과 고시에서는 MP의 업무 역할에서 이에 대한 협력조직을 구성하거나 혹은 그 조직을 운영할 권한을 주지 않았다. 물론 계획수립권자인 지방자치단체장이 사업협의회를 구성하여 MP를 참여한다는 업무지침은 존재하나, 여기서는 협의와 자문의 참여만을 규정하고 있다.

위의 두 가지 문제점은 결국 총괄계획가 방식이 고착화를 불러일으켜, 획일화된 도시개발 및 택지개발을 지양하고 지속 가능한 개발을 유지하기 위한 본래의 취지에서 어긋나게 만들 위험성을 내포하고 있다.

5.4. 신길 재정비촉진지구의 총괄계획가

2005년 12월 3차 뉴타운 지구로 지정된 신길 재정비촉진지구는 도시계획 전문가를 총괄계획가로 선정하여 영등포구에서 재정비촉진계획을 수립하였다. 이는 법제화 이후 총괄계획가 방식이 채택된 서울시의 최초의 사례라는 의의가 있다. 총괄계획가 2006년 12월부터 2007년 4월까지 6회에 걸친 서울시 '도시재정비위원회' 자문을 통하여 재정비촉진계획(안)을 수립하였으며, 영등포구에서는 서울시 최초로 2007년 5월 2일부터 5월 16일까지(14일간) 재정비촉진계획 결정을 위한 주민 공람을 진행하였다. 이는 8월까지 재정비촉진계획이 결정되고 하반기부터는 촉진구역별로 사업추진이 가능할 것으로 예상하고 있다.

수립된 촉진계획(안)에 의하면 영등포 부도심과 여의도에 인접한 직주근접의 배후 주거공간으로서 젊음, 건강, 활력이 넘치는 참된 주거 실현을 목표로 효율적이고 체계적인 기반시설을 조성하고, 생태 녹지공간 및 문화공간을 확충하여 서울 서남부의 대표적인 쾌적한 주거공간으로 자리매김할 수 있도록 생활권 단위의 광역적인 촉진계획을 수립하였다.

촉진계획(안)의 주요내용으로는 2015년을 목표로 19,147세대 53,610명의 인구가 거주하는 쾌적한 주거공간으로 조성하기 위하여 현재 4.1% 수준인 공원녹지비율을 지구 전체 면적의 10.2%로 대폭 늘려 주거공간에서 쉽게 접근할 수 있는 생활공원 위주로 계획하였으며, 연결녹지를 통하여 생태적으로 연결되는 공원 · 녹지계획을 수립하였다. 또한 우리시의 대기 질 개선을 위하여 동사무소, 도서관, 종합복지센터 등 공공 신축건물에 태양광, 지열 등 신 · 재생에너지 활용시스템을 우선 도입토록 하였으며, 임대아파트 단지에도 적극적인 도입을 권장할 계획이다. 토지이용계획에 의하면 지역 문화 및 복지 향상을 위하여 도서관, 종합복지센터, 문화시설 등이 5개소가 신설(기존 1개소)되며, 과밀학급 해소와 교육 수요를 감안하여 중학교 1개소가 추가 신설(기존 초등 4, 중 1, 고 1)되는 등 지구 내 기반시설 확보율을 지구면적의 34.8%(현재 22.7%)로 계획하여 쾌적한 주거환경이 조성될 수 있도록 하였다.

촉진계획에 광고물관리계획을 포함하여 광고물 표시 매뉴얼에 광고물의 규격, 색채, 위치, 수량, 글자체 등의 구체적인 가이드라인을 제시하고, 향후 사업시행 인가 시 광고물 표시 가이드라인을 적용 각종 간판의 부착 위치별 규모, 재질, 디자인 등 세부설치계획을 포함하여 인가토록 하였으며, 환경설계를 통한 범죄예방설계(CPTED: Crime Prevention Through Environmental Design) 기법을 도입하였다.

M:M의 제3섹터 공유유형

앞에서 분석된 1:1 · 1:M의 건축주 주도 유형과 M:1의 건축가 전담 유형 모두 M:M의 협력방식으로 발전되는 단계로 이해할 수 있다. 그것은 현대 조직이 수직적인 구조에서 수평적인 관계로 변화하면서 다수의 주체들이 각자의 이익을 추구함과 동시에 경쟁하는 상으로 발전되고 있기 때문이다. 그러나 앞서 분석한 유형들은 주도하는 주체가 비교적 확연하지만, M:M은 다수와 다수의 결합이기 때문에 전체의 의사결정을 이루는 데에 많은 어려움이 따른다.

이에 대한 해결책으로 건축가 전담 유형이든, 건축주 주도 유형이든 모두 M:M으로 발전되기 전 단계에서 공통적으로 나타나는 조직 주체들을 주목할 필요가 있다. M:1 방식에서 MA 3기에서 나타나는 Core Team, 커미셔너 2기에서는 커미셔너 조직, 위원회 방식에서는 간사조정자, 그리고 1:M 방식에서 팀 형성 모델, 리움의 연계 팀 등은 모두 두 가지의 특성을 가지고 있다. 첫 번째로는 전체 프로젝트가 뚜렷하게 단계별로 나누어져서 진행된다는 점, 두 번째로는 그렇게 순차적으로 이루어지지만 각각의 단계별에서 연속성을 확보하기 위하여 별도의 조직들이 운영된다는 사실이다. 바로 이 조직들이 1:1, M:1, 1:M 방식들이 M:M으로 발전되었을 때, 다수간의 의견조정과 결정을 위한 제3섹터(The Third Sector)로 변화해 나가는 것이다.

제3섹터 방식과 함께 또 M:M의 방식에서 건축조직에 활용할 수 있는 유형으로는 신조합주의가 있다. 신조합주의는 모든 주체가 주인의식을 가지고 협력을 통해서 공동 목표로 매진하는 유형이다. 사실 같은 M:M 방식이지만 제3섹터 방식과 신조합주의는 대치되는 내용을 가지고 있다. 제3섹터 방식은 조직 내에 다수의 주체들을 참여하여 객관적인 입장을 견지할 수 있는 하나의 제3조직을 만들어 전체 조직에 관한 결정이나 선택을 하는 방식이다. 반면 신조합주의는 제3섹터와 같이 일종의 전체적인 리더를 가지지 않고, 필요에 따라 그에 관계된 주체들만이 모여서 서로의 의견을 조율하여 결정을 내리는 절차만을 가지고 있을 뿐, 실제로는 의사 결정기구는 존재하지 않는 협력의 방식이다.

전체의 의견을 통일시켜 분쟁의 소지가 적다는 면에서 제3섹터 방식은 분명히 신조합주의 방식보다는 유리한 측면이 있다. 그러나 제3섹터 방식은 조직의 발전단계의 관점에서 보았을 때, 신조합주의 방식보다는 전 단계에 해당하는 협력의 방식이라 볼 수 있다. 즉 전체 조직을 구성하는 조직들 사이에 경계가 있고, 제3섹터는 그 경계를 이어 주는 연계 팀의 일종이 되는 것인 데에 비해, 신조합주의는 조직 간의 경계가 없는 자율경영조직으로 진화되는 과정에서 파생된 방식으로 제3섹터 방식보다 더 진일보한 조직이다. 이는 결국 기획과 설계단계에 관계된 건축주체들이 비조직적으로 연계되어 자율적으로 한 공동체처럼 운영이 되는 것이다.

제3섹터(Sector) 방식이 한국에서 활용된 대표적인 예는 아직 공동택지개발 지구에서는 시행된 바가 없고, 장흥표고유통공사(1992), 인천터미널공사(1992), 김해유통단지(1999) 정도가 예이다. 현재 한국에서 시행되고 있는 제3섹터 방식은 첫째, 법적 근거만 마련되어 있을 뿐 조세 및 금융지원책이 미비하고, 두 번째로는 한시법인의 경우 법인 설립비용 과다, 인력파견 문제, 해산 시 직원 사후 처리문제가 있으며, 세 번째로는 사업 자체의 수익성 저조, 넷째, 사업이 진행됨에 따라 사업비가 증가할 경우 법인 설립 주체 중 누가 이를 부담하며 어떻게 부담할 것인가에 대한 원이 없어 오히려 사업진행에 차질을 낳고 있는 것으로 드러났다.[490] 이에 영국에서 현재 성공적으로 진행되고 있는 런던 파트너십을 사례로 분석하여 제3섹터 방식의 특성을 도출해 본다.

신조합주의 방식은 과거 컨소시엄(Consortium), 즉 공동기업체를 지칭하기도 하였다. 그러나 공동기업체는 특정 프로젝트를 위해 단기간으로 계약을 통해 협력관계를 유지하는 방식으로서, 현대에서 요구하는 조직의 면모하고는 차이를 두고 있다. 이에 컨소시엄의 개념에서 한층 더 발전된 단계인 영국의 Project Partnering의 사례를 통해 신조합주의 방식에 대해

••••

490 인연: 진미균 · 허재완, 『공동택지개발사업의 평가와 개선방안』, 국토계획 제35권 제6호(통권 111호), 대한국토 · 도시계획학회, 2000. 12, p.55.

파악해 본다.

① 런던 파트너십(London Partnership)

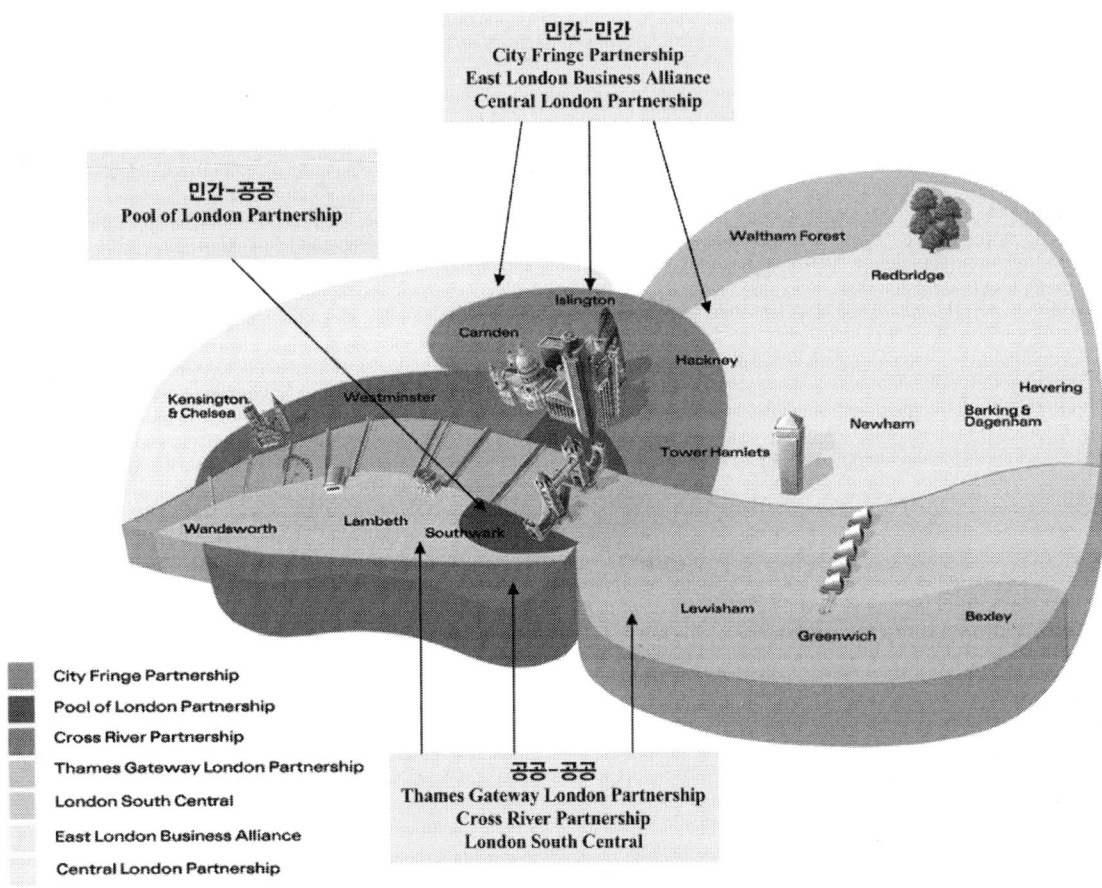

민간-민간
City Fringe Partnership
East London Business Alliance
Central London Partnership

민간-공공
Pool of London Partnership

City Fringe Partnership
Pool of London Partnership
Cross River Partnership
Thames Gateway London Partnership
London South Central
East London Business Alliance
Central London Partnership

공공-공공
Thames Gateway London Partnership
Cross River Partnership
London South Central

<그림 4-29> 런던 파트너십

런던시티는 최근 런던시티 경계지역의 커뮤니티를 개발하기 위해 인근 자치구(Borough)들과 그 지역의 민간부문이 함께하는 파트너십을 통하여 경제부흥, 고용을 창출하고 교통링크를 개선하며 장기적으로는 지속 가능한 도시환경을 이루려는 노력을 기울이고 있다.[491]

••••
491 서울시정개발연구원, 『21세기 세계 대도시 도시관리 방향』, 서울시정개발연구원, 2002, p.102 인용.

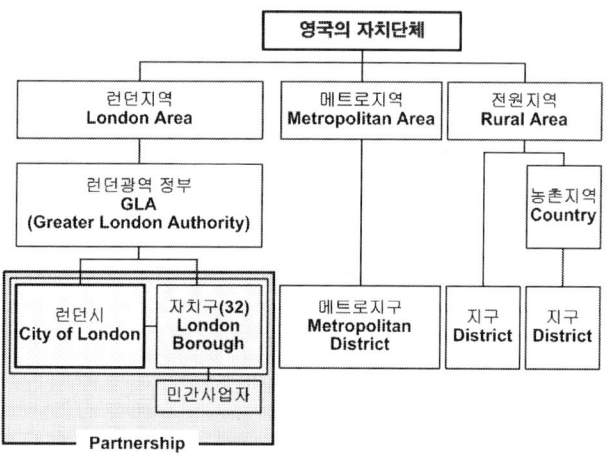

<그림 4-30> 영국의 자치단체 조직구조

런던 파트너십은 처음 시티 프린지 파트너십(City Fringe Partnership), 크로스 리버 파트너십(Cross river Partnership), 풀 오브 런던 파트너십(Pool of London Partnership), Cityside Regeneration, London Lee Valley Partnership의 5개 파트너십으로 출발했던 런던 파트너십은,[492] 현재는 City Fringe Partnership(CFP), Cross river Partnership(CRP), Pool of London Partnership (PLP), Thames Gateway London Partnership(TGLP), London South Central (LSC), East London Business Alliance(ELBA), Central London Partnership (CLP), 모두 7개의 파트너십이 운영되고 있다.[493] 7개의 파트너십은 협력주체 기준으로 공공-공공, 민간-공공, 민간-민간 파트너십으로 분류되어 있다. 이는 영국자치 단체의 조직구성 자체가 파트너십을 하고 있기 때문에 가능하다 하겠다(<그림 4-30>).

1.1. 공공-공공 파트너십

〈그림 4-31〉[494]은 대표적인 공공-공공 파트너십의 예인 Cross River

••••
492 서울시정개발연구원, 앞의 책, p.102 참조.

493 http://www.cityoflondon.gov.uk/Corporation/urban_regeneration/regeneration_partnerships/ 참조.

494 위 그림은 아래 사이트를 참조로 작성되었다.
크로스 리버 파트너십, http://www.crossriverpartnership.org/
http://www.betterbankside.co.uk.

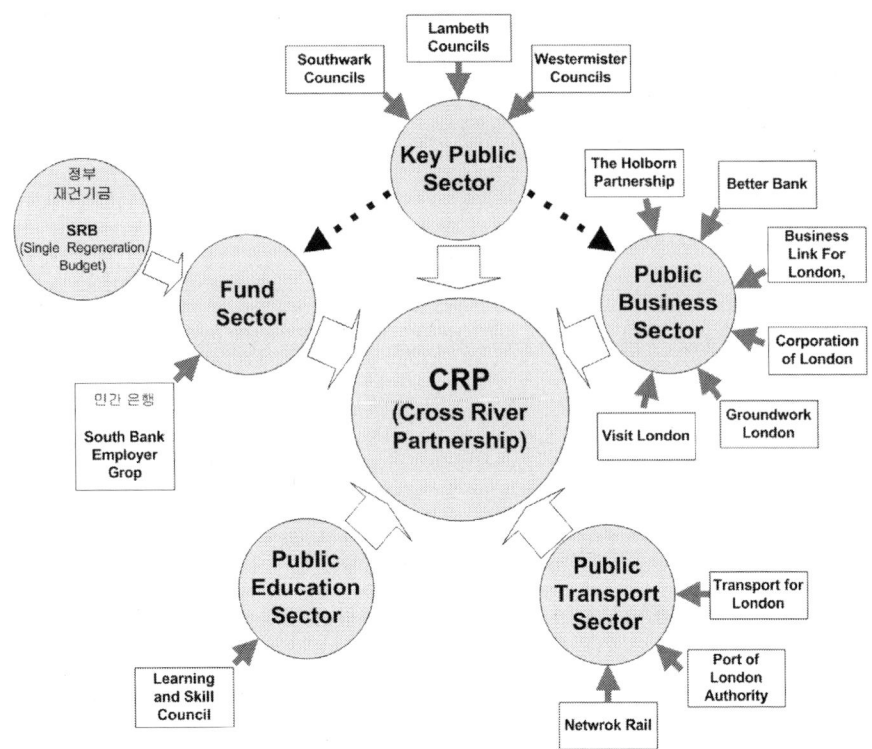

<그림 4-31> 공공-공공 파트너십 조직개념(CRP)

partnership의 조직도를 도식화한 것이다. 위에서도 알 수 있듯이 기능별로 5개의 Sector들이 각 분야를 책임지고 있는 수평적인 구조를 이루고 있다. 그럼에도 Key Public Sector로서 참여한 공공이 자금과 공공사업 관리에 영향을 줌으로써 실질적으로는 파트너십의 리더로서 역할을 하고 있다.

공공-공공 파트너십은 지방자치단체와 공공기업들이 참여하는 파트너십이기에 지역재건이 대부분 주요 목표이며, 이를 위해서 교통과 비즈니스에 관련된 인프라 확충에 대부분의 프로젝트들이 집중되어 있다. 그래서 참여주체들 중에 런던의 교통 관련과 재건에 필요한 자금을 지원해 줄 수

• • • •
http://www.businesslink4london.com.
http://www.cityoflondon.gov.uk.
http://www.groundwork.org.uk/london. http://www.lambeth.gov.uk. http://www.lsc.gov.uk.
http://www.networkrail.co.uk.
http://www.portoflondon.co.uk., http://www.sbeg.co.uk., http://www.southwark.gov.uk.,
http://www.inholborn.org
http://www.tfl.gov.uk., http://www.visitlondon.com. http://www.westminster.gov.uk

있는 공공펀드 회사들이 많이 있다. CRP의 또 다른 특성 중 하나는 커뮤니티의 재생에 목표를 두고 있다는 것인데, 물론 대부분의 런던 파트너십이 지속 가능한 개발의 입장에서 커뮤니티의 중요성을 강조하고 있다. 그러나 그 방법에 있어서 CRP는 단순히 자치구에 한정되지 않고, 런던을 전체적인 시각에서 바라보고 교통을 활용해 낙후된 지역에 접근성을 강화시켜 교육과 비즈니스 등의 커뮤니티 재건에 촉매적인 환경을 구성하려는 것이다. 그래서 〈그림 4 - 31〉을 보면 Westermister, Lambeth, Southwark가 구성한 CRP의 리더인 Key Public Sector가 직접적으로 영향력을 행사하고 있는 분야가 Fund Sector와 Public Business Sector이며, 교통과 교육에 대한 Sector들은 독립적인 주체로서 CRP에 참여하여 좀 더 넓은 시각에서 파트너십의 목표가 수행될 수 있게 운영하고 있다.

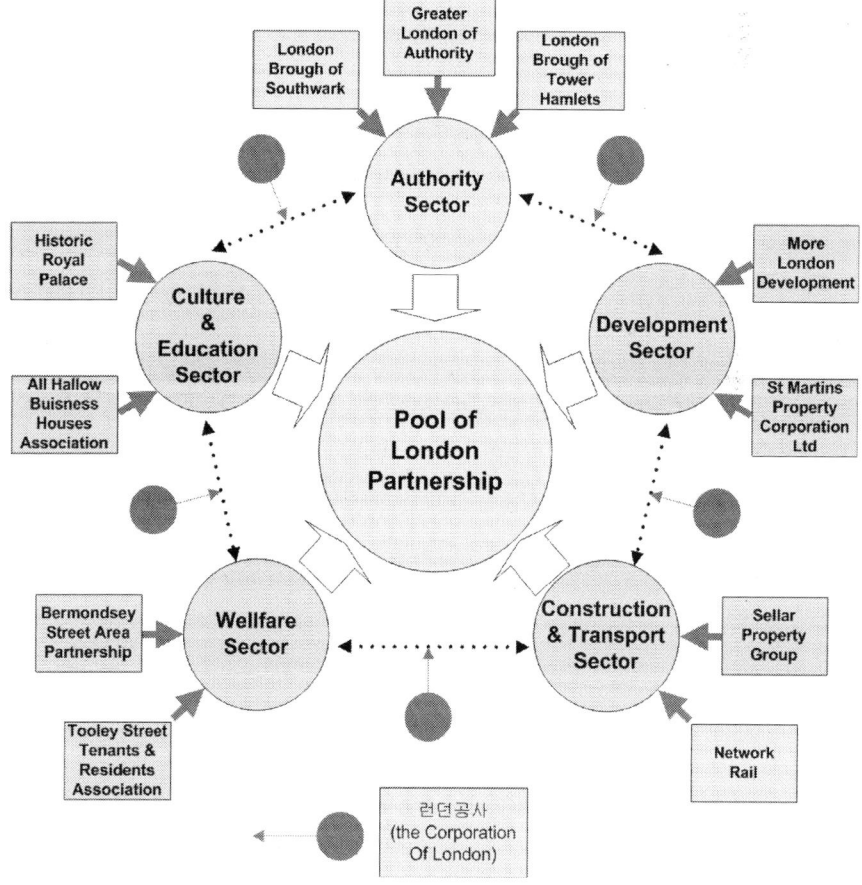

<그림 4 - 32> 공공 - 민간 파트너십 조직개념(PLP)

1.2. 공공 – 민간 파트너십

〈그림 4 – 32〉[495]의 공공 – 민간 파트너십인 Pool of London Partnership 을 보면 CRP에 비해 지배적인 리더의 역할을 하는 Key Sector가 존재하지 않는 상대적으로 수평적인 조직임을 알 수 있다.

PLP가 이와 같은 특성을 보이는 것은 공공이 발의하여 민간의 개발을 주도하는 일반적인 파트너십에서 한 단계 더 발전되어 공공과 민간이 동등한 파트너로서 새로운 부가가치를 창출하자는 목적이 있기 때문이다. 그래서 전통 건축물이 입지한 지역에 London Bridge Tower와 같은 현대적 건축이 세워질 수 있었던 것이다.

PLP에는 다양한 주체들이 본인이기도 하면서 대리인이기도 하며, 또 상대방이 되는 교차 – 기능의 성격을 가지고 참여하는 것이다. 이는 M형 조직 구조(〈그림 3 – 6〉 참조)에 해당하는 구성으로 PLP라는 각 분야별 Sector들이 모이고, 그 Sector의 대표들이 모여서 구성한 PLP 본부를 통해서 동등한 입장에서 개발 전략을 수립을 한다.

또 하나 여기서 주목할 것은 참여주체가 아닌 런던공사(The Corporation of London)가 예산운용을 통해서 간접적으로 파트너십을 주도하며 관리한다는 사실이다. 런던공사는 직접 통치는 하지 않고, 각 주체들이 효율적인 활동을 할 수 있는 환경을 창출하는 거버넌스의 역할을 한다. 이는 M형 조직의 관리 기법의 대표적인 방식이나, 그 수단이 예산의 운용이라는 한정된 수단으로 이루어진다는 점에서 문제의 소지가 있을 수 있다. 그것은 PLP에 운용되는 펀드는 정부의 투자를 받는 것이 아니라 민간에서 투자되는 것이기 때문에, 런던공사의 예산운용은 더 소극적일 수밖에 없고, 각 Sector 간을 연계해 주는 경계 팀으로서 기능을 할 수 없게 되기 때문이다.

1.3. 민간 – 민간 파트너십

〈그림 4 – 33〉[496]은 민간 – 민간 파트너십인 City Fringe Partnership의

----

495 http://www.pooloflondon.co.uk/. 참조 작성.

496 http://www.cityfringe.org.uk/ 참조 작성.

조직으로서 다른 파트너십과 가장 큰 차이점은 각각의 자치구들이 직접 참여하는 것이 아니라, 거버넌스의 역할로 런던공사와 함께 담당하고 있다는 점이 이채롭다. 이는 앞서 살펴본 PLP의 경우와 좋은 대비가 되고 있다. 지방 자치단체는 민간의 파트너십이 활성화될 수 있도록 행정적인 서비스를 지원해 주고, 런던공사는 정부재건기금을 관리하면서 CFP에 지원을 하면서, 수많은 민간 주체들로 구성된 이 파트너십이 활성화될 수 있는 환경을 조성해 주고 있다.

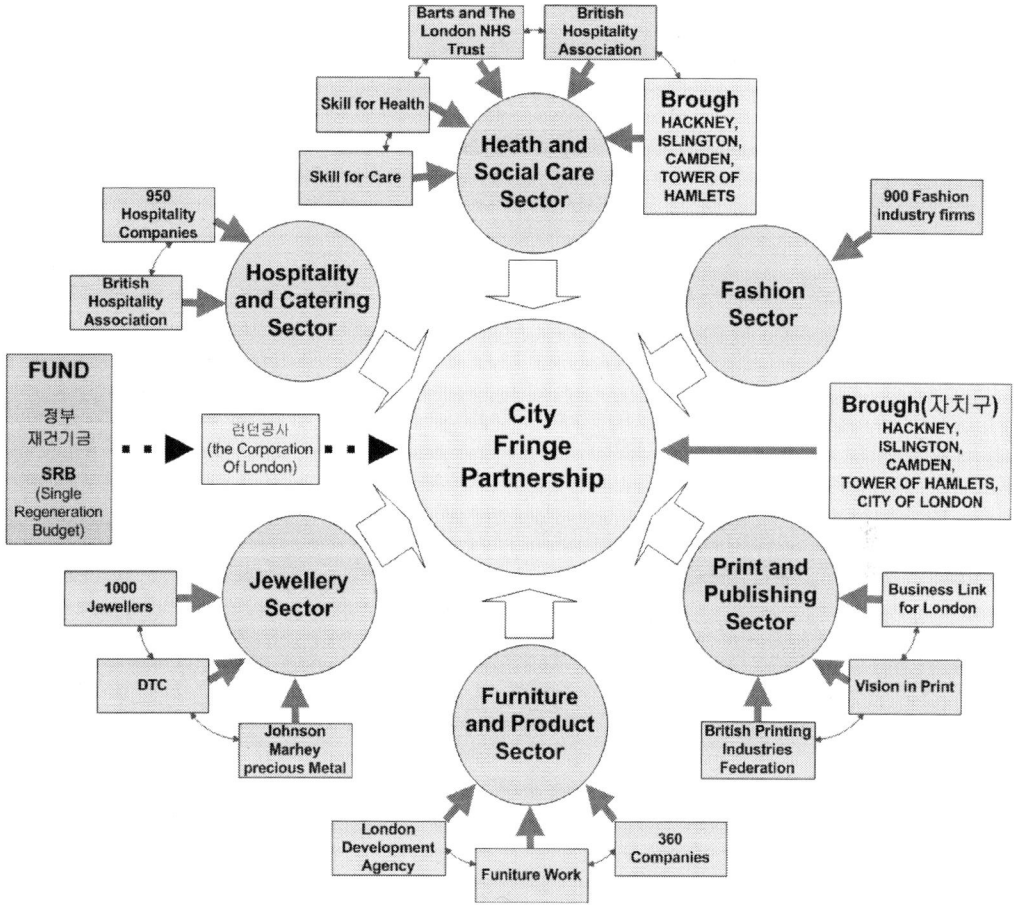

<그림 4-33> 민간-민간 파트너십 조직개념(CFP)

1.4. 런던 파트너십 실행 사례

〈표 4 - 3〉[497]은 현재 운영되고 있는 런던 파트너십을 정리한 것으로 공공 - 민간과 민간 - 민간 파트너십의 경우, 민간이 참여하면서 여러 이익 집단을 대표하게 되어 공공 - 공공 파트너십에 비해 전체적으로 수평적인 조직을 구성할 수 있었다. 하지만 하나의 주체적인 요소로 규정되기 힘든 민간이 참여하면서 공공 - 공공 파트너십보다는 더 방만한 조직이 되기에 전체 프로젝트를 관리 운영하는 데에 어려움이 따르게 된다. 그래서 CFP 와 PLP는 직접적인 참여 기관이 아닌 런던공사(the Corporation of London) 가 자금관리를 통해서 간접적인 규제와 관리를 할 수 있도록 파트너십 조직을 구성하였다.

<표 4 - 3> 런던 파트너십의 특성

주체	명칭	조직구조	특징	사업 사례
공공 - 공공	TGLP	- 지역 자치구 협력 - Hackney, Tower Hamlet, Newham, Baking, Waltham Forest, Dagenham, Havering, Redbridge, Bexley, Greenwich	· 제조업, 리서치, 국제교통, 비즈니스, 재무서비스, 학교, 국제관광지의 중심지로 강화 목적 · 교통, 환경, 기술, 안전, 커뮤니티 참여 등에 초점을 맞춘 프로젝트 진행 · 파트너십을 통한 지역에 대한 개발전략 수립하고 비즈니스와 커뮤니티를 위한 투자지역 개발	Thames Barrier Park, London
	CRP	- 지역 자치구 및 공공기업 협력 - · 지역 자치구 Westermister, Lambeth, Southwark · 공공기업 런던 보로, 런던공사, 런던 항만청, 철도청, 런던 관광성, 런던 교통국	· 테임즈 강둑 북쪽과 남쪽과 북쪽의 물리적 연계 향상 및 Lambeth, Southwark의 관광을 촉진시켜 지역경제 부흥 목적 · 교통 인프라 개발 프로그램 이면서도 사회적 차등을 배제시키기 위한 커뮤니티 재생에 초점을 두고 프로젝트 진행	London Millennium Bridge

••••
497 위 표는 아래를 참조로 하여 작성되었다. 서울시정개발원, 앞의 책, pp.102 - 105 및
http://www.cityoflondon.gov.uk/Corporation/urban_regeneration/regeneration_partnerships/
http://www.c - london.co.uk/output/Page83.asp; http://www.cityfringe.org.uk/;
http://www.crossriverpartnership.org/
http://elba - 1.org.uk/; http://www.lda.gov.uk/server/show/conGlossary.63;
http://www.pooloflondon.co.uk/
http://www.thames - gateway.org.uk/

주체	명칭	조직구조	특징	사업 사례
공공 - 공공	LSC	- 지역 자치구 및 시장 산하기구 협력 - · 지역 자치구 Lambeth, Southwark Wandsworth · 시장 산하기구 London Development Agency	· 경제적 재건 프로그램 · 주거부분의 개선을 위해 지역에 전략적인 거점이 될 수 있는 주거지 개발	 Wansey Street, London
공공 - 민간	PLP	- 공공기업 및 지역자치구와 민간기업 협력 - · 공공기업 런던항만청, 런던공사, · 지역자치구 Southwark, Tower Hamlet, · 민간기업 All Hallow Business Houses Association, 버틀러 항만 회의, 역사공공협회, 세인트 마틴 자산회사, 내일러 우드로우	· 템스 강에서부터 타워 브리지 동쪽 지역과 인근의 커뮤니티 재생 목적 · 관광지 개발, 지역경제촉진, 지역주민 여건 개선 · 런던공사(The Corporation of London)이 예산운용을 통해서 간접적으로 파트너십을 주도하며 파트너십 관리	 London Bridge Tower
민간 - 민간	CFP	- 민간 주도하에 지역 자치구 및 공공기업 참여 - · 민간 보석상, 병원, 패션샵 출판 등 소규모 상인 상가들 · 지역 자치구 Hackney, Islington, Camden, Tower Hamlet, · 공공기업 왕국 재생공사 런던공사	· 런던 시 북쪽과 동쪽 경계 지역의 부흥 목적 · 다양한 형태의 파트너십이 런던시티 비즈니스와 지역 커뮤니티 간의 강한 연대를 도모하기 위한 프로그램 운용 · 더 많은 주민들이 경제성장 지역에 접근할 수 있는 환경을 조성하는 동시에, 물리적 환경을 개선 · 런던공사(The Corporation of London)이 자금관리를 통해 파트너십에 참여	 AO Building, Bishop's Square
민간 - 민간	ELBA	- 민간 비즈니스 단체주도 하에 지역자치구 참여 - · 민간 비즈니스 단체 East London의 지역 비즈니스단체 · 지역자치구 Hackney, Newham, Barking, Dagenham, Tower Hamlet, Redbridge, Havering	· East London의 비즈니스들을 위한 대변자 역할을 할 수 있도록 민간 주도 · 지역 재생문제에 초점 · 로컬 비즈니스들의 영향, 자원, 기술의 문제들을 다루며 정부나 런던 시장과 같은 단체들에게 East London의 비즈니 단체들을 대신하여 활동	 Mile End Park, London East End

주체	명칭	조직구조	특징	사업 사례
	CLP	-주민 주도하에 지역자치구 참여- · 주민 　각 지역자치구 　주민 커뮤니티 · 지역자치구 　West End, Camden 　Westermister, 　Kensington, Chelsea, 　Islington, Lambeth, 　Southwark, 　Wandsworth	· 살기 좋은 장소, 일하기 좋은 장소, 투자하기 좋은 장소, 방문하기 좋은 장소를 만드는 목적 · 런던 중심부의 환경개선 및 효율성 개선 창출과 투자 촉진, 사업성징에 대한 징애 제거, 로컬 주민들의 취업 기회 보장 향상에 초점을 맞추어 프로젝트 진행	 Waterside, Paddington Basin

ㄹ 영 · 미의 Partnering

일반적인 건축실행은 설계 후 시공방식이다. 즉, 설계도면과 설계도서가 완료된 후 시공이 이루어진다. 이러한 건축 실행방식은 건축과정에 발생 가능한 문제에 대해 예측이 불가능하고, 문제가 발생하면 대체하는 사후 대처 방식이다. 따라서 전통방식의 건축실행은 시간적 여유가 있을 때 적합하며, 건축과정의 통합적 관리가 어렵고, 설계자와 시공자의 충분한 커뮤니케이션이 없으므로 건축의 리스크가 커지고, 분쟁의 여지가 많다. 이러한 문제점을 극복하기 위해 설계자와 시공자가 설계단계에 함께 참여하여 건축 특성에 맞게 전략 팀[498](Strategic partnering organization)을 구성하는 방식이 Partnering이다.[499] 건축에 있어 파트너링은 커뮤니케이션 링크

••••

498 팀이란 다변화는 환경에 조직의 융통성을 높여 신속한 의사결정을 촉진하고, 인적자원의 다양화를 통한 창의성 향상을 도모하며, 생산품의 품질을 향상시켜 이용자의 만족을 증진시키려는 목적으로 서로 보완적인 기술을 지닌 구성원들이 공동의 목표 성취에 헌신하고 그에 대해 책임을 공유하는 집단(group)으로, 팀을 구성하는 이유는 생산성 향상 및 관리계층 축소를 위해서이다. 오석홍, 『조직이론』, 박영사, 2005, pp.272-273 참조. 이러한 팀 조직은 전통적 기계적 조직(관료조직)구조의 대안으로서 유기적(탈관료조직) 작업집단 설계개념으로 인식되고 있다. James L., Gibson, J. M. Ivancevich & J. H. Donelly, Jr., 『Organizations: Behavior, Structure, Process』, 10th ed., 2000, McGraw-hill, pp.210-215; Jerald Greenberg and Robert A. Baron, 『Behavior in Organizations』, Prentice-Hall, 2003, pp.291-309; Don Hellriegel & John W. Slocum, Jr., 『Organizational Behavior』, 10th ed., South-Western, Thompson Learning, 2004, pp.196-217; Stephen P. Robbins, 『Organizational Behavior』, 11th ed., pp.272-276.

499 이는 설계단계에 시공자가 개입한다는 측면에 있어서는 Fast track 실행과 유사하다. 그러나 Fast track은 설계의 진행과 함께 시공이 진행되는 방식을 의미하는 것으로, 설계자와 시공자와의 협력적인 통합조직을 전제하지 않는다. 따라서 설계자와 시공자가 하나의 팀 조직을 이루어 건축을 실행하는

와 피드백 시스템을 도입하여 건축조
직의 효율을 최대화하기 위한 목적으
로 도입된 것으로 정보기술의 발달에
따른 면대면(Face - to - face meeting)
방식을 발전시킨 것이다.[500]

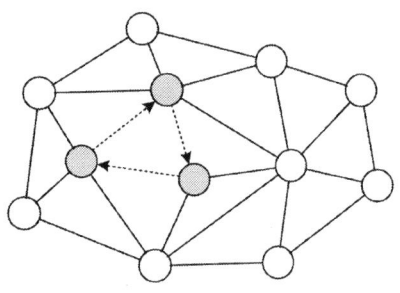

<표 4 - 4>는 파트너링을 성공으로
이끌기 위한 14개의 잠재적인 요소들

<그림 4 -34> 파트너링의 자율조직화 개념

을 정리한 것이다. 여기서는 위에서 열거한 파트너링의 특성 외에도 다양
한 측면에서 파트너링을 재조명하고 있다. 특히 경계조직과 관련되어 탑
매니지먼트와 연계문제 해결, Facilitator, 그리고 기풍학습과 열린 커뮤니케
이션은 파트너링의 자율조직적인 특성을 반영한 것이라고 볼 수 있다.

파트너링은 각 조직마다 다르게 정의 내려져 있다. 예컨대 미국 시공협
회(AGC)는 파트너링은 프로젝트 참여 당사자들 간 진실(Good faith)의 약
속(Covenant)[501]으로 정의하며, 건설협회(Construction Industry Institute)는
둘 이상의 조직이 특정 사업을 대상으로 장기간의 계약(Commitment)을 통
해 참여자들의 효율을 극대화시키는 것이라고 정의하고 있다.[502] 그럼에도
불구하고 파트너링은 규모가 커진 현대건축 조직의 비대화에 따라 관리·
운영비 부담을 줄이고, 패러다임 변화에 신속히 대응하기 위하여 조직의
고정부분의 일부를 자율 조직화하는 것이다<그림 4 - 34>). 이는 파트너링
기술에 따라 Project Partnering과 전략적 파트너링(Strategic partnering)으로
구분된다.

••••
partnering과의 차이점이 있다.

500 John Bennet & Sarah peace, 『Partnering in the construction industry: A code of practice
for strategic collaboration working』, 2006, Elsevier, p.8.

501 AGC of America, Washington, D. C., 『Paraphrased from Partnering: A concept for success』,
Sept, 1991.

502 Construction Industry Institute, 『Partnering: Meeting the Challenge of the Future,
Partnering Task Force Interim Report』, 1991, Austin Texas, August. 이외에 다양한 파트너링 정
의에 관해서는 Ralph J. Stephenson, P. E., P. C., 『project partnering for the design and
construction industry』, 1996, A Wiley - Interscience Publication; John Wiley & Sons, Inc.,
pp.116 - 118 참조.

<표 4-4> 파트너링 성공의 잠재적인 14가지 요소

요소	내용
충분한 자원 (Adequate resources)	성공적인 파트너링이 되기 위해서 파트너링 관계에서 다른 멤버들과 충분히 나누어 사용될 수 있는 자원의 각 분야 공급
탑 매니지먼트 지원 (Top management support)	비즈니스 활동의 전략과 방향을 조직화하는 데 있어서 경험이 많은 이들의 매니지먼트를 전적으로 제공받고 연질을 받는 것은 프로젝트의 성공을 위해서 필요
파트너링 계약 (Partnering agreement)	건설관련 부서들 비헝식의 파트너링이 되기 위해 공식적인 계약을 맺을 시에 계약은 모든 부서들에 의해 결정된 목적과 목표의 리스트들이 그 내용이 주
팀 구축(Team building)	핵심행정관과 참여한 조직들을 대신하여 행동할 권힌을 가진 일원늘의 대표자들이 모여서 파트너링 팀을 구성하는 것이 바로 팀 구축임
연계문제해결(Joint problem solving)	파트너링 팀이 문제가 된 쟁점과 상충, 논쟁, 그리고 주장 등에 대한 선택을 하기 위해 집단적인 결정을 하는 것
Facilitator	Facilitator는 파트너링의 편성을 용이하기 위해 외부에서 고용된 자로서 파트너링과 건축분야에 대한 전문기술력을 보유하고 있는 자
열린 커뮤니케이션 (Open communication)	파트너링에 있어서 열린 커뮤니케이션은 여러 다른 효과적인 채널을 통해서 개념, 지식, 정보, 기술들, 그리고 기술력들의 자원들을 자유롭게 통제할 수 있는 것을 지칭
효과적인 조정 (Effective co-ordination)	파트너링에 있어서 조정은 다른 부서들의 기대에 부응하여 업무를 완성했을 때, 한 부서가 이해
창조력(Creativity)	창조력은 새로운 개념을 창출할 수 있는 능력을 말한다. 성능을 높일 수 있는 창조적인 과정이 될 수 있도록 돌파구를 찾는 것이 중요
장기적인 공약 (Long-term commitment)	파트너링에 있어서 장기적인 공약은 예상치 못한 문제들에 대하여 한쪽이 다른 한쪽의 관계에 있어서 주장을 하게 되었을 때에 긍정적인 작용을 하게 되면서, 공약은 파트너링에 있어서 결정적인 내용
상호신뢰(Mutual trust)	교환관계에 있어서 그들의 협정을 충분히 이행함으로써 서로 상대방에 대한 신뢰가 생기거나, 혹은 프로젝트 파트너링에 있어서 임의적이고 존재하지 않았다가 시간을 거치면서 신뢰가 나타난다고 추측
계속되는 개선 (Continuous improvement)	계속되는 개선은 장기간 변경과정으로 넓은 관점에 있어서 조직의 이익혁신으로 정의될 수 있다.
기풍학습 (Learning climate)	학습은 경쟁에 우위를 이루는 방법으로 고용인들의 훈련과 동기로서 가장 좋은 벤치마크가 바로 공통된 전략적인 조직들을 학습
파트너링 경험 (Partnering experience)	경험은 이전 파트너링 경험에서부터 더 발전되어 여러 가지의 새로운 지식과 기술을 축적할 수 있다.

출처: EDDIW W. L. CHENG & HENG LI, 『Development of a conceptual model of construction partnering』, Engineering Construction and Architectural Management, 2001. 8, p.295 Table.1

2.1. 미국의 프로젝트 파트너링

프로젝트 파트너링이란 필수적이고 고비용에 조직을 약화시키는 외부 팀을 배제하는 특화된 매니지먼트로 계획, 설계 그리고 시공 주체들을 관리하는 방식을 지칭한다. 프로젝트 파트너링(이하, 파트너링)은 현대건축에 있어 규모가 커진 건축조직 내의 의견불일치 및 이해관계자 간 분쟁 등에 따른 건축의 비효율 요소 제어의 필요성에 따라 등장하게 된 건축조직의 새로운 협력관계형성 관리기술이다. 어떠한 조직이든 또한 어떠한 프로젝트이든지 의견조정(ADR: Alternative Dispute Resolution) 때문에 전통적인 의견조정은 조직 내의 혹은 프로젝트마다 발생한 분쟁요소를 범주화하고 표준화하여 관리한다. 이는 개략적인 관리는 될 수 있을지 모르지만 프로젝트마다, 건축 단계별 혹은 조직의 특성에 맞는 세분화된 건축 관리는 아니므로 분쟁의 여지는 남아 있다. 이러한 분쟁의 여지가 곧 건축의 효용을 떨어뜨리는 요소임을 인식하고 이를 제어하는 방법으로 등장한 것이 파트너링이다. 파트너링을 구성하는 요소는 임무(Mission), 의사결정조직(Charter), 평가(Evaluation), 문제해결(Issue resolution)로 이루어지며, 각 요소는 복잡한 하부체계로 구성되는 것이 파트너링 방식이다〈그림 4 - 35〉).[503]

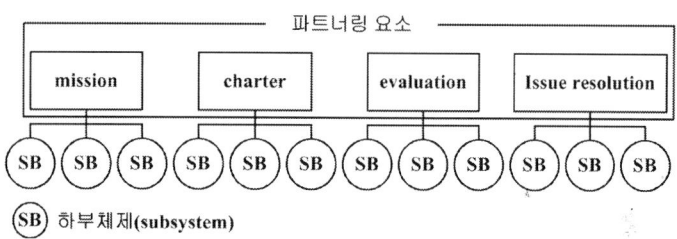

<그림 4-35> 프로젝트 파트너링 방식의 개념

이를 위한 새로운 협력관계형성 기술이란 신뢰 기반의 커뮤니케이션 기술이다. 건축기획 단계에는 프로젝트의 방향과 파트너링 방법이 결정되며, 이는 간부급(Major stakeholders)이 참여하는 파트너링 워크숍(Partnering Workshop)과 실무자급(Remainder)이 참여하는 정기적인 미팅(Partnering meeting)으로 구성된다. 파트너링은 워크숍을 통해 시작되며, 파트너링 미팅을 통해 파트너링이 유지되는데, 미팅은 지속적인 커뮤니케이션(Ongoing communication), 문제해결 활동(Problem solving activities) 및 파트너링 과정의 지속적인 공동평가

503 Ralph J. Stephenson, P. E., P.C., ibid., p.143 인용.

(Joint evaluation)에의 건축조직의 노력이다. 이러한 파트너링의 과정이란 팀 형성(Team Building), 협력적인 문제해결(Collaborative problem solving), 목표 설정(Goal – setting)의 과정이다.[504]

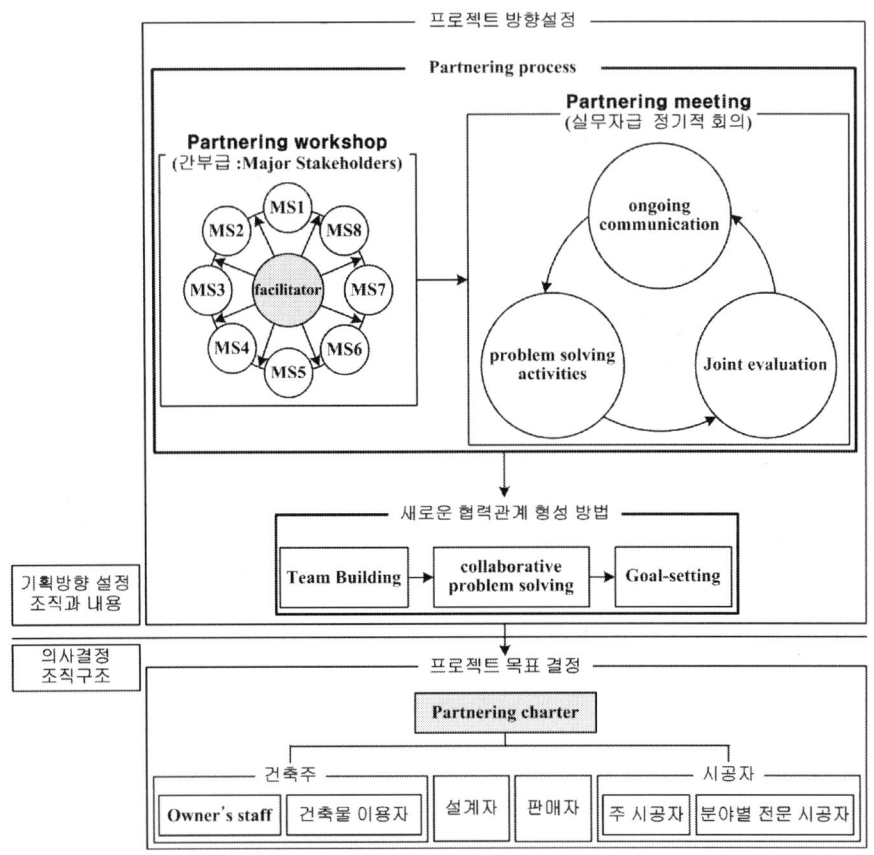

<그림 4-36> 프로젝트 파트너링 조직의 개념

파트너링 워크숍의 참여자의 역할은 설정된 회의 환경 속에서 파트너링의 과정 자체에만 집중하는 프로젝트의 내부조직(Major stakeholders)과 프로젝트에 이해관계가 없는 외부 참여자(Outside facilitator)로 구성된다. Facilitator의 역할은 워크숍을 체계화하고, 워크숍 참여 당사자들의 파트너링 과정, 즉 커뮤니케이션, 문제 해결 그리고 갈등 해소 기술 등을 교육하

504 Kyle V. Davy, 「Can Partnering Transform Design Practice?」 in Kneeland A. Godfrey, Jr. ed., 『Partnering in Design and Construction』, 1995, MacGraw-Hill, pp.270-271 참조.

고, 팀 형성이나, 문제해결 및 목표설정을 조언한다. 이렇게 설정된 건축의 방향과 목표는 Partnering charter[505]에 의해 목표가 결정된다. 즉, 파트너링은 기획의 방향과 의사결정이 각각 다른 조직에 의해 운영되는 방식으로 기획의 방향은 신조합의 유형으로 조직이 운영되며, 의사결정은 제3섹터 유형으로 조직을 구성한다(〈그림 4 – 36〉). 그러나 이러한 전체적 관리는 컴퓨터 시스템에 의한 정보관리(Document Solution system)에 의한 것이다. 즉 Main bus는 Cranbook machine이고 각 참여자는 이 시스템에 접속하여 정보를 공유하고 의사결정을 하는 체계이다. 이러한 파트너링을 통한 이익은 금전, 신뢰감 있는 조직 분위기 형성을 통한 가치 체계형성, 교육효과와 기술 상승효과를 기대할 수 있다.

(1) Project Partnering 방법[506]

파트너링은 프로젝트 주체들 간의 '신용의 서약(Covenant of good faith)'으로서, 개별적인 조직의 의제들보다는 프로젝트를 위해 분배된 기본 목표를 위해 매진할 것에 대한 동의에서부터 출발한다. 프로젝트가 진행되는 동안 모든 참여주체들은 신뢰와 오픈된 커뮤니케이션으로 관계를 유지한다.

이와 같은 파트너링의 방법은 크게 팀 형성, 공동 문제해결, 그리고 목표설정의 세 가지로 나눌 수 있다.

① 팀 형성

팀 형성은 각자에 대한 정보가 충분한 동시에 서로를 보충할 수 있다고 여겨지는 조직들 간의 파트너링 방법으로 유용하다. 참여 조직들은 각각 다른 역할을 수행하면서 서로의 역할에 대한 정보를 교류하며 각자의 업무를 개선해 나간다. 그러면서 공동의 협력을 통해서 성공적인 관계와 방법을 창출하여 전체 조직들을 일체화해 나간다.

② 공동 문제해결

공동 문제해결은 프로젝트의 문제점을 먼저 파악하는 것이 중요하며,

----

505 partnering charter meeting의 구체적인 의사결정 과정 등에 관해서는 Ralph J. Stephenson, P. E., P. C., ibid., pp.149 – 247 참조.

506 Kyle V. Davy, ibid., pp.270 참조.

그에 대해 비판적으로 행동하기를 요구한다. 참여주체들은 문제가 있을 때마다 서로의 의견을 개진하기를 동의하면서, 전체 그룹의 문제해결과 정책결정, 그리고 상충되는 의견을 조정하는 기술들을 개발해 나간다. 공동 문제해결을 위한 파트너링은 미래의 문제점과 쟁점들을 해결하는 방안에 대한 체계를 설계하고 실시하는 데에 유용하다.

③ 목표설정

목표설정이란 건축관계자가 함께 공유하는 프로젝트의 방향이나 달성목표를 설정하는 것으로, 이는 프로젝트 참여자에 의해 위탁된 'Partnering charter'에 의해 결정된다. Partnering charter[507]는 프로젝트 관리에 관한 최종 결정자(UDMs: ultimate decisision makers)이며, 건축조직 구성(project team member)은 간부급 건축주 조직(owner's staff),[508] 이용자(facility user), 설계자(planning & design team), 주 시공자(prime contractor), 주 분야별 전문시공자(major subcontractor), 판매자(vendor)로 구성된다.[509]

(2) Facilitator

Facilitator는 그룹과 조직이 협력하고 시너지 효과를 낼 수 있도록 효율적인 운용을 하는 개인을 지칭한다.[510] 이들은 또한 조직이 효과적으로 기능하고 바르고 신속한 결정을 내릴 수 있도록 조직구성과 진행에 기여하며, 기대 이상의 부가가치를 이룰 수 있도록 목표에 매진하는 이들을 보조한다.[511] 그리고 이들의 업무는 조직원들이 가장 좋은 사고를 할 수 있

507 Partnering charter의 조직과 구성원은 프로젝트의 특성에 따라 달라지며, 회의(meeting)는 매달 하며 Cranbook Machine system으로 관리한다. 구성 사례 및 그에 따른 구성원에 대한 상세 논의는 Ralph J. Stephenson, P. E., P. C., ibid., pp.145 - 147 참조. Cranbook Macine system 사례 자료는 p.142 - p.143 참조.

508 owner's staff 구성의 사례는 행정관리 간부(chief operating executive), Executive in charge of project, Project Manager, Director of facilities, Director of administrative services, Resident architect, Resident engineer, 사내 관리자(In - house technical managers), In - house public relations managers, Technical specialist consulting to the owner, 프로젝트 실행 관리자 혹은 프로젝트 참여자(Procurement director or project staff), Contracts manager, 판매자로서 부동산 관련자(Real - estate staff)이다. 특히 판매자는 프로젝트의 실행(performance)에 영향을 준다. opt. cit., p.145.

509 Ralph J. Stephenson, P. E., P. C., opt. cit., pp.143 - 144 참조.

510 Sam Kaner with Lenny Lind, Catherine Toldi, Sarah Fisk and Duane Berger, 『Facilitator's Guide to Participatory Decision - Making』, Jossey - Bass, 2007, p.xiii.

도록 지원하며, 이를 통해서 참여자들을 격려하고, 상호 이해를 촉진하며 그로 인해 각자의 이익을 증진시키는 동시에, 참여자들이 이러한 상태를 지속시키면서 좀 더 창의적인 사고를 갖도록 만든다.[512]

퍼실리테이터는 자신의 의견을 회의에서 개진하지 않으며 단지 참여자들의 의견이 올바른 방향으로 전개될 수 있도록 유도하고 조장하는 역할을 한다. 그러나 실질적으로 퍼실리테이터는 정보구조의 Main bus로이며, 변혁적 리더이다. 즉, 파트너링이란 프로젝트에 이해관계가 없는 제3자의 도움을 받아 건축기획 단계부터 객관적으로 평가하는 제3자 주도방식의 신조합형 협력방식이다. 역할의 구체성에 따라 Business Facilitator와 Training Facilitator가 있다.[513]

① Business Facilitators

Business facilitator의 업무는 비즈니스와 그 밖에 정규적인 조직뿐만 아니라 다양한 그룹들과 커뮤니티와 연관되어 있다. 여기서 Business facilitator는 스스로의 의견이 있더라도 그 방향으로 그룹을 리드하지 않고, 각 조직들이 모여서 스스로 그 해결책을 창출하도록 지원해 주는 것이 그들의 중요 업무이다.

Business facilitator는 건축에 직접적인 이해관계가 있는 조직과 건축으로 인한 영향을 받는 간접적인 이해관계자와의 이해관계 조정 업무를 담당하는 조직이다.

② Training Facilitators

Training facilitator는 참여자들의 지식들을 이용하면서 그들의 부족한 면을 보충하는 데에 대한 전문가로서, 기초를 중시하고 기존 지식을 단련시키고, 그것을 구축하여 서로 연관을 맺게 하는 동시에, 설계된 의제가 지식의 근간으로 전달하여 그룹을 이끌 수 있도록 역할을 한다.

• • • •

511 Ingrid Bens, 『Facilitating Wtih Ease!: A Step-by-Step Guidebook with Customizable Worksheets on CD-ROM』, Jossey-Bass, 2000, p.5.

512 Sam Kaner with Lenny Lind, Catherine Toldi, Sarah Fisk and Duane Berger, 『Facilitator's Guide to Participatory Decision-Making』, Jossey-Bass, 2007, p.32.

513 국제 facilitator 협회(IAF): http://www.iaf-world.org/i4a/pages/index.cfm?pageid=1

Training facilitator는 지식, 즉 정보의 Main Bus의 역할을 맡는 Facilitator 의 측면을 강조한 개념이다. 건축에 있어서는 각 단계별로 각기 다른 주체들 이 참여하면서 전체 프로젝트의 연속성이 훼손될 가능성이 많은데, Training facilitator는 이때에 활용 가능한 건축주체 중의 하나이다(〈그림 4-37〉).

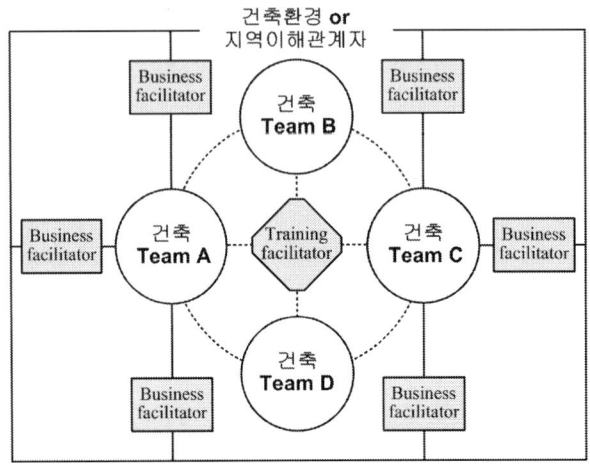

<그림 4-37> Facilitator의 역할 개념

2.2. 영국의 전략적 파트너링

전략적 파트너링이란 Multiproject의 성공을 높이도록 구축된 장기적이 며 공식적인 협력 방식을 지칭한다. 각 프로젝트를 연계하기 위해서, 전략 적 파트너링은 현재 수행되는 모든 프로젝트의 재검토와 주기적인 점검이 지속되어야 한다.[514] 전략적 파트너링의 조직구성은 건축기획을 통해 조직 을 선도하는 전략 팀(Strategic team)과 건축을 실행을 계획하고 이끄는 프 로젝트 팀(PT: project team) 또는 태스크 포스(TF: task force), 건축 환경 과 건축조직의 정보를 연계하는 경계 연결 팀(IT: interface team), 조직 내 부의 정보를 연계하는 내부 협력 팀(IPT: internal partnering team)이 있 고,[515] 프로젝트 수행 시 각 팀들은 유기적으로 협력 관계(self organization)

• • • •
514 Ida B. Brooker, 「From a definition of strategic partnering」, 『Project Partnering Seminar』, University of Wisconsin, 1994, 참조.

515 전략적 팀의 유형은 John Bennett and Sarah Peace, 『Partnering in the construction

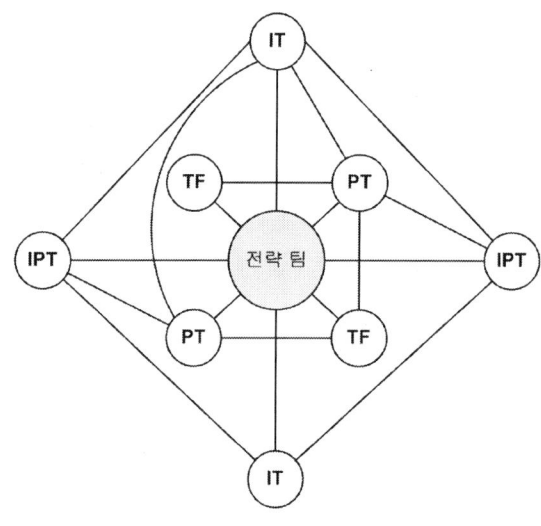

<그림 4-38> 전략적 파트너링의 조직 개념

를 유지한다. 전략적 파트너링은 기본적으로 Design – Build 방식에 조직을 Team제로 운영하는 것이 일반적이며, 이러한 파트너링 계약방식은 이해관계가 복잡한 대규모 건축물에서 주로 이용되고 있는데,[516] 건축의 리스크와 정보를 공유하기 위하여 건축설계 단계별로 건축특성과 단계특성에 맞는 Team을 구성하여 의사결정을 하는 것으로 정보 연결망을 구성하는 방식의 조직화이다(〈그림 4 – 38〉).

(1) 단계별 조직

① 건축기획 단계의 건축주 조직

건축기획 단계의 중요성이 증가되면서 대두된 것이 바로 건축주 조직이다. 앞의 자동차 3사의 사례에서 확인했듯이 건축주의 부족한 정보력과 기술력을 보완하기 위해서 시작되었던 기획단계의 건축주 조직은 이후 전체 프로젝트에 있어서 기획의 중요성이 부각되면서, 단순히 기술자뿐만 아니라 프로젝트의 연속성과 목표를 설정하여 효율적인 운용과 새로운 부가가치를 창출하기 위해 다양한 전문분야의 전문가를 참여시키기도 한다.

② 건축계획 단계의 Project Team(Core team)

건축주 조직(Client's internal team)은 컨설턴트, 건축관계자 및 다양한 전문가로 구성된 실행 조직(Project team)을 구성하여 건축기획 단계에 설정된 건축방향을 구체화한다. 이때 팀 구성은 3 – 4인 최대 7인의 소규모 Core Team으로 구성한다.[517] 이 팀은 워크숍(Partnering workshop)을 통해 건축계

industry : A code of practice for strategic collaborative working』, CIBO., 2006, p.150 인용.

516 따라서 파트너링에 관한 내용은 영국의 이론을 기본으로 기술한 것이며, 이후 내용은 이에 관한 가장 널리 알려진 책인 Bennett, John, 『The seven pillars of partnering : a guide to second generation partnering』, London, Thomas Telford, 1998의 내용을 요약한 것이다.

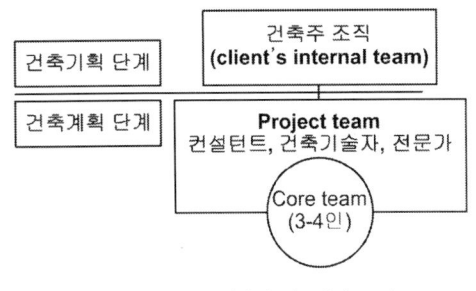

<그림 4-39> 전략적 파트너링 조직

획을 구체화한다. 코어 팀은 건축주(Owner·users), 건축기술자, 변호사, 공무원, 지역 커뮤니티(Local special interest groups), 컨설턴트, 정보 및 커뮤니케이션 전문가 등으로 구성되며 프로젝트의 특성에 따라 선택적으로 구성한다.518 이 기획 팀은 건축주에 대해 건축의 모든 상황에 대한 방향을 제시하고 조정(Coordination)하는 역할과 그에 따른 책임을 진다. 이 팀은 계약조건에 따라 건축주, 설계 회사, 건설사의 대표자로 구성된다. 이들은 건축의 주요 이해관계자519들로서 주요 업무는 프로젝트 일정, 예산, 건축의 질, 성과에 따른 건축리스크에 관한 계약내용의 결정이며, 프로젝트 진행과정의 의사결정은 매주 core team meeting을 통해 이루어진다. 즉, 전략적 파트너링의 전략팀이 Main bus역할을 하는 Core team이다(〈그림 4-39〉).

③ 전략적 파트너링의 Final workshop

영국의 전략적 파트너링의 특기할 만할 사항 중 하나가 Final workshop 이다. 이는 프로젝트가 끝난 후 이에 대한 평가나 학습정보를 공유하여 추후에 프로젝트를 대비하는 것이다.

(2) 파트너링의 진화 단계520

파트너링에 관한 초기 연구들은 프로젝트 파트너 관계가 일회적인 관계(one-off relation)보다는 전략적인 관계521를 지속적(long-term strategic

• • • •

517 이때 코아 팀은 3-4인이 이상적이다. John Bennett and Sarah Peace, ibid., p.63.

518 코어 팀 대상 사례는 John Bennett and Sarah Peace, ibid., p.103 참조.

519 이해관계자(interest party)란 조직의 성과 또는 성공에 관심을 갖는 개인 또는 집단(ISO 9000:2000), 혹은 조직의 환경성과에 의해 영향을 받거나 그 성과와 관련된 개인 또는 단체(ISO 14001:2004)이다. 김현식, ibid., p.47 참조.

520 이는 Bennett, John, opt. cit., 1998 참조로 구성하였음.

521 전략적 관계, 즉, 전략적 협력(strategic alliance)이란, 상호협력을 바탕으로 기술·생산·자본 등의 기업 기능에 2개 또는 다수의 기업이 제휴하는 것을 말한다. 즉, A회사와 B의 회사는 독립적으로 존재하는 신조합주의 방식의 협력관계이다. 이때 기업규모와는 관계없이 여러 분야에서 이루어진다. 전략적 협력의 목적은 원하는 기술이나 능력을 얻는 데 효과적이고 저렴하며, 목적달성 후에도 철수가 쉽기 때문이다. 특히 규모의 경제성 추구, 위험 및 투자비용의 분산, 경쟁우위 자산의 보완적 공유, 기술획득 및 이전수단,

relation)으로 유지할 때, 건축 이익이 개선된다. 이러한 파트너링은 현재 2세대 파트너링 단계이고, 3세대 파트너링은 개념정립만 되어 있는 상태이다. 따라서 파트너링의 진화 단계에 대한 내용을 살펴보고자 한다.

1세대 파트너링(First generation partnering)이란 공동목표와 의사결정 그리고 지속적 개선이 충족되었을 때 파트너 관계가 형성된다. 2세대 파트너링(Second generation partnering)은 건축주(client)와 고문들(advisor)을 포함한 전략적 멤버가 프로젝트 과정에 참여하고, 파트너 간의 지분통합을 하며, 파트너 간의 관계를 벤치마킹 피드백(Benchmarks feedback)을 함으로써 전략적인 실행을 가능케 한 것으로, 현재 파트너링은 2세대로 인식된다. 3세대 파트너 관계(Third generation partnering)란 미래형 협력관계로, 이전 세대와의 다른 특징은 참여 파트너들의 역할과 파트너들의 참여범위에서 특징을 보인다.

첫째, 파트너들의 역할에 있어 이전 세대의 파트너들의 역할은 고정되어있다. 예컨대, 공급자는 공급자의 역할을, 건축주는 건축주의 역할을 수행하며, 단지 건축과정의 정보와 이익 등을 공유하는 관계이다. 그러나 3세대파트너링이란 이러한 역할이 고정되어 있는 것이 아니라, 공급자가 새로운

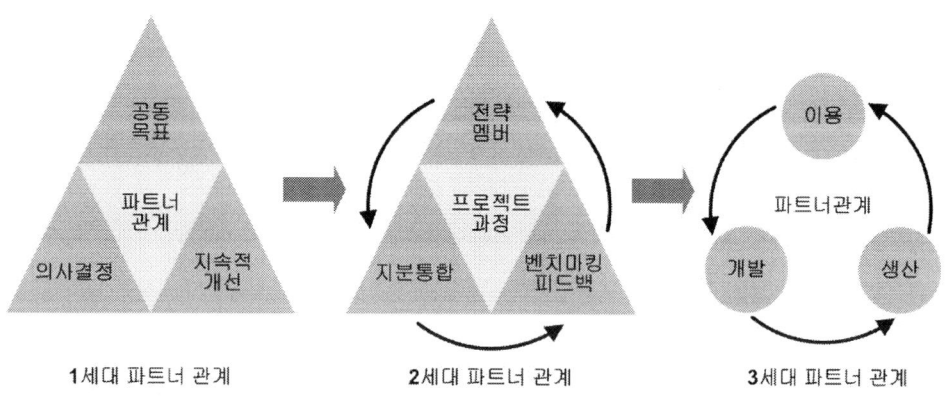

<그림 4-40> 3단계 파트너링 모델 특성 Bennett, John, opt., p.5.

. . . .
시장의 신규진입과 확대모색, 과다한 경쟁방지 등이 제휴를 하는 구체적 동기이다. 종래 기업체제는 어느한쪽 기업이 주도권을 갖는 계열화, 자회사화라는 점이 강했지만, 서로가 자신 있는 분야를 적극 추진하여공존공영을 꾀하는 전에서 과거의 제휴와 구별된다. 이러한 전략적 협력은 첫째, 유능하고 실질적인 도움이 되는 협력파트너를 선정해야 한다. 둘째, 신뢰를 바탕으로 한 대등한 협력관계를 구축해야 한다. 셋째,제휴의 목적을 명확히 해야 하며, 조직의 운영규칙, 이익분배, 손실분담 등 협력사업을 명확히 해야 한다.삼성경제 연구소, http://www.seri.org/ 참조.

건축 아이디어를 건축주에게 제공하거나 투자자가 건축주의 역할로 관계
치환되어 관계의 경계가 없어지는(Boundaryless relation) 협력을 의미한다.

둘째, 참여 파트너 범위에 있어 이전 세대의 파트너링이란 건축에 직접
적으로 관계되거나 필요한 범위로 국한하는 반면, 이용자를 파트너로 참
여시키는 방법으로, 조직구조의 측면으로 보자면 가상조직(Virtual organization)
의 개념이다.[522] 이러한 3세대 파트너 관계는 급변하는 시장 상황에 신속
히 대응하기 위한 이용[523]과 개발, 생산의 순환적인 관계 속에서 확립될
수 있다(〈그림 4-40〉).

이와 같은 3세대 파트너 관계는 고객들의 요구에 발맞추어 창조성과 기
술혁신을 유도하고, 탄력성이 있는 표준화 과정을 도출하여 능률 향상(공

<표 4-5> 단계별 파트너링의 특징

요소 \ 단계	1세대(First Generation)	2세대(Second Generation)	3세대(Third Generation)
기술 Technology	설계 질 향상을 위한 설계자·시공자 공조	특정 디자인 등에 대한 한시적인 다방면 전문가 프로젝트 팀(TFT, task force team) 구성	고도의 산업화: 모듈화에 의한 공장생산, 현장에서는 조립
건축과정 Process	설계·시공의 최적 통합	창의적이고 개방된 고도의 의사결정 시스템	고도의 기술표준화 과정
건축주 Clients	프로젝트의 핵심 구성원으로서 의무이행	최대 이익을 위해 파트너로서 생산자 간 전략적 의사결정	다양한 고객을 범주로 양질의 생산품과 서비스 마케팅
업무 팀 Teams	팀 간 적대적 성향 존재	복합 분야 팀(multi-discipline teams)	공급사슬 관리(supply chain management)를 이용한 통합 팀
전문가 Professionals	전문 단체와 교육에 의해 인정된 최상의 업무실행 능력조직	열린 의사결정에 의해 인정받은 창의성 능력조직	디자인·관리·마케팅에 유능한 다방면 전문가
Basic Workforce	약간의 변화. 단, 업무마비 등의 위기 시 지속적인 업무수행을 위해 필요한 경우 제외	최선의 업무 수행방법을 위한 기회 제공	공장생산자와 현장 조립기술자의 다기능화
비용 Cost Benefits	30%까지 절감	40%까지 절감	50% 이상 절감
공기 Time Benefits	40%까지 절감	50% 이상 절감	80% 이상 절감
질 Quality Benefits	약간의 질적 변화	현실적 목표로서의 무결점화(Wero-defects)	적정 질 수준 지속적 유지 달성

출처: Bennett, John, 앞의 책, p.6.

• • • •

522 예컨대, 프로젝트 기획 시 이용자를 대상으로 인터넷 투표나, 의견을 반영하여, 건축 실행에 이용하는
방법이나 혹은 건축물 이용자의 의견을 반영하여 건축을 유지 관리하는 등이 이에 해당한다 하겠다.

523 건축의 특성상 건축생산은 현재에 이루어지나 이용이란 미래 상황이다. 따라서 미래상황의 예측을
위한 다양한 이용자의 행태나 요구 변화가 예측되어야 건축주의 최대가치 창출목적이 이루어진다.

기단축과 비용절감)에 기여됨이 예측된다.[524] 이러한 각 세대별 파트너링을 기술, 건축과정, 건축주의 역할, 업무 팀의 구성 내용, 참여전문가 구성 내용 등을 기준한 비교 내용은 〈표 4-5〉와 같다.

각 세대별 파트너링에서 특히 주목해야 할 사항은 건축주의 역할변화이다. 1세대 파트너링에서 건축주는 프로젝트의 핵심이자 구성원으로서 의사결정권자이다. 그러나 이러한 수직관계는 건축주와 공급자 간의 사익 추구경향으로 양자 간의 이익 균형이 도출될 수 없는 영합(zero-sum)의 관계가 형성된다. 즉, 건축주의 이익은 공급자의 손해로 혹은 공급자의 이익은 건축주의 손해로 연결되는 관계이다. 반면 2세대 파트너 관계에서는 건축주와 공급자 간의 수평적 관계 속에서 의사결정을 통한 이익균형이 도출되는 상생의 관계(win-win)가 설정된다. 즉, 건축주의 이익은 공급자의 이익과 직결된다. 이러한 2세대 파트너링의 한계는 건축에 직접적으로 관계된 관계자들의 이익을 보장하나, 이들 건축조직이 자신들의 이익 추구를 위한 집단적 공모(collective action)는 제어할 수 없다는 한계를 지닌다. 건축의 시작은 건축주로부터 자신의 이익창출을 위해 발현되지만 일단 지어지면 사회의 공공재화로서의 역할을 수행한다. 때문에 건축에 직접적으로 관계된 건축관계자의 이익뿐 아니라 공익 또한 배려되어야 한다는 것이 3세대 파트너링의 출발이며, 이는 건축 공익뿐 아니라 건축조직의 이익으로 되돌아간다는 것이 미래형 협력관계의 핵심이다.

따라서 3세대 협력관계의 건축조직은 건축주와 건축기술자뿐만 아니라 이용자까지도 포함한 마케팅을 전략으로 삼는다. 이와 같은 각 세대별 파트너링의 특성은 전문가의 개념을 바꾸었다. 1세대 파트너링은 각 분야의 전문단체와 최상의 업무실행 능력을 중시한다. 즉, 전문가가 소지한 자격요건이 중시되는 것이 1세대 파트너링이 요구하는 전문가상이고, 2세대는 다양한 시각에서 전체 조직의 새로운 발전을 이끌 수 있는 창의적 능력을

••••

524 Bennett, John, 앞의 책, p.9에는 1세대 및 2세대 파트너링의 현황 공기단축 및 비용절감의 결과와 함께 3세대 파트너링의 효용성 예측 그래프가 수록되어 있다. 이에 의하면 1세대와 2세대 파트너링의 공기단축은 각각 50%를 못 미치나 3세대 파트너링은 80%를 상회하는 것으로 전망하고 있고, 비용절감의 경우 1·2세대보다 3세대가 약진할 것을 예측하고 있으나, 큰 효용이 예측되지 않는다. 따라서 3세대 파트너링의 기대효과는 비용절감의 측면보다는 공기단축의 효과가 기대된다. 그러나 이 연구는 시공단계에 국한하고 있으므로, 설계단계의 연구가 보완된다면 또 다른 효용이 있으리라 사료된다.

우선한다. 때문에 2세대형 전문가란 자격요건뿐 아니라 지속적 학습을 통한 능력 보완(renewal)을 요구한다. 반면 3세대형 전문가란 외형적 자격요건이 중시되는 것이 아닌 다양한 전문 분야에서 실질적 능력범위에서 전문가가 창출되는 개념이다.

2세대 파트너링을 유지하는 주요 요소는 전략(Strategy), 참여자(Membership), 공정성(Equity), 통합(Integration), 기준(Benchmarks), 프로젝트과정(Project Process), 평가정보(Feedback)의 7가지이다. 여기서 전략이란 시공자(contractors) 그리고 분야별 전문가(specialist)들의 평가정보를 기초로 한 건축주(Client)의 목표와 조언방법의 개선·개발을 의미한다. 참여자란 필요 기술의 발전과 이용 가능성을 보증하기 위해 요구되는 회사(Firms)이다. 공정성이란 모든 관계자가 업무에 관하여 공정 가격에 기초하여 공평한 이익배당을 보장받는 것을 의미한다. 통합이란 협력(Cooperation)과 신뢰(Building trust)를 통하여 참여자들의 참여방법을 개선하는 것이고, 기준이란 프로젝트 전 과정에서 지속적 성능 개선을 위해 적정한 목표를 설정하는 것이며, 프로젝트 과정이란 최적 실행을 위해 업무 설계(Process engineering)에 근거해 진행절차를 표준화하는 것이다. 평가정보란 프로젝트와 전략개발을 이끄는 프로젝트 팀(Task forces)으로부터 정보를 획득하는 것을 의미한다. 2세대 파트너 관계에서 가장 핵심적인 것은 전략과 평가정보이다.

2.3. 영국의 전략적 파트너링 성공 사례 유형[525]

일반적인 건축과정은 설계단계의 조직에 의해 결정이 나며, 이후에 각종 엔지니어링들이 순차적으로 참여한다. 그러나 건축물이 대형화 첨단화 되어 가는 현대의 경우 이러한 순차적 참여는 건축물 완성 이후 유지관리의 효율성 및 건축물 생애주기 비용절감의 고려가 미흡하다 하겠다. 때문에 이러한 관점에서 최근 통합 건축설계(Whole - Building or integrated team process)의 개념이 시도되고 있다. 이는 건축관계자들이 건축과정에서 순차적으로 참여하는 전통적인 방식과 달리 초기단계부터 직접적인 이해

525 Bennett, John, 『The seven pillars of partnering: a guide to second generation partnering』, London, Thomas Telford, 1998을 바탕으로 분석한 것임.

관계자들(building owners, developers, architects, engineers 등)뿐 아니라 이용자들(homeowners, tenants, maintenance personnel, electricians)도 디자인 팀으로 참여하는 방식으로, 이를 프로젝트 파트너링이라 지칭한다.

프로젝트 파트너링은 과거의 컨소시엄의 방식과는 차이를 두고 있다. 바로 단기적인 관계에 불과했던 컨소시엄과는 달리 프로젝트 파트너링은 장기적인 관계 유지가 주요한 특성으로 포함되어 있다. 그러면서도 다른 건축조직과는 다르게 구체적인 TFT이나 Core Team을 가지지 않고, 필요에 따라 적절한 인력을 협력주체에서 공급받아 문제를 해결하고 해산하는 연계 팀의 방식도 차용하고 있다.

프로젝트 파트너링의 대표적인 사례는 현재 한국에서는 시행되고 있는 예가 없고, 라담 보고서 이후 건축조직의 패러다임의 변화를 적극적으로 활용한 영국에 산재해 있다. 그중 대표적인 예가 개발회사인 Gazeley Properties와 식품유통 회사인 Sainsbury, 그리고 자동차 회사인 Landrover Group의 영국법인이다.

(1) 파트너링을 통한 공급사슬관리

Gazeley Properties는 전형적인 개발회사임에도 영국의 대표적인 유통업체인 ASDA를 비롯한 여러 업체들과 분배 파트너 관계(Distribution Partnering)를 시작하면서 유통체인과 물류를 비롯한 다양한 분야에 건축주(Client) 혹은 투자자(Owner)로서 이익을 창출해 냈다.

(2) 파트너링을 통한 건축조직 참여방식 개선

식품 유통업체였던 Sainsbury는 건축기획 단계부터 시공조직과의 파트너 관계를 통해서 슈퍼마켓과 같은 그룹의 지점에 디자인과 시공에 있어서 기업 이미지를 효과적으로 관리할 수 있게 되었다. 하지만 실제로 이들이 신조합주의 방식을 추구한 이유는 바로 비용절감과 공기단축에 있다고 볼 수 있다. 이를 통해 갑작스러운 시장 변화에 능동적으로 적응할 수 있었던 것이다.

(3) 파트너링을 통한 건축경영 패러다임 변혁

반면 Landrover Group이 영국에 건설한 Design and engineering center는

신조합주의의 다양한 측면을 살펴볼 수 있는 사례라고 할 수 있다. 자동차 회사였던 GM과 Chrysler가 Lean Production의 기법을 도입한 것과 마찬가지로 Landrover Group도 기업 관리에 이를 적용하였다.[526] 이는 단순한 비용과 공기와의 문제가 아니라, 기업체제의 변화를 의미한다.

<표 4-6> 영국의 Project Partnering 사례

건축주	개선내용	도입시기	도입 이전 모델	Case
Gazeley[527] Properties (Developer)	비용: 40% 절감 공기: 40% 단축 품질: 무결점	1994	한정적 공급사슬 (limited Supply Chain, 80년대 후반)	 ASDA, West Bridgford, Nottingham, England
Sainsbury[528] (Client)	비용: 40% 절감 공기: 40% 단축 품질: 무결점	1994	CM (90년대 초)	 Sainsbury Greenwich Peninsula, England
Landrover's group[529] (client)	비용: 40% 절감 공기: 1년 단축	1980년대 후반	복수 공급업자와 경쟁입찰 (mulitple suppliers and competitive tendering, 80년대 초)	 Landrover's group design and engineering center, Gaydon, Warwickshire

• • • •

526 Bennett, John, opt. cit., p.38.

527 http://www.gazeley.com 참조, Bennett, John, 앞의 책, p.9.

528 http://www.sainsburys.co.uk 참조, Bennett, John, 앞의 책, p.10.

529 http://www.cabe.org.uk/default.aspx?contentitemid=1071&aspectid=23 참조, Bennett, John, 앞의 책, pp.38-39.

Part_5

건축조직의 대리유형
비교분석과 모델 제안

1 한·일의 개인책임 방식

창의적 디자인을 목적으로 설계자를 선택하는 방식이 아닌 설계안을 채택하는 방식으로 도입된 다양한 건축계약 방식은 일본의 경제 호황 마지막 시기인 1987년을 기점으로 시작되었다. 따라서 건축의 경제적 측면보다는 디자인의 질에 치중하는 방식이었으나 이후 일본의 경제 상황이 악화되면서 이러한 계약방식은 지속되지 못하기도 하였다. 이러한 중단에는 경제적 상황의 문제뿐 아니라 건축의 질이 과거 극단적 경제논리에서 극단적 디자인 논리로의 전향에 문제점에 있었다. 즉, 건축의 가치라는 것은 비용에 대한 디자인의 질에 대한 상대적 개념이라는 인식의 전환도 하나의 요소로 작용되었다. 건축의 리스 측면에서 보자면 개인 책임방식이 지니는 책임 집중으로 리스크가 분산되지 못한다는 한계의 발로라 하겠다.

건축조직에 있어 2중 구조화를 보이고 있는 한국과 일본은 건축조직 구성의 기본인 계약에 있어 1:1 혹은 M:1의 개인책임 방식을 취하고 있다. 건축의 사회성 측면에서 이를 해석하면, 사회적 행위에 대한 개인주의적 관점을 표방하는 베버의 관점으로 건축을 이해하고 있다.

예컨대 건축과정의 종합관리와 조정의 역할, 디자인을 주도하는 역할(MA), 설계자 선정에 역점을 둔 역할(Commissioner), 마스터플랜이나 설계지침(Key sentence or Design guideline)을 작성하고 이에 기준하여 디자인을 조정하는 역할이다.

이들 사례 중 Commissioner 방식과 MA방식은 건축실행을 건축가가 주도하고 있는 경우로, 건축가의 참여 역할에 따른 업무량, 즉 위임 건축가의 건축실행에 관여도 정도에 따라 구분된다. 예컨대, Commissioner는 건축설계단계에는 직접적으로 관여하지 않는 반면, MA는 건축기획·계획 및 실시설계 단계에도 관여하는 여러 가지 유형이 존재한다. 특히, MA방식은 최근 한국의 지자체에서도 공공 대규모 건축에 적극 활용하고 있는 방식이다.

1.1. 일본의 신뢰받는 건축가 모델

(1) MA 방식의 적용효과와 한계점

MA로 적절한 자격을 갖춘 건축가가 선정되었을 때는 건축주 주체의 권한을 위임받아 건축실행에까지 관여함으로써 양질의 건축을 실현할 수 있는 방식으로 발전할 수 있는 가능성이 크다. 그러나 이러한 강력한 권한으로 인해 도리어 많은 문제점을 야기할 수 있다는 사실도 주지할 만한 사항이라 할 수 있다.

이는 실제로 개발주체의 사업성 확보의지와 MA/MP의 디자인 중시 관행이 대립될 수 있기 때문이다. 이를 해결하기 위해서는 종래에 비제도적인 MA 선정 방식과 그 권한에 대한 명확한 기준을 제시할 필요가 있다.

또한 개발지역 내의 도시계획 시설의 위치나 형태조정 등은 MA의 권한범위가 아니어서 사업주체가 다른 부문에 대해서 적절한 대응을 할 수가 없다는 것도, 앞서 전술한 바와 같이 디자인 코드로 인해 건축가 창의성이 손상받을 수 있다는 점도 MA 방식의 한계라고 할 수 있다.

그럼에도 MA 방식은 사업성 판단부문과 디자인을 분리함으로써 건축주 주체의 설계기획력 제고에 큰 기여를 할 수 있으며 디자인 컨트롤 적용 과정상의 문제에도 불구하고 범용설계 방식과 함께 협력형 설계의 대표적인 방식이라 할 수 있다.

(2) 커미셔너 방식의 적용 효과와 한계점

커미셔너 방식은 비전문가인 건축주 주체를 대신하여, 전문가인 건축가가 커미셔너로 참여하여 개발주체의 의지를 이어가면서도 기본설계, 즉 마스터플랜과 실지 건설내용 간의 괴리를 줄일 수 있는 효과적인 건축 관계조직 중의 한 형태라고 할 수 있다.

이 방식의 장점은 우선 장기간의 건축계획 실행에 유리하다고 할 수 있다. 위촉된 커미셔너가 정보가 부족한 건축주 주체를 대신하여 마스터플 랜을 제시하고, 건축주 주체에게 위임받은 권한을 통해서 각 단계별 개발 에 연계성을 확보한다. 그러나 장기간 계획에 유리함이 예산 책정에 대한 문제점으로 작용하기도 한다. 이는 커미셔너 방식을 도입한 C · T · O 사 업과 K · A · P 사업이 가지는 차이점에서 확연히 드러난다.

C · T · O 사업은 종래에 이루어졌던 개발이 해당 지역의 건축가가 아 닌 다른 지역의 건축가가 참여함으로써 지역성에 대한 이해가 부족했다는 단점을 극복하기 위해 오카야마 현의 지역 건축가를 커미셔너로 채용을 한다. 그러나 지역 건축가라는 조건 때문에 대규모 프로젝트를 운용하는 데 있어서 예산책정에 대한 능력까지는 커미셔너 선정 조건에 포함이 되 지 않게 된다. 이에 초기 건축주 주체의 역할을 모두 위임받는 C · T · O 사업의 커미셔너는 예산운용에 대한 전문적인 조언을 받을 수 있는 창구 가 제한적으로 형성되었고, 결국 C · T · O 사업은 프로그램 운영 미숙으 로 소요 사업비가 점진적으로 증가하는 결과를 초래하게 된다.

반면 K · A · P 사업의 커미셔너 아라타 이소자키는 커미셔너의 역할을 건축가 선정에만 한정시키고 어드바이저, 즉 건축위원회를 통해서 예산운 영에 대한 자문을 충분히 얻을 수 있는 전문가뿐만 아니라, 다방면의 조 언을 구할 수 있는 위원들을 참가시키는 동시에 건축주 주체인 구마모토 현을 참가시켜 예산운영에 문제점을 현청이 시시각각으로 인지할 수 있도 록 하였다.

두 사업의 커미셔너와의 계약관계에서도 이와 같은 차이점은 분명히 드 러난다. 건축주 주체를 대리하는 성격이 강한 C · T · O 사업은 위탁 업무 수행으로 커미셔너가 4년 계약을 하고 오카야마 현 내 미술관 설계비에도 못 미치는 1년 수임료 1,000만 엔(¥)의 보수를 받는다.[530] K · A · P 사업 의 커미셔너 계약도 위탁 업무 수행으로 보수를 지불하나 매년 계약을 갱 신하여, 상황에 따라 계약을 조정할 수 있는 여지를 남겨 놓았다. 여기에 더하여 커미셔너 사무국 운영비는 별도로 지급되고, 커미셔너에 참여한 각 건축가들에게도 3인에게 2,000만 엔/년 정도로 지불하고 있다.[531]

530 대한주택공사 주택연구소, 앞의 보고서, p.40.

비록 1인당 나누어지는 보수에 있어서는 C·T·O 사업이 K·A·P 사업에 비해 높은 비율이라 할 수 있으나, 권한과 책임의 비중이 높은 C·T·O 사업은 실제로 커미셔너가 수행해야 할 업무가 상대적으로 K·A·P 사업보다 훨씬 더 과중하다. 또한 C·T·O 사업가 커미셔너의 개인 사무실을 커미셔너 본부로 사용하는 것과 달리 K·A·P 사업은 공식적으로 커미셔너 사무국을 운용함으로써 K·A·P 사업의 전체 계획만을 집중적으로 관리 운용할 수 있도록 하였다.

이와 같이 초기단계의 투자를 비롯하여 전체 관리적인 측면에서는 K·A·P 사업이 C·T·O 사업보다는 비용이 많이 투자되는 것은 사실이나, 전술한 바와 같이 장기적인 계획 측면에서 보았을 때는 효과적인 재원과 예산운용으로 인하여 더 효과적임을 알 수 있다.

물론 K·A·P 사업에 대한 문제점도 분명히 존재하고 있다. C·T·O 사업은 커미셔너의 재량권을 통해서 전체 계획을 일괄적으로 조정할 수 있는 키 센텐스, 즉 설계기본지침을 작성하여 장기적인 건축계획에 연계성을 가질 수 있는 반면, K·A·P 사업은 상대적으로 커미셔너의 권한이 약하고, 실행 건축가의 개성에 너무 비중을 둔 나머지, 전체 계획의 조화적인 측면에서 약점을 가지고 있다.

(3) 코디네이터 방식의 적용 효과와 한계점

넥서스 월드에 적용된 코디네이터 방식은 건축가들의 경쟁 심리를 유발하고 스스로의 협력방안을 모색하여 디자인 특성이 강한 주거단지를 만들 수 있다는 점에서 분명히 유리한 건축 관계조직이라 할 수 있다. 그러나 여러 건축가들의 협력체제는 코디네이터 주체에 대해 과중한 부담으로 작용할 수도 있으며, 이에 따라 사업기간 자체가 지연될 수도 있으며, 동시에 설계비도 과다하게 지출될 수 있다.

그래서 넥서스 월드에서는 프로젝트 프로듀서와 코디네이터가 나누어서 조정자 역할을 부담함으로써 프로젝트 자체의 목표였던 개성적인 주거단지를 창출해 낼 수 있었다. 그러나 이는 넥서스 월드만의 특수성일 가능

---

531 대한주택공사 주택연구소, 앞의 보고서, pp.51-52.

성이 크다. 이는 후쿠오카지쇼라는 기업이 프로젝트 프로듀서의 역할에 대한 비중이 크기 때문이다. 사실 후쿠오카지쇼는 엄밀한 의미에서는 사업자 주체로도 볼 수 있기에 넥서스 월드는 민관협력의 형태, 즉 제3섹터 방식과 코디네이터 제도의 혼합형으로도 볼 수도 있다.

이는 코디네이터 방식이 개별 단위별로 건축가를 위촉하는 방법으로는 우수하나, 장기적인 프로젝트의 경우 한계를 가지기 때문에, 다른 유형과의 혼합을 통해서 우수한 결과를 기대할 수 있을 것으로 사료된다.

위원회 방식의 위원회는 건축주, 건축실행 조직, 협력조직(supplier)이 참여하는 위원회가 조정의 주체가 된다. 따라서 이 방식은 리스크가 개인에게 집중되는 개인책임방식이 아닌 책임 공유방식이다. 반면 코디네이터 방식은 건축가가 코디네이터로 위촉되어 전체 조정 위원회에 대해 지배적인 입장에서 위원회를 통해 조정의 역할을 수행한다. 즉 건축가가 위원회 제도보다 코디네이터제도에서는 더 중요한 위치를 점하고 있다고 볼 수 있다.

(4) 위원회 방식의 적용 효과와 한계점

다양한 주체들이 참여한 위원회 방식의 건축 관계조직은 각 주체의 의견을 반영하여 전체적인 합의안을 도출하여 그에 따라 진행한다는 점에서 분명한 장점을 가지고 있다. 그러나 위원회 방식의 문제점은 전담자 위임 방식이 그 권한이 너무 집중된 데에 비해서, 각 주체가 위원회에 참여함으로써 그 권한이 분산된다는 데에서 찾을 수 있다.

전담자 위임 방식에서 커미셔너, 혹은 MA가 전체적인 계획의 관리를 건축주를 대신하기 때문에, 건축실행에 대한 조율과 디자인 관리에 있어서 건축주 주체의 권한을 가지고 여러 상황에 맞추어 더 융통성을 발휘할 수 있다. 하지만 위원회 방식에서는 각 주체들이 평등하기 때문에 하나의 결론을 내는 데에 있어서 많은 의견교환이 필요하다. 그로 인해, 디자인 가이드라인 같은 하나의 안이 결정되게 되면, 각 주체들은 그 안에 불합리한 점이 있어도 다른 주체들 간의 관계성 때문에 이를 시정하기에 어려움이 많이 따른다.

특히 마꾸하리 베이타운의 경우가 이런 위원회 조직의 한계성이 잘 드러난 하나의 예라고 할 수 있다. 반면 넥스트 21은 2단계로 실행구조를 단계별로 나누어서, 전체 계획에 관한 내용은 조정자, 즉 건설위원회가 전담을 하고 세부적인 실행계획의 조율에 있어서는 코디네이터인 주호설계감리 추진실이 맡은 이원적인 구조를 채택했다. 이런 이원화 구조가 더 위원회 방식의 권한을 약화시킬 수 있는 것처럼 보일 수도 있으나, 코디네이터는 조정 위원회에 주도적인 역할을 할 수 있는 방식이기에 이 두 구조가 혼합이 되면서 각자의 장점을 살릴 수 있도록 조직을 구성했다. 하지만 넥스트 월드에서는 위원회 방식 자체가 전담자 위임 방식이나 코디네이터보다 여러 주체의 의견을 고려하기 때문에 조정기간이 많이 필요한 제도인데다가, 이원화 체계로 인하여 더 많은 시간이 필요하다.

결론적으로 일본의 건축조직의 발전은 건축기획의 중요성을 부각시키면서 건축기획 단계의 개인주도형 방식인 commissioner, MA 등으로 발전되었다. 그러나 이러한 주도형방식에 있어 commissioner, MA가 기획 및 조정뿐 아니라 설계단계의 디자인에 직접적으로 개입함으로써 건축 리스크가 분산되지 못하고 있다는 한계가 있다. 또한 commissioner 방식의 경우 관 주도의 건축실행이었다. 즉, Main-bus가 공무원이었으므로 공무원의 입지가 바뀜에 따라 건축실행이 연계되지 못하고 중단되는 사례가 대부분이었다. 이는 건축주의 역할에 대한 이해부족의 발로인 것으로 공공건축에 있어서 건축주를 공공으로 한정하였기 때문이다. 건축에 있어서 Main-bus는 가장 안정적인 조직구조를 형성하여야 한다. 따라서 공공 건축의 건축주 조직은 이용자, 토지소유자 등 입지가 변하지 않는 조직이 참여하여 건축조직의 안정을 도모하여야 한다.

1.2. 한국의 공급자 중심주의 방식

한국에 있어 새로운 건축조직의 변화는 일본의 영향으로 시작되었다. 그러나 일본의 건축조직의 변화는 제도화된 것이 아닌 사회적 필요에 의해 발생되었으며, 선도적 리더의 변혁적 사고에 의한 출발이었다는 점에 비해 한국은 이를 수용함에 있어 주택개발 분야에만 제도적으로 수용하였을 뿐 아니라 일본 사례의 한계였던 이해관계자를 배제한 관 주도형으로 수용하여 사회적 공감대를 형성하고 있지 못하고 있다. 또한 일본의 경우 MA는 업무의 역할이 구체적인 데 비해 한국의 MA는 역할과 그에 따른 책임 등이 명확치 못하여 건축조직 내의 업무 중복의 문제가 내재하고 있다.

(1) 총괄계획가(MP)·MA

한국의 MA·MP방식은 전적으로 법적 근거에 근거를 두고 있기 때문에 환경변화에 유기적이지 못하다. 또한 건축주(참여자)를 배제한 관 주도의 공급자 중심주의는 사회적 갈등양상으로 도출되고 있으며, 업무가 MA·MP 개인에 집중하고 있어 건축리스크도 집중되어 있다. 예컨대, 형식적으로는 기획 및 조정의 역할을 담당하는 것으로 되어 있는 MA·MP는 디자인의 세부지침까지 관여하여 실질적으로 설계자의 창의적인 디자인 실행에 제한을 받고 있다. 반면 외국의 경우, 건축 실행조직의 업역화는 시장논리에 따르는 경우가 많다. 그래서 신조합주의의 관계조직 협력을 추구할 때는 각 주체 간의 업역에 대한 문제도 계약으로 규정을 짓는다. 그 대표적인 예가 바로 컨소시엄(Consortium), 즉 공동기업체이다. 공동기업체는 특정 프로젝트를 위해 단기간으로 계약을 통해 협력관계를 유지한다. 최근 한국에서는 외국 건축 설계회사가 진출하여 설계용역을 수행하는 경우가 많은데, 이때 국내 건축설계기업과 컨소시엄을 구성하는 예가 많다. 그것은 한국의 부가가치세법에 의해 실질적으로 용역 계약을 외국기업이 국내기업과 체결하는 데에 많은 난관이 있는 데에 따라 벌어지는 현상이라고 할 수 있다.

그러나 이는 장기적인 계획, 특히 주거지 재개발과 같은 경우에는 여러 주체들이 참가할 시에 이에 참여하는 공공과 민간이 합작을 통해 별도의 팀, 즉 법인을 구성하여 그 계약과 약관을 통해서 전체 계획을 관리하는 사례가 많다. 바로 이 방식이 제3 Sector 방식의 협력관계이다.

이 두 사례는 모두 건축실행 주체로서의 건축주와 이용자로서의 건축주가 다르다는 공통점과, 건축의 규모와 민간 건축주(넥스트 21)와 공공 건축주(마꾸하리 베이타운)라는 차이가 있다. 그럼에도 불구하고 이 두 사례는 모두 코디네이터를 활용하고 있다. 즉, 건축계약에 따른 건축조직 구성은 건축물의 규모보다는 건축주가 추구하고 있는 건축개념이 건축조직의 형태에 큰 영향을 주고 있다.

영 · 미의 책임공유 방식

한국과 일본의 건축조직이 단일 조직의 책임에 의존하는 방식으로 발전되고 있는 반면 영국과 미국은 조직 자체보다는 조직의 관리 혹은 건축물 관리에 초점을 맞춘 협력조직의 양상을 보이고 있다. 특히 협력은 <u>커뮤니케이션과 정보흐름 관리에</u> 집중하고 있으며, 이때 다양한 이해관계의 조정을 위하여 건축에 직접적인 이해관계가 없는 <u>제3의 조직(facilitator)을</u> 활용하여 건축을 객관적으로 관리하고 있다는 특징이 있다. 이는 건축조직의 도덕적 해이를 방지하여 건축의 사회적 책임을 다하고 궁극적으로 건축조직의 효용을 높이기 위한 수단으로 등장하고 있다. 이때, 영국은 정부가 건축 서비스 프로그램을 개발하여 건축조직과 함께 공조하여 건축의 사회적 책임을 수행하고 있다는 특징이 있다. 또한 건축조직 구성원의 역할은 세분화 전문화하여 조직의 외적 규모는 거대해지고 있으며, 건축조직의 운영구조는 영구조직과 임시체제 조직을 활용하여 효율적으로 운영하고 있다.

2.1. London Partnership의 시사점

공공 – 공공, 공공 – 민간, 민간 – 민간으로 구분될 수 있는 London Partnership의 사례에서는 2단계로 나누어진 제3 Sector 방식의 적용 수법을 확인할 수 있다. 어떠한 유형의 파트너십이든 간에, London Partnership은 기본적으로 각 영역, 그러니까 업역을 대표하는 Sector들을 구성하고, 이 업역들이 다시 하나의 협력관계를 이루는 이중구조를 이루고 있는 것이다.

이와 같은 London Partnership의 제3 Sector 방식은 어떠한 프로젝트이든 간에 전문가와 비전문가 모두 균등하게 협력에 참여할 수 있고, 또 단기별로 이루어지는 다양한 프로젝트가 각 파트너십이 공동으로 목표하고 있는 개발목표에 부합하면서 연속성을 확보할 수 있는 방안을 창출하기 위해 도입된 것이다.

그러나 이중 구조의 제3 Sector방식은 협력관계 조직을 더욱 방만하게 만들어 현재 앞서 언급한 한국의 제3 Sector 방식의 문제점들을 더욱 크게 만들 수 있다. 더욱이 현재 런던 시가 관리하고 있는 7개의 London Partnership은 〈표 4-3〉에서도 알 수 있듯이 여러 파트너십에서 지역 자치구들이 중복적으로 참여되어 있고, 공공기업과 민간기업뿐만 아니라 참여 민간인들도 상황이 유사하다. 그래서 런던공사와 같이 직접적인 파트너십의 참여자로, 참여자가 아니었을 때는 객관적인 자금관리와 자산운영을 할 수 있는 공공기관이 민간과 공공을 대변하는 대리자로서 파트너십 조직에 필수적인 주체로 부각되게 된 것이다.

여기서 런던공사와 같은 조직의 존재는 분명히 여러 면에서 의견의 조정과 결정에 신속함을 더해서 조직의 운영을 원활하게 해 주는 요소가 되겠지만, 런던의 7개 파트너십처럼 규모가 방대해지면 결국은 런던공사가 가지는 권한과 업무는 비대해지고, 결국은 권력화될 가능성이 높다. 이는 수평적인 조직 간의 협력을 중요시하는 파트너십의 관계성에 훼손을 가하게 되고, 동시에 런던공사가 권력화 될 가능성이 높다.

2.2. project partnering과 strategic partnering

미국식 project partnering 방식은 전적으로 document solution 방식에 입각하여 자율적 건축조직 형성에는 선도적이다. 그러나 이러한 전적인 document solution 방식은 건축조직의 실질적 협력보다는 책임의 소재를 명확히 하려는 경쟁논리에 의해 장기적 관계형성을 통한 협력의 시너지 효과를 얻기 어렵다. 다음으로 영국의 전략적 파트너링은 신뢰 기반의 건축조직 구성을 하고 있으나 이는 공공건축에 국한되어 있다는 한계를 지니고 있다.

 제2절 모델 제안의 분석적 전제

1 건축조직의 장애요인 통제

1.1. 2중구조 통제

(1) 단순한 건축관계자 규정과 역할의 중복규정

건축기술자의 역할은 '건축법', '건설산업기본법', '전기공사업법', '건축사법', '엔지니어링 육성법', '건설기술관리법', '주택법' 등에서 각각 규정하고 있으나, 건축기술자는 설계자, 시공자, 감리자로 단순하게 규정하고 있다. 따라서 건축 리스크(responsibility & cost)는 이들 관계자에게 편중되고 있는 반면, 업무의 내용에 있어서는 각 법에서 중복 규정하고 있어 건축공사 과정에서 업무의 중복이나 업무의 회피현상으로 나타나고 있다. 또한 복잡화 양상으로 현대건축 시장은 다양한 건축관계자들(non-technical profession)을 요구하고 있다. 그러나 이들 비기술자들은 건축법 규정의 근거가 없다.

(2) 소비자의 참여가 배제된 공급자 중심주의 조직통제

현대건축의 특징 중 하나는 대규모화이다. 이는 이해관계자가 다양해지고 있음을 의미한다. 그러나 한국의 관 주도의 규제논리는 이해당사자까지도 건축과정에 배제시키고 있다. 따라서 이러한 건축은 사회의 공감대를 형성하지 못하고 사회적 갈등 구조를 양상하며, 건축주의 건축 불신을 초래하여 건축 산업의 침체를 초래한다. 반면 외국의 건축조직은 시장원리에 입각하여 구성되고 있어 환경변화에 신속히 대응할 수 있으며, 건축 내용에 따라 적절하게 건축조직을 구성하고 있다. 결과적으로 시장의 요구에 빠르게 대응하고 있는 외국에 비해 한국은 건축 관리의 비효율성으로 인하여 건축 경쟁력이 떨어질 수밖에 없는 상황이다.

(3) 건축법의 기술방식

①, ②를 포함한 건축법에 의한 건축조직 관리의 문제는 건축법의 기술방식의 문제로 집약된다. 외국의 건축법 규정은 건축법이 추구하는 목적만을 기술하고 있는 반면, 한국의 건축법 기술방식은 행위주체 명시와 함께 행위목적(performance base)을 기술하고 있다. 건축 행위주체의 명시의 목적은 책임의 소재를 분명하게 하기 위함이다. 그러나 불확실성이 많은 건축 실행과정의 책임을 법으로써 관리하는 것은 한계가 있을 뿐 아니라, 공공의 안녕과 질서유지 및 삶의 질 향상이라는 건축법의 근본 취지에도 부합하지 않는다. 책임은 역할의 반대급부로 발생하는 것이다. 현대건축에 있어 건축관계자의 역할은 고정적인 것이 아닌 유동적인 것이며, 관계 치환적인 것이다. 따라서 비탄력적인 법으로써 유동적인 역할을 명확히 규정할 수 없고, 결국 책임 규정 또한 불확실함을 의미한다. 이렇듯 불확실한 법은 분쟁의 소지일 뿐 사회·경제적 실익이 없다.

그러므로 건축법의 기술방식은 현행 행위주체를 명시하고 있는 기술방식에서 건축의 안전을 목적으로 하는 행위목적 기술방식으로 전환되어야 함이 타당하다.

또한 경제·사회의 질서로 대별되는 법은 역으로 경제·사회의 요구가 모여 하나의 규칙으로 존재하는 것이다. 따라서 현황 건축조직의 2중 구조는 경제·사회의 요구에 따라 시장의 원리에 맡겨져야 한다. 즉, 건축과정의 역할 수행에 따른 책임은 건축계약으로 정해져야 한다.

1.2. 획일적 건축계약 방식

건축조직의 형태를 결정하는 건축계약 방식의 구성은 설계와 시공단계를 포함하여 이루어지고 있다. 예컨대, Design – bid – build 혹은 Design – build. 그러나 건축은 프로젝트 단계별로 업무 특성을 지니며 그에 따라 요구되는 조직도 다르다. 그러나 한국의 경우 프로젝트의 특성과 무관하게 대부분의 건축계약 방식이 Design – bid – build로 이루어지고 있다. 프로젝트 특성에 맞는 건축 설계 단계별로 다른 계약방식을 의미한다. 이는 기존에 없는 새로운 계약방식을 의미하는 것이 아니라 각각 장단점을 지닌 기존의 건축계약 방식의 혼용을 통한 변형적인 계약방식을 의미한다. 또한 이러한 계약방식은 건축 전 과정을 일괄하는 계약이 아닌 건축 단계별 업무특성에 맞는 계약방식의 선택이다. 이러한 주장의 배경에는 건축계약 방식이란 각각의 장단점이 있으므로 절대적 효율을 보장하는 것이 없다는 점 때문이다. 따라서 건축계약 방식은 각 장점이 취해져야 효율적 건축조직 구성이 가능하다. 또한 건축은 각 단계별 업무 특성이 있다. 그럼에도 이러한 업무 특성을 표준화하여 건축 전 과정을 하나의 계약방식으로 수행한다면 건축의 특정 단계에서는 효용을 보장받을 수 있을지 모르나 그 외의 과정에 있어서는 비효율을 초래한다. 결국 건축 전체의 효용을 저하시키는 요인이다.

그러므로 건축계약 방식은 기획단계의 계약방식과 설계단계의 계약방식 및 시공단계의 계약방식이 달라져야 하며, 단계별 업무에서 요구되는 특성에 따라 기존의 여러 계약방식을 혼용하여 사용한다. 즉, 건축조직은 프로젝트 특성에 맞는 건축 단계별 다양한 건축계약 방식의 혼용을 통해 구성되어야 한다.

(1) 건축기획 단계의 신뢰 기반의 위탁계약

산업의 발달에 따라 주체(건축주) 개인에 의한 행위는 한계를 지닌다. 따라서 근대의 대리제도가 등장하였으나 대리제도를 통한 위임계약은 기본적으로 모든 책임을 건축주에게 귀속시킨다. 그러나 이러한 대리제도는 급변하는 정보화시대의 현대건축은 건축주 개인이 모든 의사결정을 주도하는 것의 한계를 가져왔다.

따라서 건축주에 의한 의사결정권은 대리인과 공유되어야 하며, 이는 대리의 패러다임 변화를 의미하는 것으로 건축기획 단계의 건축주와 대리인의 계약은 위임계약이 아닌 신뢰 기반의 위탁계약으로 전환되어야 한다. 이때 건축주와 대리인의 관계는 공동운명체적 파트너관계로서 책임을 공유하며, 이들은 하나의 건축주 조직을 형성하고 건축주 입장에서 건축 과정을 선도하는 역할을 수행한다.

(2) 건축설계 단계의 리스크 분산형(partnering) 건축도급 계약으로의 전환

한국의 건축계약 방식은 건축주가 책임을 단일조직에 전가(Design-build)할 것인지 혹은 설계 혹은 시공조직에 분산(Design-bid-build)시킬 것인지에 따라 구분되고 있고, 대부분 후자에 의한 계약방식이 채택되고 있다. 그러나 다양한 건축정보가 요구되는 현대건축에 있어 이 두 조직의 건축정보만으로 건축의 효용을 얻기 힘들며, 급변하는 건축 환경의 예측 불가능 리스크를 이 두 조직에 집중시키는 것은 또 다른 건축리스크 요인으로 작용한다.

따라서 건축계약 방식은 건축의 리스크를 분산시킬 계약방식으로 전환되어야 한다. 여기서 리스크의 분산이란 다양한 이해관계자에 의한 공유 가능한 건축목표의 설정과, 건축과정의 공동 의사결정을 통한 책임분산을 의미한다.

1.3. 건축정보 구조의 문제와 해결방안

건축정보의 문제는 정보교류, 정보부족, 정보 제공자의 범위인식 및 건축주의 건축리스크 전가불가(轉嫁不可)의 문제로 구분할 수 있다.

(1) 정보 교류의 문제와 해결방안

일반적으로 한국의 건축조직은 위계적 나무구조를 취하고 있다. 따라서 정보의 흐름은 일방향으로 이루어진다. 따라서 책임이 의사결정권자 개인에게 집중된다는 리스크 집중과 하위 구조의 구성원은 전체적인 업무를 파악할 수 없고, 결과적으로 업무개선의 창의성을 발휘할 수 없다. 또한 정보의 흐름은 건축 설계 단계별로 단속(斷續)적이다. 이는 건축 단계별 가치정보가 연계되지 못함을 의미한다. 때문에 건축과정에 발생하는 문제 해결은 예측대응이 아닌 사후적일 수밖에 없고, 업무의 중복이라는 비효율의 문제가 발생하고, 건축 관리에 있어 건축의 통합적 서비스 관리(Total Quality Service)가 어려워 건축주의 만족을 얻기 힘들다. 결국 이러한 건축조직의 정보구조는 건축의 효율성을 저하시키는 장애요소로 작용한다. 건축에 있어 가치는 비용에 대한 질의 상대적 개념으로 이러한 가

치는 건축 전 과정의 정보 수집을 통해 예측되며, 연속적 가치흐름(value chain)을 구성해야 한다.

그러므로 효율적 건축조직의 구성은 ① 건축설계 단계별로 다양한 정보 공급주체로 구성된 팀 조직이 건축 단계별로 정보 공급의 체인(information supply chain)을 형성하여 정보의 단속을 막는다. 이는 정보구조에 있어 Main Bus 개념으로, 건축주는 정보구조의 핵심인 Main Bus가 된다. 이때 Main Bus는 건축설계 단계별로 기획된 전략 팀을 필요에 따라 가세시켜 건축을 실행시키며, 단계별 업무 수행이 완수, 혹은 바로 이전 시점에서 다른 팀들과 정보를 연계하며 교체해 나간다. 팀 조직이 건축설계 단계별로 교체되어도 Main Bus인 건축주의 건축정보는 축적되어 건축정보의 주체로서 리더의 역할 수행이 가능하다. ② 이러한 팀 조직의 의사결정은 팀 조직 내의 합의형성에 기반하며, ③ 팀의 리더는 패러다임의 변화를 주도할 수 있는 리더십이 있어야 한다.

(2) 정보 부족의 문제와 해결방안

현대건축조직에 있어 정보 불균형에 의한 대리인 문제는 근본적인 문제이다. 이 경우 주체와 대리인의 근본적인 문제를 다루는 정보경제학의 대리인 이론은 정보부족의 문제를 양적인 문제로 파악하고, 그에 따른 문제로 건축주의 부적합한 건축기술자 선택(逆選擇)이나 건축기술자들의 공모(moral hazard)를 통한 건축주의 손해(agency cost)문제로 파악하고 있다. 그러나 현대기술의 발달로 양적으로는 충분히 제공되고 있는 정보의 문제는, 전통적 대리인 이론으로는 접근하기 어렵다. 즉, 현대의 정보부족은 절대적인 양적(know - how)인 문제가 아니라 선택능력(how - know)의 문제라는 점과 발전한 고도의 전문기술이 건축설계에 활용됨에 따라 정보의 부족은 건축주만의 문제가 아닌 건축기술자들의 문제이기도 하다는 점 때문이다. 따라서 건축주만의 문제로 파악되었던 공모는 역으로 건축주의 공모(double moral hazard)로 덤핑 등의 문제가 야기되고 있으며, 건축주의 공모는 일시적인 비용절감의 효과는 가져올 수 있으나 결국 건축의 질을 저하시키는 요소로 작용되어 궁극적으로는 건축주의 손해이다.

그러므로 건축의 가치 창출을 위한 현대의 효율적 건축조직 구성을 위해서는 건축주의 정보 부족을 보조할 정보 제공자는 건축기술자만이 아니라는 인식전환이 필요하며, 건축조직에 있어 건축주, 건축기술자 외의 제3자(non technical cross – functional team)의 개입이 필연적이다. 예컨대, 이러한 제3의 대리인은 건축정보 환경의 가장 큰 불확실성의 요소로 작용하고 있는 정치경제정보를 제공할 경제 대리인(facilitator)과 법률 대리인(advisor)이다. 이들 대리인은 조직 내외의 건축 가치정보의 흐름을 연계하여 경계 없는 자율조직 조직구성을 촉진한다.

(3) 건축주의 건축리스크 전가불가(轉嫁不可) 유인과 해결방안

현대 첨단화되고 있는 건축에서 정보부재가 건축주만의 문제가 아니라는 점은 건축주가 건축기술자에게 전적으로 리스크를 전가할 실익이 없다는 것을 함의한다. 일반적으로 건축의 리스크는 크게 책임의 문제와 그에 수반된 비용의 문제로 함축되며, 이때 건축계약은 건축주의 책임전가나 회피 방식으로 이해될 수 있다. 그러나 현대의 첨단화 고도화되는 건축실행을 위한 정보는 건축 기술에 국한한 것이 아니며, 다변하는 정치·법률 환경은 직접적 건축정보 이외의 간접적 건축 정보환경을 구성하고 있다. 따라서 현대건축실행에 있어 건축주의 책임은 건축기술자에게 완전히 전가되거나 건축주가 회피할 수 없는 문제가 되었다. 그러므로 건축주는 건축으로 인한 이익창출의 극대화를 위해서는 건축조직 문화의 패러다임 변화를 주도하는 리더로서의 역할과 건축 참여는 필연적이다.

1.4. 건축의 가치판단 문제와 해결방안

건축의 가치(value＝quality/cost)는 시대의 변화에 따라 그 판단기준이 다르다. 현대건축의 가치기준은 지속 가능한 개발로 대별되며, 이는 건축의 사회적 책임을 요구하고 있으며, 건축의 가치결정 단계를 시공단계에서 건축설계 단계로 전향시켰다. 따라서 건축의 미(美)라는 것을 객관성이 결여된 심미적인 요소로서 가치로 환산할 수 없다는 전통적 사고방식에서 기인된, 즉 건축의 미적 요소를 배제한 구조와 기능의 입장에서 바라보는 건축

가치판단 기준에서, 현대에 있어 미적 요소는 부가가치 창출의 핵심적 요소라는 인식의 전환을 가져왔다. 그러나 조직문화의 안정적 특성은 변혁적 리더십(transformation leadership)이 없으면 변화하기 힘들다.

그러므로 건축조직의 패러다임의 변혁의 리더는 건축의 궁극의 향유자인 건축주가 주도해야 한다. 이러한 변혁은 건축주 개인으로서는 수행하기 힘들며, 자율성, 사회적 대응성, 능동성, 목표지향성, 비판적 사고의 틀 및 독자성을 지닌 효율적 추종자(Effective Follower)가 필요하다. 이 추종자는 건축주와의 관계에 있어 신뢰에 기반하며, 계약관계에 있어서는 위탁계약 관계이다.

⊟ 건축조직 경영

2.1. 건축조직의 형태, 규모, 구조

건축조직은 건축과정에 요구되는 전체 조직이 고정되어 있는 것이 아닌 2중 구조를 띤다. 2중 구조란 고정되어 있는 핵심조직과 임시체제적 팀조직이 유기적으로 운영된다. 팀 조직은 임무 수행과 동시에 해체되어 다른 임무를 수행하기 위한 팀 조직을 결성하며, 업무 수행 시 보유된 건축가치 정보는 고정 핵심조직에 연계된다. 또한 조직의 규모는 3-7인의 소규모 조직으로 운영되고, 임시체제 조직의 조직 간 연계는 자율적으로 조직화되고, 이들 팀 조직을 연계할 연결자가 존재한다.

2.2. 건축조직 거버넌스

건축조직은 조직화되지 않고 자율적으로 필요에 따라 조직화되는 경향에 따라 기존의 조직 관리는 통제적 관리 개념에서 건축조직이 자율적으로 의사 결정하고 창의적 건축을 할 수 있는 환경을 조성하는 것이 건축관리라는 개념으로 전향되었다.

2.3. 변혁적 리더와 효율적 추종자로 구성된 건축주의 조직화

급변하는 현대사회는 건축경영 패러다임에 있어 디자인 창의성을 위한 건축조직은 리더십이 요구된다. 리더십의 요구 유인은 첫 번째로, 현대건축조직의 이해관계의 복잡화에 따른 이해관계의 상충의 문제와 두 번째로, 조직문화의 경직적 관성에 따른 패러다임의 변화의 속도를 따르지 못하는 조직문화의 특성이 기인한다. 이러한 조직의 구조적 문제를 해결하기 위해서는 건축의 궁극의 향유자인 건축주가 담당하여야 한다. 그러나 대규모 건축의 경우라면 건축주는 여러 형태, 즉 이용자, 소유자, 주민, 디벨로퍼, 정부 등으로 존재하며, 소규모 건축일 경우라도 건축주 개인적 역량으로는 복잡한 현대건축의 리더업무 수행이 어렵다. 따라서 건축주를 보조할 조력자가 요구된다. 이때 보조자의 역량은 자율적·능동적·객관적 판단력이 있는 효율적 추종자여야 한다. 즉, <u>현대의 건축주는 개인이 아닌 조직으로 인식해야 하며, 건축주 조직은 의사결정 조직이 아닌 건축조직 목표와 문화를 선도하는 조직이다.</u> 또한 건축주 조직은 설정된 목표를 건축 전 과정을 통해 지속시킨다. 혹은 건축의 장기적인 경우 건축 환경 변화에 따라 수정해 나가기도 한다.

특히 현대의 거대하고 복잡한 건축조직을 효율적으로 관리하고 이끌기 위해서는 새롭게 요구되는 바로 변혁적 리더십이다. 변혁적 리더십의 특성은 정보학의 에이전트에서 파생되었기 때문에, 어떤 정보나 자산의 소유보다는 그 가치의 흐름을 컨트롤하고 연계하는 역할을 하고 있다. 그러면서 변혁적 리더가 조직에 있어서 가장 큰 역할을 하는 것은 바로 새로운 사회적 패러다임의 수용을 선도한다는 것이다.

이와 같은 변혁적인 리더십의 대표적인 예가 바로 'Design Champion'이다. Design Champion은 실제로 건축에 있어서 디자인을 수행하는 실무자가 아니라, 계획의 개방성과 연속성을 보장하면서, 목표를 향해 전체 조직이 매진할 수 있는 환경을 조성하는 일종의 거버넌스라 할 수 있다.

반면 효율적 추종자에 대한 개념은 과거 지배자에게 수동적인 입장으로 봉사하던 역할에서 벗어나, 일종의 분배된 리더십의 일익을 담당하여 변혁적인 리더십의 파트너로서 역할을 하면서 능동적으로 건축 실행을 수행하는 것이다.

이와 같은 변혁적 리더와 효율적 추종자의 역할은 앞선 4장의 자동차 3사의 사례 중에서 팀 형성 모델에서 그 초기 모델의 전형을 발견할 수 있다. 팀 형성 모델은 건축에 관여한 건축주체들이 파트너가 되어 팀을 구성하여 건축주의 입장에서 건축을 실행하였다. 그러나 팀 형성 모델을 각 주체의 사이를 연계하는 조정자의 역할이 없기 때문에, 완벽하게 조직의 내부와 외부가 연계된 열린 구조의 조직이라고는 할 수 없다. 그에 비하여 영국의 파트너십 사례나 영·미의 파트너링 사례를 보면, 각 참여주체들이 수평적인 연계 구조를 맺고서, 장기적인 관계를 지속하면서 외부의 조정자들을 참여시켜, 새로운 패러다임의 수용을 적극적으로 선도하고 있음을 확인할 수 있었다.

2.4. 제3자의 개입을 통한 의사결정 구조

현대건축의 복잡한 이해관계와 건축조직의 근본적 대리문제는 건축에 직접적인 이해관계자들로 구성된 건축조직으로는 건축의 효용을 극대화할 수 없다. 또한 복잡한 이해관계의 건축에 있어 건축의 성패를 좌우하는 중요한 요소 중 하나가 이해조정이다. 따라서 건축에 직접적인 이해관계가 없는 제3의 전문가를 통한 커뮤니케이션은 이해조정과 함께 건축의 효용을 높이는 장치로 인정받고 있다.

1 모델의 개념

이러한 분석을 바탕으로 한 건축 설계단계의 효율적 건축조직 모델의 개념은 리스크의 분산과 이해의 조정을 통해 건축과정의 불확정성 요소를 제거하기 위한 다양한 정보 제공자가 참여한 팀 형성 모델로 첫 번째는 건축경영을 바탕으로 비효율(浪費)을 줄이는(Lean) 조직, 두 번째는 연계(matching) 개념이다.

1.1. Lean concept: 건축조직 관리 개념

이 개념은 건축 설계단계의 낭비를 없앤 지속적 조직 관리를 통한 통합 서비스 관리(Total Quality Service)를 의미하는 것으로 Lean Design을 의미한다. 이는 패러다임 변화에 따른 건축의 가치 재인식과 건축주의 만족을 목표로, 건축에 참여하는 모든 이해관계자들과 정보흐름을 촉진할 수 있는 커뮤니케이션 시스템을 통해 비용을 절감하고, 책임을 분배하는 것이다. 따라서 건축조직은 ① 건축 가치의 창출단계를 파악하여 건축의 가치 흐름(value stream)을 연계하고, ② 건축주의 입장에서 건축의 가치를 인식하며, ③ 건축 설계단계의 진행은 순차적으로 진행되는 것이 아니라 동시에 수행하여 업무의 중복 등 낭비를 없애고, ④ 건축 설계단계에 지속적으로 정보가 흐를 수 있도록 관리하며, ⑤ 건축설계 단계별 지속적 업무 개선 즉, 피드백이다.

(1) 건축조직 구성과 관리

한국의 건축조직은 업무수행에 있어 순차적이다. 이는 건축가치 정보의 단속을 초래하여, 건축과정에 발생하는 문제해결은 예측대응이 아닌 사후

적일 수밖에 없고, 업무의 중복이라는 비효율이 발생한다. 따라서 건축조직 구조는 건축설계 단계별 구조가 아닌 업무특성 단계별 구조로 전환되어야 한다. 또한 조직 전체의 건축 가치정보의 흐름(value stream)을 촉진하고, 지속적 관리를 할 수 있는 조정자(facilitator) 및 체계(Total Quality Service)와 사회의 패러다임을 비판적이고 객관적인 시각으로 수용할 수 있는 변혁적 리더(Transformation Leader)가 필요하다. 여기서 관리란 통제(control)를 의미하는 것이 아닌 조직문화 환경을 조성하는 거버넌스(Governance)의 개념이다. 즉, 조직구성은 건축기술자 외에 다양한 전문가를 포함한 팀(non technical cross-functional team)에의 요구와 건축주의 인식변화를 의미한다. non technical cross-functional team 조직은 건축 전 과정을 주도하는 고정된 조직(Third Sector)형이 아니라, 건축 단계별 필요에 따라 구성원을 달리하며 이합집산하는 신조합형이다. 변화에 빠르게 적응하기 위해서는 조직의 구조는 단순해야 함과 동시에 고정적이라기보다는 임시 체제적이어야 하기 때문이다. 이는 복잡 첨단화되고 있는 현대건축에 있어 조직 관리의 비용증대로 인한 비효율적 요소를 통제하는 수단이며, M형 사회(Multidivisional Form Society)에서 요구되는 패러다임이기도 하다.

그러므로 이는 건축조직 관리에 있어서는 건축 설계단계의 통합적 품질관리 서비스(Total Quality Service), 즉 **Lean Design**이며, 건축정보 관리에 있어서는 가치흐름(**value stream**) 관리이다.

① 건축조직 규모와 운영의 낭비관리

복잡화되고 있는 현대건축은 건축조직의 비대화는 필연적이다. 그러나 비대한 조직은 패러다임 변화에 적응성이 떨어진다. 따라서 건축조직은 건축시장의 경쟁력을 확보할 수 없다. 또한 비대해진 조직은 관리의 비용을 증대시켜 건축비용을 증가시키는 비효율 요인이다. 그러므로 이러한 비대한 건축조직을 건축 전 과정에 상시적으로 운영한다는 것은 그 자체가 리스크 요소이다. 그러므로 효율적인 현대의 건축조직은 프로젝트 단계별로 필요에 따라 이합집산하는 소규모(3-7인)의 임시 체제로 운영되는 신조합조직이다. 이러한 소규모의 조직은 패러다임 변화에 적응성이 빠르며, 건축 단계별 업무 특성과 필요에 따라 구성되었다가 임무가 완료되면 해체되므로 조직관리 비용의 낭비를 통제할 수 있다.

② Facilitator를 활용한 건축 가치정보 흐름 관리

건축의 가치는 어떤 특정 단계에서 창출되는 것이 아닌 단계별 건축가치의 흐름의 연속을 통해 창출되는 것이다. 따라서 건축의 통합적 서비스 관리(Total Quality Service)를 위한 정보의 Main-bus 조직이 요구된다. 이러한 Main-bus 조직은 조직구조에 있어 위계를 형성하지 않으며 수평적 관계이다. 이때 수평적 관계유지를 위한 이해관계 조정자가(facilitator) 요구되며, 조정자는 조직 내, 조직 간 이해관계를 조정할 뿐 아니라 건축 환경 정보를 건축조직과 Main-bus 조직에 연계하여 건축경영 패러다임을 조장(facilitate)한다.

이 연결자(facilitator)는 건축조직의 변혁적 리더인 건축주와 그의 효율적 추종자(effective follower)로 구성된 팀으로, 조직 내부의 커뮤니케이션 활동을 조장하며, 건축 환경 정보를 조직 내부에 연결하는 역할을 수행한다. 이들 연결자의 객관성을 유지하기 위해서 이들은 건축에 직접적인 이해관계자가 없는 구성원으로 조직한다. 즉, 연결자는 고정조직(Main-bus)과 조직 간 혹은 조직 외부의 정보환경 연계 유지 작용을 통해 경계 작용적 구조(boundary-spanning units)를 형성하여 패러다임 변화에 신속히 적응하는 효율적 건축정보 조직구조를 유지하게 된다.

(2) Facilitator를 활용한 수평적 네트워크형 건축정보 구조

건축의 가치는 어떤 특정 단계에서 창출되는 것이 아닌 단계별 건축가치의 흐름의 연속을 통해 창출되는 것이다. 따라서 건축의 통합적 서비스 관리(Total Quality Service)를 위한 정보의 Main-bus 조직이 요구된다. 이러한 Main-bus 조직은 조직구조에 있어 위계를 형성하지 않으며 수평적 관계이다. 이때 수평적 관계유지를 위한 이해관계 조정자가 요구되며, 조정자는 조직 내, 조직 간 이해관계를 조정할 뿐 아니라 건축 환경 정보를 건축조직과 Main-bus 조직에 연계하여 건축경영 패러다임을 조장(facilitate)한다.

1.2. 건축조직의 리더십

급변하는 현대사회는 건축경영 패러다임에 있어 건축조직의 협력은 리더십이 요구된다. 리더십의 요구유인은 첫 번째로, 현대건축조직의 이해관계의 복잡화에 따른 이해관계의 상충의 문제와 두 번째로, 조직문화의 경직적 관성에 따른 패러다임의 변화의 속도를 따르지 못하는 조직문화의 특성이 기인한다. 이러한 조직의 구조적 문제를 해결하기 위해서는 건축의 궁극의 향유자인 건축주가 담당하여야 한다. 그러나 대규모 건축의 경우라면 건축주는 여러 형태, 즉 이용자, 소유자, 주민, 디벨로퍼, 정부 등으로 존재하며, 소규모 건축일 경우라도 건축주 개인적 역량으로는 복잡한 현대건축의 리더업무 수행이 어렵다. 따라서 건축주를 보조할 조력자가 요구된다. 이때 보조자의 역량은 자율적·능동적·객관적 판단력이 있는 효율적 추종자여야 한다. 즉, 현대의 건축주는 개인이 아닌 조직으로 인식해야 하며, 건축주 조직은 의사결정 조직이 아닌 건축조직 목표와 문화를 선도하는 조직이다. 또한 건축주 조직은 설정된 목표를 건축 전 과정을 통해 지속시킨다. 혹은 건축의 장기적인 경우 건축 환경 변화에 따라 수정해 나가기도 한다.

1.3. 건축조직과 정부의 노력을 통한 건축의 사회적 책임인식

건축은 정치 환경에 민감하며, 특히 2중 구조화되어 있는 한국의 건축은 더욱 그러하다. 따라서 효율적 건축조직 구성을 위해서는 정부의 노력이 요구된다. 이러한 요구 유인에는 건축의 직접적 이해관계자로 구성된 건축조직의 도덕적 해이 발생에 따른 사회적 책임 불감에 따른 건축문화의 질 저하라는 근본적 문제가 있기 때문이다. 이때 정부는 자율성 있고 창의적인 건축을 할 수 있는 환경제공이라는 거버넌스 측면에서의 효율성 기반을 제공해야 한다. 따라서 실질적으로 건축조직이 활용할 수 있는 서비스 프로그램의 개발이 요구된다. 또한 건축주는 건축의 실질적 주체로서 건축에 참여하며, 정부의 노력에 기반 하여 건축의 사회적 책임을 인식하여 윤리적으로 행하여야 한다.

(1) 정부의 건축경영 마인드 도입

건축은 정치 환경에 민감하며, 특히 2중 구조화되어 있는 한국의 건축은 더욱 그러하다. 따라서 효율적 건축조직 구성을 위해서는 정부의 노력이 요구된다. 즉 현재 정부의 공급자주의 건축조직 통제체제는 세계의 건축시장에 대응할 수 없다. 따라서 정부는 건축 관리라는 측면에서의 효율성 도모가 아닌 방임이 아닌 자율성 있고 창의적인 건축을 할 수 있는 환경제공이라는 거버넌스 측면에서의 효율성 기반을 제공해야 한다.

(2) 건축 디자인의 질 관리

건축 초기단계에 건축주는 경험 유·무에 무관하게 도움을 필요로 한다. 따라서 건축주는 계약을 통해 조력자를 구한다. 그러나 이 경우 역선택의 문제를 완전 배제할 수 없다. 따라서 프로젝트에 실질적인 이해관계가 없는 조직(가칭, 디자인 위원회, Design Council), 즉 건축주 보조프로그램이 필요하며, 이는 국가에서 지원을 받아 독립적으로 운영하는 조직이다. 이 조직은 건축주와 공급자 사이에 존재하는 근본적인 경계를 허물어 건축조직이 경계 없는 조직으로서 건축의 효율성과 함께 사회적 책임 수행을 통한 건축의 가치 창출을 할 수 있도록 조장해 주는 조직이다.

건축은 정치 환경에 민감하며, 특히 2중 구조화되어 있는 한국의 건축은 더욱 그러하다. 따라서 효율적 건축조직 구성을 위해서는 정부의 노력이 요구된다. 이러한 요구 유인에는 건축의 직접적 이해관계자로 구성된 건축조직의 도덕적 해이 발생에 따른 사회적 책임 불감에 따른 건축문화의 질 저하라는 근본적 문제가 있기 때문이다. 이때 정부는 자율성 있고 창의적인 건축을 할 수 있는 환경제공이라는 거버넌스 측면에서의 효율성 기반을 제공해야 한다. 따라서 실질적으로 건축조직이 활용할 수 있는 서비스 프로그램의 개발이 요구된다. 또한 건축주는 건축의 실질적 주체로서 건축에 참여하며, 정부의 노력에 기반 하여 건축의 사회적 책임을 인식하여 윤리적으로 행하여야 한다.

1.4. 건축조직의 신뢰구조

건축조직의 신뢰, 즉 상호 간 신뢰에 기반 한 협력 관계는 효율적 건축조직 구성을 위한 모든 전제적 조건이다. 여기서 신뢰 기반의 협력이란 경쟁적 협력(Co‐opetition) 혹은 협력 없는 협력(partnering without partnering)을 의미한다. 따라서 건축조직은 건축주로부터 책임과 이익을 분배받는 수동적 조직이 아니라 자율조직(self organization)으로서 건축정보와 목표공유를 통해 스스로 책임을 부여하고 이익을 창출해 내는 적극적인 운명 공동체적 관계를 형성한다. 이러한 운명 공동체적 관계는 건축조직의 근본적 비효율(moral hazards) 요소가 통제되어 효율적 건축조직 구성 원리로 작용한다.

閆 모델 제안

분석결과 디자인 창의성을 위한 건축조직 모델이란 건축주 선도 모델(Client leadership Model)이다. 여기서 건축주는 관료적인 건축의 의사결정자로서 건축의 지시자의 개념이 아닌 패러다임 변혁의 주도자이며 건축조직의 안내자이다. 건축과정의 실질적 주도는 프로젝트의 특성에 맞게 건축주가 선택한 대리인들(agents)과 건축주가 건축의 공동리더(Co‐leader)로서 건축을 선도한다. 이때 대리인은 업무 특성에 따라 건축주와 위탁계약 및 위임계약 관계를 유지하며, 패러다임 변화노력에 동참자로서 신뢰 기반의 파트너이다. 예컨대, 건축설계 단계의 건축주에게 요구되는 업무는 ① 프로젝트 목표설정을 위한 프로젝트의 외적 정보수집, ② 수집된 정보 분석 및 조정(coordinate), 건축조직과 건축주 혹은 건축조직 간 연계, 건축과정의 이해균형 조정(facilitate = coordinate + drive + lead), ③ 프로젝트의 목표에 부합하는 디자인 실행자의 선택, ④ 프로젝트의 목표에 부합하는 건축실행이다. 이러한 업무는 계약적 성격에 있어 ①, ②, ③은 사무 처리와 함께 행위를 수행하는 **위탁계약** 성격이다. 따라서 대리인은 법률적 대리관계에 있지 않기 때문에 건축주와 독립된 의사결정권을 지니므로 건축주 입장에서 업무를 수행(client – situated practice)하며 그에 따른 계약적 책임뿐 아니라 건축적 책임도 있다. ④는 사무 처리의 역할 수행이므로 **위임계약** 성격이다. 따라서 이때 대리인은 건축주와 법률적 대리관계로서 독립적이지 못하다. 그러므로 대리인은 계약적 책임만 있을 뿐 건축적 책임은 없다.

결론적으로 대리인은 건축주에게 요구되는 건축설계단계의 업무 보조자이며, 사회적으로는 건축주 조직의 멤버, 즉, 건축주(client – situated)로서 건축의 사회적 책임을 공유한다. 따라서 본 연구에서 제시하고 있는 모델은 효율적 건축조직 구성을 위해 대리인이 수행하여야 할 업무 범위에 따른 3가지 역할모델로 구성된다.

2.1. Co – Leadership Model

Co – Leadership Model이란 정보구조의 main – bus 역할을 하는 조직이다. 따라서 대리인은 건축 기획단계의 정보수집과 조언을 통해 건축의 방향을 설정하고 이 방향이 건축과정에 지속적으로 유지될 수 있도록 관리하는 핵심 고정조직이다. 이 모델은 다음의 어떤 모델보다도 건축주와 대리인 간의 강력한 신뢰관계가 요구된다. 이 조직의 구성원은 건축에 이해관계자가 있는 건축주, 건축기술자 및 건축에 직접적인 이해관계가 없는 제3의 전문가인 변호사, 이해조정 전문가(communication facilitate profession) 등으로 구성되며, 건축특성에 따라 선택적으로 구성된다. 이때 조직 내의 의사결정 조직으로서 핵심조직(core – group)의 규모는 3 – 4인으로 구성되며, 건축의 규모와 이해관계의 복잡도에 따라 핵심조직의 구성 여부가 결정된다.

2.2. New partnership Model

New partnership Model은 건축 실행을 위한 건축조직 구성의 모델 개념이다. 이 모델은 건축실행 주체로 구성되며, 업무 특성에 맞게 조직되는 임시체제 조직이다. 즉, New partnership Model 조직은 건축과정에서 필요에 따라 다양한 구성주체로 조직된다. 따라서 조직은 업무 수행이 완료되면 해체되며 건축과정의 조직 구성은 가변적이며, 조직구성의 시점은 건축 단계별로 구성되는 것이 아니라 업무 특성 단위로 구성된다.

2.3. Facilitator Model

Facilitator Model이란 Facilitator가 Co - Leadership Model 조직과 New

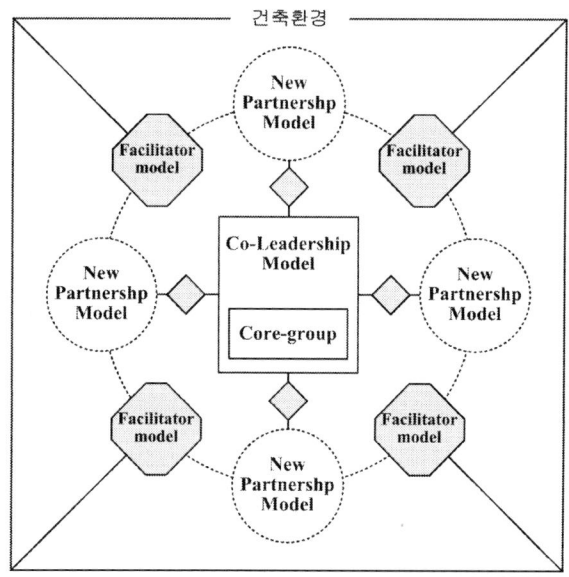

<그림 5 - 1> 건축조직 모델

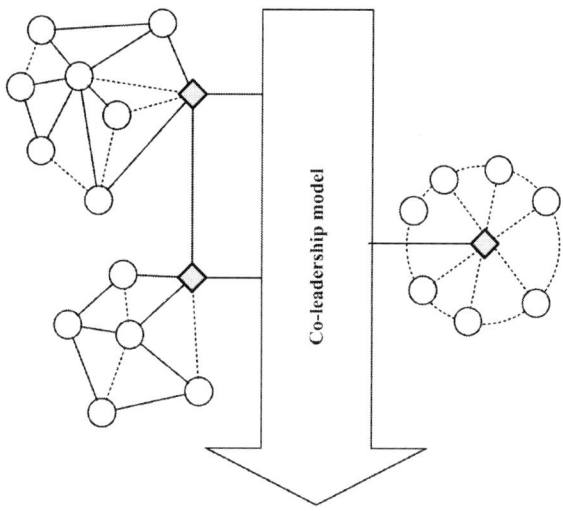

<그림 5 - 2> 건축조직의 건축실행 모델

partnership Model 조직 간의 이해관계를 조정하고 건축 환경 정보를 연계하는 조직으로, Co-Leadership Model 조직 및 New partnership Model 조직과 달리 건축에 직접적인 이해관계가 없는 제3의 조직으로 구성된다. Facilitator의 필요성은 첫 번째, New partnership Model 조직이 임시체제 조직으로 운영되기 때문에 발생 가능한 건축정보가치 흐름의 단속을 막고, 둘째, 건축조직의 도덕적 해이 문제 발생으로 인한 건축의 손해를 객관적으로 조정하며, 셋째, 건축경영 패러다임 변화에 따른 건축 환경 정보를 지속적으로 건축조직에 연계하여 건축조직과 건축 환경 사이의 경계를 없애 무경계 조직을 형성하는 역할을 담당한다. 넷째, 조직 내부의 커뮤니케이션의 촉매자로서 이해관계 조정을 통해 조직 내부의 분쟁발생을 제어하는 역할을 담당한다.

:: 단행본

: 국외

Alan R. Palmiter, 『securities Regulation(Third Edition)』, Aspen, 2005.

An ECI Publication, 『Partnering in the social housing sector: A handbook』, Thomas Telford, 2000.

André Manseau & George Seaden, 『Innovation in Construction: An International Review Public Policies』, Spon, 2001.

Arrow, Kenneth Joseph, 『The Limits of organization』, New York: Norton, 1974.

Bailey, Nick, Barker, Alison, MacDonald, Kelvin, 『Partnership agencies in British urban policy』, London: UCL Press, 1995.

Blattberg, Robert C., Getz, Gary, Thomas, Jacquelyn S., 『Customer equity: building and managing relationships as valuable assets』, Boston, Mass: Harvard Business School Press, c2001.

Burch, John G, Grudnitski, Gary, 『Information System: Theory and Practice』, New York: Wiley, c1989.

Carol Willis, 『Form Follows Finance』, Princeton Architecture Press, 1995.

Cherrington, David J., 『Organizational behavior: the management of individual and organizational performance』, Boston: Allyn and Bacon, c1994.

Christian Grönroos, 『Service Management and Marketing: A Customer Relationship Management Approach』, 2nd ed., Wiley, 2000.

Christopher, Martin, Payne, Adrian, Ballantyne, David, Chartered Institute of Marketing, 『Relationship marketing: bringing quality, customer service, and marketing together』, Oxford; Boston: Butterworth－Heinemann, 1991.

C. J. Anumba, O. O. Ugwu and Z. Ren, 『Agents & Multi－agents Systems in

Construction』, Taylor & Francis, 2005.

David Haviland, Hon, 『The Architect's Handbook of Professional Practice』 vol.1 — vol.4, AIA Press, 1994.

Douglas K Macbeth & Neil Ferguson, 『Partnership Sourcing: an integrated supply chain management approach』, London: Pitman, 1994.

Drucker Peter, 『Post — Capital Society』, New York: Harper Collins, 1992.

Edward J. Swan, 『Building the Global Market A 4000 Year History of Derivatives』, Kluwer Law, 2000.

Egan, John, 『Relationship marketing: exploring relationship strategies in marketing』, New York: Financial Times/Prentice Hall, 2004.

Elias G. Carayannis and Jeffrey M. Alexander, 『Global and Local Knowledge』, Palgrave macmillan, 2006.

Eggertsson, Thráinn, 『Economic Behavior and Institutions』, Cambridge; Cambridge University Press, 1990.

Furubotn, Eirik Grundtvig, Pejovich, Svetozar, 『The economics of property rights』, Cambridge, Mass: Ballinger Pub, Co, 1974.

George J. Ritz, 『Total Construction Project Management』, McGrow — Hill, Inc., 1994.

Gill Thomas & Mike Thomas, 『Construction Partnering & Integrated Teamworking』, Blackwell Publishing, 2005.

Godfrey, Kneeland A, 『Partnering in design and construction』, New York: McGraw — Hill, c1996.

Gray, Colin, Hughes, Will, 『Building design management』, Oxford; Boston: Butterworth — Heinemann, 2001.

Hale, Richard, Whitlam, Peter, 『Towards the virtual organization』, London; New York: McGraw — Hill Pub., 1997.

Hendrikse, George, 『Economics and management of organizations: co — ordination, motivation and strategy』, London: MacGraw — Hill, c2003.

Herbert A. Simon, 『Models of Man: Social and Rational』, New York; John Wiley & sons, Inc., 1957.

Hodge, Billy J, Anthony, William P, Gales, Lawrence M., 『Organization theory: a strategic approach』, Upper Saddle River: Prentice Hall, 2003.

汪德華, 『中國成市規劃史綱』, 東南大學出版社, 2005.

大野輝之, 『現代アメリカ都市計畫』, 株式會社 學芸出版社, 1997.

ICC, International Building Code, 2006.

Jacobs, Brian D, 『Strategy and partnership in cities and regions: economic development and urban regeneration in Pittsburgh, Birmingham, and Rotterdam』, New York, N. Y. London: Macmillan, 2000.

Jean — Jacques Laffont, 『The principal agent model: The economic theory of incentives』, Cheltenham, UK; Northhampton, MA, USA: E. Elgar Pub., 2003.

Jenster, Per V, 『Outsourcing — insourcing: can vendors make money from the new relationship opportunities?』, Hoboken, N. J.: John Wiley, c2005.

John Bennett · Sarah Peace, 『Partnering in the construction industry』, 2006.

John child, 『Organization: Contemporary Principles and Practice』, Blackwell Publishing, 2005.

John J. Costonis, 『Icons and Aliens』, Univ. of Illinois Press, 1989.

Joseph A. Demkin, 『The Architect's Handbook of Professional Practice』, 13th. ed., John Wiley & Sons, 2001.

Kubal, Michael T., 『Engineered quality in construction: partnering and TQM』, New York: McGraw — Hill, c1994.

Lambert, Douglas M, 『Supply chain management: processes, partnerships, performance』, Sarasota, Fla: Supply Chain Management Institute, c2006.

Lewis, Jordan D., 『Partnerships for profit: structuring and managing strategic alliances』, New York: Free Press; London: Collier Macmillan, c1990.

Loraine, R. K, Williams, Ivor, European Construction Institute, 『Partnering in the social housing sector: a handbook』, London: Telford, 2000.

Kleinberger, Daniel S., Kleinberger, Daniel S., 『Agency, partnerships, and LLCs: examples and explanations』, New York: Aspen Law & Business, c2002.

Knox, Paul L., 『Urban social geography: an introduction』, Harlow, Essex, England: Longman Scientific & Technical; New York: Wiley, 1995.

Manning, Gerald L, Reece, Barry L., 『Selling today: building quality partnerships』, 7th. ed., Upper Saddle River, N. J.: Prentice Hall, c1998.

Manseau, Andre, Seaden, George, 『Innovation in construction: an international review of public policies』, London: E. & F. N. Spon, c2001.

Mike W. Martin, Roland Schinzinger, 『Ethics in engineering(Fourth Edition)』, Mc Graw Hill, 2005.

Morgan, Gareth, 1943, 『Imaginization: the art of creative management』, Newbury Park, Calif: Sage Publications, c1993.

NAO, 『Modernising Construction: report by comptroller and auditor general HC 87 Session 2000 — 2001』, 11 January 2001.

Neumann, John Von, Morgenstern, Oscar, 『Theory of games and economic behavior』, N. Y.: John Wiley & Sons, 1994.

Newstrom, John W, Davis, Keith, Davis, Keith, 『Organizational behavior: human behavior at work』, New York: McGraw－Hill, c1993.

Pietroforte, R., 『Building international construction alliances: successful partnering for construction firms』, London: E. & F. N. Spon, 1996.

Pratt, John W, Zeckhauser, Richard, Arrow, Kenneth Joseph, 『Principals and agents: the structure of business』, Boston, Mass.: Harvard Business School Press, 1991, c1985.

Ralph J. Stephenson, P. E., P. C., 『Project Partnering for the design and construction industry』, A Wiley－Interscience Publication, 1996.

Reading Construction Forum(RCF), 『The Seven Pillars of Partnering: A Guide to Second Generation Partnering』, Thomas Telford, London, 1998.

Rigsbee, Ed, 『Partnershift: How to Profit from the Partnering trend』, 2nd. ed., Wiley, 2000.

Schultzel, Henry J., Unruh, V. Paul, 『Successful partnering: fundamentals for project owners and contractors』, New York: Wiley, c1996.

Sir John Egan, 『Rethinking Construction』, HMSO, 1998.

Sir Michael Latham, 『Constructing the Team』, HMSO, 1994.

Søren Hougaard, Mogens Bjerre, 『Strategic Relationship Marketing』, Springer, 2000.

Stephen M. Bainbridge, 『Agency, partnerships & LLCs』, New York: Foundation Press, 2004.

Stephen O. Ogunlana, 『Profitable Partnering in Construction Procurement』, E & FN Spoon, 1999.

Stephen P. Robins, 『Essentials of Organizational Behavior』, Prentice Hall, 1996.

Stephen P. Robins, 『Organizational Behavior(fifth edition)』, Prentice Hall, 2003.

Sztompka, Piotr, 『The sociology of social change』, Oxford, UK; Cambridge, Mass: Blackwell, 1993.

Sztompka, Piotr, 『Agency and structure: reorienting social theory』, Yverdon, Switzerland; Langhorne, Pa.: Gordon and Breach, c1994.

Wasserman, Barry L, Sullivan, Patrick, Palermo, Gregory, 『Ethics and the practice of architecture』, New York: Wiley, c2000.

Weiner, Edith, Brown, Arnold, 『Future think: how to think clearly in a time of change』, Upper Saddle River, NJ: Pearson Prentice Hall, c2006.

Werlen, Benno, 『Society action and space: an alternative human geography』, London; New York: Routledge, 1993.

William C. Ronco, Jean S. Ronco, 『Partnering Manual for Design and Construction』, McGraw-Hill, 1995.

William G. Ouchi, 『The M-Form Society: how American teamwork can recapture the competitive edge』, 1984, Addison-Wesley publishing company.

William L. Miller & Langdon Morris, 『4TH Generation R & D: managing knowledge, technology, and innovation』, New York: John Wiley, 1999.

Willis, Carol, 『Form follows finance: skyscrapers and skylines in New York and Chicago』, New York: Princeton Architectural Press, 1995.

Zwerman, 『New Perspectives on Organization Theory』, Westport, connecticut: Greenwood, 1970.

∷ 국내

건설교통부, 『제도개선과제 세부내역』, 2003. 07.

건설교통부, 『설계·감리기술진흥 및 육성전략에 관한 연구』, 2003.

건설교통부, 『도시계획수립지침』, 2000.

경실련 도시개혁센터, 『도시계획의 새로운 패러다임』, 보성각, 2001.

고시자와 아키라 저, 장준호 역, 『도쿄 도시계획 담론』, 구미서관, 2006.

고준환·장철순, 『외국의 도시계획·개발제도』, 국토개발연구원, 1996.

곽윤식, 『민법총칙』, 박영사, 2002.

Graham Allison·Philip Zelikow 공저, 김태현 역, 『결정의 엣센스; 쿠바미사일 사태와 세계핵전쟁의 위기』, 모음북스, 2005.

김동복, 『법학원론』, 푸른세상, 2005.

김동희, 『행정법 Ⅰ·Ⅱ』, 박영사, 2002.

김민형, 『환경 변화와 건설 경영 패러다임의 전환』, 한국건설산업연구원, 2007. 02.

김병철·안종묵, 『커뮤니케이션 이론과 실제』, 한국외국어대학교 출판부, 2005.

김선희·조진철·박형서, 『국책사업의 효과적 추진을 위한 사회합의현성시스템 구축방안 연구』, 국토연구원, 2005.

김신, 『규제형성과정의 주요 국가간 비교연구』, 한국행정연구원, 2004.

김신동, 『세방화, 정보화, 그리고 문화충돌』, 정보통신정책연구원, 2004.

김영훈, 『규제행정의 이론과 실제』, 선학사, 1998.

김예상, 한미파슨스 공저, 『미국의 설계경쟁력 어디서 오나?』, 보문당, 2005.

김용하, 『인전보시간 도시계획 및 개발사업에 관한 협력방안 연구』, 인천발전 연구원, 2005.

김정식, 『공학기술 윤리학』, 인터비젼, 2004.

김재형·이형찬,『건설산업의 종합적 관리방안 연구』, 국토개발연구원, 1998.

김한수·한미파슨스 공저,『영국건설산업의 혁신전략과 성공사례』, 보문당.

김한수·한미파슨스 공저,『발주자가 변하지 않고는 건설산업의 미래는 없다』, 보문당.

네일버프, 배리 J., 브란 덴버거, 아담 M., 김광전,『코피티션』, 서울: 한국경제 신문사, 1996.

대한건축사협회 부설 건축연구소,『건축설계 Manual』, 1998. 10.

대한건축학회,『건축기본법 제정을 위한 토론회』, 2006. 9. 20.

대한주택공사 주택연구소,『경쟁력 제고를 위한 주거단지 설계방식과 체제에 관한 사례조사 및 적용방안 연구』, 1996. 12.

데보라 G. 존슨 저, 이태식·위성룡·송옥환,『엔지니어 윤리학』, 동명사, 1999.

동양사학회,『역사와 도시』, 서울대학교출판부, 2000.

레비트, 시어도어, 새미래연구회,『마케팅 상상력』, 서울: 21세기북스, 1994.

루이스, 조단 D, 이덕실,『협력경영』, 서울: 소프트전략경영연구원, 1995.

Morgan, Gareth, 저, 김정원 외 13인 공역,『창조경영』, 서울: 한울, 2005.

박준기,『건설계약의 이해』, 일간건설신문, 2003.

박준기,『건설책임론』, 동화기술, 2001.

부정방지대책위원회,『건설부조리 실태 및 방지대책』, 1993.

Seong−Ho Ahn·Byeong−Il Rho,『East Asian Coorperation in the Glocal Era』, Daunsaem, 2006.

山岸俊男, 김의철 외 2인 공저,『신뢰의 구조: 동·서양의 비교』, 교육과학사, 2001.

서구원·배상승,『도시 마케팅』, 커뮤니케이션북스, 2005.

서이종,『지식·정보사회학: 이론과 실제』, 서울대학교 출판부, 1998.

성진용 외 2인 공저,『부동산 개발계획과 국토의 이용』, 부연사, 2004.

송재웅,『그림으로 이해하는 CM 건설사업관리』, 기문당, 2001.

시정개발연구원,『동양 도시사 속의 서울』, 1994.

서울시정개발연구원,『21세기 세계 대도시 도시관리 방향』, 2002.

신구범,『조직행위론』, 형설출판사, 2005.

신성휘,『게임이론 길라잡이』, 박영사, 2006.

스티븐슈와르츠 저, 박웅 외 4인 공역,『자산유동화 이론과 실제』, 매일경제신 문사, 2003.

아리오카 마사키(有岡正樹) 외 5인 공저, 문영기·장희순 공역,『부동산 개발 사업과 위기관리』, 부연사, 2004.

오석홍,『조직이론』, 박영사, 2005.

Won Bae KIM·Nato TAKAKI·Dae−Shik Lee, 『Collaborative Regional

Development across the Korea – Japan Strait Zone』, KRIHS Research Report, 2005.

원제무 외 3인 공저,『도시정책론』, 박영사, 2000.

유승권,『도시마케팅의 이해』, 한솜미디어, 2006.

尹載允,『건설분쟁관계법』, 박영사, 2003.

이광로 외 공저,『건축학개론』, 문운당, 2004.

이상돈,『법철학』, 법문사, 2003.

이상호·현준식·이승우,『건설제도·정책변화가 건설산업 구조에 미친 영향』, 한국건설산업연구원, 2004.

이수영,『도시의 경제사회와 행정』, 부산대학교 출판부, 2002.

이상준 외 7인 공역,『건축설계실무 핸드북』, 대가, 2006.

이원섭·장철순·박양호,『세방화 시대의 신개방국토거점 육성방안: 통합국토 형성을 위한 자유무역지구를 중심으로』, 국토연구원, 2001.

이원섭 외 3인 공저,『통합국토를 향한 지역간 공동발전 방안 연구(Ⅲ) – 제도 기반 구축을 중심으로』, 국토연구원, 2005.

이혜은 외 4인 공저,『서울의 경관변화』, 서울학연구소, 1994.

이종인,『불법행위의 경제분석』, 한울 아카데미, 2006.

임도빈,『한국지방조직론』, 박영사, 2004.

일본건축학회 저, 조용준·이왕기·남승진·김종하,『건축기획론』, 기문당, 1999.

일본건축학회 저, 최준영·이명권,『건축기획』, 기문당, 2000.

자크엘루 저, 박광덕 역,『기술의 역사』, 한울, 1997.

정용덕 외 8인 공저,『합리적 선택과 신제도주의』, 대영출판사, 1999.

조남건 외 9인 공저,『고속철도 개통에 따른 국토공간 구조의 변화 전망 및 대 응방안 연구』, 국토연구원, 2003.

조명래,『포스트포디즘과 현대사회 위기』, 다락방, 1999.

조상운,『경인철도 역세권 도시재생 방안 연구』, 인천발전연구원, 2005.

조상원,『법률용어사전』, 현암사, 2004.

존롤스 저, 장동진·김기호·김만권,『만민법』, 이끌리오, 2000.

존 엘스터 저, 김성철·최문기,『합리적 선택: 인간행위의 경제적 해석』, 1993, 신유.

J. Douglas Porteous 저, 송보영·최형식 역,『환경과 행태: 계획 및 일상적인 도시생활』, 명보문화사, 1993.

주성수·남정일,『정부와 제3섹터 파트너쉽』, 한양대학교 출판부, 1999.

주성수,『시민사회와 제3섹터』, 한양대학교 출판부, 2000.

D. 딜라드 저, 허창무 역,『케인즈 경제학의 이해』, 지식산업사, 1999.

요셉슘페터 저, 박영호 역,『경제발전의 이론』, 박영률출판사, 2005.

中井檢裕 외 1인 공저, 송인성 외 1인 공역, 『영국의 도시기본계획』, 전남대학교 출판부, 2000.

정태석, 『사회이론의 구성』, 한울아카데미, 2002.

Charles E. Harris, JR. Michael S. Pritchard Michael J. Rabins, 김유신 외 5인 공역, 『과학과 공학윤리』, 학술정보, 2004.

최근희, 『서울의 도시개발 정책과 공간구조』, 서울학 연구소, 1996.

최찬환, 『건설정책과 제도』, 세진사, 1999.

캐서린 밀러, 안주아 외 2인 공역, 『조직 커뮤니케이션: 접근과정』, 커뮤니케이션 북스, 2006.

케네스 애로우, 이하형 역, 『신조직이론: 조직의 한계』, 선학사, 1996.

테오도르 레비트, 새미래연구회, 『마케팅 상상력』, 21세기북스, 1994.

팀 홀 저, 유환종 외 8인 공역, 『현대 도시의 변화와 정책』, 푸른길, 1999.

피오트르 쯔톰카 저, 조재순・김선미 역, 『체계와 기능』, 한울 아카데미, 1995.

피터 홀 저, 임창호・안건혁 역, 『내일의 도시』, 한울 아카데미, 2005.

Philip Davenport 저, 이경국 역, 『건설분쟁과 위기관리』, 기문당, 2004.

Habermas, Jurgen, 장춘익, 『의사소통행위이론: 행위합리성과 사회합리화, 1』, 나남출판사, 2006.

Habermas, Jurgen, 장춘익, 『의사소통행위이론: 기능주의적 이성 비판을 위하여, 2』, 나남출판사, 2006.

한국건설산업연구원, 『건설제도의 이론적 배경 분석』, 2001. 05.

한국도시설계학회, 『지구단위계획의 이해』, 기문당, 2005.

한국형사정책연구원, 『규제개혁정책과 부정부패(Ⅱ): 건설・건축, 환경분야』, 2001.

히야시 노보루 저, 정환영 역, 『현대 도시지역론』, 공주대학교 출판부, 2006.

::학위 연구논문

: 국외

Betsy D. Dunham, Assessment of the status of model building codes in interior design curricula, Doctor of philosophy in Texas Tech Univ, 1998.

Brain K. Schermer, Organization client and architectural communities of practice: Material and social construction at the chrysler technology center, Doctor of philosophy in The Univ. of Michigan, 2002.

Gordon Pettit, B. S. N., M. A., M. Div. B. L. Constructions of Moral Responsibility, Doctor of philosophy in The Univ. of Notre Dame, 2000.

Eric W. Allison, Gentrification and historic Districts: Public Policy Considerations in the Designation of Historic district in New York City, Doctor of philosophy in The Univ. of Massachusetts Amherst, 2002.

Jane Collier, 「The Art of Moral Imagination: Ethics in the Practice of Architecture」, 『Journal of Business Ethics, Vol.66, Numbers 2－3』, 2006. 06. pp.307－317.

Karl Wolfgang Doerstling, Building Inspectors; Bureaucrafts, Professionals or Heros?, Doctor of philosophy in The Univ. of Southern California, 2003.

Kyle D. Brown, Landscape architecture and social responsibility: emerging concepts from a study of practice, Doctor of philosophy in Columbia Univ., 2005.

Dansong Wang, The Chines Construction Industry from the Perspective of Industrial Organization, Doctor of philosophy in Northwestern Univ., 2004.

Michael Gerard Whelton, The Development of Purpose in the Project Definition Phase of Construction Project Management, Doctor of philosophy in The Univ. of California, Berkeley, 2004.

Monteyne, David Patrick, 『Shelter from the elements: Architecture and civil defense during the early Cold War』, University of Minnesota, Ph D. 2005.

Neil Brenner, Global cities, Glocal States: state re－scaling and the remaking of urban governance in the european union, Doctor of philosophy in The Univ. of Chicago, 1999.

Radin, Tara Jai, Stakeholder theory and the law, UNIVERSITY OF VIRGINIA, Ph. D., 1999.

⁝국내: 법학 관련

劉京春, 『토지이용의 공법적 규제에 관한 연구』, 고려대 박론, 1988.

沈恩守, 『건축법상 규제에 관한 연구』, 이화여대 석론, 1999.

朴貞勳, 『미국 도시계획법제에 관한 연구』, 경희대 박론, 2000.

張容碩, 『토지소유권의 제한에 관한 연구』, 한양대 석론, 1991.

孫佑泰, 『건축규제법리에 관한 연구』, 단국대 박론, 1992.

이종일, 『전문가의 민사책임에 관한 연구: 건축사를 중심으로』, 전남대 석론, 2004.

⁝국내: 정치 · 행정 · 경제 · 경영 관련

姜珉, 『한국행정에서의 시민참여에 관한 연구 - 행정절차법(안)상의 청문제도를 중심으로 - 』, 단국대학교 석론, 1989.

高良坤 · 崔錫奎, 「道德的 危態에 대한 經濟的 對應 方案」, 『論文集』 No.42, 全北大學校, 1996, pp.217 - 239.

金種憲, 『도시계획과 재산권 보장』, 경북대학교 석론, 2004.

朴永恩, 『토지재산권의 규제에 관한 연구』, 한양대 석론, 1992.

박용관, 『한국행정에 있어서 Theory Z的 관리에 관한 연구』, 1985, 서울대 행적학 석론.

안성희, 『다중 업무 대리인 구조 하에서의 이중 도덕 해이에 관한 연구: Enron 사태 분석을 중심으로』, 이화여자대학교 석론, 2006.

안형준, 『동적 시장 환경에서의 다중 에이전트 시스템을 위한 유연한 대화 모델』, 한국과학 기술원 박론, 2004.

李棋長, 『세방화시대의 신개방형 투자자유지역 육성방안에 관한 연구』, 순천대학교 석론, 2002.

李基煥, 『한국행정에서의 시민참여에 관한 연구: 행정절차법(안)상의 청문제도를 중심으로』, 단국대학교 석론, 1989.

李仁洙, 『한국형 테크노폴리스의 입지선정에 관한 연구』, 한양대 석론, 1988.

임승호, 『시민참여형 행정개혁에 관한 연구 - 〈시민제안심의회〉 사례를 중심으로 - 』, 전남대학교 석론, 2003.

崔相奭, 『첨단기술산업을 위한 테크노폴리스 개발전략에 관한 연구』, 한양대 석론, 1987.

韓奉機, 『정책결정에 있어서의 공익에 관한 연구』, 중앙대 석론, 1979.

한윤기, 『합리적 선택이론의 결정 상황에 대한 연구』, 2006, 서울대 정치학 석론.

∷국내: 건축 · 토목 · 도시 관련

박재우,『파트너링개념을 활용한 건설업에서의 상호협력 관계 개선 방안에 관한 연구: 원도급업체와 하도급업체를 중심으로』, 중앙대 석론, 2001.

박재범,『민간개발 관리수단으로서의 지구단위계획 개선방안』, 성균관대 석론, 2005.

李明圭,『한국과 일본의 도시계획제도의 비교분석에 관한 연구』, 서울대 박론, 1994.

정석,『건축 외부공간의 공공성 분석을 통한 협력형 도시공간설계 접근 방안』, 서울대 박론, 1994.

조수경,『건축기획단계에서 가치 특성에 따른 건축주 요구정의 모델 구축』, 단국대 석론, 2006.

趙洪正,『역사문화지구 건축경관 개선을 위한 계획방향에 관한 연구』, 동아대 박론, 2004.

주기범,『건축계획을 위한 건축정보 분류작업에 관한 연구』, 단국대학교 석론, 1997.

朱修賢,『서울시 특별계획구역의 시기별 계획특성에 관한 연구』, 성균관대 석론, 2005.

∷국내: 기타

金權,『경제특구에 대한 대안: 기업도시』, 성균관대 석론, 2005.

변필성,『도시공간개발과정의 행위주체로서 부동산컨설턴트의 역할: 서울시 부동산컨설팅업체를 중심으로』, 서울대 문학석론, 1996.

박상준,『행위성향 중심의 시민교육: 규칙 따르기로서의 사회적 행위를 중심으로』, 서울대 박론, 2002.

양소진,『유사 정보 추출에 기반한 조정 에이전트 모델』, 서강대 석론, 1998.

::연구논문

:국외

Alberto Galas, 「Multi－Agent and Common Agency Games with Complete Information: A Survey」, 『Rivista Internazionale di Scienze Sociali 3』, pp.439－459.

Alhazmi, T. McCaffer, R., 「Project procurement system selection model」, 『Journal of construction engineering and management』 vol.126, No.3, ASCE AMERICAN SOCIETY OF CIVIL ENGINEERS. 2000, pp.176－184.

Andrew Cox & Paul Ireland, 「Managing construction supply chains: the common sense approach」, 『Engineering, Construction and Architectural Management』, 2002. 9. vol.3, No.6, pp.409－418.

D. K. H. Chau, 「Critical success factors for different project objectives」, 『Journal construction Engineering & Management』 vol.125, No.3., ASCE, 1999, pp.142－146.

Eddie W. L. Cheng & Heng LI, Development of a concepture model of construction partnering, Engineering, Construction and Architectural Management, vol.4, 2001. 08, pp.292－303.

Elisa S. Weiss, Rebecca Miller Anderson, Rose D. Lasker, 「Making the Most of Collaboration: Exploring the Relationship Between Partnership Synergy and Partnership Function」, 『Health Education&Behavior』 vol.29(6), 2002, pp.683－698.

Fama, E. F., Jensen, M. C., 「Separation of Ownership and Control」, 『Journal of Law and Economics, 26, June』, 1983, pp.301－325.

Forrest, Ray; Kennett, Patricia, 「Risk, residence, and the post－Fordist city」, American Behavioral Scientist Nov/Dec97, Vol.41, Issue 3, pp.342－359.

Jensen, M. C. Meckling, W. H., 「Theory of the Firm: Managerial Behavior, Agency Costs and Ownership Structure」, 『Journal of Financial Economics』 vol.3, 1976, pp.305－360.

John E. Tookey, Michael Murray, Cliff Hardcastle & David Langford, 「Construction procurement routes: re－defining the contours of construction procurement」, 『Engineering, Construction and Architectureal Management』, 2001. 08, pp.20－30.

L. E. DeAngelo, 「Auditor size and Audit Quality」, 『Journal of Accounting and

Economics 3. Dec.』, 1981, pp.183 – 199.

Mike Brensnen & Nick Marshall, 「Unserstanding the diffusion and application of new management ideas in construction」, 『Engineering, Construction and Architectureal Management』, 2001. 08, pp.335 – 345.

N. Gil, I. D. Tommelein, R. L. Kirkendall & G. Ballard, 「Leveraging specialty – cintractor knowledge in design – build organizations」, 『Engineering, Construction and Architectureal Management』, 2001. 08, pp.355 – 367.

O. O. Ugwu, C. J. anumba & A. Thorpe, 「Ontology development for agent – based collaborative design」, 『Engineering, Construction and Architectural Management』, 2001. 8, vol.3, pp.211 – 224.

Pondy, L. R., 「Effects of Size, Complexity and Ownership on Administrative Intensity」, 『Administrative Science Quarterly』 vol.14, pp.47 – 60.

Vigoda, Eran, From Responsiveness to Collaboration: Governance, Citizens, and the Next Generation of Public Administration, Public Administration Review, Sep/Oct2002, Vol.62 Issue 5, pp.527 – 540.

: 국내

강응오, 「조직의 변혁이론에 관한 연구」, 『논문집』 vol.10, 숙명여자 대학교, 1970, pp.9 – 46.

高良坤·崔錫奎, 「道德的 危態에 대한 經濟的 對應 方案」, 『전북대학교 논문집』 vol.42, 1996, pp.217 – 239.

공정택·박천식, 「Agency 問題와 資本構造理論의 再吟味」, 『産業技術研究誌』 vol.16, 경북대학교 산업기술연구소, 1988, pp.97 – 124.

구자경, 「환경변화에 따른 상황적합적 조직구조」, 『연구논문집』 Vol.55, No.1, 대구효성가톨릭대학교, 1997, pp.367 – 383.

권순만·김난도, 「행정의 조직경제학적 접근: 대리인 이론의 행정학적 함의를 중심으로」, 『한국행정학회보』 vol.29, No.1, pp.77 – 95.

김민규, 「전문가책임법의전개」, 『외대논총』 vol.13, 부산외국어대학교, 1995, pp.485 – 513.

김병순·송영렬, 「所有構造가 企業價値에 미치는 影響에 관한 研究」, 『정책과학연구』 vol.6, 단국대학교 정책과학연구소, 1994, pp.119 – 140.

김재한, 「양자협상의 공동이익 실현 가능성: 2인 2전략 비협조게임을 중심으로」, 『협상연구』 제5권 1호, 1999, pp.123 – 133.

김주형, 「영국의 건축주 관련 연구 고찰 및 이의 국내 수행 방향 제언」, 『대한건축학회 논문집』 20권 3호, 2004. 3, pp.125 – 134.

박한규, 「우리나라 건축사 사무소의 건축설계행위에 있어서 프로그래밍의 활용에 관한 연구」, 『KRF연구결과논문』, 학술진흥재단, 1997, pp.1 - 19.

배준구, 「프랑스 계획계약의 운영메카니즘과 함의」, 『사회과학연구』, 경성대학교 사회과학연구소, 2004, pp.35 - 77.

백태승, 「事實的 契約關係論」, 『延世行政論叢』 Vol.18, 연세대학교 행정대학원, 1993, pp.221 - 234.

손명환, 「去來費用理論에 대한 檢討」, 『經濟論集』 Vol.13, 충남대학교 경상대학부설 경영경제연구소, 1997, pp.107 - 126.

송용선, 「행정윤리의 인식적 기초 및 법제화에 관한 연구: 한국 행정윤리 법제화 과정을 중심으로」, 『목원대학교 논문집』 Vol.39, 2000, pp.281 - 304.

신동엽, 「윤리적 경영과 전략적 제휴의 성과」, 『연세경영연구』 vol.36, No.2, 1999, pp.195 - 225.

沈志鴻, 「계약이론과 가격이론의 관계」, 『논문집』 Vol.24, 단국대학교, 1990, pp.367 - 385.

안정현, 「의사소통과 인간관계」, 『人文論叢』 Vol.34, No.1, 부산대학교, 1989, pp.163 - 188.

오경희, 「파트너쉽 속성과 의사소통행위가 국제합작기업의 기회주의와 기업성과에 미치는 영향: 우리나라 해외투자 제조기업을 중심으로」, 『국제경영논집』 제13집, pp.265 - 292.

오두범, 「커뮤니케이션이론의 배경과 연구 동향에 관한 고찰」, 『논문집』 vol.18, No.1, 청주대학교, 1985, pp.361 - 383.

劉鐘海·安熙南, 「現代 組織設計戰略에 관한 硏究」, 『延世行政論叢』 vol.13, 연세대학교 행정대학원, 1987, pp.5 - 21.

이광수, 「조직체제에 관한 연구」, 『부산대학교 법학연구』, 1978, pp.217 - 234.

이상진, 「소집단의 의사결정에 있어서 의사전달에 관한 연구」, 『慶南文化硏究』 Vol.3, No.1, 1980, 경상대학교 경남문화연구소, pp.23 - 40.

이상태, 「건축사의 사법적 책임」, 『숙명여자대학교 논문집』 vol.3, 1990, pp.151 - 174.

이은영, 「계약에 관한 법철학적 고찰: 약속이론과 신뢰이론을 중심으로」, 『외법논집』 vol.1, 1994, 한국외국어대학교 법학연구소, pp.99 - 122.

이재규, 「투명경영과 책임 경영 그리고 윤리 경영」, 『사회과학연구』 Vol.4, No.3, 대구대학교 사회과학연구소, 1998, pp.189 - 208.

이재인·김억·정명원, 「建築設計 關聯規定 改善方案에 관한 硏究」, 『대한건축학회 논문집』 Vol.21, No.2, 2005, pp.39 - 46.

이재인·김억·김기철, 「建築物 監理의 改善에 관한 硏究」, 『대한건축학회 논문집』 Vol.20, No.8, 2004, pp.114 - 121.

이청조, 「都給建築物의 所有權歸屬에 관한 硏究」, 『東亞法學』 No.2, 동아대학교 법학연구소, 1986, pp.397 - 424.

임건묵, 「契約理論의 轉向과 信義則의 進展」, 『法學論考』 vol.3.4, 1957, 청주대학교 법학회, pp.26 - 63.

장성준, 「건축기획 교재개발을 위한 기획실무 경향 파악: 건축기획서 사례를 중심으로」, 『産業技術研究所論文集』 vol.18, 明知大學校 産業技術研究所, 1999, pp.306 - 312.

전인수, 「거래상황에 따른 정보제공방식에 관한 연구: 거래비용접근」, 『경영연구』, Vol.20, 홍익대학교 경영연구소, 1995, pp.241 - 260.

鄭光源, 「行動科學的 組織論에 관한 硏究」, 『상명대학교 논문집』 Vol.16, 상면대학교 논문집, 1985, pp.237 - 261.

조석준, 「組織經濟學(Organizational Economics): 去來費用接近法의 評價」, 『행정 논총』 Vol.31, No.1, 서울대 행정대학원, 1993, pp.69 - 88.

진성훈, 「대리인문제와 최적계약이론」, 『西江經濟論集』 Vol.29, No.2, 2000, pp.27 - 49.

최석신, 「한국기업의 경영 패러다임 설정에 관한 연구」, 『産業經濟研究』 Vol.19, No.1, pp.43 - 70.

최홍규, 「本人 - 代理人 模型에 의한 誘因報償契約에 관한 硏究」, 『産經論叢』 Vol.5, 강릉대학교 영동산업문제연구소, 1986, pp.207 - 241.

∷홈페이지

http://www.cityfringe.org.uk/: 영국 시티프린지 협회

http://www.crossriverpartnership.org/: 크로스리버 파트너십 협회

http://www.pool - of - london.co.uk/: 영국 풀오브 런던

http://www.pref.kumamoto.jp/traffic/artpolis/english/links/prize.html: 구마모토 아트폴리스 홈페이지

http://www.corpoflondon.gov.uk/Corporation: 영국 시티오브런던 자치체

http://www.marketingpower.com/: 미국마케팅학회

http://www.icac.org.hk/: 홍콩부패방지기구

http://www.iaf - world.org/i4a/pages/index.cfm?pageid = 1:국제 facilitator 협회 (IAF)http://195.92.246.148/nhsestates/chad/chad_content/design_champions/introduction.asp: NHS Estates and CABE, Design Champions

http://www.albertkahn.com/cmpny_firmprofile.cfm: 알버트 칸 설계사무소

부 록

<표 1> 기획업무

업무 구분		업무 내용	도서작성 구분
규모 검토서 (공간 계획)	법규검토	대지 및 건축물의 규모, 용도 등을 개략적으로 검토하기 위한 법규검토	
	개략배치도	건축물의 개략배치	
	대지종횡단면도	대지의 경사 및 건축물과 관계표시	
	개략 평면도	1층 및 기준층 평면도	
		각층 평면도	
	개략 단면도	층수 층고표시의 개략 단면	
현장 조사	대지 및 주변현황 확인	대지상태, 주변건축물	
	대지 및 주변현황 분석	교통, 수목, 시각분석, 기후분석	
	사용자 조사	면담, 행태조사, 회의	
	기존 시설물 분석	설계도서, 설비용량	
설계지침서		용역대상 및 범위, 계약조건	
		설계목표, 제한, 성능, 요구, 개념	
		공간프로그램, 운영프로그램	
		공사 관련 예산서 작성	
프로젝트공정표		심의·허가 등 설계공정 및 기타 공정	
기존유사건물조사비교		규모, 층수, 용도 비교	
		마감재, 시설비교	
		공사비 비교	

출처: 건설교통부고시 제2003 - 11호(2003. 1. 24) 별표

<표 2> 계획 설계의 도서내용

종 류		내 용	도서작성 구분
건축	공사비 개산서	재료 · 장비선정에 따른 개략 공사비	
	법규검토	제반법규검토, 인허가절차 파악	○
		설계구상안	○
	건축계획서	설계개요	○
		배치계획	
		평면계획	
		입면계획	
		단면계획	
		외장재료 비교 분석	
	모형	Sketch 또는 Study Model	
	건축 도면	배치도	○
		대지 종 · 횡단면도	○
		각층 평면도	○
		입면도(2면 이상)	○
		단면도(종 · 횡단면도)	○
	심의 도서	심의대상인 경우	
구조	구조계획서	구조계획개요	
		기본 구조적용 시스템 및 대안, 경제적 타당성 검토	
	심의 도서	구조심의 대상인 경우	
기계	기계설비 계획서	건축주 요구사항의 수용여부와 설계방침의 확정	
		기계설비 계획개요	
		각종 개통도 및 zoning 계획	
		적용 시스템 비교 검토	
		개략 공사비 추정	
	심의 도서	심의 대상인 경우	
전기	전기설비 계획서	해당 법규 검토	
		설계방향 설정, 전기설비계획개요	
		추정 부하 산정	
		개략 예산 검토	
	심의 도서	심의 대상인 경우	
토목	토목계획서	개략 흙막이 계획서	
		흙막이 계획도	
		우 · 오수처리계획서와 상수계획서	
		예상공사비 계산서	
조경	조경계획서	녹지 및 공개공지 계획도	
		식재 계획도	
		시설물 계획 및 포장계획도	
	심의 도서	심의 대상인 경우	
방재	심의 도서	법규체크리스트 및 소방개략계획서	

* 범례: ○는 기본업무, 이외는 계약에 따른 업무임. 이하 표에서 같음.

출처: 건설교통부고시 제2003 - 11호(2003. 1. 24) 별표

<표 3> 중간설계의 건축도서내용

종류		내용	도서작성 구분
일반 사항	개략 시방서	공사용 시방서(초안)	
	공사비 개산서	기본설계 적용기준에 따라 개략공사비를 산정, 작성	
	건축계획서	공사개요(위치, 대지면적 등)	○
		건축물규모(건축면적, 연면적, 높이, 층수 등)	○
		건축물 용도별 면적, 주차장 규모	○
		배치계획	
		주차 및 동선계획	
		평·입·단면 계획	
	법규 검토서	관련사항에 따른 법규검토	○
도면	도면 목록표	공종 구분해서 분류 작성	
	안내도	방위, 도로, 대지주변 지물의 정보 수록	
	구적도	대지면적에 대한 기술	
	실내재료마감표	바닥, 벽, 천정 등 실내마감	
	배치도	축척 및 방위, 건축선, 대지경계선 및 대지가 정하는 도로의 위치와 폭, 건축선 및 대지경계선으로부터 건축물까지의 거리, 신청건물과 기존건물과의 관계, 대지의 고저차, 부대시설물과의 관계	○
	주차계획도	법정 주차대수와 주차 확보대수의 대비표, 주차배치도 및 차량 동선도 차량진출입 관련 위치 및 구조	○
		옥외 및 지하 주차장 도면	○
	각층 및 지붕 평면도	기둥·벽·창문 등의 위치 및 복도, 계단, 승강기 위치	○
		방화 구획 및 방화벽의 위치	○
	입면도(2면 이상)	주요 내외벽, 중심선 또는 마감선 치수, 외부마감재료	○
	단면도(종·횡단면도)	건축물 최고높이, 각층의 높이, 반자높이	○
		천정 내 배관 공간, 계단 등의 관계를 표현	○
	투시도	투시도 또는 조감도	
상세도	수직 동선 상세도	코아 상세도	코아 내의 각종 설비관련 시설물의 위치	
		계단평면·단면상세도		
		주차경사로 평·단면상세도		
		주차리프트 평·단면상세도		
	부분 상세도	지상층 외벽 평·입·단면도		
		지하층 부분 단면상세도		
	천정도	천정 평면도		
	창호도	창호 평면도		
		창호 잡철물	각 창호에 적용되는 철물	
기타	정화조	정화조 평면·단면도		○
		용량 계산서		○
	특수 분야 계획 검토	차음·방음, 방진		
		무대·조명		
		전시·미술장식품		
		분수		
		주방		
		음향		

출처: 건설교통부고시 제2003-11호(2003. 1. 24) 별표

<표 4> 실시설계의 건축도서내용

종 류			축 적	도서작성 구분
일반 사항	공사시방서			○
	설개개요			○
	각 공종별 공사비 내역서			
	각종 계산서			○
	심의에서 각종 인허가 관련자료			○
일반 도면	표지			○
	도면목록표			○
	안내도			○
	구적도			○
	지적도			○
	면적산출표			○
	대지 종 · 횡단면도			○
	배치도		1/100 이상	○
	주차계획도		1/100 이상	
	평면도		1/100 이상	○
	입면도(2면 이상)		1/100 이상	◎
	단면도(종 · 횡단면도 등)		1/100 이상	○
	실내벽 및 반자의 마감도		1/100 이상	○
상세 도면	수직동선 관련 상세도	코아 평면상세도	1/5～1/50	
		계단 평 · 단면상세도	1/5～1/50	○
		승강기사프트 평 · 단면상세도	1/5～1/50	
		주차 경사로 평 · 단면상세도	1/5～1/50	
		주차 리프트 평 · 단면상세도	1/5～1/50	·
상세 도면	부분 상세도	주요부분 상세도	1/5～1/50	○
		주출입구부분 평, 입, 단면상세도	1/5～1/50	
		부출입구부분 평, 입, 단면상세도	1/5～1/50	
		샷다 상세도	1/5～1/50	
		핏트 상세도	1/5～1/50	
		발코니 상세도	1/5～1/50	
		출입구 상세도	1/5～1/50	
		지상층 외벽 입면 · 단면 상세도	1/5～1/100	
		지하층 단면 상세도	1/5～1/100	
		주요부분 내벽 상세도	1/5～1/100	
	창호도	창호 일람표	1/5～1/50	
		창호 평면도	1/5～1/50	
		창호 상세도	1/5～1/50	
		창호 입면도	1/5～1/50	
		창호 잡철물 목록	1/5～1/50	

종 류			축 적	도서작성 구분
상세 도면	천정도	각층 천정 평면도	1/5 ～ 1/50	
		천정 상세도	1/5 ～ 1/50	
		부분 상세도	1/5 ～ 1/50	
		천장 관련 설치 상세도	1/5 ～ 1/50	
	내부 상세도	로비바닥패턴도	1/5 ～ 1/50	
		로비 전개도	1/5 ～ 1/50	
		주요실 전개도	1/5 ～ 1/50	
		승강기 HALL 전개 상세도	1/5 ～ 1/50	
		화장실 전개 상세도	1/5 ～ 1/50	
		칸막이 전개도 및 상세도	1/5 ～ 1/100	
	실내부위	실내마감 상세도	1/5 ～ 1/50	
	부품도	각 부품도	1/2 ～ 1/50	
기타	정화조	건축용 평·단면도	1/5 ～ 1/100	
		각종 설비도		
		계산서		
	특수 분야 도면	소음·방진, 무대·조명, 주방, 음향, 전시, 미술장식 품 등		

출처: 건설교통부고시 제2003 - 11호(2003. 1. 24) 별표

저자 **이재인**

홍익대학교 건축학과를 졸업하고
(주)한국종합 건축사사무소에서 건축실무
건축사자격 취득 후 홍익대학교 일반대학원 건축학과에서 석·박사학위를 취득
(사)여성건축가협회 부이사 및 (사)문화도시연구소 이사 역임
(현)한국실내디자인학회 부위원장, 어린이 건축교실 운영위원
(http://www.ek-12.org/)
현재 목원대학교 겸임교수이며, 홍익대학교에 출강 중이다.

역서 『다빈치의 위대한 발명품』
저서 『건축 속 재미있는 과학이야기』
논문 송현논문상을 수상한 「한국 불교사원의 계단과 계단도경의 비교연구」 등

디자인창의성을 위한
건축조직

초판인쇄 | 2009년 4월 10일
초판발행 | 2009년 4월 10일

지은이 | 이재인
펴낸이 | 채종준
펴낸곳 | 한국학술정보㈜
주 소 | 경기도 파주시 교하읍 문발리 513-5 파주출판문화정보산업단지
전 화 | 031) 908-3181(대표)
팩 스 | 031) 908-3189
홈페이지 | http://www.kstudy.com
E-mail | 출판사업부 publish@kstudy.com

등 록 |
가 격 | 34,000원

ISBN   978-89-534-1721-2 93540 (Paper Book)
       978-89-534-1722-9 98540 (e-Book)